普通高等教育“十二五”规划教材

物理学教程

上　册

主　编　张庆国　尤景汉
副主编　陈庆东　汤正新

机 械 工 业 出 版 社

本书是根据2010年教育部新颁发的《理工科类大学物理课程教学基本要求》，并结合编者多年的教学实践编写而成。全书涵盖了基本要求中A类知识点的全部核心内容，同时也包含了B类知识点大部分的拓展内容。全书分上、下两册。本书是上册，内容包括：力学、振动与波动、热学、电磁学以及专题选讲。

本书在保证基本内容的前提下，适当拓宽了近代物理部分，增加了在工程中的一些实际应用。本书可作为一般院校非物理专业的理工科类大学物理教材或参考书，也可用于专科物理（包括夜大、电大、函授等）的教学。

图书在版编目(CIP)数据

物理学教程．上册/张庆国，尤景汉主编．—北京：机械工业出版社，2013.1（2017.10重印）
普通高等教育“十二五”规划教材
ISBN 978-7-111-40514-6

Ⅰ.①物… Ⅱ.①张…②尤… Ⅲ.①物理学—高等学校—教材 Ⅳ.①O4

中国版本图书馆CIP数据核字(2012)第280788号

机械工业出版社(北京市百万庄大街22号 邮政编码100037)
策划编辑：李永联 责任编辑：李永联 贺 纬
版式设计：霍永明 责任校对：陈延翔
封面设计：饶 薇 责任印制：李 昂
三河市宏达印刷有限公司印刷
2017年10月第1版第5次印刷
169mm×239mm·21.5印张·418千字
标准书号：ISBN 978-7-111-40514-6
定价：32.50元

凡购本书，如有缺页、倒页、脱页，由本社发行部调换
电话服务 网络服务
服务咨询热线：010－88379833 机工官网：www.cmpbook.com
读者购书热线：010－88379649 机工官博：weibo.com/cmp1952
教育服务网：www.cmpedu.com
封面无防伪标均为盗版 金书网：www.golden-book.com

前　言

为贯彻“国家中长期教育改革和发展规划纲要（2010—2020）”的需要，按照教育部高等学校物理基础课程教学指导分委员会2010年制订的《**理工科类大学物理课程教学基本要求**》，结合我们多年的教学经验和教学研究成果编写了这套适用于一般院校的大学物理教材。

大学物理教学的目的是使学生对物理学的基本概念、基本理论和基本方法有比较系统的认识和正确的理解，增强分析问题和解决问题的能力，培养探索精神和创新意识，提高科学素养，树立科学的世界观。加之它的普遍性、基础性以及与其他学科的相关性，所以，在高等学校各专业的人才培养过程中，大学物理都是一门重要的通识性必修基础课。

在编写本教材时，主要注意了以下几点：

（1）考虑到一般院校大学物理课程学时的限制，本书主要将“基本要求”中的A类知识点作为核心内容，阐述物理学的基础理论，涵盖了全部的74条内容。同时，对B类知识点的51条内容有选择地进行拓宽。这样，既保证了课程的系统性和完整性，又能使学生的知识面得到一定的拓宽。

（2）正确处理经典物理和近代物理的关系。“加强基础，拓宽近代”已成为大学物理教学改革的趋势。我们认为，经典物理不但是学习理工科各专业知识的理论基础，而且也是学习近代科学技术的理论基础。同时，经典物理是当今科学和技术各领域应用最广泛的基础理论，所以，在拓宽近代内容的同时，我们并不是一味压缩经典内容，而是尽可能挖掘经典内容更深层次的涵义和应用。比如，在力学中，我们介绍了对称性与守恒律的关系；在热学中，介绍了熵与信息；在电磁学中，介绍了场致发射显微镜等，使经典物理与近代物理有机联系起来，处处充满了现代气息。

（3）提高教学质量是高等教育的永恒主题，而创新能力的培养是近期高等教育改革的热门话题。作为高校的一门公共基础课，如何在这方面有所担当，是从事大学物理课程教学的每个工作者应该思考的问题。在本书内容的编排和习题的选择上，我们力求在这方面有所体现。比如，注重对问题的分析，注重物理学理论在工程中的应用，注重与生产、生活实际相结合等。本书特别强调，对于物理问题，首先要进行认真的分析，只有通过分析，才能透彻地理解问题、解决问题。例如，对一些物理概念的引出、定理的证明注意了分析的方法；对于力学例题，不是简单地写上“根据（或利用）……定理，列出方程”，而是根据研究对象的受力图，自然地分析出所用的定理、定律等。正是基于此，本书不仅适用老师的教，更适用于学生的学。

(4) 编写本书时，尽量采用书刊上发表的较新教学研究成果，并尽量结合作者多年的教学经验，例如，稳恒磁场的镜像对称电流元定理、位移电流的引入、机械波的多普勒效应、在相对论中通过实例讲述光的多普勒效应、两个独立普通光源的干涉等。有些教研成果则通过习题予以介绍，例如不用洛仑兹变换导出相对论的速度变换公式。

(5) 按照新的“基本要求”，同时借鉴国外物理教材的基本内容以及现行我国中学物理课程的改革等，在基本内容和知识点上较之传统大学物理教材有所增加。如把以前从没涉及的“几何光学”内容也编入书中，这使得本书在内容和结构上更趋完整。

(6) 为了提高学生思想品德的修养，培养学生追求真理、不畏权势和实事求是的科学精神，我们在本书的每章开头均介绍了一位颇有建树的物理学家，如坚持真理、不畏权势的科学先驱——伽利略，善于思考、富于想象的物理鼻祖——牛顿，聪颖勤奋、锐意进取的电磁理论创始人——麦克斯韦，淡泊名利、大胆创新的物理大师——爱因斯坦等。一方面介绍了他们在科学上的贡献和高尚的品德，另一方面使学生了解了物理学的发展。

(7) 本书使用全国科学技术名词审定委员会审定公布的物理学名词。书中如果不作特别说明，各物理量均采用国际单位制。

(8) 为方便教学，在本书出版的同时，还制作了与之配套的电子教案和学习辅导用书。电子教案可根据任课老师的讲课特点进行修改使用。

本书的参考教学时数在130学时以内，可作为一般院校非物理专业的理工科大学物理教材，也可用于专科物理（包括夜大、电大、函授等）的教学。根据使用者的具体情况，本书加有*号的内容可以选讲或自学。

本书由张庆国、尤景汉任主编，负责全书框架的设计和统稿，陈庆东、汤正新任副主编。参加编写的人员有：张庆国（编写第1、2、9章、附录），陈庆东（编写第3、4、5章），刘香茹（编写第6、7章），巩晓阳（编写第8、10章），汤正新（编写第11、12、13、14、15章），尤景汉（编写第16、17、18、19、20章）。

在编写本书时，我们还参考了一些国内外大学物理教材，特别是郑思明教授主编的《大学物理学》和张三慧教授主编的《大学物理学》，借鉴了其中的部分内容。编写过程中，我校大学物理教研室的老师们提出了很多建设性建议。本书的出版得到了机械工业出版社和河南科技大学教务处的大力支持。在此，我们一并表示衷心的感谢。

由于我们水平有限，编写时间仓促，书中错误之处在所难免，希望广大读者多提宝贵意见，以使本书更趋完善。

编者

2012年11月

目　录

第1篇　力 学 基 础

自然界中物质的运动有多种形式，而最简单最基本的运动形式就是机械运动，即物体位置随时间的变化。如天体的运动、飞机的航行、机器的转动、大气和河流的流动、心脏的跳动等都是机械运动，它们都遵从一定的客观规律。力学的研究对象就是机械运动的客观规律及其应用。

力学是建立在实验基础之上的，在这里，伽利略、笛卡儿、惠更斯等人作出了杰出的贡献。在此基础上，牛顿对前人的工作进行了分析、综合和归纳，提出了力学的基本定律，为建立完整的力学理论体系奠定了基础。

本篇主要研究适应于低速、宏观的运动情况，即经典力学部分，它包括牛顿运动定律和三个守恒定律等。对于高速运动物体的力学规律将在狭义相对论中介绍。

伽利略（Galileo Galilei，1564—1642），伟大的意大利物理学家、天文学家、发明家和哲学家，科学革命的先驱。历史上他首先在科学实验的基础上融会贯通了数学、物理学和天文学三门知识，扩大、加深并改变了人类对物质运动和宇宙的认识；提出了著名的相对性原理、惯性原理、抛体运动定律、摆的等时性等；哥白尼日心学说的捍卫者。《关于两门新科学的对话和数学证明》一书，总结了他最成熟的科学思想以及在物理学和天文学方面的成就。

第1章 质点运动学

通常把力学分为运动学、动力学和静力学。运动学只讨论物体在运动过程中位置随时间而变的规律，并不考虑运动变化的原因；动力学则研究物体的运动与物体作用之间的内在联系，既要考虑运动的变化，又要考虑其变化的原因；静力学研究物体在相互作用下的力学平衡问题，可把它看成是动力学的一部分。本章只讨论运动学，主要研究描述物体运动的各个物理量，如位移、速度和加速度等，并导出这些物理量所遵从的运动学公式。

1.1 参考系 质点

空间和时间是运动着的物质存在的基本形式，任何物质的运动都是在空间和时间中进行的。机械运动就是物体在空间的位置随时间的变化。我们引入参考系、坐标系、时刻、时间间隔等概念，来描述物体在空间和时间中的运动。

1.1.1 参考系

1. 运动的绝对性和运动描述的相对性

自然界中任何物体都在不停地运动着，绝对静止不动的物体是没有的。如地球上的建筑物看来是静止不动的，其实它们都随着地球一起运动，即参与地球的自转与绕太阳的公转；太阳也不是静止的，它率领着太阳系的行星绕着银河系的中心高速旋转；即使是银河系，从银河系以外的其他星系来看，也是运动着的。就连浩瀚的宇宙也在日益膨胀着……如果深入到物质内部去，组成物质的各种分子、原子、电子等，也都在作永不停息的运动。自然界中找不到一个物体相对于其他所有物体都是静止的，因此说运动是绝对的。另一方面，对物体运动的描述却是相对的。如静止在地面上的观察者看到雨点竖直下落，而在行驶的列车上的观察者却看到雨点斜向下运动。这说明不同的观察者对同一物体的运动有着不同的描述，这就是运动描述的相对性。静止是物体运动的特殊状态，站在地面上的人认为电线杆是静止的，在运动的车上的人看，它却是运动的，静止只是相对的静止。

2. 参考系

由于对物体运动的描述是相对的，因此要具体地描述一个物体的运动，就要首先指明是相对于哪一个物体，即是以哪一个物体作为标准。为描述物体的运动而被选做标准的物体称为参考物。参考物的选择，原则上是任意的，主要看分析和解决问题的方便而定。例如，在研究地面上物体的运动时，通常以地球作为参考物；而研究地球的运动时，则多以太阳作为参考物。

参考物选定后，为了定量地确定物体相对于参考物的空间位置，就必须在参考物上建立一个适当的坐标系。固定有坐标系的参考物叫做参考系。至于选用什么坐标系，坐标原点设在哪里，坐标轴的方位如何，这都是随意的。常用的坐标系有直角坐标系、极坐标系、球坐标系、自然坐标系等。坐标系不同的设置，只不过是描述物体运动所用的参数不同，对物体运动的本质并没有影响。不过，坐标系选择得当，可以简化计算或者便于描述。

1.1.2　质点和质点系

任何物体都有其大小、形状、质量和内部结构，即使是很小的分子、原子、电子以及其他的基本粒子也不例外。一般地，物体运动时，其内部各点的位置变化常常是各不相同的，而且物体的大小和形状也可能发生变化。但是，如果在我们所研究的问题中，物体的大小和形状的变化不起作用，或者所起的作用可以忽略不计时，我们就可以近似地把这个物体看做只具有质量而没有大小和形状的一个几何点，这样的点通常叫做**质点**。

质点是一个理想化模型，完全是为了简化问题而引入的，其实际意义有以下几点：

1）如果一个物体只作平动，不转动也不变形，那么，物体上各点的运动必然相同，此时整个物体的运动可用物体上任何一点的运动来代表，这一点具有整个物体的质量，它的运动就是整个物体的运动，这一点就是质点。有时物体的运动不是平动，但是如果我们只研究它的整体运动，并不关心物体上各点的运动有什么不同，那么也可以把物体当成质点来处理。例如，列车时刻表中就是把火车视为质点的。

2）当物体本身的线度与其他物体的距离相比很小以致可以忽略不计时，我们可以不考虑物体上各部分运动的不同，而将物体视为质点。例如，在研究地球绕太阳公转时，地球上各点的距离与日地距离相比是微不足道的，因此，可以将地球视为质点；但是如果要研究地球各部分的相对运动时，就不能将它视为质点了。又如在研究物体转动时，可以把其中的分子、原子看成质点，但是要研究分子、原子的转动时，就不能把它们看成质点了。所以能否将物体当做质点来处理要由所研究问题的具体性质来确定，与物体本身的大小没有关系。

3）当研究物体的运动不能忽略物体的大小和形状时，质点模型就不适用了。这时，可以把物体看成是由若干质点组成的质点系统，简称质点系。这样，通过研究各质点的运动规律，便可以了解整个物体的运动情况了。

4）质点和质点系是从客观实际中抽象出来的理想化模型。后面还会遇到其他的理想化模型，如：刚体、理想气体、点电荷、电流元等。在科学研究中，常常根据所研究问题的性质，突出主要因素，忽略次要因素，可使一个复杂问题得到简化，使一个实际物体变得简单和抽象化，这是经常采用的一种科学思维方法。可以说，任何一个科学的结论，都是建立在合适的理想化模型基础之上的。我们应当学会如何针对实际问题的本质建立起适当的理想模型，并用理想模型来分析问题和解决问题。

1.1.3 时刻与时间间隔

日常用的“时间”一词通常有两种含义。有时是指某一瞬时，如“上课的时间是8点钟”。有时是指某一段时间，如“每节课的时间是45分钟”。在力学中为了明确区分这两种含义，引入“时刻”和“时间间隔”两个概念。

时刻，就是指在时间不停地流逝过程中的一刹那、一瞬间，用符号 t 表示。由于时间从过去到未来都是无限的，为了用具体数字表示时刻，必须选定某一时刻作为计时起点（$t=0$），再选定量度时间的单位，如秒、分、小时等，这样，其他任一时刻就可以用数字表示出来，而且规定在计时起点之后的时刻为正，即 $t>0$；在计时起点之前的时刻为负，即 $t<0$。如上面说的8点钟就是以0时（夜间12时）作为计时起点的。在讨论力学问题时，计时起点的选择是任意的，如果选择物体开始运动的时刻为 $t=0$，一般就只讨论 $t>0$ 的运动。

时间间隔表示两个时刻之间所经历的时间，等于末时刻 t_2 减去初时刻 t_1，用 Δt 表示，即 $\Delta t=t_2-t_1$。末时刻 t_2 总大于初时刻 t_1，因此时间间隔（简称时间）Δt 总大于零。

计时起点可以任意选择，因此，表示某一时刻的数值是相对于计时起点的，而时间间隔却与计时起点的选择无关。

1.2　描述质点运动的物理量

1.2.1　位置矢量和运动方程

要描述一个质点的运动，首先要确定它的位置，然后再看它的位置是如何随时间变化的。我们可以在参考物上建立一个空间直角坐标系，质点在空间的位置可以用它的位置矢量来表示。质点的**位置矢量**（简称位矢或矢径）定义为：从坐标原点指向质点的有向线段。例如，在图 1-1 的空间直角坐标系 $Oxyz$ 中，质点 P 的位置矢量就是从原点 O 指向 P 点的有向线段$\overrightarrow{OP}$，记为 $\boldsymbol{r}$，位矢 $\boldsymbol{r}$ 在坐标轴上的分量就是质点的坐标(x,y,z)（它们可正可负，例如，若 $x<0$，则表示质点在 x 轴上的投影位于 x 轴的负方向上），显然有

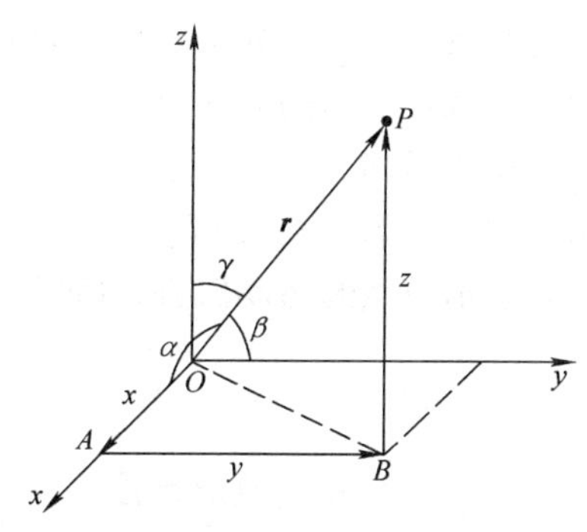

图 1-1　位置矢量

$$\boldsymbol{r} = \overrightarrow{OP} = \overrightarrow{OA} + \overrightarrow{AB} + \overrightarrow{BP} = x\boldsymbol{i} + y\boldsymbol{j} + z\boldsymbol{k} \tag{1-1}$$

式中的 $\boldsymbol{i}$，$\boldsymbol{j}$，$\boldsymbol{k}$ 分别表示 x，y，z 轴正方向的单位矢量，即有 $|\boldsymbol{i}| = |\boldsymbol{j}| = |\boldsymbol{k}| = 1$，且$\dfrac{\mathrm{d}\boldsymbol{i}}{\mathrm{d}t} = \dfrac{\mathrm{d}\boldsymbol{j}}{\mathrm{d}t} = \dfrac{\mathrm{d}\boldsymbol{k}}{\mathrm{d}t} = 0$。

显然，$\boldsymbol{r} = x\boldsymbol{i} + y\boldsymbol{j} + z\boldsymbol{k}$ 与 P 点坐标（x，y，z）一一对应，它可以描述质点的位置，所以叫位置矢量。$\boldsymbol{r}$ 的大小为

$$r = |\boldsymbol{r}| = \sqrt{x^2 + y^2 + z^2} \tag{1-2}$$

其方向可由 $\boldsymbol{r}$ 与 x，y，z 轴的夹角 α，β，γ 确定，即

$$\cos\alpha = \frac{x}{r}, \qquad \cos\beta = \frac{y}{r}, \qquad \cos\gamma = \frac{z}{r}$$

因为 $\cos^2\alpha + \cos^2\beta + \cos^2\gamma = 1$，所以 α，β，γ 中只有两个是独立的。$\cos\alpha$，$\cos\beta$，$\cos\gamma$ 叫做位矢 $\boldsymbol{r}$ 的方向余弦。

位矢 $\boldsymbol{r}$ 是一个矢量，其运算法则与一般的数不同，它的相加或相减符合平行四边形或三角形（多边形）法则。同时，由于原点和坐标轴的选取都是任意的，$\boldsymbol{r}$ 和 x，y，z 都具有相对的意义，都是相对于某个参考系的。

若质点 P 是运动的，一般地，$\boldsymbol{r}$ 将随时间 t 的变化而变化，即 $\boldsymbol{r}$ 是时间 t 的函数，可写成

$$\boldsymbol{r} = \boldsymbol{r}(t) = x(t)\boldsymbol{i} + y(t)\boldsymbol{j} + z(t)\boldsymbol{k} \tag{1-3}$$

该式反映了质点的运动情况，所以叫质点的**运动方程**。它可以写成下面的分量形式

$$\begin{cases}x=x(t)\\y=y(t)\\z=z(t)\end{cases}\tag{1-4}$$

式(1-3)和式(1-4)是等效的。它们的等效性表明：式(1-3)所描述的质点在空间中的曲线运动可视为由式(1-4)所描述的三个相互垂直的直线运动(分运动)的叠加。这就是运动的叠加(或合成)原理。

在式(1-4)中，由前面两式消去 t，得 $F_1(x,y)=0$，它表示空间的一个曲面；由后面两式消去 t，得 $F_2(y,z)=0$，它表示空间的另一个曲面。这两个曲面的交线就表示质点的运动轨迹，所以

$$\begin{cases}F_1(x,y)=0\\F_2(y,z)=0\end{cases}\tag{1-5}$$

就是质点在空间的**轨迹方程**。

如果质点在一个平面内运动，这样的运动称为二维运动。取该平面为 xy 平面，则 $\boldsymbol{r}$ 只与 x，y 有关，运动方程写成 $\boldsymbol{r}=x(t)\boldsymbol{i}+y(t)\boldsymbol{j}$，或其分量形式：$x=x(t)$，$y=y(t)$。从这两个式中消去时间 t，得 $F(x,y)=0$，即 $y=y(x)$，就是质点在平面中的轨迹方程。

如果质点在一条直线上运动，则称为一维运动。取该直线为 x 轴，运动方程成为 $\boldsymbol{r}=x(t)\boldsymbol{i}$ 或 $x=x(t)$。

例如，如图1-2所示，质点作平抛运动时，运动方程为

$$\boldsymbol{r}=v_0t\boldsymbol{i}+\frac{1}{2}gt^2\boldsymbol{j}$$

其分量形式为

$$\begin{cases}x=v_0t\\y=\dfrac{1}{2}gt^2\end{cases}$$

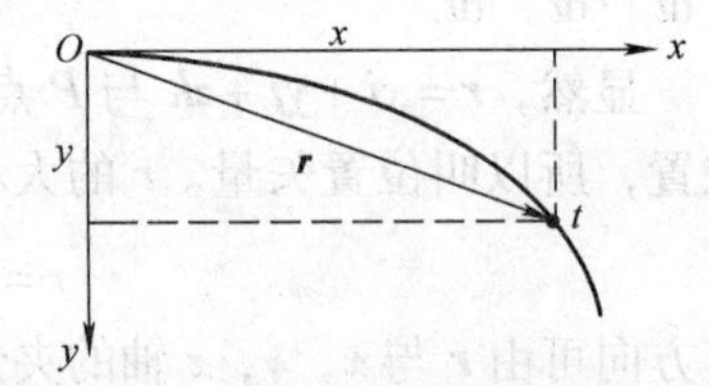

图1-2　平抛运动轨迹

消去 t，得质点在这个平面中的轨迹方程为 $y=\dfrac{g}{2v_0^2}x^2$，显然，其轨迹是一条抛物线。

1.2.2　位移矢量

若所研究的质点是运动的，则质点的位矢 $\boldsymbol{r}$ 是时间 t 的函数。如图1-3所示，质点沿某一条曲线运动，t 时刻质点位于 A 点，位置矢量为 $\boldsymbol{r}_A$，经过 Δt 时

间，在$t+\Delta t$时刻，质点运动到B点，位置矢量为$\boldsymbol{r}_B$，在Δt时间内，质点位置的变化可以用由A到B的有向线段$\overrightarrow{AB}$表示，称为质点在t到$t+\Delta t$这段时间的**位移**，记为$\Delta\boldsymbol{r}$，则

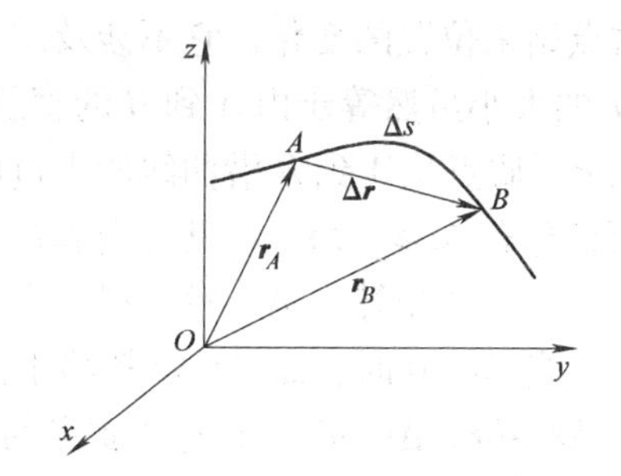

图 1-3　位移矢量

$$\Delta\boldsymbol{r}=\boldsymbol{r}_B-\boldsymbol{r}_A \tag{1-6}$$

所以位移是位矢的增量。它除了表示B点与A点的距离之外，还表明B点相对于A点的方位。如在直角坐标系中，有

$$\boldsymbol{r}_A=x_A\boldsymbol{i}+y_A\boldsymbol{j}+z_A\boldsymbol{k},\quad \boldsymbol{r}_B=x_B\boldsymbol{i}+y_B\boldsymbol{j}+z_B\boldsymbol{k}$$

所以

$$\begin{aligned}\Delta\boldsymbol{r}&=(x_B\boldsymbol{i}+y_B\boldsymbol{j}+z_B\boldsymbol{k})-(x_A\boldsymbol{i}+y_A\boldsymbol{j}+z_A\boldsymbol{k})\\&=(x_B-x_A)\boldsymbol{i}+(y_B-y_A)\boldsymbol{j}+(z_B-z_A)\boldsymbol{k}\\&=\Delta x\boldsymbol{i}+\Delta y\boldsymbol{j}+\Delta z\boldsymbol{k}\end{aligned} \tag{1-7}$$

式中，$\Delta x=x_B-x_A$，$\Delta y=y_B-y_A$，$\Delta z=z_B-z_A$分别为位移矢量$\Delta\boldsymbol{r}$在给定坐标系下在各个坐标轴上的分量，所以，位移在某一个轴上的分量就是质点在这个轴上的位移。

由式(1-7)可以看到，质点在空间的位移等于它在三个相互独立坐标方向上的位移的矢量叠加。位移的大小（即A，B两点之间的距离）用$|\Delta\boldsymbol{r}|$表示，则

$$|\Delta\boldsymbol{r}|=\sqrt{(\Delta x)^2+(\Delta y)^2+(\Delta z)^2}$$

位移大小的单位是长度单位，有厘米(cm)、米(m)、千米(km)等。位移的方向可由其方向余弦表示，即

$$\cos\alpha=\frac{\Delta x}{|\Delta\boldsymbol{r}|},\ \cos\beta=\frac{\Delta y}{|\Delta\boldsymbol{r}|},\ \cos\gamma=\frac{\Delta z}{|\Delta\boldsymbol{r}|}$$

位移是矢量，其运算应服从矢量的运算法则。位移$\Delta\boldsymbol{r}$和位矢$\boldsymbol{r}$不同，位矢确定某一时刻的位置，位移描述某段时间内始末质点位置的变化。对于相对静止的不同坐标系来说，位矢依赖于坐标系的选择，而位移则与所选取的坐标系无关，如图 1-4 所示。

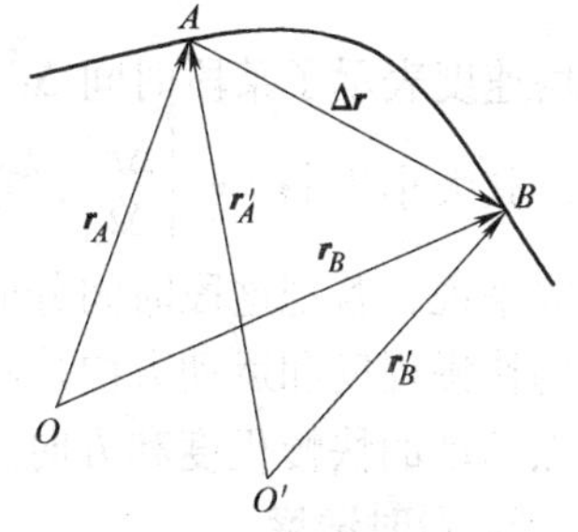

图 1-4　位移与坐标系无关

同时，位移与时间间隔有关，不同的时间间隔有不同的位移，即使是相同的时间间隔也会有不同的位移，这取决于质点的运动。

位移$\Delta\boldsymbol{r}$和路程Δs是两个不同的物理量。位移是矢量，路程是标量。位移只反映某段时间内

质点始末位置的变化，它不涉及质点位置变化过程的细节。如图 1-3 所示，位移 $\Delta\boldsymbol{r}$ 的大小虽然等于由 A 到 B 的直线距离，但并不意味着质点是从 A 沿直线移动到 B。质点从 A 到 B 沿曲线所走过的实际轨道的长度叫做路程。路程 Δs 是标量，而且总有 $\Delta s \geqslant |\Delta\boldsymbol{r}|$。只有当满足：①质点作方向不变的直线运动时；②$\Delta t \to 0$ 时，二者才相等。第一种情况是很明显的，下面讨论第二种情况。

当 $\Delta t \to 0$ 时，Δs 和 $\Delta\boldsymbol{r}$ 都趋于无限小量，它们大小的差别也趋于无限小，记为 $\Delta\boldsymbol{r} \to \mathrm{d}\boldsymbol{r}$，$\Delta s \to \mathrm{d}s$。此时，质点的实际路径也可以看成直线，而且有 $|\mathrm{d}\boldsymbol{r}| = \mathrm{d}s$，或 $\dfrac{|\mathrm{d}\boldsymbol{r}|}{\mathrm{d}s} = 1$，$\mathrm{d}\boldsymbol{r}$ 的方向是轨道的切线方向，且指向质点运动的一方。用 $\boldsymbol{\tau}$ 表示轨道切线方向的单位矢量，则有

$$\boldsymbol{\tau} = \frac{\mathrm{d}\boldsymbol{r}}{\mathrm{d}s} \tag{1-8}$$

$\boldsymbol{\tau}$ 的大小 $|\boldsymbol{\tau}| = 1$，沿切线指向运动的一方。由于 $\boldsymbol{\tau}$ 的方向不断变化，所以，$\dfrac{\mathrm{d}\boldsymbol{\tau}}{\mathrm{d}t} \neq 0$。

还要指出的是，位移的大小 $|\Delta\boldsymbol{r}| = |\boldsymbol{r}_B - \boldsymbol{r}_A|$ 和位矢大小的增量 $\Delta r = |\boldsymbol{r}_B| - |\boldsymbol{r}_A|$ 一般是不相等的。如图 1-5 所示，$|\Delta\boldsymbol{r}| = |\boldsymbol{r}_B - \boldsymbol{r}_A| = |\overrightarrow{AB}|$，而 $\Delta r = |\boldsymbol{r}_B| - |\boldsymbol{r}_A| = CB$。

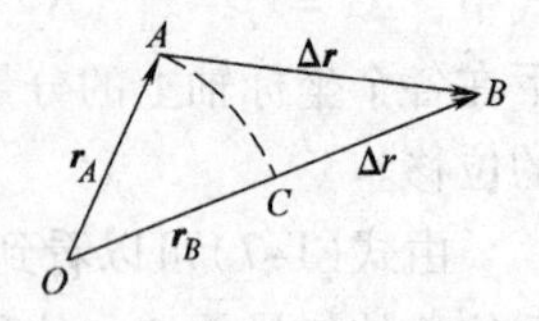

图 1-5　位移大小与位置矢量大小增量比较

1.2.3　速度

速度是描述物体运动快慢和方向的物理量。

1. 平均速度

若质点在 t 时刻由 A 点经 Δt 时间后运动到 B 点，位移为 $\Delta\boldsymbol{r}$，如图 1-3 所示，则定义在这段时间内质点的平均速度为

$$\bar{\boldsymbol{v}} = \frac{\Delta\boldsymbol{r}}{\Delta t}$$

平均速度表示了某段时间 Δt 内质点位置矢量平均变化快慢的情况，它是一个矢量，其大小为 $|\bar{\boldsymbol{v}}| = \left|\dfrac{\Delta\boldsymbol{r}}{\Delta t}\right|$，它的方向和 $\Delta\boldsymbol{r}$ 同向。平均速度与一段时间相对应。一般来说，若把这段时间分成许多更小的时间间隔，则各小段时间内质点运动的平均快慢程度和运动方向是不同的。因此，平均速度只能粗略地反映该段时间内质点运动的快慢程度和方向。

2. 瞬时速度

为了更精确地描述物体的运动，下面引入瞬时速度的概念。当 $\Delta t \to 0$ 时平均速度的极限值叫做 t 时刻质点的**瞬时速度**，简称**速度**，用 $\boldsymbol{v}$ 表示，则

$$\boldsymbol{v}=\lim_{\Delta t\to 0}\overline{\boldsymbol{v}}=\lim_{\Delta t\to 0}\frac{\Delta \boldsymbol{r}}{\Delta t}=\frac{\mathrm{d}\boldsymbol{r}}{\mathrm{d}t} \tag{1-9}$$

显然，速度等于位置矢量对时间的一阶导数，其大小为 $|\boldsymbol{v}|=\left|\frac{\mathrm{d}\boldsymbol{r}}{\mathrm{d}t}\right|$，单位为米/秒(m/s)。

速度 $\boldsymbol{v}$ 是矢量，它的方向是 $\Delta\boldsymbol{r}$ 的极限方向，与 $\mathrm{d}\boldsymbol{r}$ 同向，即质点运动轨道上该点的切线方向。于是，只要知道了用位矢表示的质点运动方程，就可求导得到质点的速度。

3. 平均速率

如果从时刻 t 到时刻 $t+\Delta t$，质点走过的路程为 Δs，则 Δs 与 Δt 的比值称为质点在该段时间内的平均速率，用 $\bar{v}$ 表示，则

$$\bar{v}=\frac{\Delta s}{\Delta t}$$

平均速率 $\bar{v}$ 是一个标量，描述质点沿运动轨道移动的平均快慢程度。由于一般情况下 $\Delta s\neq|\Delta\boldsymbol{r}|$，所以平均速度的大小一般不等于平均速率，即 $|\overline{\boldsymbol{v}}|\neq\bar{v}$。例如，质点从某个位置出发，经过任意一段路径回到原来位置，质点的位移为零，因此平均速度等于零，但路程不为零，平均速率就不为零。

4. 瞬时速率

质点在某时刻(或某位置处)的瞬时速率(简称速率)是当 $\Delta t\to 0$ 时平均速率的极限，即

$$v=\lim_{\Delta t\to 0}\bar{v}=\lim_{\Delta t\to 0}\frac{\Delta s}{\Delta t}=\frac{\mathrm{d}s}{\mathrm{d}t} \tag{1-10}$$

由于 $|\mathrm{d}\boldsymbol{r}|=\mathrm{d}s$，又 $|\boldsymbol{v}|=\left|\frac{\mathrm{d}\boldsymbol{r}}{\mathrm{d}t}\right|$，所以有 $v=|\boldsymbol{v}|$，即速率等于速度的大小。

如果要具体求出质点的速度，我们应当在所建立的坐标系中写出质点的运动方程 $\boldsymbol{r}=\boldsymbol{r}(t)$，然后由速度的定义 $\boldsymbol{v}=\frac{\mathrm{d}\boldsymbol{r}}{\mathrm{d}t}$ 求解。在直角坐标系中，运动方程写成

$$\boldsymbol{r}=\boldsymbol{r}(t)=x(t)\boldsymbol{i}+y(t)\boldsymbol{j}+z(t)\boldsymbol{k}$$

注意到 $\boldsymbol{i}$，$\boldsymbol{j}$，$\boldsymbol{k}$ 的大小和方向都不随时间 t 而变，所以有

$$\boldsymbol{v}=\frac{\mathrm{d}\boldsymbol{r}}{\mathrm{d}t}=\frac{\mathrm{d}x}{\mathrm{d}t}\boldsymbol{i}+\frac{\mathrm{d}y}{\mathrm{d}t}\boldsymbol{j}+\frac{\mathrm{d}z}{\mathrm{d}t}\boldsymbol{k} \tag{1-11}$$

$\boldsymbol{v}$ 在三个坐标轴的分量分别用 v_x，v_y，v_z 表示，即

$$\boldsymbol{v}=v_x\boldsymbol{i}+v_y\boldsymbol{j}+v_z\boldsymbol{k} \tag{1-12}$$

比较式(1-11)与式(1-12)，得到

$$v_x=\frac{\mathrm{d}x}{\mathrm{d}t},\ v_y=\frac{\mathrm{d}y}{\mathrm{d}t},\ v_z=\frac{\mathrm{d}z}{\mathrm{d}t}$$

可见，速度 $\boldsymbol{v}$ 在三个坐标轴上的分量等于相应的坐标对时间的一阶导数。v_x，v_y，v_z 分别是质点沿 x，y，z 方向的速度，它的数值可正可负。若为正值，说明其方向与坐标轴的正方向相同；若为负值，说明其方向与坐标轴的正方向相反。所以速度的正负能说明质点运动的方向，速度的绝对值表示运动的快慢。

速度的大小为

$$v = \sqrt{v_x^2 + v_y^2 + v_z^2}$$

其方向可由方向余弦表示。

对于速度，还可以用另一种方法表示。根据导数的概念，速度可以改写为

$$\boldsymbol{v} = \frac{\mathrm{d}\boldsymbol{r}}{\mathrm{d}t} = \frac{\mathrm{d}\boldsymbol{r}}{\mathrm{d}s}\frac{\mathrm{d}s}{\mathrm{d}t} = v\boldsymbol{\tau} \tag{1-13}$$

式中，v 表示速度的大小；$\boldsymbol{\tau}$ 表示切线方向单位矢量，即速度方向的单位矢量。该式就是通常所说的速率即为速度的大小、方向沿其切线方向的数学表示。

1.2.4 加速度

质点在轨道上不同的位置时，其速度的大小和方向通常都是不相同的。为反映质点速度的变化快慢，我们引入加速度。

1. 平均加速度

如图 1-6 所示，设质点沿某一曲线运动，t 时刻质点处于 A 点，其速度为$\boldsymbol{v}_A$，$t+\Delta t$ 时刻质点运动到 B 点，速度为 $\boldsymbol{v}_B$。在 Δt 时间内，质点速度的大小和方向都发生了变化，将 A 点的速度 $\boldsymbol{v}_A$ 平移到 B 点，得速度的增量为 $\Delta\boldsymbol{v} = \boldsymbol{v}_B - \boldsymbol{v}_A$。定义质点在 Δt 这段时间内的平均加速度为

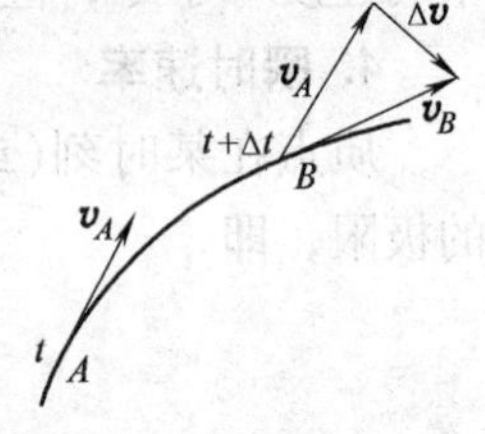

图 1-6　加速度

$$\overline{\boldsymbol{a}} = \frac{\Delta\boldsymbol{v}}{\Delta t}$$

显然，平均加速度 $\overline{\boldsymbol{a}}$ 是一个矢量，其大小 $|\overline{\boldsymbol{a}}| = \left|\frac{\Delta\boldsymbol{v}}{\Delta t}\right|$，方向与速度增量 $\Delta\boldsymbol{v} = \boldsymbol{v}_B - \boldsymbol{v}_A$的方向相同。

平均加速度只能粗略地描述一段时间内速度随时间变化的快慢。

2. 瞬时加速度

为了精确地描述质点在任一时刻 t(或任一位置处)运动速度的变化情况，引入瞬时加速度(即**加速度**)的概念。质点在某时刻或某位置的瞬时加速度等于当 $\Delta t\to 0$ 时平均加速度的极限值，可表示为

$$\boldsymbol{a} = \lim_{\Delta t\to 0}\overline{\boldsymbol{a}} = \lim_{\Delta t\to 0}\frac{\Delta\boldsymbol{v}}{\Delta t} = \frac{\mathrm{d}\boldsymbol{v}}{\mathrm{d}t} = \frac{\mathrm{d}^2\boldsymbol{r}}{\mathrm{d}t^2} \tag{1-14}$$

所以，质点的加速度等于质点的速度矢量对时间的变化率(或一阶导数)，或等

于位置矢量对时间的二阶导数。

加速度 $\boldsymbol{a}$ 是一个矢量，其大小 $|\boldsymbol{a}| = \left|\frac{\mathrm{d}\boldsymbol{v}}{\mathrm{d}t}\right| = \left|\frac{\mathrm{d}^2\boldsymbol{r}}{\mathrm{d}t^2}\right|$ $\left(\text{注意：一般情况下 } a \neq \frac{\mathrm{d}v}{\mathrm{d}t} \neq \frac{\mathrm{d}^2 r}{\mathrm{d}t^2}\right)$，其单位是米/秒²（$\mathrm{m/s^2}$）。加速度的方向就是当 $\Delta t \to 0$ 时，平均加速度 $\overline{\boldsymbol{a}} = \frac{\Delta \boldsymbol{v}}{\Delta t}$ 或速度增量 $\Delta\boldsymbol{v}$ 的极限方向。

应该注意到：$\Delta\boldsymbol{v}$ 的方向和极限方向一般不同于速度 $\boldsymbol{v}$ 的方向，因而加速度的方向与同一时刻速度的方向一般不一致。例如，质点作直线运动时，如果速率是加快的，那么 $\boldsymbol{a}$ 与 $\boldsymbol{v}$ 同向（夹角为 0°）；反之，如果速率是减慢的，那么 $\boldsymbol{a}$ 与 $\boldsymbol{v}$ 反向（夹角为 180°）。因此，在直线运动中，加速度和速度在同一直线上，可以有同向或反向两种情况。质点作曲线运动时，很显然，加速度总是指向曲线凹的一方。例如在抛体运动中，$\boldsymbol{v}$ 沿抛物线的切线方向，而加速度 $\boldsymbol{a}$（即重力加速度）始终竖直向下，如图 1-7 所示。物体在上升时，速率减慢，则 $\boldsymbol{a}$ 与 $\boldsymbol{v}$ 成钝角；物体下降时，速率增加，则 $\boldsymbol{a}$ 与 $\boldsymbol{v}$ 成锐角；达最高点时，则 $\boldsymbol{a}$ 与 $\boldsymbol{v}$ 成直角。

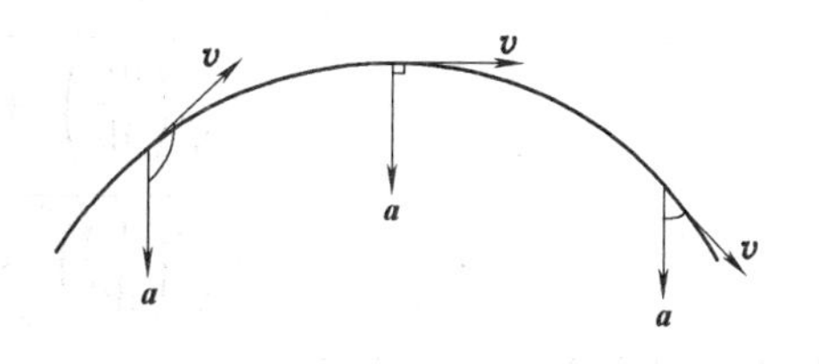

图 1-7　抛体运动中加速度与速度方向

以上给出的加速度的一般定义适用于任何坐标系，下面讨论加速度在两种常见坐标系中的表示形式。

3. 加速度在直角坐标系中的表示

由加速度的定义式（1-14）和式（1-11），得质点的加速度

$$\boldsymbol{a} = \frac{\mathrm{d}\boldsymbol{v}}{\mathrm{d}t} = \frac{\mathrm{d}v_x}{\mathrm{d}t}\boldsymbol{i} + \frac{\mathrm{d}v_y}{\mathrm{d}t}\boldsymbol{j} + \frac{\mathrm{d}v_z}{\mathrm{d}t}\boldsymbol{k} = \frac{\mathrm{d}^2\boldsymbol{r}}{\mathrm{d}t^2} = \frac{\mathrm{d}^2 x}{\mathrm{d}t^2}\boldsymbol{i} + \frac{\mathrm{d}^2 y}{\mathrm{d}t^2}\boldsymbol{j} + \frac{\mathrm{d}^2 z}{\mathrm{d}t^2}\boldsymbol{k} \tag{1-15}$$

又加速度在直角坐标系中可写为

$$\boldsymbol{a} = a_x\boldsymbol{i} + a_y\boldsymbol{j} + a_z\boldsymbol{k} \tag{1-16}$$

对照以上两式，可得

$$a_x = \frac{\mathrm{d}v_x}{\mathrm{d}t} = \frac{\mathrm{d}^2 x}{\mathrm{d}t^2},\quad a_y = \frac{\mathrm{d}v_y}{\mathrm{d}t} = \frac{\mathrm{d}^2 y}{\mathrm{d}t^2},\quad a_z = \frac{\mathrm{d}v_z}{\mathrm{d}t} = \frac{\mathrm{d}^2 z}{\mathrm{d}t^2} \tag{1-17}$$

速度的正负说明质点的运动方向，加速度的正负说明了什么？若 a_x 为正值，说明加速度在 x 轴上的分量沿 x 轴正向；若 a_x 为负值，说明加速度在 x 轴上的分量沿 x 轴负向。特别要注意，a_x 的正负并不能肯定质点在 x 轴上作加速运动还是减速运动，a_x 的正或负只是表明，随着时间的增长，v_x 在增大或减小，而 v_x 本身可以是正的，也可以是负的。例如 v_x 从 5m/s 减为 3m/s，质点在 x 正方向速

率减小，作的是减速运动，这时 a_x 为负，而 v_x 为正，它们的符号相反，说明方向相反；如果 v_x 从 -3m/s 变为 -5m/s，v_x 也减小，但是实际上质点的速率变大了(由3变为5)，它沿 x 负方向的运动加快了，质点作的是加速运动，这时 a_x 仍为负，但 v_x 也为负，它们的符号相同，方向相同。所以，判断一个质点沿 x 轴作加速运动还是减速运动不能只看它的 x 方向加速度的正负，而要同时考察质点加速度在 x 轴上的分量和速度在 x 轴上的分量，如果它们同向(即同号)，质点作加速运动；如果它们反向(即异号)，质点作减速运动。对 y 方向和 z 方向也一样。

加速度是矢量，其大小为

$$
\begin{aligned}
a &= \sqrt{a_x^2 + a_y^2 + a_z^2} \\
&= \sqrt{\left(\frac{\mathrm{d}v_x}{\mathrm{d}t}\right)^2 + \left(\frac{\mathrm{d}v_y}{\mathrm{d}t}\right)^2 + \left(\frac{\mathrm{d}v_z}{\mathrm{d}t}\right)^2} \\
&= \sqrt{\left(\frac{\mathrm{d}^2x}{\mathrm{d}t^2}\right)^2 + \left(\frac{\mathrm{d}^2y}{\mathrm{d}t^2}\right)^2 + \left(\frac{\mathrm{d}^2z}{\mathrm{d}t^2}\right)^2}
\end{aligned}
$$

其方向可由方向余弦表示。

4. 加速度在自然坐标系中的表示

(1) 平面自然坐标系　当质点作平面曲线运动且其轨迹已知时，我们还常采用另一种坐标系——平面自然坐标系(简称自然坐标系)。所谓**自然坐标系**，以运动质点为坐标原点，以质点的运动方向为一个坐标轴，称为切线方向，切线方向的单位矢量记为 $\boldsymbol{\tau}$；取垂直于切线方向且指向轨道凹侧的方向为另一个坐标轴，称为法线方向，法线方向的单位矢量记为 $\boldsymbol{n}$；并且，取轨迹上任意一点 O' 为坐标原点的起始位置，用轨迹的长度 s 来描述质点的位置，如图1-8所示。与直角坐标系不同的是，自然坐标系的坐标原点随着质点而运动，坐标轴 $\boldsymbol{\tau}$，$\boldsymbol{n}$ 的方向不断变化，不像直角坐标系中的 $\boldsymbol{i}$，$\boldsymbol{j}$，$\boldsymbol{k}$ 那样是常矢量。

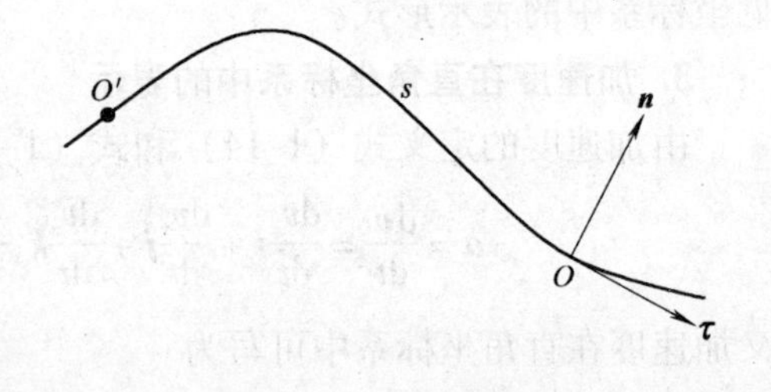

图1-8　自然坐标系

(2) 加速度在自然坐标系中的表示　在自然坐标系中，质点的运动速度可由式(1-13)得到

$$
\boldsymbol{v} = \frac{\mathrm{d}\boldsymbol{r}}{\mathrm{d}t} = \frac{\mathrm{d}\boldsymbol{r}}{\mathrm{d}s}\frac{\mathrm{d}s}{\mathrm{d}t} = v\boldsymbol{\tau}
$$

根据加速度的定义得

$$a=\frac{\mathrm{d}\boldsymbol{v}}{\mathrm{d}t}=\frac{\mathrm{d}}{\mathrm{d}t}(v\boldsymbol{\tau})=\frac{\mathrm{d}v}{\mathrm{d}t}\boldsymbol{\tau}+v\frac{\mathrm{d}\boldsymbol{\tau}}{\mathrm{d}t} \tag{1-18}$$

质点沿轨道作曲线运动时，$\frac{\mathrm{d}v}{\mathrm{d}t}$表示质点的速率随时间的变化率，$\frac{\mathrm{d}\boldsymbol{\tau}}{\mathrm{d}t}$应表示质点的速度方向(轨道的切线方向)随时间的变化率，尽管 $\boldsymbol{\tau}$ 的大小不变(等于 1)，但其方向在变。下面先来计算$\frac{\mathrm{d}\boldsymbol{\tau}}{\mathrm{d}t}$。

如图 1-9 所示，PQ 是一个质点的运动轨迹。假定质点经过 $\mathrm{d}t$ 时间，由 A 运动到 B，运动的路程为 $\mathrm{d}s$。由于 $\mathrm{d}s$ 很小，所以可以近似认为它是一段小圆弧，对应的曲率中心为 C，即 A，B 两点法线的交点，曲率半径为 ρ，即 A，C 两点的距离。设 A 点处切向单位矢量为 $\boldsymbol{\tau}$，B 点处切向单位矢量为 $\boldsymbol{\tau}'$，$\boldsymbol{\tau}$ 和 $\boldsymbol{\tau}'$ 的夹角为 $\mathrm{d}\varphi$（质点由 A 运动到 B 点，法线扫过的角度也为该值）。画出 $\boldsymbol{\tau}$，$\boldsymbol{\tau}'$和 $\mathrm{d}\boldsymbol{\tau}$ 构成的矢量三角形图，由于 $\mathrm{d}\varphi$ 很小，所以，该三角形为两底角为直角的等腰三角形(因为 $|\boldsymbol{\tau}|=|\boldsymbol{\tau}'|=1$)，所以，$\boldsymbol{\tau}$ 的增量 $\mathrm{d}\boldsymbol{\tau}(=\boldsymbol{\tau}'-\boldsymbol{\tau})\perp\boldsymbol{\tau}$，即 $\mathrm{d}\boldsymbol{\tau}$ 与 $\boldsymbol{n}$ 同向。因此有

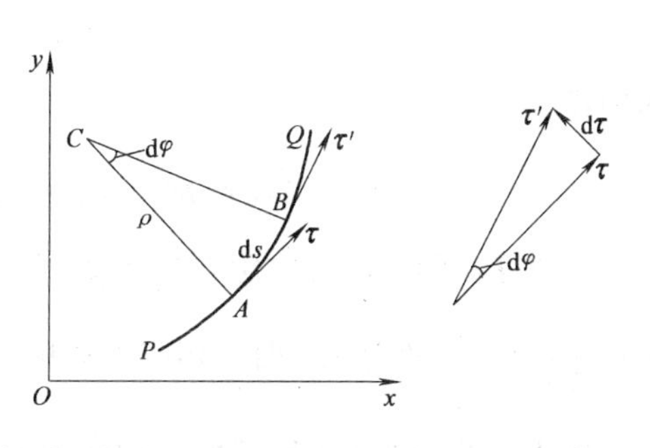

图 1-9 切向方向对时间一阶变化率的分析

$$\mathrm{d}\boldsymbol{\tau}=\tau\mathrm{d}\varphi\boldsymbol{n}=\mathrm{d}\varphi\boldsymbol{n}$$

则

$$\frac{\mathrm{d}\boldsymbol{\tau}}{\mathrm{d}t}=\frac{\mathrm{d}\varphi}{\mathrm{d}t}\boldsymbol{n}$$

又

$$\frac{\mathrm{d}\varphi}{\mathrm{d}t}=\frac{\mathrm{d}\varphi}{\mathrm{d}s}\frac{\mathrm{d}s}{\mathrm{d}t}=v\frac{1}{\frac{\mathrm{d}s}{\mathrm{d}\varphi}}=\frac{v}{\rho}$$

所以

$$\frac{\mathrm{d}\boldsymbol{\tau}}{\mathrm{d}t}=\frac{v}{\rho}\boldsymbol{n}$$

代入式(1-18)中，得

$$\boldsymbol{a}=\frac{\mathrm{d}v}{\mathrm{d}t}\boldsymbol{\tau}+\frac{v^2}{\rho}\boldsymbol{n} \tag{1-19}$$

所以，加速度 $\boldsymbol{a}$ 是两个相互垂直的分量的合成。一个分量是加速度在切线方向 $\boldsymbol{\tau}$ 的投影，称为切向加速度 $\boldsymbol{a}_\tau=\frac{\mathrm{d}v}{\mathrm{d}t}\tau$，它描述质点速率变化的快慢，大小为 $a_\tau=\frac{\mathrm{d}v}{\mathrm{d}t}$

(只有质点的速率随时间变化，该项才不等于零)；另一个分量是加速度在法向 $\boldsymbol{n}$ 的投影，称为法向加速度 $\boldsymbol{a}_n=\frac{v^2}{\rho}\boldsymbol{n}$，它描述质点运动方向变化的快慢，其大小为 $a_n=\frac{v^2}{\rho}$（只有质点速度的方向随时间变化，该项才不等于零)，方向与切向垂直，且指向轨道凹向的一方(指向轨道的曲率中心)。这样，在自然坐标系中，质点的总加速度写为

$$\boldsymbol{a}=a_\tau\boldsymbol{\tau}+a_n\boldsymbol{n} \tag{1-20}$$

大小为

$$a=\sqrt{a_\tau^2+a_n^2}=\sqrt{\left(\frac{\mathrm{d}v}{\mathrm{d}t}\right)^2+\left(\frac{v^2}{\rho}\right)^2} \tag{1-21}$$

加速度 $\boldsymbol{a}$ 的方向可以用它与速度 $\boldsymbol{v}$ 的方向(即切线方向)的夹角 θ 表示，$\theta=\arctan\left(\frac{a_n}{a_\tau}\right)$。当 θ 为锐角时，切向加速度 $a_\tau\boldsymbol{\tau}$ 与 $\boldsymbol{v}$ 同向，则 $a_\tau>0$，即 $\frac{\mathrm{d}v}{\mathrm{d}t}>0$，质点作加速运动；当 θ 为钝角时，切向加速度 $a_\tau\boldsymbol{\tau}$ 与 $\boldsymbol{v}$ 反向，则 $a_\tau<0$，即 $\frac{\mathrm{d}v}{\mathrm{d}t}<0$，质点作减速运动；当 $\theta=\frac{\pi}{2}$，即 $\boldsymbol{a}\perp\boldsymbol{v}$ 时，$a_\tau=0$，质点作匀速率曲线运动。这样，质点速度大小变化的快慢和方向变化的快慢，分别用切向加速度 a_τ 和法向加速度 a_n 来描写。

我们经常会遇到以下两种特殊情况：

1）直线运动：质点作直线运动时，其轨道的曲率半径 $\rho\to\infty$，此时 $a_n=0$，则 $a=a_\tau=\frac{\mathrm{d}v}{\mathrm{d}t}$，即切向加速度就是总加速度。

2）匀速率圆周运动：$v=$ 恒量，其轨道的曲率半径 $\rho=R$，此时 $a_\tau=0$，则 $a=a_n=\frac{v^2}{R}$，即法向加速度就是总加速度。

对于一般的曲线运动，其加速度就应该用式(1-20)描述。

1.3　质点运动学的基本问题

在运动学中，要确定质点的运动状态，无非就是研究质点的位置矢量、速度、加速度等几个物理量的关系，根据前面给出这些物理量的定义，关于运动学的问题实际上就存在以下两种情况：

1）如果已知质点的位置矢量随时间的变化关系 $\boldsymbol{r}=\boldsymbol{r}(t)$，则通过位矢 $\boldsymbol{r}$ 对时间 t 求一阶导数，可得速度 $\boldsymbol{v}(t)$，再求 $\boldsymbol{v}(t)$ 对 t 的一阶导数，就可得到加速度

$\boldsymbol{a}(t)$。这里要注意，已知的位矢 $\boldsymbol{r}=\boldsymbol{r}(t)$，一定是时间 t 的函数关系，而不是质点在某一时刻某一位置的具体值。

2）如果已知质点的加速度随时间的变化关系 $\boldsymbol{a}=\boldsymbol{a}(t)$，要求 $\boldsymbol{v}(t)$ 和 $\boldsymbol{r}(t)$，根据其定义，应进行积分运算。加速度对时间积分一次，得速度 $\boldsymbol{v}=\int\boldsymbol{a}\mathrm{d}t+\boldsymbol{c}_1$，速度对时间再积分一次，可得位置矢量 $\boldsymbol{r}=\int\boldsymbol{v}\mathrm{d}t+\boldsymbol{c}_2$，其中 $\boldsymbol{c}_1$，$\boldsymbol{c}_2$ 为积分常量，由质点的初始状态确定。这里要注意，已知的 $\boldsymbol{a}(t)$ 应是时间 t 的函数，而不是某一时刻或某一位置的具体值。

下面结合例题，来讨论这两种情况。

【例 1-1】 一质点在 Oxy 平面内运动，其运动方程为 $x=R\cos\omega t$ 和 $y=R\sin\omega t$，其中 R 和 ω 为正值常量。求质点的轨道方程以及质点在任一时刻的位矢、速度和加速度。

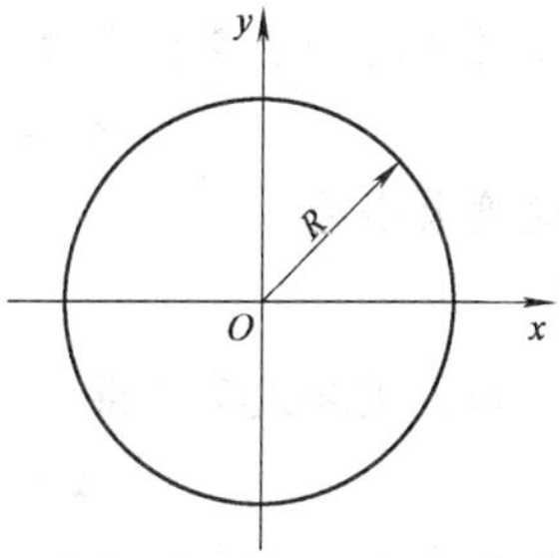

【解】 对 $x(t)$，$y(t)$ 两个函数分别取平方，然后相加，就可以消去时间 t 而得轨道方程为

$$x^2+y^2=R^2$$

这是一个圆心在原点、半径为 R 的圆的方程，如图 1-10 所示。它表明质点沿此圆周运动。

图 1-10　例 1-1 图

质点在任一时刻的位矢可表示为

$$\boldsymbol{r}=x\boldsymbol{i}+y\boldsymbol{j}=R\cos\omega t\boldsymbol{i}+R\sin\omega t\boldsymbol{j} \qquad ①$$

此位矢的大小为

$$r=\sqrt{x^2+y^2}=R \qquad ②$$

以 θ 表示此位矢和 x 轴的夹角，则

$$\tan\theta=\frac{y}{x}=\frac{\sin\omega t}{\cos\omega t}=\tan\omega t \qquad ③$$

因而 $\theta=\omega t$。

质点在任一时刻的速度可由位矢表示式求得，即

$$\boldsymbol{v}=\frac{\mathrm{d}\boldsymbol{r}}{\mathrm{d}t}=-R\omega\sin\omega t\boldsymbol{i}+R\omega\cos\omega t\boldsymbol{j} \qquad ④$$

它沿两个坐标轴的分量分别为

$$v_x=-R\omega\sin\omega t, \qquad v_y=R\omega\cos\omega t$$

速率为

$$v=\sqrt{v_x^2+v_y^2}=R\omega \qquad ⑤$$

由于 v 是常量，表明质点作匀速率圆周运动。

以β表示速度方向与x轴之间的夹角，则

$$\tan\beta=\frac{v_y}{v_x}=-\frac{\cos\omega t}{\sin\omega t}=-\cot\omega t$$

从而有

$$\beta=\omega t+\frac{\pi}{2}=\theta+\frac{\pi}{2} \qquad ⑥$$

这说明，速度在任何时刻总与位矢垂直，即沿着圆的切线方向。

质点在任一时刻的加速度为

$$\boldsymbol{a}=\frac{\mathrm{d}\boldsymbol{v}}{\mathrm{d}t}=-R\omega^2\cos\omega t\boldsymbol{i}-R\omega^2\sin\omega t\boldsymbol{j} \qquad ⑦$$

加速度的两个分量表示为

$$a_x=-R\omega^2\cos\omega t,\quad a_y=-R\omega^2\sin\omega t$$

加速度大小为

$$a=\sqrt{a_x^2+a_y^2}=R\omega^2 \qquad ⑧$$

由式①和式⑦可得

$$\boldsymbol{a}=-\omega^2(R\cos\omega t\boldsymbol{i}+R\sin\omega t\boldsymbol{j})=-\omega^2\boldsymbol{r} \qquad ⑨$$

式中的负号表示在任一时刻质点的加速度的方向总和位矢的方向相反，也就是匀速圆周运动的加速度总是沿着半径指向圆心的，因为$a_\tau=\frac{\mathrm{d}v}{\mathrm{d}t}=0$，$\rho=R$，所以$a=a_n=\frac{v^2}{R}=R\omega^2$。

以上的式①、④、⑦给出了任一时刻t的位矢、速度和加速度，要具体求某一确定时刻t_0的各物理量，只需将$t=t_0$代入相应的式中即可。

【例1-2】 在离水面高为$h=3\mathrm{m}$的岸边，有一人用不可伸长的绳拉船靠岸，人运动的速率$v_0=2\mathrm{m/s}$，求在离岸边$s=4\mathrm{m}$时船的速度、加速度的大小和方向。

【解】 取船的右边某点为坐标原点O，船前进的方向为x轴正向，如图1-11所示。

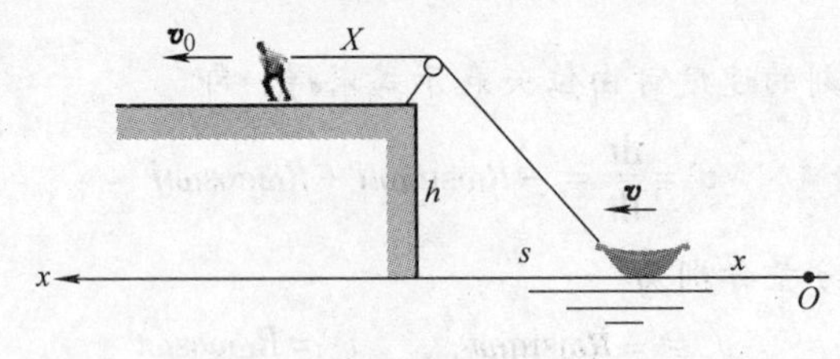

图1-11　例1-2图

设船的坐标为x，原点O距岸边的距离为c，且为常量

$$c=x+s \qquad ①$$

人的坐标为 $X+c$，人的速度为

$$v_0=\frac{\mathrm{d}(X+c)}{\mathrm{d}t}=\frac{\mathrm{d}X}{\mathrm{d}t}$$

绳长为

$$L=X+\sqrt{s^2+h^2}$$

两边对 t 求导，得

$$\frac{\mathrm{d}X}{\mathrm{d}t}=-\frac{s}{\sqrt{s^2+h^2}}\frac{\mathrm{d}s}{\mathrm{d}t} \qquad ②$$

式①两边对 t 求导，得船的速度

$$v=\frac{\mathrm{d}x}{\mathrm{d}t}=-\frac{\mathrm{d}s}{\mathrm{d}t} \qquad ③$$

由式②、式③消去$\frac{\mathrm{d}s}{\mathrm{d}t}$，得

$$v=\frac{\mathrm{d}x}{\mathrm{d}t}=\frac{\sqrt{s^2+h^2}}{s}\frac{\mathrm{d}X}{\mathrm{d}t}=\frac{\sqrt{s^2+h^2}}{s}v_0$$

船的加速度为

$$a=\frac{\mathrm{d}v}{\mathrm{d}t}=\frac{h^2v_0^2}{s^3}$$

代入数据可算得船的速度大小为

$$v=2.5\mathrm{m/s}$$

方向朝左，即船沿 x 轴正方向运动。

船的加速度大小为

$$a=\frac{9}{16}\mathrm{m/s^2}\approx0.56\mathrm{m/s^2}$$

与 v 同号，也沿 x 轴正向，即船作加速运动。

【例1-3】 一质点沿 x 轴运动，其加速度 $a=-kv^2$，其中 k 为正值常量。当 $t=0$ 时，$x=0$，$v=v_0$。求：(1)质点的速度、坐标与时间的函数关系 $v(t)$，$x(t)$；(2)质点速度与坐标的函数关系 $v(x)$。

【解】 (1) 由 $a(t)$ 求 $v(t)$ 和由 $v(t)$ 求 $x(t)$ 都是积分问题。

因为 $a=-kv^2=\frac{\mathrm{d}v}{\mathrm{d}t}$，所以

$$\frac{\mathrm{d}v}{v^2}=-k\mathrm{d}t$$

两边作定积分

$$\int_{v_0}^{v}\frac{\mathrm{d}v}{v^2}=\int_0^t-k\mathrm{d}t$$

得

$$v(t)=\frac{v_0}{1+kv_0t} \qquad ①$$

因为 $v=\frac{\mathrm{d}x}{\mathrm{d}t}=\frac{v_0}{1+kv_0t}$，所以

$$\mathrm{d}x=v\mathrm{d}t=\frac{v_0}{1+kv_0t}\mathrm{d}t$$

两边作定积分

$$\int_0^x \mathrm{d}x=\int_0^t \frac{v_0}{1+kv_0t}\mathrm{d}t$$

得

$$x=\frac{1}{k}\ln(1+kv_0t) \qquad ②$$

(2) 由式①得

$$1+kv_0t=\frac{v_0}{v}$$

代入式②，将时间 t 消去，得

$$x=\frac{1}{k}\ln\frac{v_0}{v}$$

即

$$v=v_0\mathrm{e}^{-kx}$$

本题中的时间 t 很容易消去，从而得到 $v(x)$。但在一般情况下，这种方法是很繁琐的，因此，我们往往采用以下方法进行。

因为

$$a=\frac{\mathrm{d}v}{\mathrm{d}t}=\frac{\mathrm{d}v}{\mathrm{d}x}\frac{\mathrm{d}x}{\mathrm{d}t}=v\frac{\mathrm{d}v}{\mathrm{d}x}=-kv^2$$

所以

$$\frac{\mathrm{d}v}{v}=-k\mathrm{d}x$$

两边作定积分

$$\int_{v_0}^{v}\frac{\mathrm{d}v}{v}=\int_0^x -k\mathrm{d}x$$

得

$$v=v_0\mathrm{e}^{-kx}$$

这种避开 t，直接由 $a(v)$ 积分得到 $v(x)$ 的方法，以后常会用到。

在该问题中，由于 $a<0$，$v>0$，所以，质点作减速运动。

1.4　匀变速运动

加速度的大小和方向都不随时间改变(即加速度 $\boldsymbol{a}$ 为常矢量)的运动，称为**匀变速运动**。在地球表面附近不太大的范围内，重力加速度 $\boldsymbol{g}$ 可看成一个常量。在忽略空气阻力的情况下，向空中任意方向以一定的初速度抛出一物体，物体将在重力作用下，沿一抛物线运动而落向地面。这种在竖直平面内因抛射而引起的运动称为抛体运动。例如投掷铅球、飞机投弹、电子束在匀强电场中的偏转等都是抛体运动。抛体运动就是匀变速运动。可见，作匀变速运动的质点，其运动轨迹不一定是直线。

下面由匀变速运动的特征 $\boldsymbol{a}$ = 常矢量出发，来确定任意时刻的速度和位置。

设 $t=0$ 时，$\boldsymbol{v}=\boldsymbol{v}_0$，$\boldsymbol{r}=\boldsymbol{r}_0$。根据加速度的定义 $\boldsymbol{a}=\frac{\mathrm{d}\boldsymbol{v}}{\mathrm{d}t}$，有 $\mathrm{d}\boldsymbol{v}=\boldsymbol{a}\mathrm{d}t$。两边积分，并注意到 $\boldsymbol{a}$ 是常量，可以提到积分号外，得

$$\int_{v_0}^{v}\mathrm{d}\boldsymbol{v}=\int_0^t\boldsymbol{a}\mathrm{d}t=\boldsymbol{a}\int_0^t\mathrm{d}t$$

积分得

$$\boldsymbol{v}=\boldsymbol{v}_0+\boldsymbol{a}t \tag{1-22}$$

中学讲过的 $v=v_0+at$ 是式（1-22）的特殊情况。式（1-22）不仅适用于直线运动，而且也适用于曲线运动。可以看出，任一时刻 $\boldsymbol{v}$，$\boldsymbol{v}_0$ 和 $\boldsymbol{a}t$ 正好构成一矢量三角形，如图 1-12 所示。

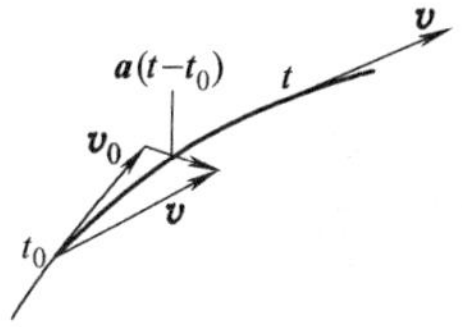

图 1-12　$\boldsymbol{v}$，$\boldsymbol{v}_0$ 和 $\boldsymbol{a}t$ 构成矢量三角形

由速度的定义 $\boldsymbol{v}=\frac{\mathrm{d}\boldsymbol{r}}{\mathrm{d}t}$，有 $\mathrm{d}\boldsymbol{r}=\boldsymbol{v}\mathrm{d}t$，将式（1-22）代入该式，两边作定积分，有

$$\int_{r_0}^{r}\mathrm{d}\boldsymbol{r}=\int_0^t\boldsymbol{v}\mathrm{d}t=\int_0^t(\boldsymbol{v}_0+\boldsymbol{a}t)\mathrm{d}t$$

积分得

$$\Delta\boldsymbol{r}=\boldsymbol{r}-\boldsymbol{r}_0=\boldsymbol{v}_0t+\frac{1}{2}\boldsymbol{a}t^2 \tag{1-23}$$

由式（1-23）知，$\Delta\boldsymbol{r}=\boldsymbol{r}-\boldsymbol{r}_0$，$\boldsymbol{v}_0t$ 和 $\frac{1}{2}\boldsymbol{a}t^2$ 也构成了一个矢量三角形，如图 1-13 所示。

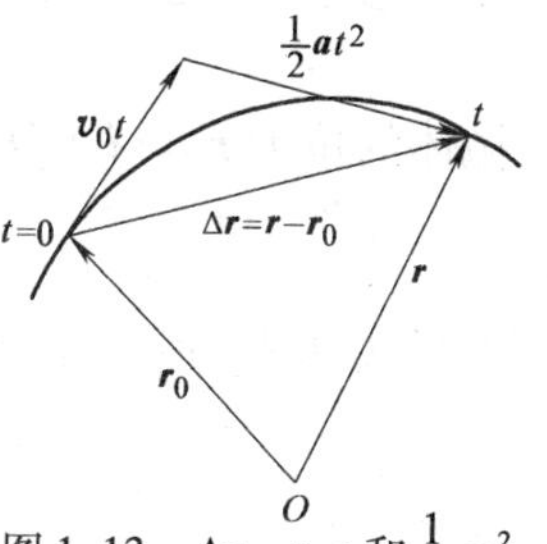

图 1-13　$\Delta\boldsymbol{r}$、$\boldsymbol{v}_0t$ 和 $\frac{1}{2}\boldsymbol{a}t^2$ 构成矢量三角形

式（1-22）和式（1-23）就是匀变速运动中质点的速度和位置，它们是分析抛体运动的基础公式。对抛体运动，由于是在竖直平面内运动，

因此，在该平面内以抛出点为坐标原点，建立平面直角坐标系 Oxy，式（1-22）和式（1-23）在该坐标系中的分量形式可写为

$$\begin{cases} v_x = v_{0x} + a_x t \\ v_y = v_{0y} + a_y t \end{cases} \quad ①$$

$$\begin{cases} x - x_0 = v_{0x} t + \dfrac{1}{2} a_x t^2 \\ y - y_0 = v_{0y} t + \dfrac{1}{2} a_y t^2 \end{cases} \quad ②$$

在分析抛体运动时，我们常常选 y 轴的方向竖直向上（也可以选其他方向），则

$$a_x = 0, \quad a_y = -g$$

式中，负号表示加速度的方向和 y 轴正方向相反。若初速度 v_0 的方向和 x 轴正向的夹角为 θ，则由式①有

$$v_x = v_0 \cos\theta, \quad v_y = v_0 \sin\theta - gt \quad ③$$

因 $t=0$ 时质点位于坐标原点，即 $x_0=0$，$y_0=0$，则在时刻 t，质点的坐标由式②得到

$$x = v_0 t\cos\theta, \quad y = v_0 t\sin\theta - \frac{1}{2} g t^2 \quad ④$$

若令 $v_y=0$，则由式③中的第二式得 $t=\dfrac{v_0\sin\theta}{g}$，代入式④中的第二式得射高 $H=\dfrac{v_0^2\sin^2\theta}{2g}$。

若令 $y=0$，则由式④中的第二式得 $t=0$ 和 $t=T=\dfrac{2v_0\sin\theta}{g}$（即物体飞行的总时间），将时间 T 代入式④中的第一式，就可得到射程 $s=x=\dfrac{v_0^2\sin 2\theta}{g}$。

在式④中，消去时间 t，得 $y = x\tan\theta - \dfrac{g}{2v_0^2\cos^2\theta}x^2$，此即抛体的轨道方程。

抛体的位矢 $\boldsymbol{r} = x\boldsymbol{i} + y\boldsymbol{j} = v_0 t\cos\theta\boldsymbol{i} + (v_0 t\sin\theta - \frac{1}{2}gt^2)\boldsymbol{j}$，从中可理解运动的叠加性。

在式③和式④中，若令 $\theta=0$，则为平抛运动，此时

$$\begin{cases} v_x = v_0 \\ v_y = -gt \end{cases} \quad \begin{cases} x = v_0 t \\ y = -\dfrac{1}{2}gt^2 \end{cases}$$

若令 $\theta=90°$，则为竖直上抛运动，此时

$$\begin{cases} v_x = 0 \\ v_y = v_0 - gt \end{cases} \quad \begin{cases} x = 0 \\ y = v_0 t - \frac{1}{2}gt^2 \end{cases}$$

实际上就是一维（直线）运动。

若令 $\theta = -90°$，则为竖直下抛运动，此时

$$\begin{cases} v_x = 0 \\ v_y = -v_0 - gt \end{cases} \quad \begin{cases} x = 0 \\ y = -v_0 t - \frac{1}{2}gt^2 \end{cases}$$

这也是一维运动。

若令 $v_0 = 0$，则为自由落体运动，有

$$\begin{cases} v_x = 0 \\ v_y = -gt \end{cases} \quad \begin{cases} x = 0 \\ y = -\frac{1}{2}gt^2 \end{cases}$$

它们都是抛体运动的特殊情况。

应该指出，以上关于抛体运动的公式都是在忽略空气阻力的情况下得出的，只有对密度较大、体积较小、低速运动的物体，才可以近似运用这些公式。对大型物体或高速运动的物体，空气阻力对抛射体运动的影响是很大的。例如，以初速度 550m/s、抛射角 45°射出的子弹，按理论公式计算，射程在 3×10^4m 以上，由于空气的阻力，实际上，射程不过 0.85×10^4m。子弹或炮弹的飞行规律，在军事技术中由专门的《弹道学》进行研究。而且，对于射高和射程很大的物体，在抛射体运动轨道上各点的重力加速度不同，即使忽略空气阻力，抛射体的运动也不是匀变速运动，因而以上的公式都不适用。

如果质点作匀变速直线运动，那么，在式①和式②中，取某一方向即可，例如，取 x 方向，有 $v = v_0 + at$ 和 $s = x = v_0 t + \frac{1}{2}at^2$，这是中学中常见的公式。

【例 1-4】 在水平地面上，以初速度 $\boldsymbol{v}_0$ 和抛射角 $\alpha(\alpha > 45°)$ 斜向上抛出一物体，求该物体运动所需的总时间。问经过多长时间物体的速度方向垂直于初速方向？

【解】 设 t_1 时刻物体到达最高点，此时速度为 $\boldsymbol{v}_1$；t_2 时刻物体的速度 $\boldsymbol{v}_2$ 与初速 $\boldsymbol{v}_0$ 垂直。

如图 1-14 所示，t_1 时刻，$\boldsymbol{g}t_1$ 与 $\boldsymbol{v}_1$ 垂直，$\boldsymbol{v}_0$、$\boldsymbol{g}t_1$ 与 $\boldsymbol{v}_1$ 构成一直角三角形，有

$$gt_1 = v_0 \sin\alpha \quad t_1 = \frac{v_0 \sin\alpha}{g}$$

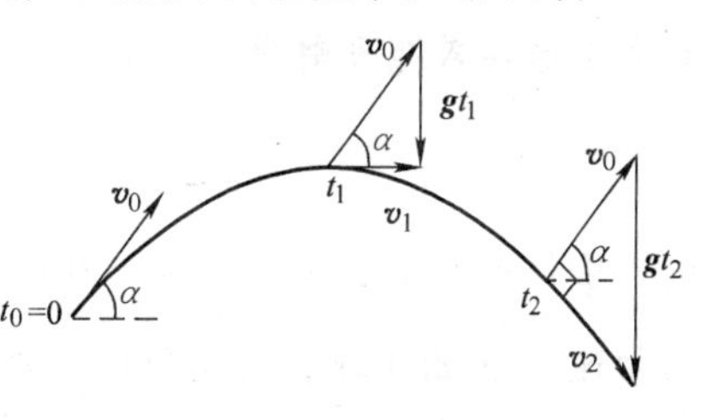

图 1-14　例 1-4 图

所以抛体运动的总时间为

$$T = 2t_1 = \frac{2v_0 \sin\alpha}{g}$$

t_2 时刻，v_2 与 v_0 垂直，v_0，$\boldsymbol{g}t_2$ 和 v_2 也构成矢量直角三角形，有

$$v_0 = gt_2\sin\alpha$$

由此可解得

$$t_2 = \frac{v_0}{g\sin\alpha}$$

【例 1-5】 一人在倾角为 α 的斜坡的下端 A 点处，以初速 v_0 与斜坡成 θ 角的方向抛出一小球（见图 1-15），小球下落时恰好垂直击中斜面，如果不计空气阻力，试证明 θ 角应满足下列条件

$$\tan\theta = \frac{1}{2\tan\alpha}$$

【解】 为简便起见，我们在竖直平面内选用如图 1-15 所示的坐标系 Oxy，原点 O 取在小球抛出点 A 处，x 轴平行于斜面向上，y 轴垂直于斜面向上，将重力加速度 $\boldsymbol{g}$ 沿 x 轴、y 轴分解，有

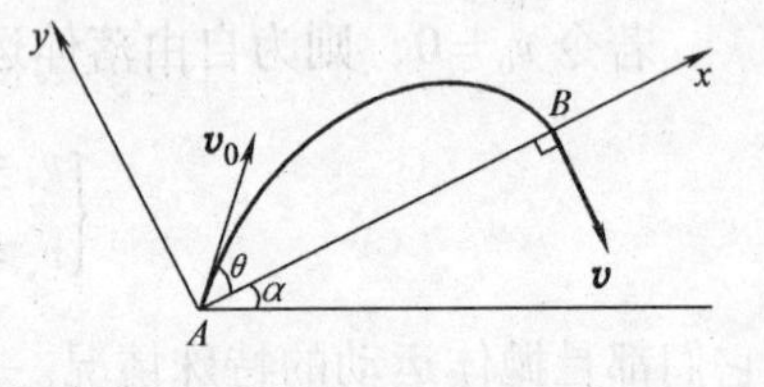

图 1-15 例 1-5 图

$$a_x = -g\sin\alpha, \quad a_y = -g\cos\alpha$$

按运动叠加原理，小球的运动可看为 x 方向运动和 y 方向运动的叠加。小球的速度分量分别为

$$v_x = v_0\cos\theta - gt\sin\alpha, \quad v_y = v_0\sin\theta - gt\cos\alpha$$

而坐标分别为

$$x = v_0 t\cos\theta - \frac{1}{2}gt^2\sin\alpha, \quad y = v_0 t\sin\theta - \frac{1}{2}gt^2\cos\alpha$$

根据题意，在小球击中斜面上 B 点的时刻（设为 t_B），小球速度垂直指向斜面，也就是说，当 $t = t_B$ 时，应有 $y = 0$ 和 $v_x = 0$，所以有

$$0 = v_0 t_B\sin\theta - \frac{1}{2}gt_B^2\cos\alpha$$

$$0 = v_0\cos\theta - gt_B\sin\alpha$$

联立上面二式即可解得

$$\tan\theta = \frac{1}{2\tan\alpha}$$

这一条件中并不包含初速 v_0，可以想到，只要使抛射角 $\theta = \arctan\frac{1}{2\tan\alpha}$，以较大的初速 v_0 抛出小球，就可使小球垂直击中斜面上离 A 较远的点。

1.5 圆周运动

质点沿固定圆轨道的运动称为**圆周运动**。

圆周运动是生产和生活中常见的一种运动，它是曲线运动的一个重要特例。物体绕定轴转动时，物体中各个质点都作圆周运动，所以研究圆周运动是研究物体绕定轴转动的基础。此外，任意形状的曲线都可看做是由许多曲率不同的小段圆弧组成，质点在这样一小段曲线上的运动可以看做圆周运动。因此，研究圆周运动具有一定的普遍意义。

1.5.1 质点作圆周运动的角量描述

设质点沿着半径为 R 的圆周运动，在圆周所在的平面上，取以圆心 O 为原点的坐标系 Oxy，如图 1-16 所示。显然，在任一时刻质点位矢 $\boldsymbol{r}$ 的大小恒等于 R，而其方向却随时间 t 在不断地变化。$\boldsymbol{r}$ 的方位可用它与 x 轴正向的夹角 θ 来表示，我们称 θ 为**角坐标**。这样，质点作圆周运动时，它在任一时刻 t 所处的位置可由角坐标 $\theta(t)$ 确定，相应的运动方程为

$$\theta=\theta(t) \tag{1-24}$$

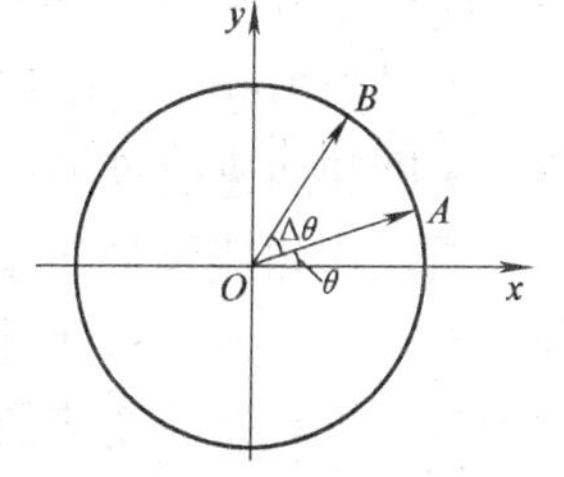

图 1-16 圆周运动的描述

在图 1-16 中，若质点在时刻 t 位于 A 点，其角坐标为 $\theta(t)$，在 $t+\Delta t$ 时刻，质点位于 B 点，其角坐标为 $\theta(t+\Delta t)$，则 $\theta(t+\Delta t)-\theta(t)$ 称为质点在这段时间内的**角位移**，记作 $\Delta\theta$，即

$$\Delta\theta=\theta(t+\Delta t)-\theta(t) \tag{1-25}$$

质点作圆周运动时，其运动的快慢可以用角速度描述。平均角速度 $\overline{\omega}$ 定义为在 t 到 $t+\Delta t$ 这段时间内质点的角位移 $\Delta\theta$ 与所用时间 Δt 之比，即

$$\overline{\omega}=\frac{\Delta\theta}{\Delta t}$$

为了能够精确地描述质点运动的快慢，定义瞬时角速度（简称**角速度**）为 $\Delta t\to0$ 时平均角速度的极限值，用 ω 表示，即

$$\omega=\lim_{\Delta t\to0}\overline{\omega}=\lim_{\Delta t\to0}\frac{\Delta\theta}{\Delta t}=\frac{\mathrm{d}\theta}{\mathrm{d}t} \tag{1-26}$$

所以，角速度是角坐标的时间变化率，其单位是弧度/秒（rad/s），或将弧度省略，直接写成 1/秒（1/s）。

如果角速度 ω 是一个常量，则质点作匀速圆周运动。这时我们还可以用质点在单位时间内绕圆周转过的圈数表示运动的快慢，称为转速，用 n 表示。显然，转速与角速度的关系为 $\omega=2\pi n$。质点作匀速圆周运动时，质点沿圆周运动一周所需要的时间称为周期，用 T 表示，它与角速度 ω 的关系是 $T=2\pi/\omega$。

一般地，质点作圆周运动时，其角速度是变化的，即 ω 是时间 t 的函数。为了描述角速度随时间变化的快慢，引入**角加速度**的概念。定义平均角加速度

$$\overline{\beta}=\frac{\Delta\omega}{\Delta t}$$

角加速度是平均角加速度在 $\Delta t \to 0$ 的极限，即

$$\beta = \lim_{\Delta t \to 0} \overline{\beta} = \lim_{\Delta t \to 0} \frac{\Delta \omega}{\Delta t} = \frac{d\omega}{dt} = \frac{d^2\theta}{dt^2} \tag{1-27}$$

其单位是：弧度/秒^2（rad/s^2）或直接写为 1/秒^2（1/s^2）。

角位移、角速度和角加速度等除了具有大小外，还有方向。我们可以先取定正方向（例如，规定质点沿圆周逆时针方向运动为正方向），用正、负表示各角量的方向，与规定的正方向相同时，取正值；反之取负值。

当 β 与 ω 同号时，它们同向，质点作加速圆周运动；当 β 与 ω 异号时，它们反向，质点作减速圆周运动。

上述角坐标、角位移、角速度和角加速度等称为角量。相应地，位矢、位移、速度和加速度等则称为线量。

质点作匀速圆周运动时，角速度 ω 是恒量，角加速度 $\beta = 0$。质点作变速圆周运动时，角速度 ω 不是恒量，角加速度 β 也可能不是恒量。如果角加速度 β 为恒量，这就是匀变速圆周运动。

质点作匀速圆周运动和匀变速圆周运动时，用角量表示的运动方程与匀速直线运动和匀加速直线运动的运动方程完全相似。匀速圆周运动的运动方程为

$$\theta = \theta_0 + \omega t \tag{1-28}$$

匀变速圆周运动的运动方程为

$$\begin{cases} \omega = \omega_0 + \beta t \\ \theta = \theta_0 + \omega_0 t + \dfrac{1}{2}\beta t^2 \\ \omega^2 = \omega_0^2 + 2\beta(\theta - \theta_0) \end{cases} \tag{1-29}$$

式中，θ，θ_0，ω，ω_0 和 β 分别表示角位置、初角位置、角速度、初角速度和角加速度。

现在将直线运动和圆周运动的一些公式列表对照于表 1-1，以便参考。

表 1-1

直线运动（线量）	圆周运动（角量）
位置 x，位移 Δx	角位置 θ，角位移 $\Delta\theta$
速度 $v = \dfrac{dx}{dt}$	角速度 $\omega = \dfrac{d\theta}{dt}$
加速度 $a = \dfrac{dv}{dt} = \dfrac{d^2x}{dt^2}$	角加速度 $\beta = \dfrac{d\omega}{dt} = \dfrac{d^2\theta}{dt^2}$
匀速直线运动 $x = x_0 + vt$	匀速圆周运动 $\theta = \theta_0 + \omega t$
匀变速直线运动 $\begin{cases} x = x_0 + v_0 t + \frac{1}{2}at^2 \\ v = v_0 + at \\ v^2 = v_0^2 + 2a(x - x_0) \end{cases}$	匀变速圆周运动 $\begin{cases} \theta = \theta_0 + \omega_0 t + \frac{1}{2}\beta t^2 \\ \omega = \omega_0 + \beta t \\ \omega^2 = \omega_0^2 + 2\beta(\theta - \theta_0) \end{cases}$

1.5.2　线量与角量之间的关系

质点作圆周运动时，有关线量（速度、加速度）和角量（角速度、角加速度）之间存在着一定关系，推导如下：

若质点在 Δt 时间内的角位移为 $\Delta\theta$，走过的路程为 Δs，如图 1-17 所示，则有 $\Delta s = R\Delta\theta$。当 $\Delta t \to 0$ 时，有 $\mathrm{d}s = R\mathrm{d}\theta$。两边同除以 $\mathrm{d}t$，得

$$\frac{\mathrm{d}s}{\mathrm{d}t} = R\frac{\mathrm{d}\theta}{\mathrm{d}t}$$

即

$$v = R\omega \tag{1-30}$$

切向加速度的大小

$$a_\tau = \frac{\mathrm{d}v}{\mathrm{d}t} = \frac{\mathrm{d}(R\omega)}{\mathrm{d}t} = R\frac{\mathrm{d}\omega}{\mathrm{d}t} = R\beta \tag{1-31}$$

法向加速度的大小

$$a_n = \frac{v^2}{R} = \omega^2 R \tag{1-32}$$

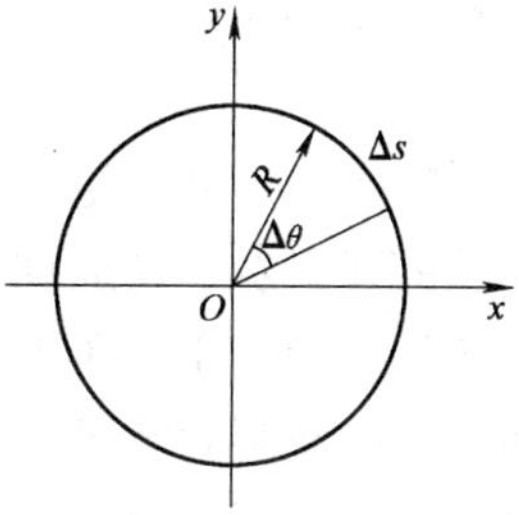

图 1-17　角量与线量的分析

因为圆周运动的法向总是指向圆心，所以，法向加速度 a_n 又称向心加速度。

质点作圆周运动的总加速度

$$\boldsymbol{a} = a_\tau \boldsymbol{\tau} + a_n \boldsymbol{n}$$

其大小

$$a = \sqrt{a_\tau^2 + a_n^2} = \sqrt{(R\beta)^2 + \left(\frac{v^2}{R}\right)^2}$$

其方向为 $\alpha = \arctan\dfrac{a_\tau}{a_n}$（$\alpha$ 为总加速度 $\boldsymbol{a}$ 与径向的夹角）。

【例 1-6】　一质点沿半径为 0.1m 的圆周运动，其角坐标 $\theta = 2 + 4t^2$，式中 t 以 s 计。(1) 求 $t = 2\mathrm{s}$ 时切向加速度和法向加速度的大小。(2) t 等于多少时，切向加速度的大小和法向加速度的大小相等？

【解】　由角速度和角加速度的定义有

$$\omega = \frac{\mathrm{d}\theta}{\mathrm{d}t} = 8t \quad \beta = \frac{\mathrm{d}\omega}{\mathrm{d}t} = 8(\mathrm{rad/s^2})$$

β 为常量，说明质点作匀变速圆周运动。

(1) 切向加速度

$$a_\tau = R\beta = 0.8(\mathrm{m/s^2})$$

也是常量。

法向加速度

$$a_n = \omega^2 R = 6.4t^2$$

是时间 t 的函数。在 $t=2\text{s}$ 时，解得

$$a_n=6.4\times2^2\text{m/s}^2=25.6\text{m/s}^2$$

(2) $a_\tau=a_n$ 时，即 $0.8=6.4t^2$，解出

$$t=\frac{\sqrt{2}}{4}\text{s}\approx0.354\text{s}$$

1.6 相对运动

物体的运动是绝对的，物体运动的描述是相对的。同一物体的运动，相对于不同的观察者，其运动规律是不同的。例如，从匀速运动的火车车厢顶部掉落一颗螺母，相对于火车静止的观察者看来，螺母作的是自由落体运动，而相对于地面静止的观察者看来，螺母作的是平抛运动。这种相对于不同的观察者的不同规律描述的是同一物体——螺母，它们之间应该存在一定的关系，这种关系就是我们所要讨论的相对运动。

如图 1-18 所示，在一个向右行进的火车中，一个物体(视为质点)作抛射运动，我们分别在“地面参考系”和“火车参考系”中对物体的运动进行描述。在 Δt 时间内，如果在车上参考系看来，物体有一个位移 $\Delta\boldsymbol{r}_{物\to车}$(下标“物→车”表示“物体相对于车”，下同)，在地面参考系看来，这个物体有一个位移 $\Delta\boldsymbol{r}_{物\to地}$，由图 1-18 可知，这两个位移是不同的，注意到在同一时间内 Δt，火车相对于地面的位移是 $\Delta\boldsymbol{r}_{车\to地}$，而且有

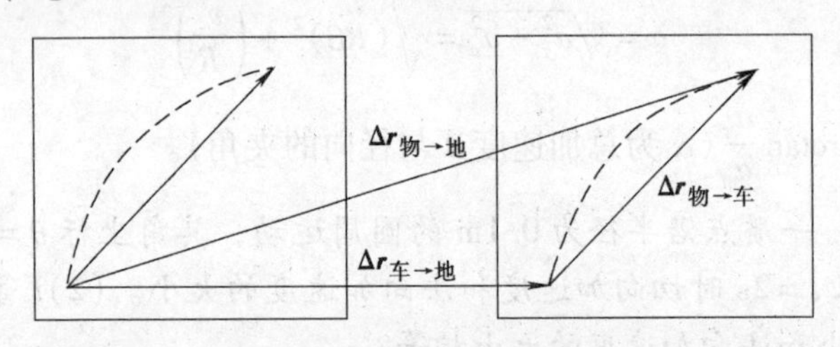

图 1-18 相对运动

$$\Delta\boldsymbol{r}_{物\to地}=\Delta\boldsymbol{r}_{物\to车}+\Delta\boldsymbol{r}_{车\to地} \tag{1-33}$$

令 $\Delta t\to0$ 取极限，则有

$$\mathrm{d}\boldsymbol{r}_{物\to地}=\mathrm{d}\boldsymbol{r}_{物\to车}+\mathrm{d}\boldsymbol{r}_{车\to地} \tag{1-34}$$

上式两边同除以 $\mathrm{d}t$，则

$$\frac{\mathrm{d}\boldsymbol{r}_{物\to地}}{\mathrm{d}t}=\frac{\mathrm{d}\boldsymbol{r}_{物\to车}}{\mathrm{d}t}+\frac{\mathrm{d}\boldsymbol{r}_{车\to地}}{\mathrm{d}t} \tag{1-35}$$

即

$$\boldsymbol{v}_{物\to地}=\boldsymbol{v}_{物\to车}+\boldsymbol{v}_{车\to地} \tag{1-36}$$

所以，物体相对于地面的速度等于物体相对于车的速度与车相对于地面的速度的矢量和。

如果两个参考系之间的运动是平动（例如车在地面上作直线运动），我们在式（1-36）两边再对时间求一次导数，得

$$\boldsymbol{a}_{物\to地}=\boldsymbol{a}_{物\to车}+\boldsymbol{a}_{车\to地} \tag{1-37}$$

所以，物体相对于地面的加速度等于物体相对于车的加速度与车相对于地面的加速度的矢量和。

由式（1-33）、式（1-36）、式（1-37）可知，一个物体相对于车的运动情况（位移、速度、加速度）与相对于地面的运动情况，一般是不同的。特别地，只有当车相对于地的加速度等于零（静止或作匀速直线运动）时，物体相对于车的加速度才等于物体相对于地面的加速度。

在具体运用这三个公式时，不必拘泥于物、车与地，对任何一个物体 A 和两个参考系 B，C，可以仿照式（1-36）写出

$$\boldsymbol{v}_{A\to C}=\boldsymbol{v}_{A\to B}+\boldsymbol{v}_{B\to C} \tag{1-38}$$

称为**速度合成定理**。

仿照式（1-37）写出

$$\boldsymbol{a}_{A\to C}=\boldsymbol{a}_{A\to B}+\boldsymbol{a}_{B\to C} \tag{1-39}$$

【例1-7】 一升降机以加速度 1.22m/s^2 上升，当上升速度为 2.44m/s 时，有一个螺母自升降机的天花板上松落，天花板与升降机的底面相距 $d=2.74\text{m}$。计算：

（1）螺母自天花板落到底面所需的时间；

（2）螺母相对于升降机外固定柱子的下降距离。

【解】 本题中螺母是运动物体，它作直线运动，所研究的运动过程就是螺母从升降机的天花板落到底面的过程。在这一过程中螺母的位移是多少？若以升降机为参考系（也就是在升降机内看），这个位移的大小就是升降机的高度 d，位移的方向向下，这也就是螺母相对于升降机的位移；若以地面为参考系（即在地面上看），它的位移 h 正是题目要求的，如图1-19所示。由于升降机与地面有相对运动，螺母相对于升降机的位移并不等于它相对于地面的位移，所以在这个问题中涉及一个运动物体（螺母）和两个参考系（升降机和地面）。为此我们来分析螺母相对于每个参考系的初速度、位移和加速度，以及两个参考系之间的运动。分析的结果如表1-2所示。（取向上为正方向，要求的量用“？”表示，注意三个“t?”实际上是相

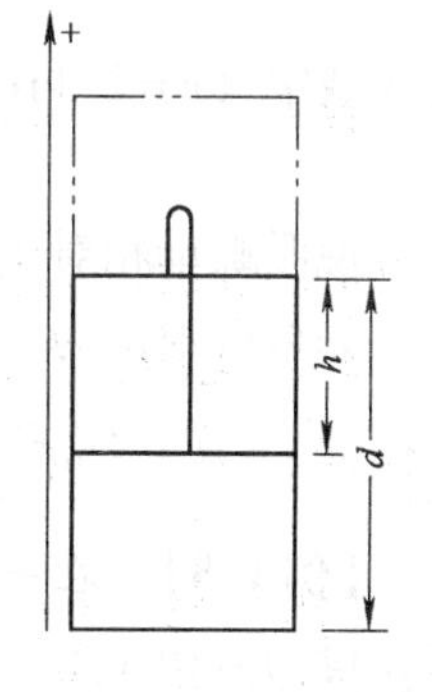

图1-19　例1-7图

等的，是同一个未知量。带括号的量是在计算过程中求得的）应当注意：螺母的重力加速度 $-g$ 是它相对于地面的加速度。（因为在这里用到了牛顿第二定律：重力 $-G=ma_{螺母\to地}$，所以，$a_{螺母\to地}=-G/m=-g$，而牛顿第二定律在地面参考系中成立，在电梯参考系中不成立，其道理将在第2章第2.1节中说明。）

表 1-2

	初速度	位移	加速度	时间
螺母相对于升降机	0	$-d$	$(-g-a)$	$t?$
升降机相对于地面	v		a	$t?$
螺母相对于地面	(v)	$h?$	$-g$	$t?$

表1-2中每一行的几个量都是螺母相对于同一个参考系的，应该符合匀变速直线运动中位移、初速度、加速度、时间之间的关系。每一列的三个量应该符合相对运动的公式，即前两个量的矢量和应该等于第三个量。因此可以得到，螺母相对于地面的初速度等于 $0+v=v$。螺母相对于升降机的加速度等于 $(-g)-a=-g-a$。这样在升降机参考系中，由表中第一行知，螺母的运动是匀变速直线运动，于是有

$$-d=\frac{1}{2}[-(g+a)]t^2$$

解出

$$t=\sqrt{\frac{2d}{g+a}} \quad ①$$

以 $d=2.74\text{m}$、$a=1.22\text{m/s}^2$、$g=9.8\text{m/s}^2$ 代入，算出

$$t=0.705\text{s}$$

由表中第三行，也就是以地面为参考系，可得

$$h=vt+\frac{1}{2}(-g)t^2 \quad ②$$

代入数字（$v=2.44\text{m/s}$），算出

$$h\approx-0.715\text{m}$$

负号说明螺母相对于地面下降了0.715m。

如果以地面为参考系研究升降机的运动，由表中第二行，升降机相对于地面的位移 $s=vt+\frac{1}{2}at^2$，由第二列，可得 $h=-d+s$，结果与式②相同。

【例1-8】 在一个光滑的水平面上有一个质量为 m_1 的劈，斜面倾角为 α。在光滑的斜面上有一个质量为 m_2 的小物体沿斜面下滑，从而使劈沿水平面向左移动。如果在某一时刻 m_2 在斜面上下滑的速度为 $\boldsymbol{v}_2$，而劈沿水平面向左移动的

速度为$\boldsymbol{v}_1$，如图1-20所示。问此时m_2相对于地面的速度等于多少？方向如何？

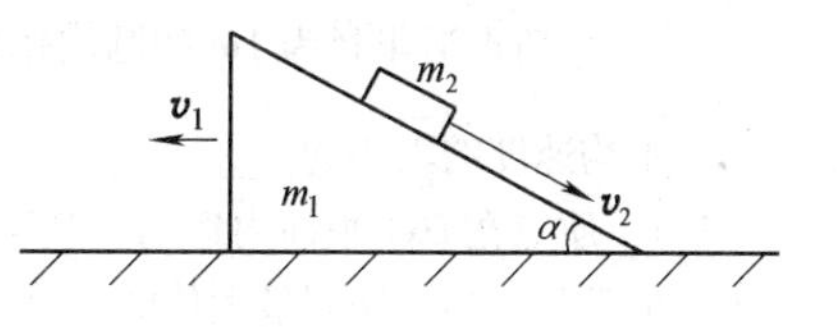

图1-20　例1-8图

【解】 对于一个速度，必须弄清是哪个物体相对于哪个参考系的速度。本题中$\boldsymbol{v}_2$是m_2沿斜面下滑的速度，应该是m_2相对于劈的速度。$\boldsymbol{v}_1$是劈水平左移的速度，应该是劈相对于地面的速度。要求的是m_2相对于地面的速度$\boldsymbol{v}_\mathrm{m}$，根据相对运动的公式，它应该是$\boldsymbol{v}_2$与$\boldsymbol{v}_1$的矢量和，即$\boldsymbol{v}_\mathrm{m}=\boldsymbol{v}_2+\boldsymbol{v}_1$。注意到$\boldsymbol{v}_2$和$\boldsymbol{v}_1$的方向不在一条直线上，应该用平行四边形法则相加，如图1-21所示。由余弦定理，可得

$$v_\mathrm{m}=\sqrt{v_2^2+v_1^2-2v_2v_1\cos\alpha} \qquad ①$$

它的方向由角β确定，利用正弦定理，有

$$\frac{\sin(\pi-\beta)}{v_2}=\frac{\sin\alpha}{v_\mathrm{m}}$$

可得

$$\sin\beta=\frac{v_2}{v_\mathrm{m}}\sin\alpha \qquad ②$$

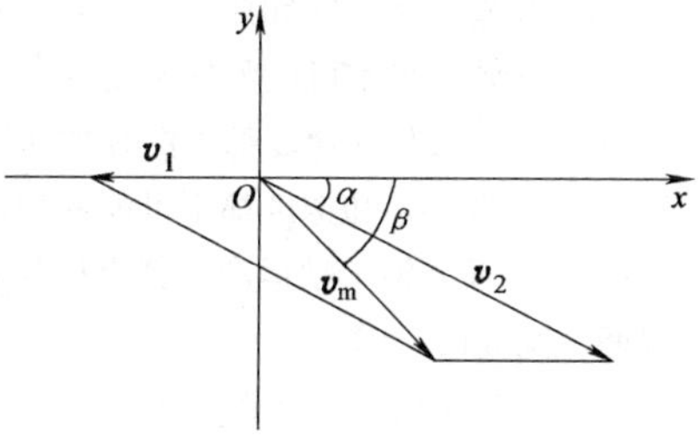

图　1-21

求$\boldsymbol{v}_\mathrm{m}$，也可以先建立直角坐标系，分别求出$\boldsymbol{v}_\mathrm{m}$的水平（$x$）分量和竖直（$y$）分量，即$v_{\mathrm{m}x}=v_{2x}+v_{1x}$和$v_{\mathrm{m}y}=v_{2y}+v_{1y}$。为此，应该把$\boldsymbol{v}_2$和$\boldsymbol{v}_1$分别投影到$x$，$y$方向上，即$v_{2x}=v_2\cos\alpha$，$v_{1x}=-v_1$，$v_{2y}=-v_2\sin\alpha$，$v_{1y}=0$，因此

$$v_{\mathrm{m}x}=v_2\cos\alpha+(-v_1)$$
$$v_{\mathrm{m}y}=v_{2y}+v_{1y}=-v_2\sin\alpha+0$$

所以

$$v_\mathrm{m}=\sqrt{v_{\mathrm{m}x}^2+v_{\mathrm{m}y}^2}=\sqrt{(v_2\cos\alpha-v_1)^2+(-v_2\sin\alpha)^2}=\sqrt{v_2^2+v_1^2-2v_2v_1\cos\alpha}$$

与式①相同。

$$\tan\beta=\frac{|v_{\mathrm{m}y}|}{|v_{\mathrm{m}x}|}=\frac{v_2\sin\alpha}{v_2\cos\alpha-v_1}$$

容易证明，这与式②是相同的。

习　题

1-1　质点的运动方程为$\boldsymbol{r}=2t\boldsymbol{i}+(2-t^2)\boldsymbol{j}$，则质点在$t=1\mathrm{s}$时到原点的距离为______，速度矢量为________。

1-2　一质点作平面运动，t时刻该质点的位置矢量为$\boldsymbol{r}(t)$，其速度大小为(　　)。

(A) $\dfrac{\mathrm{d}r}{\mathrm{d}t}$；　(B) $\dfrac{\mathrm{d}\boldsymbol{r}}{\mathrm{d}t}$；　(C) $\dfrac{\mathrm{d}|\boldsymbol{r}|}{\mathrm{d}t}$；　(D) $\sqrt{\left(\dfrac{\mathrm{d}x}{\mathrm{d}t}\right)^2+\left(\dfrac{\mathrm{d}y}{\mathrm{d}t}\right)^2}$。

1-3　一质点沿半径为1m的圆周作匀速圆周运动，其速率为1m/s，在它运动$\frac{1}{6}$圆周的过程中，平均速度的大小为________。

1-4　质点在Oxy平面内运动，其运动方程为$x = R\sin\omega t + \omega Rt$，$y = R\cos\omega t + R$。式中$R$，$\omega$均为正值常量，当$y$达到最大值时，该质点的速度为________。

1-5　一质点在Oxy平面上运动，运动方程为$x = 2t$，$y = 19 - 2t^2$。

(1) 什么时刻位置矢量与速度矢量垂直？此时，它们各为多少？

(2) 质点何时离原点最近？并求出相应的距离r。

(3) 在运动方程中，若时间t取负值，所得结果如何解释？

1-6　已知质点的运动方程为$\boldsymbol{r} = 2t\boldsymbol{i} + (4 - t^2)\boldsymbol{j}$，在$t > 0$的时间内，(　　)。

(A) 位置矢量可能和加速度垂直，速度不可能和加速度垂直；

(B) 位置矢量不可能和加速度垂直，速度可能和加速度垂直；

(C) 位置矢量和速度都可能和加速度垂直；

(D) 位置矢量和速度都不可能和加速度垂直。

1-7　一质点沿x轴运动，其坐标与时间的关系为$x(t) = -1 + 2t - t^2$，该质点作加速运动的时间区间为(　　)。

(A) $0 < t < 1$；　　(B) $t > 1$；　　(C) $t > 1/2$。

1-8　一个短跑选手沿x轴作直线运动，其$v - t$曲线如习题1-8图所示，试问他在16s时间内跑出多远？

1-9　一个人身高为h_2，在距地面高为h_1的灯下以速度$v = kt^2$(k为正值常量)沿过灯下的水平直线行走(习题1-9图)，求t时刻人影顶端M点的速度和加速度。

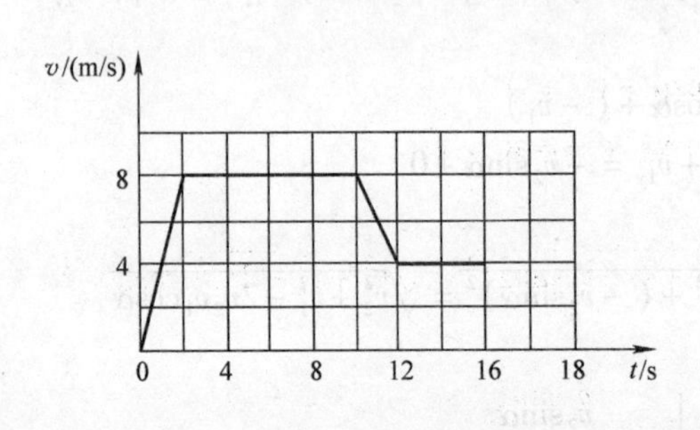

习题1-8图

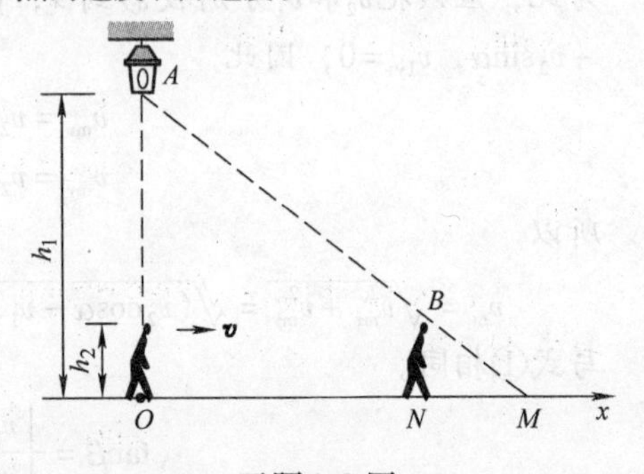

习题1-9图

1-10　升降机由静止开始以$a = 1/2 + kt$规律直线上升(k是常量)，到$t = 10$s时，其加速度刚好减为零，求：

(1) 升降机在加速过程中能达到的最大速度和此过程中的位移。

(2) 升降机开始运动后又回到原处所经过的时间。

1-11　已知质点以初速度v_0、加速度$a = Bv$作直线运动(式中B为正值常量，v为速度)，则速度与时间的关系式为________。

1-12　大马哈鱼总要逆流而上游到乌苏里江上游产卵，游程中有时需要跃上瀑布。这种鱼跃出水面的速度可达32km/h。它最高可以跃上多大落差的瀑布？和人的跳高纪录(2.44m)

相比如何？

1-13　用高速照相机测得跳蚤的起跳速度约 1m/s，求它能跳起的最大高度。这一高度是跳蚤身高（约 0.5mm）的多少倍？人的跳高纪录是 2.44m，它是人身高（2.1m）的多少倍？

1-14　证明：对于匀变速运动，在某一时间间隔内，初速度$\boldsymbol{v}_0$、末速度$\boldsymbol{v}$、加速度$\boldsymbol{a}$与位移$\boldsymbol{s}$之间有如下的关系

$$v^2 - v_0^2 = 2\boldsymbol{a} \cdot \boldsymbol{s}$$

1-15　一物体以速率 v_0 水平抛出，落地时速率为 v，则它运动的时间为________。

1-16　在地面上以初速$\boldsymbol{v}$、抛射角 θ 斜向上抛出一物体，不计空气阻力，当速度的水平分量与竖直分量大小相等，且竖直分量方向向下时，经过的时间为________。

1-17　质点运动方程 $\boldsymbol{r} = t\boldsymbol{i} + t^2\boldsymbol{j}$，质点在 2s 时的加速度矢量为________，切向加速度的值为________。

1-18　一物体以与水平面成 θ 角的初速 $\boldsymbol{v}_0$ 抛出，轨道最高点的曲率半径为________。

1-19　一物体从原点以初速$\boldsymbol{v}$与水平方向成 60° 角斜向上抛出，则至少经过________时间，其切向加速度的大小与法向加速度的大小相等。

1-20　斜抛一物体，若物体沿两个方向经过水平线 A 的时间间隔为 T_A，沿两个方向经过水平线 B 的时间间隔为 T_B，如习题 1-20 图所示，水平线 A，B 间的竖直距离为 h。试证明：重力加速度大小为

$$g = \frac{8h}{T_A^2 - T_B^2}$$

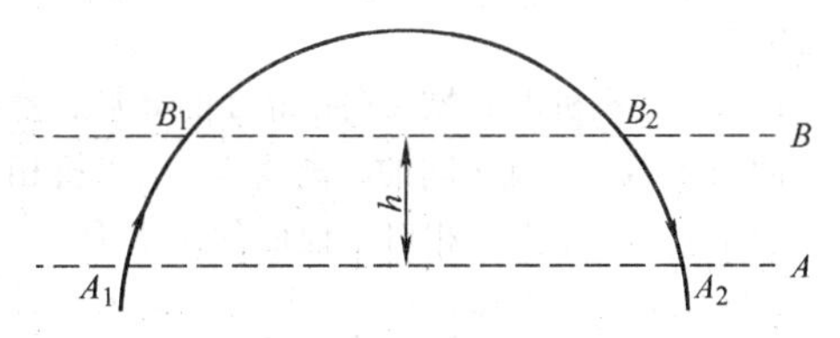

习题 1-20 图

1-21　细绳一端固定在 O 点，另一端系一小球，将细绳拉至水平位置自由释放，小球在铅垂平面内以 O 为圆心作圆周运动，当小球运动到细绳与水平方向成 θ 角时，其总加速度大小为（　　）。

（A）g；　（B）$2g\sin\theta$；　（C）$g\cos\theta$；　（D）$g\sqrt{1+3\sin^2\theta}$；

（E）$g\sqrt{2\cos^2\theta - 3\sin^2\theta}$。

1-22　北京正负电子对撞机的储存环的周长为 240m，电子沿环以非常接近光速（3×10^8m/s）的速率运动，这些电子运动的向心加速度是重力加速度的多少倍？

1-23　一质点沿半径为 R 的圆周运动，其角速度随时间的变化规律 $\omega = 2bt$（b 为正值常量），若 $t=0$ 时，角坐标 $\theta = 0$，当质点加速度与半径成 45° 角时，θ 角等于________。

1-24　一质点沿半径 $R = 1$m 的圆周运动，其所走路程与时间的关系为 $s = 0.3t^2$，则在 $t = 1.5$s 时速率为________，切向加速度的值为________。

1-25　一质点从静止出发沿半径为 R 的圆周作匀加速圆周运动，角加速度为 β，当该质点走完一周回到出发点时，经历的时间为________，此时质点加速度的大小为________。

1-26　一质点从静止出发沿半径 3m 的圆周运动，其切向加速度为一常量，等于 3m/s²，则第一秒末的总加速度大小为________。

1-27　两质点 A，B 一起沿着一半径为 $R = 10$cm 的圆周作匀速率圆周运动，周期均为 $T = 1$s，设自某时刻（$t=0$）开始，质点 A 的速率开始均匀增加，经过 5s 后 A 比 B 多走一周。求：

(1)A 的切向加速度；(2)5s 末 A 的向心加速度。

1-28 两个由地面同时竖直向上发射的火箭，它们的运动方程分别为 $y_1=9t^2$ 与 $y_2=3t^3$，当 $t=$ ________ s 时，两火箭的相对加速度为零。

1-29 两列火车 A 和 B 分别在平行直轨道上同向行驶，已知它们的运动方程分别为 $x_A=8t$、$x_B=2t^2$，当两列火车相对速度为零时，$t=$ ________ s。

1-30 在相对地面静止的坐标系内，A，B 二船都以 2m/s 速率匀速行驶，A 船沿 x 轴正向，B 船沿 y 轴正向。今在 A 船上设置与静止坐标系方向相同的坐标系(x,y 方向的单位矢量用 $\boldsymbol{i},\boldsymbol{j}$ 表示)，那么，在 A 船上的坐标系中，B 船的速度(以 m/s 为单位)为 ________。

(A) $2\boldsymbol{i}+2\boldsymbol{j}$；　　(B) $-2\boldsymbol{i}+2\boldsymbol{j}$；

(C) $-2\boldsymbol{i}-2\boldsymbol{j}$；　　(D) $2\boldsymbol{i}-2\boldsymbol{j}$。

1-31 如习题 1-31 图所示，在原点 O 用枪瞄准挂在 P 点的靶，当子弹离开枪的同时，靶被自动装置释放而自由落下，设空气阻力不计。试证明：只要子弹射程超过 P 点的横坐标，不论子弹初速多大，都会击中自由下落的靶。

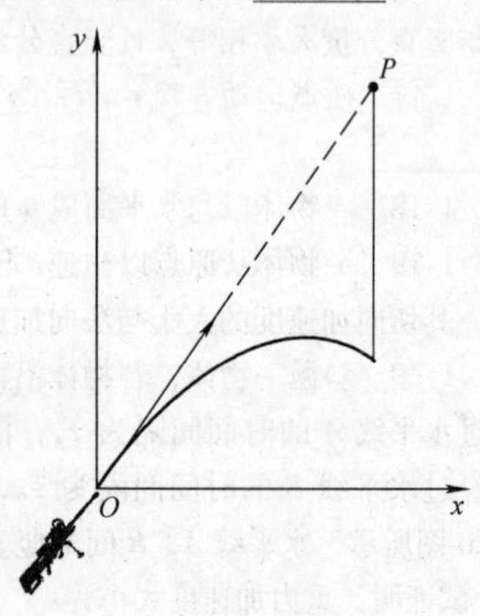

习题 1-31 图

1-32 一飞机由 A 城飞向正北面的 B 城，然后又向南飞回到 A 城。两城之间的距离为 L。设飞机相对于空气的速率为 v'，而空气相对于地面的速度为 u，如果飞机相对于空气的速率保持不变，试计算以下三种情况飞机来回所需要的时间：(1) 当空气是静止时（即 $u=0$）；(2) 当空气的速度由南向北时；(3) 当空气的速度由东向西时。

牛顿（Isaac Newton，1643—1727），英国伟大的物理学家、数学家、天文学家和自然哲学家。他在不朽的著作《自然哲学的数学原理》里用数学方法阐明了宇宙中最基本的法则——万有引力定律和三大运动定律。这四条定律构成了一个统一的体系，被认为是“人类智慧史上最伟大的一个成就”，由此奠定了物理学的科学观点，并成为现代工程学的基础。为纪念牛顿在经典力学方面的杰出成就，“牛顿”后来成为衡量力的大小的物理单位。

第2章　质点动力学

在上一章的质点运动学中，我们研究了如何描述质点的运动，并未涉及引起运动和运动状态变化的原因。质点运动状态的变化是由于它受到了其他物体的作用。质点动力学就是研究质点之间的相互作用以及由这种相互作用所引起的质点运动的变化。质点动力学的基础是牛顿提出的三条运动定律(1687年牛顿发表于《自然哲学的数学原理》一书)，是牛顿对前人有关力学研究的概括和总结，特别是吸取了伽利略的研究成果。它也是整个牛顿力学的基础，本章要学习的许多力学规律都可以从牛顿运动定律出发推导出来，从而形成一个完整的理论体系。这种以牛顿运动定律为基础的力学通常称为“牛顿力学”或“经典力学”。

2.1　牛顿运动定律

2.1.1　牛顿第一定律和惯性参考系

牛顿第一定律表述为：任何质点都保持静止或匀速直线运动状态，直到其他物体对它作用的力迫使它改变这种状态为止。

牛顿第一定律引进了惯性和力两个重要概念。该定律表明，任何物体都具有保持原来运动状态(静止是一种特殊的运动状态)不变的固有属性，即物体的**惯性**。例如，一辆匀速行驶的汽车突然停止，车上乘客的身体便会前倾，就是因为他们试图保持原来的运动状态。因此，牛顿第一定律又称为**惯性定律**。该定律还表明，力是一个物体对另一个物体的作用，这种作用能迫使物体改变其运动状态。它说明了力的作用是改变运动状态的原因，而不是维持物体运动状态的原因。

牛顿第一定律是从大量的实验事实中概括总结出来的，但它不能直接用实验来验证，因为自然界中不受力作用的物体事实上是不存在的。我们确信牛顿第一定律正确，是因为从它导出的其他结果都和实验事实相符合。从长期实践和实验中总结归纳出来的一些基本规律(常称为原理、公理、基本假说或定律等)，虽不能用实验等方法直接验证其正确性，但以它们为基础导出的定理等都与实践和实验相符合，因此，人们公认这些基本规律的正确性，并以此为基础研究其他有关问题，甚至建立新的学科。这种科学的、唯物的研究问题的方法，在科学发展中屡见不鲜。如物理学中的牛顿第一定律、热力学第一定律、爱因斯坦狭义相对论的两条基本假设等都属这类基本规律。

不受任何力作用的物体是不存在的，也就是说，任何物体都要受到其他物体的作用，当物体所受到的外力的矢量和为零时，它就保持静止或匀速直线运动的状态。如静止在桌面上的物体，它同时受到重力和桌面对它的支持力，这两个力的矢量和(即合力)为零，所以它就保持静止，直到它又受到其他力的作用使得合力不为零时，物体才由静止开始运动。实验表明，若质点保持其运动状态不变，这时作用在质点上所有力的合力必定为零。因此，在实际应用中，牛顿第一定律可以陈述为，任何质点，只要其他物体作用于它的所有力的合力为零，则该质点就保持其静止或匀速直线运动状态不变。

质点处于静止或匀速直线运动状态，统称为质点处于平衡状态。根据牛顿第一定律的上述表述，质点处于平衡状态的条件为：作用于质点上所有力的合力等于零。若作用在质点上的力有 $\boldsymbol{F}_1$，$\boldsymbol{F}_2$，…，$\boldsymbol{F}_n$，则质点处于平衡状态的条件可以表示为

$$\sum_i \boldsymbol{F}_i = 0 \tag{2-1}$$

其分量式为

$$\sum_i F_{ix} = 0,\ \sum_i F_{iy} = 0,\ \sum_i F_{iz} = 0 \tag{2-2}$$

即质点处于平衡时，作用在质点上所有的力沿直角坐标系的三个坐标轴投影的代数和分别等于零。

必须注意，这里所说的物体指的是质点，不能视为质点的物体是不符合这一定律的。例如，如果转动的砂轮所受的合外力为零，且合外力矩也为零时，它将保持匀速转动状态，而不是处于静止或匀速直线运动的状态，这是因为转动的砂轮不能视为质点。

牛顿第一定律不仅阐明了力、惯性以及二者之间的关系，而且可以以它为标准把描述物体运动的参考系分成两类：**惯性系**和**非惯性系**。

要描述一个物体的运动，首先要选择一个参考系(这时参考系的选择是任意的)，相对于不同的参考系，物体运动的描述是不同的。那么牛顿第一定律是否在任何参考系中都成立呢?

我们来看一个如图 2-1 所示的例子：火车内有一张桌子，桌面是光滑的，桌面上有一个小球，可以在桌面上自由运动。当车静止时，小球静止在桌面上，球受的合力为零，符合牛顿第一定律。当车加速向右方启动时，球的运动情况又如何呢? 以火车为参考系，即固定在火车上的观察者看来，球的位置发生了变化，要朝左方加速运动，而球受的合力却为零，这显然不符合牛顿第一定律，所以牛顿第一定律在火车参考系中不成立。如果以地面为参考系，即地面上的观察者看来，球的位置并没有发生变化，它仍然是静止的，所受的合力为零，所以牛顿第一定律在地面参考系中是成立的。因此说，牛顿第一定律并不是在任何参考系中都是成立的。

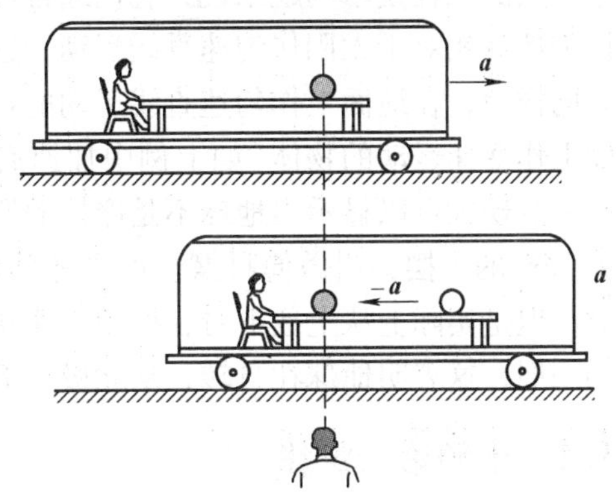

图 2-1　惯性系与非惯性系

于是我们可以用牛顿第一定律的成立与否来定义一种特殊的参考系——惯性参考系。凡是牛顿第一定律在其中成立的参考系称为惯性参考系，简称惯性系。反之，称为非惯性系。也就是说，只有在惯性参考系中，一个不受力作用的质点才保持静止或匀速直线运动状态。

惯性系有一个重要的性质，即相对于惯性系静止或作匀速直线运动的任何其他参考系也一定是惯性系。这是由于，若一个不受力（或所受合力为零）的质点 P 在某一个参考系 A 中作匀速直线运动，则参考系 A 为惯性系，P 相对于 A 的加速度 $\boldsymbol{a}_{P\to A}=0$；若另一参考系 B 相对于惯性系 A 作匀速直线运动（或静止），A 相对于 B 的加速度 $\boldsymbol{a}_{A\to B}=0$，那么按照式（1-39），$P$ 相对于 B 的加速度 $\boldsymbol{a}_{P\to B}=0$，这就是说，在参考系 B 中，质点 P 也必然作匀速直线运动，根据惯性系的定义，参考系 B 也必定是惯性系，因此惯性系有无数个。

反过来我们也可以说，相对于某一惯性系作加速运动的参考系，一定不是惯性系，而是非惯性系。

牛顿第一定律是由大量的实验和观察总结出来的经验定律，所以判断一个参考系是否是惯性系的最根本的方法就是依靠观察和实验。大量实验表明，太阳参考系是一个相当精确的惯性系，相对于这个惯性系作匀速直线运动的参考系也都是惯性系。地球相对于太阳作变速运动(有自转和公转)，应该为非惯性系，但是，地球相对于太阳作变速运动的加速度很小(地球自转时赤道上的点的向心加速度只有重力加速度 g 的千分之三,地球公转的向心加速度只有 g 的万分之六)，对于一般的工程技术问题来说，它们通常可以忽略不计，在不太长的时间内，可以认为地球相对于太阳作匀速直线运动，这样就可以近似地将地球视为一个惯性系。同样地，在地面上作匀速直线运动的物体也可以近似地视为惯性系。但是在地面上作变速运动的物体(如上例中加速启动的火车)就不是一个惯性系。地球上有一些现象可以显示出地球不是严格的惯性系。例如在北京天文馆，有一个摆长为 10m 的单摆，叫做傅科摆。如果地球是严格的惯性系，摆的摆动平面是固定的，但是实际上从上往下看，摆动平面在作顺时针转动，每隔 37 小时 15 分钟转动一周，这表明地球在自转，从北极往下看，地球的自转方向是逆时针的。

2.1.2 牛顿第二定律

牛顿第二定律表述为：物体的动量对时间的变化率与它所受到的合力成正比，并沿着合力的方向。

牛顿第二定律的数学形式是

$$\sum_i \boldsymbol{F}_i \propto \frac{\mathrm{d}\boldsymbol{p}}{\mathrm{d}t} = \frac{d(\mathrm{m}\boldsymbol{v})}{\mathrm{d}t} \quad 或 \quad \sum_i \boldsymbol{F}_i = K\frac{\mathrm{d}\boldsymbol{p}}{\mathrm{d}t} = K\frac{\mathrm{d}(m\boldsymbol{v})}{\mathrm{d}t}$$

式中，K 是一个比例常数。如果选择国际单位制，则 K 的数值等于 1，这时

$$\sum_i \boldsymbol{F}_i = \frac{\mathrm{d}\boldsymbol{p}}{\mathrm{d}t} = \frac{\mathrm{d}(m\boldsymbol{v})}{\mathrm{d}t} \tag{2-3}$$

牛顿当时认为，物体的质量是一个与它的运动无关的常量，所以

$$\sum_i \boldsymbol{F}_i = m\frac{\mathrm{d}\boldsymbol{v}}{\mathrm{d}t} = m\boldsymbol{a} \tag{2-4}$$

这就是大家熟悉的牛顿第二定律的表示形式，它表明质点受力作用时，在某时刻加速度的大小与质点在该时刻所受合力的大小成正比，与质点的质量成反比；加速度的方向与合力的方向相同。

实验表明，当质点的质量随时间变化时，式(2-4)已不再成立，但式(2-3)却仍然成立，由此可见，用动量形式表示的牛顿第二定律具有更大的普遍性。

在一般工程实际问题中，可以认为物体的质量是常量。在以下两类力学问题中，质量将不能再视为常量：一类是不能被视为质点的物体，在运动过程中，其质量有所增加或减少。例如农业收割机旁接收粮食的汽车；火箭飞行中，不断喷出燃气，使其质量不断减少等，这类问题常称为经典力学中的变质量问题。另一类是当运动质点的速率大到可以和光速相比拟的情况，根据狭义相对论理论，这时运动质点的质量将随速率的变化而发生明显的变化，这是一种相对论效应，这类问题将在本书的“狭义相对论”部分作介绍。

牛顿第二定律表明：质点受力作用而获得的加速度，不仅依赖于所受的力，而且与质点的质量有关。如用同一力作用在具有不同质量的质点上，质量大的质点，获得的加速度小；质量小的质点，获得的加速度大。这就是说，质量越大的物体，运动状态越难改变；质量越小的物体，运动状态越容易改变。

在牛顿第一定律中已讲过，任何物体都具有惯性，惯性大的物体，其运动状态难于改变；惯性小的物体，其运动状态易于改变。由此可见，质量是物体惯性大小的量度。

力是力学中最基本的概念之一。牛顿第二定律指出，任何质点，只有在作用于它的不为零的合力迫使下，才能获得加速度。即作用于质点上不为零的合力是质点产生加速度的原因，也就是说，力是一个物体对另一个物体的作用，这种作用能迫使物体改变其运动状态，即产生加速度。

牛顿第二定律同样只适用于质点，而且参考系必须是惯性系。在非惯性系中，牛顿第二定律不成立。所以在使用$\sum \boldsymbol{F} = m\boldsymbol{a}$时，必须注意，$\boldsymbol{a}$一定是质点相对于惯性系的加速度。

牛顿第二定律具有瞬时性。质点所受合力不为零的瞬时，必有加速度；反之，在质点具有加速度的瞬时，它所受力的矢量和必不为零。一旦合力为零，加速度也就为零，即加速度与合力同时出现，同时消失。

在应用式(2-4)处理问题时，应注意它的矢量性。通常我们可以将方程两边在坐标轴上进行投影，写成分量形式。

在直角坐标系中，牛顿第二定律的分量形式为

$$\sum_i F_{ix} = ma_x,\ \sum_i F_{iy} = ma_y,\ \sum_i F_{iz} = ma_z$$

式中，$\sum_i F_{ix}, \sum_i F_{iy}, \sum_i F_{iz}$分别表示作用于物体上的所有力在$x$，$y$，$z$轴上的分量之和，也就是合力在$x$，$y$，$z$轴上的分量；$a_x$，$a_y$，$a_z$分别表示加速度$\boldsymbol{a}$在$x$，$y$，$z$轴上的分量。

在平面自然坐标系中，牛顿第二定律的分量形式为

$$\sum_i F_{i\tau} = ma_\tau = m\frac{\mathrm{d}v}{\mathrm{d}t},\qquad \sum_i F_{in} = ma_n = m\frac{v^2}{\rho}$$

式中，$\sum_i F_{i\tau}, \sum_i F_{in}$分别表示物体所受的合力在切向和法向上的分量，称为切向力和法向力。

对圆周运动，只需将式中的曲率半径ρ改为圆周半径R即可。

2.1.3　牛顿第三定律

牛顿第三定律又称作用与反作用定律，可表述为：两个物体之间的相互作用

力，即作用力与反作用力，总是大小相等，方向相反，在同一直线上，分别作用在两个物体上。或者说，当物体 A 以力 $\boldsymbol{F}$ 作用于物体 B 时，物体 B 同时也以力 $\boldsymbol{F}'$作用于物体 A，力 $\boldsymbol{F}$ 和 $\boldsymbol{F}'$总是大小相等，方向相反，且在同一直线上。其数学表达式为

$$\boldsymbol{F} = -\boldsymbol{F}' \tag{2-5}$$

牛顿第三定律指出物体间的作用是相互的，即力是成对出现的。作用力和反作用力属于同一性质的力；具有同时性，即同时存在，同时消失；它们始终大小相等，方向相反，沿同一作用线分别作用在两个不同的物体上。牛顿第三定律比牛顿第一、第二定律前进了一步，由对单个质点的研究过渡到两个和两个以上质点的研究，它是由质点力学过渡到质点系力学的桥梁。

需要指出，作用力与反作用力大小相等而方向相反，是以力的传递不需要时间(即传递速度无限大)为前提的。如果力的传递速度有限，作用力与反作用力就不一定相等了。例如，电磁力以光速传递，在较强电磁力的作用下，粒子的运动速度可达很大，与光速可以相比拟，此时作用力与反作用力就不一定相等了。在通常的力学问题中，物体的运动速度往往不大，即使力以有限的速度传递，但因传递速度比物体运动的速度大得多，所以，牛顿第三定律通常是成立的。

所有的物理定律都有自己的适用条件和适用范围。牛顿运动定律也不例外，具体表现在以下几个方面：

1）牛顿运动定律仅适用于惯性参考系；

2）牛顿运动定律仅适用于物体运动速度远小于光速的情况，对接近光速的运动物体不适用。在高速运动的情况下，必须应用相对论力学，牛顿力学是相对论力学的低速近似；

3）牛顿运动定律一般仅适用于宏观物体，在涉及原子尺度的微观领域中，要应用量子力学规律来描述，牛顿力学是量子力学的宏观近似。

2.2 基本力和常见力

2.2.1 四种基本相互作用力

到目前为止，人类对力的认识是比较完善的，归结起来，可以说，任何相互作用，都不外乎以下四种基本相互作用力。

1. 万有引力

这是存在于任何两个物体之间的吸引力。它的规律是胡克、牛顿等发现的。按牛顿万有引力定律，质量分别为 m_1 和 m_2 的两个质点，相距为 r 时，它们之间引力的大小为

$$F = G\frac{m_1 m_2}{r^2} \tag{2-6}$$

式中，G 叫做引力常量，在国际单位制中，它的大小经测定为

$$G = 6.67 \times 10^{-11}\,\mathrm{m^3/(kg \cdot s^2)}$$

式（2-6）中的质量反映了物体的引力性质，叫做引力质量，它和反映物体惯性的质量在意义上是不同的。但实验表明，同一物体的这两个质量是相等的，因此可以说它们是同一质量的两种表现，不必加以区分。

重力是由地球对它表面附近的物体的引力引起的，忽略地球自转的影响（其误差不超过0.4%），物体所受的重力就等于它所受的地球的万有引力。设地球的质量为 $m_{地}$、半径为 R，物体的质量为 m，则有

$$mg = G\frac{m_{地} m}{R^2}$$

由此得，地球表面的重力加速度为

$$g = \frac{G m_{地}}{R^2}$$

将地球的质量 $m_{地} = 5.977 \times 10^{24}\,\mathrm{kg}$ 和地球的半径 $R = 6.37 \times 10^{7}\,\mathrm{m}$ 代入上式，可得重力加速度 $g \approx 9.82\,\mathrm{m \cdot s^{-2}}$。

粒子之间的万有引力是非常小的，例如两个相邻的质子之间的万有引力大约只有 $10^{-34}\,\mathrm{N}$，一般可以忽略不计。

2. 电磁相互作用力（电磁力）

存在于静止电荷之间的电性力以及存在于运动电荷之间的电性力和磁性力，由于它们在本质上相互联系，总称为电磁力。在微观领域中，还发现有些不带电的中性粒子也参与电磁相互作用。电磁力和万有引力一样都是长程力，但与万有引力不同，它既有表现为引力的也有表现为斥力的，比万有引力大得多。两个质子之间的电力要比同距离下的万有引力大上 10^{36} 倍。

由于分子或原子都是由电荷组成的系统，所以它们之间的作用力基本上就是它们的电荷之间的电磁力。物体之间的弹力和摩擦力以及气体的压力、浮力、粘滞阻力等都是相邻原子或分子之间作用力的宏观表现，因此基本上也是电磁力。

3. 强相互作用力（强力）

当人们对物质结构的探索进入到比原子还小的亚微观领域时，发现在核子、介子和超子之间存在一种强力。正是这种力把原子内的一些质子以及中子紧紧地束缚在一起，形成原子核。强力是比电磁力更强的基本力，相邻质子之间的强力可达 $10^{4}\,\mathrm{N}$，比电磁力大 10^{2} 倍。强力是一种短程力，其作用范围很短。粒子之间距离超过 $10^{-15}\,\mathrm{m}$ 时，强力小得可以忽略；小于 $10^{-15}\,\mathrm{m}$ 时，强力占主要支配地位；而且直到距离减小到大约 $0.4 \times 10^{-15}\,\mathrm{m}$ 时，它都表现为引力；距离再减小，

强力就表现为斥力。

4. 弱相互作用力（弱力）

在亚微观领域中，人们还发现一种短程力，叫弱力。弱力在导致β衰变放出电子和中微子时，显示出它的重要性。两个相邻质子之间的弱力只有10^{-2}N左右。

在头绪纷繁、形式多样的力中，人们认识到基本力只有四种，这是20世纪30年代物理学的一大成就。从此以后，人们就在努力寻找这四种力之间的联系。爱因斯坦一生最大的愿望就是追求世界的和谐、简洁和统一，他试图把万有引力和电磁力统一起来，但没有成功。20世纪60年代，格拉肖(S. L. Glashow)、温伯格(S. Weinberg)和萨拉姆(A. Salam)在杨振宁等提出的理论基础上，发展了弱力与电磁力相统一的理论，并在70年代和80年代初得到了实验的证明。这是物理学发展史上又一个里程碑，人们期待有朝一日，能建立起弱、电、强的“大统一”理论，以致最后创立统一四种基本力的“超统一”理论。这是当前理论界最活跃的前沿课题，已出现了令人鼓舞的前景。

2.2.2 力学中常见的几种力

在解决力学问题时，我们经常遇到以下几种常见力。

1. 重力

地球表面附近的物体都受到地球的吸引作用，这种因地球吸引而使物体受到的力叫做重力。在重力作用下，任何物体产生的加速度都是重力加速度$\boldsymbol{g}$。重力的方向和重力加速度的方向相同，都是竖直向下的。

重力的存在主要是由于地球对物体的引力，在地面附近和一些要求精度不高的计算中，可以认为重力近似等于地球的引力，对于地面附近的物体，所在位置的高度变化与地球半径（约为6370km）相比极为微小，可以认为它到地心的距离就等于地球半径，物体在地面附近不同高度时的重力加速度也就可以看做是常量，通常取$g=9.80\text{m}\cdot\text{s}^{-2}$。当地球内某处存在大型矿藏，从而破坏了地球质量的对称分布时，会使该处的重力加速度值表现出异常，因此可通过重力加速度的测定来探矿，这种方法叫做重力探矿法。

2. 弹性力

弹性力是物体在外力作用下发生形变(即改变形状或大小)时，物体内部产生的企图恢复原来形状的力，它的方向要根据物体的情况来决定。弹性力产生在直接接触的物体之间，并以物体的形变为先决条件。在力学中，常见的弹性力有以下三种形式。

(1) 物体间相互挤压而引起的弹性力　把一个物体放在桌面上，由于物体有向下运动的趋势和桌面要阻止这种运动趋势而产生相互挤压，使它们都产生微小的形变。由于物体要恢复这种形变，从而产生了弹性力。通常我们把物体作用于支持面上的弹性力叫做压力，而把支持面作用于物体的弹性力叫做支持力。压力和支持力这一类挤压弹性力总是垂直于物体间的接触面或接触点的公切面，指向受力物体。物体间由于相互挤压而同时分别产生在两接触面上的压力和支持力，是一对作用力和反作用力。

（2）绳索中的张力　一根杆(或棒)在外界作用下，在一定程度上具有抵抗拉伸、挤压、弯曲和扭转的性能。但是，对一条柔软的绳子来说，它毫无抵抗弯曲、扭转的性能，也不能沿绳子方向受外界的推压，而只能与相接触的物体沿绳子方向互施拉力。这种拉力也是弹性力。

设有一根绳子 AB，在 A，B 两端分别施以拉力 F 和 F'，可以假想在绳子内部任一位置 C 处作一横截面，把绳子分成两部分，它们之间必定互向对方施以拉力 F_C 和 F'_C，如图 2-2 所示，把绳子内部假想截面两侧互施的拉力叫做绳子在这个横截面上的张力。为了考察绳子内部各个截面处张力的大小情况，可以在绳子内部另一位置 D 处也作一横截面，相应地在这个截面的两侧出现的绳子张力分别为 F_D 和 F'_D。现在把 CD 段绳子分离出来，设 CD 段绳子质量为 m(CD 段为微元,可视为质点)，根据牛顿第二定律，有 $F_C - F'_D = ma$，由此式可知，若 $m \neq 0$，$a \neq 0$，则 $F_C \neq F'_D$；若 $m = 0$，或 $a = 0$，则 $F_C = F'_D$。这说明，绳子作加速运动而它的质量又不可忽略时，绳子内部各截面处的张力是不相等的；只有这段绳子的质量可忽略不计或沿绳子的方向无加速时，绳内各截面处张力的大小才相等。于是，若整根绳子是一轻绳，即它的质量可忽略不计，则绳子两端所受拉力的大小相等，而且绳子内部张力的大小处处相等，且等于它两端外力的大小。

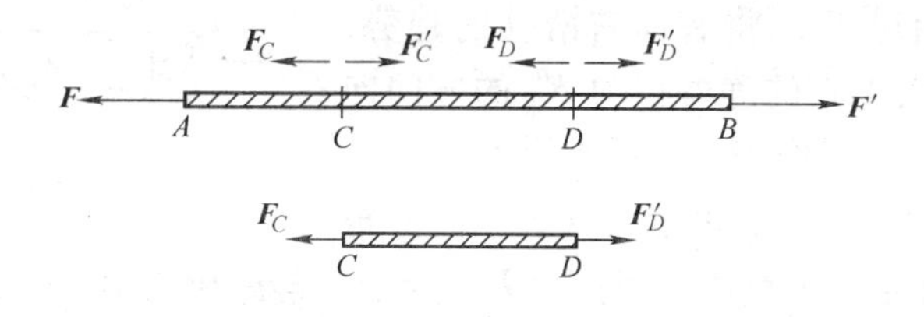

图 2-2　绳中张力的分析

（3）弹簧的弹性力　弹簧在外力作用下要发生形变（伸长或压缩），与此同时，弹簧反抗形变而对施力物体有力的作用，这个力即为弹簧的弹力。如图 2-3 所示，将弹簧的一端固定，另一端连接一物体，O 点为弹簧在原长(即没有伸长或压缩)时物体的位置，称为平衡位置。以平衡位置 O 为原点，并取向右为 x 轴的正方向，则当物体自 O 点向右移动时弹簧被拉长，弹簧对物体作用的弹性力 $\boldsymbol{F}$ 指向左方；当物体自 O 点向左移动而压缩弹簧时，$\boldsymbol{F}$ 就指向右方。实验表明，在弹簧形变(伸长或压缩)不太大时，弹性力的大小为

$$F = -kx$$

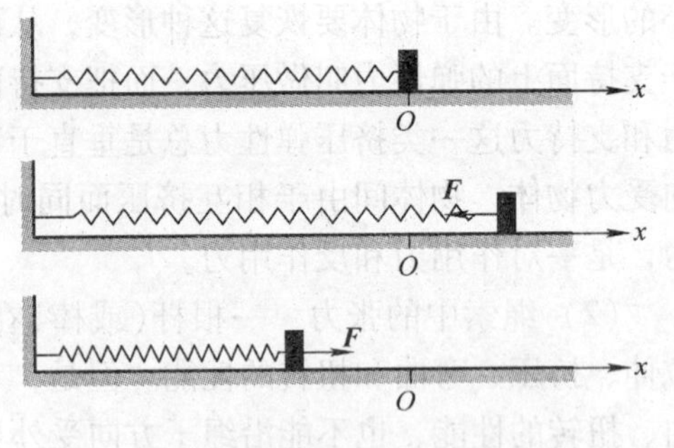

图 2-3　弹簧弹性力的分析

式中，x 是物体相对平衡位置（原点 O）的位移，其大小即为弹簧的伸长（或压缩）量；比例系数 k 称为弹簧的劲度系数，它表征弹簧的性能，即弹簧发生单位伸长量（或压缩量）时弹性力的大小，在国际单位制中，k 的单位是 N/m。上式中的负号表示弹性力的方向与位移的方向相反。

3. 摩擦力

摩擦力可分为静摩擦力和滑动摩擦力。

（1）静摩擦力　两物体相互接触，彼此之间保持相对静止，但有相对滑动趋势时，两物体接触面间出现的相互摩擦力，称为静摩擦力。

静摩擦力作用在两物体的接触面内，更确切地说，在两物体接触处的公切面内，静摩擦力的方向按以下方法确定：物体受到的静摩擦力的方向总是与该物体相对滑动趋势的方向相反，假定静摩擦力消失，物体相对运动的方向即为相对滑动趋势的方向。

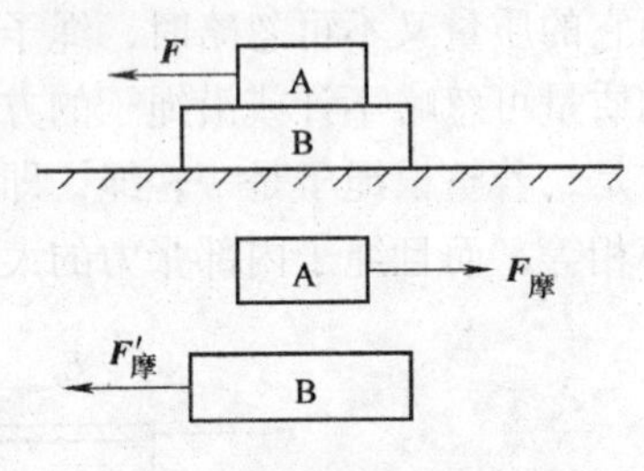

图 2-4　静摩擦力的分析

例如物体 A 与 B 相互接触，如图 2-4 所示，当用一水平向左的力 $\boldsymbol{F}$ 拉物体 A（尚未拉动）时，A 相对于 B 将有向左滑动的趋势，故 A 受到 B 作用于它的静摩擦力 $\boldsymbol{F}_{摩}$ 的方向向右；与此同时，B 相对于 A 将有向右滑动的趋势，故 B 受到 A 作用于它的静摩擦力 $\boldsymbol{F}'_{摩}$ 的方向向左。$\boldsymbol{F}_{摩}$ 和 $\boldsymbol{F}'_{摩}$ 是一对作用力与反作用力。

静摩擦力通常用 $\boldsymbol{F}_{摩s}$ 表示，其大小需要根据受力情况来确定。上例中，当拉力 $\boldsymbol{F}$ 一定时，静摩擦力 $\boldsymbol{F}_{摩s}$ 一定，且由物体 A 的平衡条件知 $\boldsymbol{F}$ 和 $\boldsymbol{F}_{摩s}$ 等值反向；当拉力增大或减小时，相应地静摩擦力也随着增大或减小；当拉力增大到某一数值时，物体 A 将开始滑动，可见静摩擦力增加到这一数值后不能再增加，这时的静摩擦力称为最大静摩擦力，用 $\boldsymbol{F}_{摩max}$ 表示。由此可见，静摩擦力大小的变化范围是 $0 \leqslant F_{摩s} \leqslant F_{摩max}$。

实验表明，作用在物体上的最大静摩擦力的大小 $F_{摩max}$ 与物体受到的法向力的大小 F_N 成正比，即

$$F_{摩max} = \mu_s F_N \tag{2-7}$$

μ_s 称为静摩擦因数，它与互相接触物体的表面材料、表面状况（粗糙程度、温度、湿度等）有关。

（2）滑动摩擦力　两物体相互接触并有相对滑动时，在两物体接触处出现的相互摩擦力称为滑动摩擦力。

滑动摩擦力作用在两物体接触处的公切面内，其方向总是与物体相对运动的方向相反。

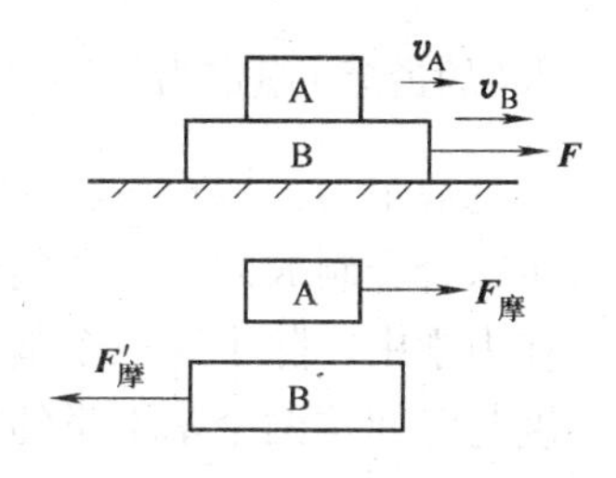

图2-5　滑动摩擦力的分析

例如物体A与物体B相互接触并在力$\boldsymbol{F}$作用下运动，如图2-5所示。设某时刻A相对于地面的速度为$\boldsymbol{v}_A$，B相对于地面的速度为$\boldsymbol{v}_B$，且$v_B > v_A$，这时A，B之间有相对运动，A相对于B的运动方向(即以B为参考系时A的运动方向)向左，故A受到B作用于它的滑动摩擦力$\boldsymbol{F}_{摩}$的方向向右；B相对于A的运动方向向右，故B受到A作用于它的滑动摩擦力$\boldsymbol{F}'_{摩}$的方向向左，$\boldsymbol{F}_{摩}$和$\boldsymbol{F}'_{摩}$是一对作用力与反作用力。

滑动摩擦力通常用$\boldsymbol{F}_{摩k}$表示，实验表明，作用在物体上的滑动摩擦力的大小也与物体受到的法向力的大小F_N成正比，即

$$F_{摩k} = \mu_k F_N \tag{2-8}$$

μ_k称为动摩擦因数，它不仅与物体接触表面的材料和状态有关，而且与相对滑动速度的大小有关。通常μ_k随相对速度的增加而稍有减小，当相对速度不太大时，μ_k可近似看做常数。一般来说，动摩擦因数小于静摩擦因数。

摩擦力的规律是比较复杂的，式(2-7)和式(2-8)都是由实验总结出的近似规律。至于摩擦力的起源问题，一般认为来自电磁相互作用，其形成的机理至今仍不很清楚，有待进一步研究。

在自然界中处处存在摩擦。和一切事物一样，摩擦也有两面性，即对人类既有其有利的一面，也有其有害的一面。一方面，摩擦是人类赖以生存和发展不可缺少的条件，离开了摩擦，人不能在地面上行走；纱不能织成布；鞋带拴不紧；螺栓不能与螺母固接；机器无法传动和制动等。另一方面，摩擦生热大大降低了机械效率和能源利用效率；摩擦造成机器磨损，影响其寿命；因摩擦生电，常造成起火、爆炸等重大事故等。因此，利用摩擦的有利因素，避免其有害因素，成为人们长期研究的重要课题。

2.3　国际单位制和量纲

应用牛顿定律进行数量计算时，各个物理量的单位必须“配套”。相互配套的一组单位称为“单位制”。目前国内外通用的单位制叫国际单位制，代号SI。国际单位制中，取长度、质量和时间作为力学的基本量，并规定它们的单位分别为米（m）、千克（kg）和秒（s）。

秒规定为：1s 是铯的一种同位素（^{133}Cs）原子发出的一个特征频率光波周期的 9 192 631 770 倍。

米(的最后)规定为：1m 是光在真空中在$\frac{1}{299\ 792\ 458}$s 内所经过的距离。

千克规定为：1kg 是保存在巴黎度量衡局地窖中的千克原器的质量(该原器是用铂铱合金制成的一个金属圆柱体)。

在力学中，除了这三个基本量以外的所有物理量都叫做导出量。例如，速度是长度与时间这两个基本量的比，就是一个导出量。导出量的单位是基本单位的组合，叫做导出单位。如速度的 SI 单位是米/秒（m/s）；类似地，加速度的 SI 单位是“米/秒^2”（m/s^2），力的 SI 单位是“千克·米/秒^2”（$kg \cdot m/s^2$），这个单位又叫“牛顿”，简称牛（N）。

我们用 L，M 和 T 分别表示长度、质量和时间这三个基本量。如果只考虑某一个导出量是如何由基本量组成的，则一个导出量可以用 L，M 和 T 的幂次的组合表示出来。这样的表示叫做物理量的量纲。

例如，速度、加速度、力、动量的量纲可以分别表示为

$$[v] = LT^{-1},\ [a] = LT^{-2},\ [F] = MLT^{-2},\ [p] = MLT^{-1}$$

注意：

1）一个纯数是没有量纲的。有的物理量是两个同量纲物理量的比值。如弧度，是弧长与半径之比，是两个长度之比，是没有量纲的，所以，角速度的单位写成“1/秒”（1/s），和我们以前所写的弧度/秒(rad/s)是一样的。

2）只有量纲相同的量才能相加、相减或相等。

3）对数函数、指数函数和三角函数的宗量(即 $\ln x$，e^x，$\sin x$ 中的 x）必定是无量纲的。

量纲的概念在物理学中很重要，它可以用来检验一个等式是否有错误，凡是不符合上述原则的表达式必定是错误的。

2.4 牛顿运动定律应用举例

牛顿的三个运动定律是一个整体，不能只注意牛顿第二定律，而把其他两个定律置于脑后。牛顿第一定律是牛顿力学的思想基础，它说明，任何物体都有惯性，牛顿定律只能在惯性参考系中应用；力的作用实质是使物体产生加速度，不能把 ma 误认为力。牛顿第三定律指出了力有相互作用的性质，为我们正确分析物体受力情况提供了依据。通常在力学问题中，对每个物体来说，除重力外，其他外力都可以在该物体和其他物体相接触处去寻找，以免把作用在物体上的一些力遗漏掉。所有这些都是我们在应用牛顿第二定律作定量计算时应考虑的。

应用牛顿运动定律求解力学问题时，应按以下程序进行：

1）选取研究对象（注意：研究对象必须是质点或可以视为质点的物体），隔离物体，分析受力，画隔离体受力图。这一步是解决力学问题的基础。

2）分析运动，特别是分析研究对象的加速度，而这个加速度必须是它相对于惯性系的加速度。如果研究对象有相对于非惯性系 A 的加速度 $\boldsymbol{a}_{物\to A}$，则由相对运动的加速度公式(1-39)，在牛顿第二定律中的加速度应为 $\boldsymbol{a}=\boldsymbol{a}_{物\to A}+\boldsymbol{a}_{A\to 地}$。

分析运动加速度这一步是非常重要的，这不仅因为在牛顿第二定律中有加速度这一物理量，而且分析加速度也有助于分析受力。如果研究对象在某个方向上有相对于惯性系的加速度，那么在这一方向上它受力的矢量和必定不为零。

3）对每个研究对象选定坐标，列出 $\sum_i \boldsymbol{F}_i=m\boldsymbol{a}$ 的分量式(注意各投影量的正负号)。

在平面直角坐标系中的分量式为

$$\begin{cases}\sum_i F_{ix}=ma_x\\ \sum_i F_{iy}=ma_y\end{cases}\tag{2-9}$$

在平面自然坐标系中的分量式为

$$\begin{cases}\sum_i F_{i\tau}=ma_\tau\\ \sum_i F_{in}=ma_n\end{cases}\tag{2-10}$$

4）求解方程，并对结果作必要的讨论。

【例2-1】 一细绳跨过一轴承光滑的定滑轮，绳的两端分别悬有质量为 m_1 和 m_2 的物体，其中 $m_1<m_2$，如图2-6所示。设滑轮与绳的质量可以忽略不计，绳子不能伸长，试求物体的加速度以及绳子对物体的拉力。

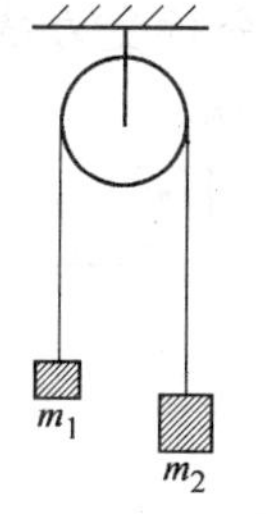

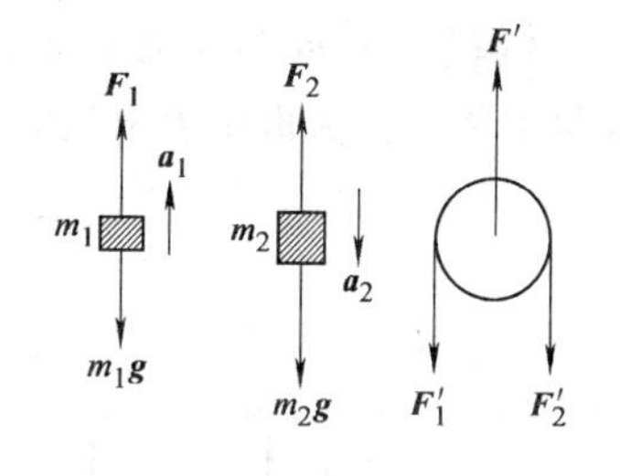

图2-6　例2-1图

【解】 在本题中，研究对象是 m_1 和 m_2 两个物体，它们之间用绳子互相联系着。这时，我们要对它进行隔离，分别研究每一个物体的受力和运动情况。

作隔离体，进行受力分析，如图2-6所示，在图上标明各物体的加速度。对 m_1 来说，在绳子拉力 $\boldsymbol{F}_1$ 及重力 $m_1\boldsymbol{g}$ 的作用下，以加速度 $\boldsymbol{a}_1$ 向上运动。取向上为正，则

$$F_1-m_1g=m_1a_1 \quad ①$$

对 m_2 来说，在绳子拉力 $\boldsymbol{F}_2$ 及重力 $m_2\boldsymbol{g}$ 的作用下，以加速度 $\boldsymbol{a}_2$ 向下运动。取向下为正，则

$$m_2g - F_2 = m_2a_2 \quad ②$$

因滑轮轴承光滑，且不计滑轮和绳子的质量，所以

$$F_1 = F_2 \quad ③$$

又因绳子不能伸长，所以

$$a_1 = a_2 = a \quad ④$$

由式①、式②、式③、式④，得

$$a = \frac{m_2 - m_1}{m_1 + m_2}g,\ F_1 = F_2 = \frac{2m_1m_2}{m_1 + m_2}g$$

注意：有的同学在分析此问题时直接选 m_1 和 m_2 为一个研究对象，认为它们所受的合外力为 $m_2g - m_1g$，写出 $m_2g - m_1g = (m_1 + m_2)a$，同样求得

$$a = \frac{m_2 - m_1}{m_1 + m_2}g$$

其实这种做法是完全错误的。因为这里 m_1 和 m_2 的运动情况并不相同（加速度方向不同），不能视为一个质点，而牛顿第二定律的研究对象必须是质点。

【例 2-2】 水平桌面上有一块质量为 m' 的板，板上有一个质量为 m 的物体，如图 2-7a 所示。假设物体与板之间的静摩擦因数和动摩擦因数均为 μ_1，板与桌面之间的静摩擦因数和动摩擦因数均为 μ_2。今用水平向右的力 $\boldsymbol{F}$ 拉板，试分析当 $\boldsymbol{F}$ 从零开始逐渐增大时，板和物体的运动加速度，并求它们受到的摩擦力。

【解】 取 m 为研究对象，分析受力情况：重力 $m\boldsymbol{g}$、支持力 $\boldsymbol{F}_{\mathrm{N}}$、板给予的摩擦力 $\boldsymbol{F}_{摩1}$。画出受力图（图 2-7b）。

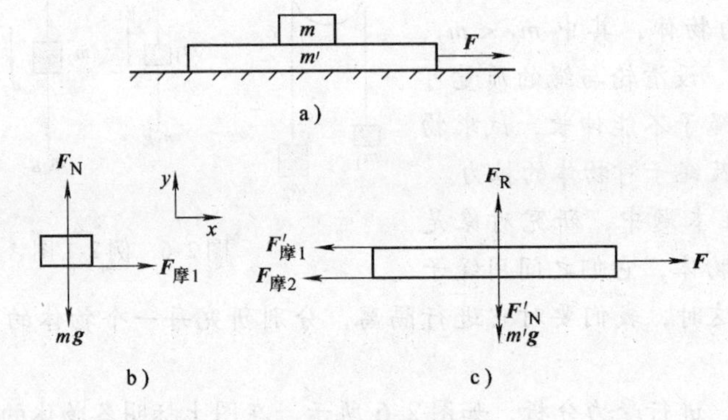

图 2-7　例 2-2 图

取质量为 m' 的板为研究对象，分析受力情况：重力 $m'\boldsymbol{g}$、m 对它的压力 $\boldsymbol{F}'_{\mathrm{N}}$（$\boldsymbol{F}_{\mathrm{N}}$ 的反作用力）、桌面对它的支持力 $\boldsymbol{F}_{\mathrm{R}}$、$m$ 给予的摩擦力 $\boldsymbol{F}'_{摩1}$（$\boldsymbol{F}_{摩1}$ 的反作用

力)，桌面给予的摩擦力 $\boldsymbol{F}_{摩2}$。画出受力图(图2-7c)。

它们的运动情况与水平力 $\boldsymbol{F}$ 的大小有关。

(1) 当 $\boldsymbol{F}$ 较小时，拉不动板，板和物体都处于静止，加速度都等于零，合力分别也都为零，$\boldsymbol{F}_{摩1}$ 和 $\boldsymbol{F}_{摩2}$ 都是静摩擦力。取 x，y 轴如图，分别对物体和板写出牛顿第二定律：

对 m：　$$F_{摩1}=0,\ F_{\mathrm{N}}-mg=0$$

对于板：　$$F-F'_{摩1}-F_{摩2}=0,\ F_{\mathrm{R}}-F'_{\mathrm{N}}-m'g=0$$

另有

$$F'_{\mathrm{N}}=F_{\mathrm{N}},\ F'_{摩1}=F_{摩1}$$

解出

$$F_{摩1}=0,\ F_{\mathrm{R}}=(m+m')g\quad F_{摩2}=F$$

静摩擦力 $F_{摩2}$ 应当小于静摩擦因数乘以正压力，即有

$$0\leqslant F_{摩2}\leqslant\mu_2F_{\mathrm{R}}$$

因此

$$0\leqslant F\leqslant\mu_2(m+m')g$$

(2) 当 $F>\mu_2(m+m')g$ 时，板与桌面之间将发生相对运动，摩擦力 $\boldsymbol{F}_{摩2}$ 将变成滑动摩擦力，$F_{摩2}=\mu_2F_{\mathrm{R}}$；当 F 逐渐增大时，m 与 m' 之间的摩擦力 $\boldsymbol{F}_{摩1}$ 将从零开始增大，当 F 不太大时仍保持为静摩擦力，m 与 m' 相对静止，两者具有相同的加速度 a，分别对物体和板写出牛顿第二定律，即

对 m：　$$F_{摩1}=ma,\ F_{\mathrm{N}}-mg=0$$

对 m'：　$$F-F'_{摩1}-F_{摩2}=m'a,\ F_{\mathrm{R}}-F'_{\mathrm{N}}-m'g=0$$

以及　$$F_{摩2}=\mu_2F_{\mathrm{R}},\ F'_{\mathrm{N}}=F_{\mathrm{N}},\ F'_{摩1}=F_{摩1}$$

解出

$$a=\frac{F}{m+m'}-\mu_2g,\ F_{摩1}=m\left(\frac{F}{m+m'}-\mu_2g\right)$$

$$F_{摩2}=\mu_2(m+m')g,\ F_{\mathrm{N}}=mg$$

因 $F_{摩1}$ 是静摩擦力，应该满足 $0\leqslant F_{摩1}\leqslant\mu_1F_{\mathrm{N}}$，将解出的 $F_{摩1}$ 和 F_{N} 代入，得

$$F\leqslant(\mu_1+\mu_2)(m+m')g$$

(3) 当 $F>(\mu_1+\mu_2)(m+m')g$ 时，m 与 m' 之间有相对运动，所有的摩擦力都是滑动摩擦力，$F_{摩1}=\mu_1F_{\mathrm{N}}$，$F_{摩2}=\mu_2F_{\mathrm{R}}$，分别对物体和板写出牛顿第二定律方程，有

对 m：　$$F_{摩1}=ma_m,\ F_{\mathrm{N}}-mg=0$$

对 m'：　$$F-F'_{摩1}-F_{摩2}=m'a_{m'},\ F_{\mathrm{R}}-F'_{\mathrm{N}}-m'g=0$$

以及　$$F_{摩1}=\mu_1F_{\mathrm{N}},\ F_{摩2}=\mu_2F_{\mathrm{R}},\ F'_{\mathrm{N}}=F_{\mathrm{N}},\ F'_{摩1}=F_{摩1}$$

解出

$$a_m=\mu_1 g,\ a'_m=\frac{F-\mu_1 mg-\mu_2(m+m')g}{m'}$$

$$F_{摩1}=\mu_1 mg,\ F_{摩2}=\mu_2(m+m')g$$

当 m 与 m'有相对运动时，因为 F 作用在 m'上，必有 $a_{m'}>a_m$，将解出的 $a_{m'}$ 和 a_m 代入此式，得到 $F>(\mu_1+\mu_2)(m+m')g$，这时可以将板从物体下抽出来。

力 F 与物体、板的运动的关系可归纳如下：

当 $F\leqslant\mu_2(m+m')g$ 时，m 与 m'的加速度均为零，m 与 m'之间没有摩擦力，m'与桌面之间的摩擦力为静摩擦力，其大小为 F。

当 $\mu_2(m+m')g<F\leqslant(\mu_1+\mu_2)(m+m')g$ 时，m 与 m'的加速度均为 $\frac{F}{m+m'}-\mu_2 g$，m 与 m'之间的摩擦力为静摩擦力，其大小为 $m\left(\frac{F}{m+m'}-\mu_2 g\right)$，$m'$与桌面间的摩擦力为滑动摩擦力，其大小为 $\mu_2(m+m')g$。

当 $F>(\mu_1+\mu_2)(m+m')g$ 时，m 的加速度为 $\mu_1 g$，m' 的加速度为 $\frac{F-\mu_1 mg-\mu_2(m+m')g}{m'}$，$m$ 与 m'之间的摩擦力为滑动摩擦力，其大小为 $\mu_1 mg$，m'与桌面之间的摩擦力为滑动摩擦力，其大小为 $\mu_2(m+m')g$。

【例 2-3】 一质量为 m_A、倾角为 α 的劈形斜面 A 放在光滑水平地面上，一个质量为 m 的小物体 B 放在斜面上，它就沿斜面下滑，如图 2-8 所示。若 A，B 之间也没有摩擦，求 B 沿斜面下滑的加速度 $\boldsymbol{a}$ 和 A 运动的加速度 $\boldsymbol{a}_A$？

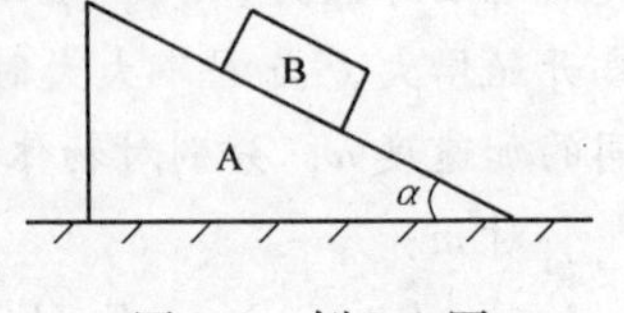

图 2-8 例 2-3 图

【解】 取 B 为研究对象，分析它的受力情况：重力 $m\boldsymbol{g}$，A 对 B 的支持力 $\boldsymbol{F}_N$，画出受力图(图2-9a)。再取 A 为研究对象，分析受力情况：重力 $m_A\boldsymbol{g}$，B 对 A 的压力 $\boldsymbol{F}'_N$(是 $\boldsymbol{F}_N$ 的反作用力)，水平地面对 A 的支持力 $\boldsymbol{F}_R$(图2-9b)，画出受力图。

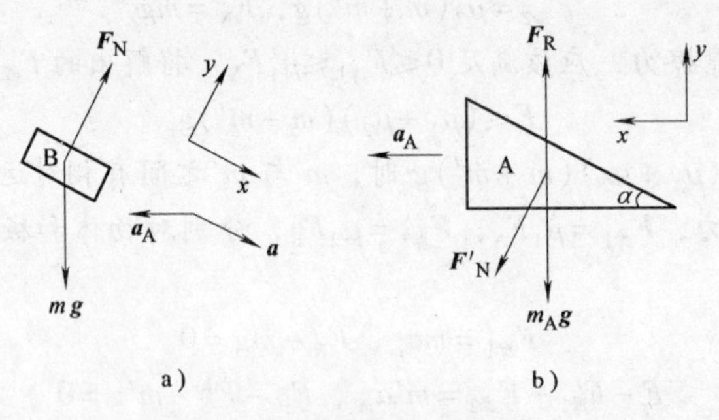

图 2-9 例 2-3 分析图

分析加速度：A 相对于地面的加速度 $\boldsymbol{a}_A$ 水平向左。B 相对于地面的加速度 $\boldsymbol{a}_B$ 是如何呢？B 在 A 上沿斜面下滑，B 的加速度的方向是不是沿斜面向下？必须明确，沿斜面向下的这个加速度是相对于斜面的，不是 B 相对于地面(惯性系)的加速度 $\boldsymbol{a}_B$。牛顿第二定律中的加速度应该是B 相对于地面的加速度 $\boldsymbol{a}_B$，根据相对运动的公式，$\boldsymbol{a}_B$ 应当是 B 相对于斜面 A 的加速度 $\boldsymbol{a}$ 加上斜面 A 相对于地面的加速度 $\boldsymbol{a}_A$，即 $\boldsymbol{a}_B=\boldsymbol{a}+\boldsymbol{a}_A$，我们在 B 的受力图中画出了 $\boldsymbol{a}$ 和 $\boldsymbol{a}_A$，我们仍然不必先求它们的矢量和 $\boldsymbol{a}_B$，而直接在 B 的受力图中标明 $\boldsymbol{a}$ 和 $\boldsymbol{a}_A$。

对 A 建立坐标系如图，列出牛顿第二定律方程：

x 方向：
$$F'_N\sin\alpha=m_Aa_A \qquad ①$$

y 方向：
$$F_R-m_Ag-F'_N\cos\alpha=0 \qquad ②$$

对 B 建立坐标系如图，列出牛顿第二定律方程：（注意：$\boldsymbol{a}_A$ 在 x，y 轴上都有分量）

x 方向：
$$mg\sin\alpha=m(a-a_A\cos\alpha) \qquad ③$$

y 方向：
$$F_N-mg\cos\alpha=m(-a_A\sin\alpha) \qquad ④$$

另有
$$F'_N=F_N \qquad ⑤$$

由式①、式④、式⑤消去 F_N 和 F'_N，解出
$$a_A=\frac{mg\sin\alpha\cos\alpha}{m_A+m\sin^2\alpha}$$

代入③，解出
$$a=\frac{(m_A+m)g\sin\alpha}{m_A+m\sin^2\alpha}$$

注意：在斜面不固定的情况下，B 沿斜面下滑的加速度的大小 $a\neq g\sin\alpha$(因为斜面不是惯性系，$mg\sin\alpha\neq ma$，而应是式③)。B 对地面的加速度 $\boldsymbol{a}_B$ 是 $\boldsymbol{a}$ 与 $\boldsymbol{a}_A$ 的矢量和，由图 2-10 可知，$\boldsymbol{a}_B$ 与水平面的夹角 $\beta>\alpha$。

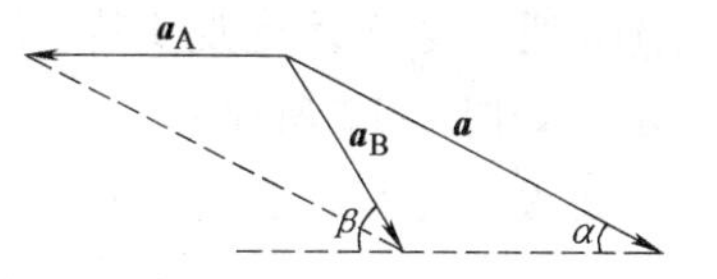

图 2-10　例 2-3 加速度图

【例 2-4】　质量为 m 的小球，在某种液体中作竖直下落。已知这种液体对小球的浮力为 $\boldsymbol{F}$、粘滞力为 $\boldsymbol{F}_R=-k\boldsymbol{v}$，其中 k 是和这种液体的粘性、小球的半径有关的一个常量。试求小球在这种液体中下落的速度。

【解】　先对小球所受的力作一分析：重力 $m\boldsymbol{g}$，竖直向下；浮力 $\boldsymbol{F}$，竖直向上；粘滞力 $\boldsymbol{F}_R$，竖直向上，如图 2-11 所示。取向下方向为正，根据牛顿第二定律，小球的运动方程可写为

$$mg - F - kv = ma = m\frac{dv}{dt}$$

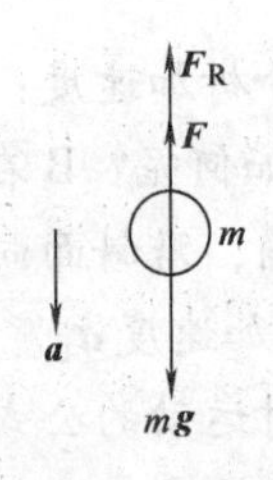

图 2-11 例 2-4 图

即

$$a = \frac{dv}{dt} = \frac{mg - F - kv}{m} \qquad ①$$

当 $t = 0$ 时，设小球初速为零，由式①可知，此时加速度有最大值 $a_{max} = g - \frac{F}{m}$。当小球速率 v 逐渐增加时，其加速度就逐渐减小了。令

$$v_T = \frac{mg - F}{k} \qquad ②$$

于是，式①可化为

$$\frac{dv}{dt} = \frac{k(v_T - v)}{m} \qquad ③$$

或

$$\frac{dv}{v_T - v} = \frac{k}{m}dt$$

对上式两边取积分，有

$$\int_0^v \frac{dv}{v_T - v} = \int_0^t \frac{k}{m}dt$$

积分得

$$\ln\frac{v_T - v}{v_T} = -\frac{k}{m}t$$

整理得

$$v = v_T(1 - e^{-\frac{k}{m}t}) \qquad ④$$

式④表明小球下落速度 v 随 t 增大的函数关系，如图 2-12 所示。

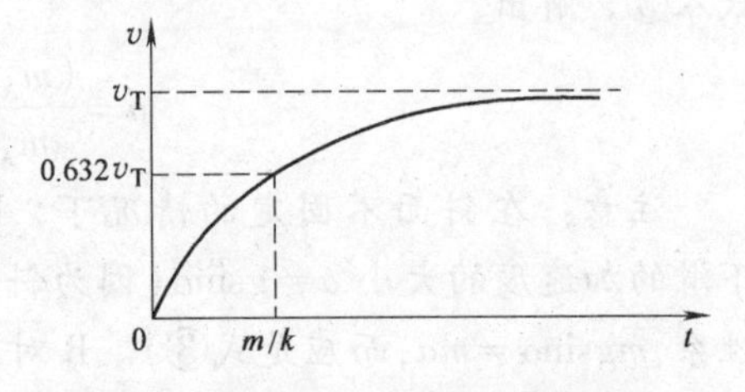

图 2-12 例 2-4v 随 t 的函数曲线

由式④可知，当 $t \to \infty$ 时，$v = v_T$，而当 $t = \frac{m}{k}$时，$v = v_T\left(1 - \frac{1}{e}\right) = 0.632v_T$，所以，只要 $t \gg \frac{m}{k}$，就可以认为 $v \approx v_T$。我们把 v_T 叫做极限速度，它是小球下落所能达到的最大速度。也就是说，当下落时间符合 $t \gg \frac{m}{k}$条件时，小球即以极限速度匀速下落。

因小球在粘性介质中的下落速度与小球半径有关，利用不同大小的小球有不同下落速度的事实，可用来分离大小不同的球形微粒。

【例 2-5】 质量为 m 的小木块在光滑水平面上沿半径为 R 的圆环内侧滑动，如图 2-13 所示。木块与环间的动摩擦因数为 μ，因此木块的速率 v 减小。求木块

运动半周所需的时间和此时的速度。

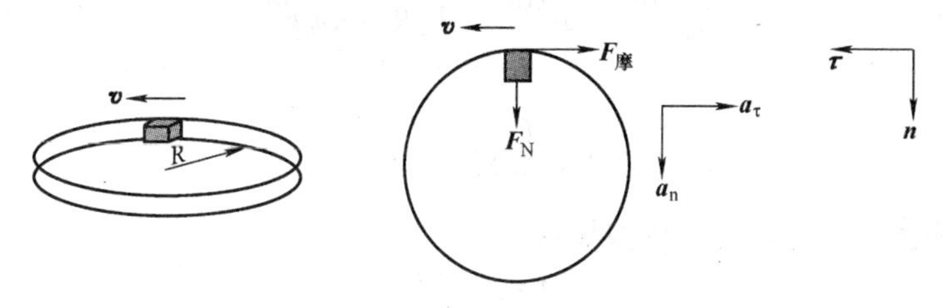

图2-13　例2-5图

【解】 分析木块的受力情况：重力和水平面的支持力(两者方向相反,互相抵消)；环对木块的支持力 $\boldsymbol{F}_{\mathrm{N}}$，方向指向环心；环对木块的摩擦力 $\boldsymbol{F}_{摩}$，方向与木块运动方向相反。在水平面内画出受力图(重力和水平面的支持力略去不画)。

分析木块的加速度：法向加速度 $\boldsymbol{a}_n$，其大小 $a_n=\dfrac{v^2}{R}$，指向环心；切向加速度 $\boldsymbol{a}_\tau$与 $\boldsymbol{F}_{摩}$的方向相同，都在水平面内。

建立自然坐标系：切线方向$\boldsymbol{\tau}$和法线方向 $\boldsymbol{n}$。$\boldsymbol{\tau}$的方向就是物体运动速度 v 的方向，$\boldsymbol{n}$ 的方向指向环心。

切向摩擦力 $\boldsymbol{F}_{摩}$ 的方向与$\boldsymbol{\tau}$的方向相反，它在$\boldsymbol{\tau}$方向的投影是 $-F_{摩}$，而 $\boldsymbol{a}_\tau=a_\tau\boldsymbol{\tau}$在$\boldsymbol{\tau}$方向的投影为 a_τ(注意此时 $a_\tau<0$,所以 $\boldsymbol{a}_\tau$的实际方向与$\boldsymbol{\tau}$的方向相反)，所以

沿切向($\boldsymbol{\tau}$方向)：

$$-F_{摩}=ma_\tau=m\frac{\mathrm{d}v}{\mathrm{d}t} \qquad ①$$

沿法向($\boldsymbol{n}$ 方向)：

$$F_{\mathrm{N}}=ma_n=m\frac{v^2}{R} \qquad ②$$

$\boldsymbol{F}_{摩}$ 是滑动摩擦力，将式①、式②代入 $F_{摩}=\mu F_{\mathrm{N}}$，有

$$-\frac{\mathrm{d}v}{\mathrm{d}t}=\mu\frac{v^2}{R}$$

移项，分离变量，两边积分，即

$$-\int_{v_0}^{v}\frac{\mathrm{d}v}{v^2}=\mu\int_0^t\frac{\mathrm{d}t}{R}$$

解得 t 时刻的速度

$$v=\frac{Rv_0}{R+\mu v_0 t} \qquad ③$$

因为 $v=\dfrac{\mathrm{d}s}{\mathrm{d}t}$，所以 $\mathrm{d}s=v\mathrm{d}t$，两边积分

$$\int_0^{\pi R} \mathrm{d}s = \int_0^t v\mathrm{d}t = \int_0^t \frac{Rv_0}{R+\mu v_0 t}\mathrm{d}t$$

解得

$$t = \frac{R}{\mu v_0}(\mathrm{e}^{\pi\mu} - 1) \quad ④$$

将式④代入式③，得此时的速度

$$v = v_0 \mathrm{e}^{-\pi\mu}$$

*2.5 惯性力

在实际问题中常常需要在非惯性系中观察和处理物体的运动。在非惯性系中牛顿定律是不成立的。但为了方便起见，也常常形式地利用牛顿定律分析和解决问题，为此引入惯性力的概念。

设有一质量为 m 的质点，受到外力 $\boldsymbol{F}$ 作用，它相对于惯性系 S 的加速度为 $\boldsymbol{a}$，则有

$$\boldsymbol{F} = m\boldsymbol{a}$$

假设另有一非惯性系 S′，相对于 S 系以加速度 $\boldsymbol{a}_0$ 平动。如果质点相对于 S′系的加速度为 $\boldsymbol{a}'$，则由加速度合成定理得

$$\boldsymbol{a} = \boldsymbol{a}' + \boldsymbol{a}_0$$

所以

$$\boldsymbol{F} = m(\boldsymbol{a}' + \boldsymbol{a}_0)$$

或

$$\boldsymbol{F} + (-m\boldsymbol{a}_0) = m\boldsymbol{a}'$$

此式说明，质点所受合力 $\boldsymbol{F} \neq m\boldsymbol{a}'$，即牛顿定律在非惯性系中不成立。但如果认为在 S′系中，质点除了受到力 $\boldsymbol{F}$ 以外，还受到一个力 $-m\boldsymbol{a}_0$，并将它计入合力之内，则就可以形式上理解为在 S′系中，牛顿定律也成立了。

在 S′系引进的力 $-m\boldsymbol{a}_0$ 就叫惯性力，用 $\boldsymbol{F}_0$ 表示，即

$$\boldsymbol{F}_0 = -m\boldsymbol{a}_0 \quad (2\text{-}11)$$

引入了惯性力后，在非惯性系中牛顿第二定律就可以写为

$$\boldsymbol{F} + \boldsymbol{F}_0 = m\boldsymbol{a}' \quad (2\text{-}12)$$

上式中的 $\boldsymbol{F}$ 是实际存在的各种力，是物体之间相互作用的表现。惯性力 $\boldsymbol{F}_0$ 只是参考系非惯性运动的表现，它不是物体之间的相互作用，也没有反作用力，所以又叫做虚拟力。

如图 2-14 所示，一个站在台秤上的人正处于一部以加速度 $\boldsymbol{a}$ 下降的电梯中，在电梯这个非惯性系中，人除了受到重力 $m\boldsymbol{g}$ 和台秤的支持力 $\boldsymbol{F}_{\mathrm{N}}$ 的作用外，还

受到惯性力 $-m\boldsymbol{a}$ 的作用，台秤上的人相对于电梯处于静止状态，由式（2-12）得

$$F_{\mathrm{N}}-mg+ma=0$$

得

$$F_{\mathrm{N}}=mg-ma<mg$$

图2-14 失重现象

按牛顿第三定律，人对台秤的压力 $\boldsymbol{F}'_{\mathrm{N}}$ 与台秤对人的支持力 $\boldsymbol{F}_{\mathrm{N}}$ 大小相等，方向相反，因此，台秤显示人的重量变轻了，这种现象称为失重。当电梯自由下落时，$a=g$，即惯性力与重力大小相等，正好抵消，因此台秤显示人的重量为零，这时，人处于完全失重状态。如果电梯以加速度 $\boldsymbol{a}$ 上升，则有 $F_{\mathrm{N}}=mg+ma>mg$，台秤显示人的重量增加了，这种现象称为超重。同样的道理，航天飞机在太空轨道上绕地球飞行时，宇航员处于失重状态，这也是因为在航天飞机这个非惯性系中惯性力抵消了一部分引力的缘故，而并非宇航员脱离地球的引力。

2.6 动量和动量守恒定律

2.6.1 质点的动量

在牛顿运动定律建立之前，力学已经有了一定的发展。当时有很多人从事于冲击和碰撞问题的研究，这些研究使人们逐步认识到，一个物体对其他物体的冲击效果与这个物体的速度和质量有关，而且还发现物体的质量和速度的乘积在运动过程中遵守一系列的规律，所以用物体的质量和物体的速度的乘积来定义一个物理量。这个物理量就是动量。

以 m 表示质点的质量，v 表示该质点在某一时刻的速度，则质点在这一瞬时的动量定义为

$$\boldsymbol{p}=m\boldsymbol{v}$$

动量是一个状态量，质点在任何一个运动状态都有一定的动量。动量是矢量，有大小和方向，动量的大小发生变化，或者方向发生变化，或者大小和方向都发生变化，我们就说动量发生了变化。在 SI 中，动量的单位是千克·米/秒（kg·m/s）。

2.6.2 力的冲量

在中学物理中，冲量 $\boldsymbol{I}$ 定义为力和力的作用时间的乘积，因此力 $\boldsymbol{F}$ 从时刻 t_1

至时刻 t_2 作用的冲量为

$$\boldsymbol{I}=\boldsymbol{F}(t_2-t_1)$$

但是这个定义只适用于 $\boldsymbol{F}$ 为恒力的情况。对于变力的冲量，我们可以将时间间隔（t_2-t_1）分割为很多微小的时间段 dt，以致在如此小的时间间隔内，可以将力 $\boldsymbol{F}$ 视为恒力，这样在 dt 时间内，力的冲量 d$\boldsymbol{I}$ 可以用恒力冲量的公式来表示，即 $\mathrm{d}\boldsymbol{I}=\boldsymbol{F}\mathrm{d}t$。在时间（$t_2-t_1$）内，力的冲量 $\boldsymbol{I}$ 就是每一小段冲量 d$\boldsymbol{I}$ 的矢量和，可以写成

$$\boldsymbol{I}=\int_{t_1}^{t_2}\mathrm{d}\boldsymbol{I}=\int_{t_1}^{t_2}\boldsymbol{F}\mathrm{d}t \tag{2-13}$$

按照这个定义，力 $\boldsymbol{F}$ 在某一个时间间隔内的冲量 $\boldsymbol{I}$ 等于力 $\boldsymbol{F}$ 在该时间间隔内对时间变量的积分。

冲量 $\boldsymbol{I}$ 是一个矢量，如果 $\boldsymbol{F}$ 是一个方向不变只是大小变化的变力，$\boldsymbol{F}$ 的大小与时间 t 的关系可以用图 2-15 中的曲线表示，而冲量的大小则等于图 2-15 中曲线下的面积，是由力的大小和力持续作用的时间两个因素决定的，冲量的方向和 $\boldsymbol{F}$ 的方向相同。

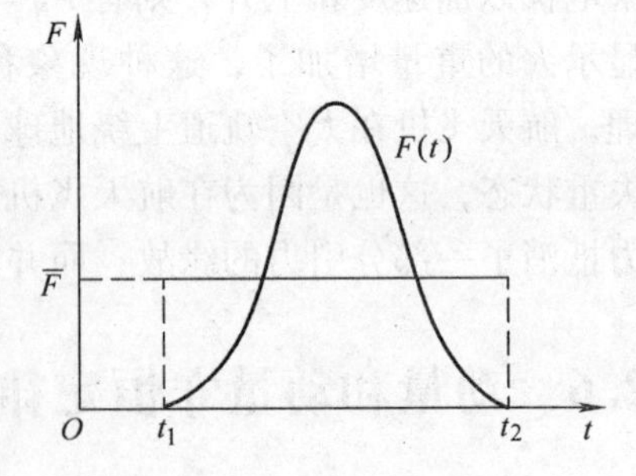

图 2-15 冲量的大小

如果 $\boldsymbol{F}$ 是一个方向和大小都在变化的变力，那么冲量的方向就不能用力的方向来确定，只能由积分的结果来确定。

冲量表示力对时间的积累作用，它是一个过程量，对一个过程，才有冲量可言，我们不能说在某个状态有多少冲量。

在 SI 中，冲量的单位是牛顿·秒(N·s)。

在用式(2-13)计算冲量时往往采用分量式，在平面直角坐标系中

$$I_x=\int_{t_1}^{t_2}F_x\mathrm{d}t,\ I_y=\int_{t_1}^{t_2}F_y\mathrm{d}t$$

对于变力的冲量，引入平均力 $\overline{\boldsymbol{F}}$，按照函数平均值的定义

$$\overline{\boldsymbol{F}}=\frac{1}{t_2-t_1}\int_{t_1}^{t_2}\boldsymbol{F}\mathrm{d}t$$

则

$$\boldsymbol{I}=\overline{\boldsymbol{F}}(t_2-t_1) \tag{2-14}$$

就是说可以将变力的冲量等效地视为恒力的冲量，这个等效恒力就是变力在该时间段内的平均值。

2.6.3 质点的动量定理

力作用在质点上，其效果就是使质点的运动状态发生改变，即使质点的动量

或速度发生改变。牛顿第二定律给出了力和它的作用效果的定量关系，这个关系是瞬时的，即它给出了力在任意时刻的作用效果和该时刻的力的关系。当力作用一段时间，力就会在时间上产生一个累积效果。这一效果可以由牛顿第二定律直接得出。牛顿第二定律可以表示为

$$\boldsymbol{F}=\frac{\mathrm{d}(m\boldsymbol{v})}{\mathrm{d}t}=\frac{\mathrm{d}\boldsymbol{p}}{\mathrm{d}t} \tag{2-15}$$

式(2-15)说明，质点所受的合力等于质点动量对时间的变化率，这就是质点的**动量定律的微分形式**。

对式(2-15)变形，有

$$\boldsymbol{F}\mathrm{d}t=\mathrm{d}\boldsymbol{p}$$

此式表明在 $\mathrm{d}t$ 时间内质点所受合力的冲量等于在同一时间内质点动量的增量。如果质点所受合力 $\boldsymbol{F}$ 的作用时间由 t_1 到 t_2，则对上式两边积分，得

$$\int_{t_1}^{t_2}\boldsymbol{F}\mathrm{d}t=\int_{\boldsymbol{p}_1}^{\boldsymbol{p}_2}\mathrm{d}\boldsymbol{p}=\boldsymbol{p}_2-\boldsymbol{p}_1=m\boldsymbol{v}_2-m\boldsymbol{v}_1 \tag{2-16}$$

式中，$\boldsymbol{p}_1=m\boldsymbol{v}_1$ 和 $\boldsymbol{p}_2=m\boldsymbol{v}_2$ 分别表示质点在 t_1 和 t_2 时刻的动量，等号左边是合力的冲量。式(2-16)称为质点的**动量定理的积分形式**，即：作用于质点上的合力在某段时间内的冲量等于该时间内质点动量的增量。等号右边是作用效果，它取决于力在这段时间内的累积。值得注意的是，无论力的大小如何，只要力的时间累计一样，即冲量一样，就产生同样的动量增量。

合力冲量的大小和方向决定了物体由初时刻到末时刻这段时间的动量增量，如果我们能测出物体的初、末动量，由动量定理就可以求得物体所受合力冲量的大小和方向，这正是应用动量定理解决力学问题的优点所在。

仿照式(2-14)，我们可以将合力的冲量写成 $\boldsymbol{I}=\overline{\boldsymbol{F}}(t_2-t_1)$，其中 $\overline{\boldsymbol{F}}$ 是合力 $\boldsymbol{F}$ 的时间平均值。因此，如果知道始末动量的增量，根据此式，就可以估计其作用的平均力。

应当指出，上述质点动量定理的表达式(2-15)和(2-16)都是矢量式，在具体应用时常采用作图法或沿坐标轴分解法求解。例如在平面直角坐标系中，沿各坐标轴的分量式就是

$$\begin{cases} I_x=\int_{t_1}^{t_2}F_x\mathrm{d}t=p_{x2}-p_{x1}=mv_{x2}-mv_{x1} \\ I_y=\int_{t_1}^{t_2}F_y\mathrm{d}t=p_{y2}-p_{y1}=mv_{y2}-mv_{y1} \end{cases} \tag{2-17}$$

动量定理的分量式表明合力冲量沿一个坐标轴方向的分量等于沿这一坐标轴方向质点动量的增量。这表明，沿任何方向的冲量只能改变它自己方向上的动量，不能改变与它垂直的方向上的动量。

在应用动量定理的分量式时，应当注意各个分量都是代数量，与坐标轴方向

相同的分量为正，与坐标轴方向相反的分量为负。

动量定律是从牛顿第二定律中推导出来的，因此它也必须在惯性系中成立。

【例2-6】 一个质量为 $m=0.58\text{kg}$ 的篮球，在离水平面高度 $h_1=2.0\text{m}$ 处自由下落，碰到试验台面上，碰撞后回弹的最大高度为 $h_2=1.9\text{m}$，在篮球与试验台碰撞时，仪器显示它对台面的冲力(数值上也等于台面对篮球的冲力)，如图2-16所示，它与台面的接触时间 $\Delta t=0.019\text{s}$，冲力的峰值 F_m 达到575N，求在碰撞过程中篮球与试验台之间的平均相互作用力。

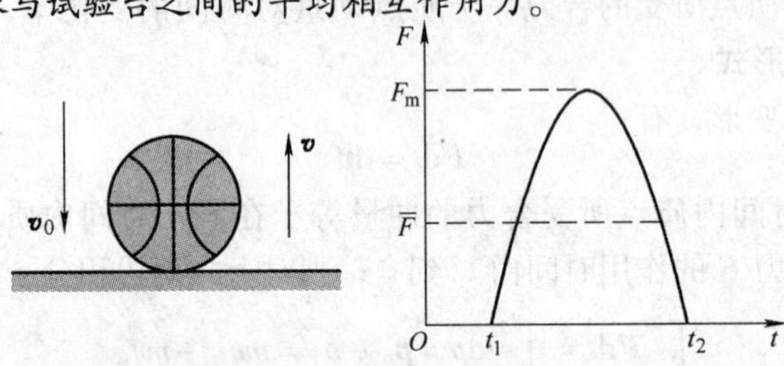

图2-16 例2-6图

【解】 根据篮球的受力情况，整个运动过程可以分成三个阶段：

(1) 自由下落高度 h_1 的阶段：篮球只受重力 mg。

(2) 篮球与水平面相碰的阶段：篮球受重力 mg 和水平面的平均支持力 $\overline{\boldsymbol{F}}_N$ (向上)。

(3) 篮球回弹阶段(竖直上抛)：篮球只受重力 mg。

解法一：所求的力 $\overline{\boldsymbol{F}}_N$ 出现在第二阶段，该阶段历时 Δt，令初动量的大小为 mv_0 (v_0 等于篮球在第一阶段的末速度)，末动量的大小为 mv (v 等于篮球在第三阶段的初速度)。篮球在第二阶段的受力如图2-17所示，图中还标出了篮球在第二阶段的初、末速度，取坐标轴向上为正，列出动量定理方程

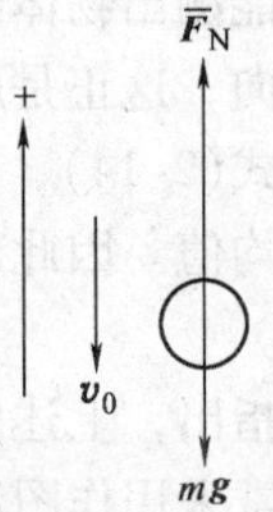

$$(\overline{F}_N-mg)\Delta t=mv-(-mv_0)=mv+mv_0$$

图2-17 例2-6受力分析

解出
$$\overline{F}_N=m\left(g+\frac{v+v_0}{\Delta t}\right) \quad ①$$

又根据第一阶段求出 $v_0=\sqrt{2gh_1}$，由第三阶段求出 $v=\sqrt{2gh_2}$，代入式①，算得

$$\overline{F}_N=m\left(g+\sqrt{2g}\frac{\sqrt{h_1}+\sqrt{h_2}}{\Delta t}\right)=383.1\text{N} \quad ②$$

解法二：由于动量定理对任何过程都成立，我们可以对整个运动过程应用动量定理。设第一阶段历时 t_1，篮球只受重力作用，合力的冲量等于 $-mgt_1$；在第

二阶段，合力冲量的大小等于$(\overline{F}_N - mg)\Delta t$；第三阶段历时$t_2$，篮球也只受重力作用，合力的冲量为$-mgt_2$，整个运动过程的初动量为零，末动量也为零，因此动量定理写成

$$-mgt_1 + (\overline{F}_N - mg)\Delta t - mgt_2 = 0$$

将$t_1 = \sqrt{\dfrac{2h_1}{g}}$、$t_2 = \sqrt{\dfrac{2h_2}{g}}$代入，求出$\overline{F}_N$，结果与式②相同。

从上例可以看出：篮球的重力不过5.7N，而冲力的最大值为575N，平均作用力为383.1N，所以与冲力相比，篮球的重力可以忽略不计。在碰撞和冲击问题中，如果碰撞时间极短，冲力就很大，这时常力（如重力）可以忽略。虽然平均值与峰值相比有相当的差距，但平均值对实际问题的估算是非常重要的。

平均冲力的大小不仅决定于受力物体动量增量的大小，而且也与作用时间的长短有关，对于相同的动量增量，若作用时间$(t_2 - t_1)$越短，则冲力就越大。例如，工人高空作业时，万一不慎跌落到地面上，在与地面碰撞过程中，人的动量将发生一定的变化，人将受到地面的很大的作用力而致残。但是如果装置安全网，人落在柔软的网上，在人停止运动之前，人与网有较长的作用时间，作用在人身上的力就小得多，从而起到安全保护的作用。又如渡轮驶靠码头时，在码头和渡轮相接触处都装有橡皮轮胎，精密仪器在运输时要用泡沫塑料包装等，都是为了延长作用时间，达到减小作用力的目的。在生产实际中，有时则要增大冲力。例如，用冲床冲压钢板时，就要减少作用时间来增大冲力。

在应用动量定理进行计算时，要注意动量定理是一个矢量式，合力冲量的方向与受力物体动量增量的方向一致，一般情况下冲量的方向既不是初动量的方向，也不是末动量的方向。帆船能够逆风行驶正说明了这点。

2.6.4　质点系的动量定理和动量守恒定律

质点的动量定理是对一个质点而言的，根据牛顿第三定律，质点A受到质点B所施作用力的同时，B也一定受到A所施的反作用力，这两个力分别使A、B两个质点的动量发生改变。所以在实际问题中，往往不能孤立地研究一个质点的运动，而要把有相互作用的若干个质点放在一起来研究，这样的多个有相互作用的质点的集合，称为质点系或系统。系统内每一个质点所受的力可以分为内力与外力，内力是来自系统内其他质点的作用力，外力是来自系统外质点的作用力。内力和外力都是相对于系统而言的。

设系统内第i个质点的质量为m_i，受到外部其他质点作用的合力为$\boldsymbol{F}_i$（简称该质点所受的外力），受到内部其他质点作用的合力为$\boldsymbol{F}'_i$（简称该质点所受的内力）。在时刻t_1至t_2的过程中，该质点的动量由$m_i v_{i1}$变为$m_i v_{i2}$，则由动量定理式(2-15)，有

$$\boldsymbol{F}_i+\boldsymbol{F}'_i=\frac{\mathrm{d}(m_i v_i)}{\mathrm{d}t}$$

对于系统内每个质点都可以写出类似的式子，相加后得

$$\sum_i \boldsymbol{F}_i+\sum_i \boldsymbol{F}'_i=\frac{\mathrm{d}\left(\sum_i (m_i v_i)\right)}{\mathrm{d}t}$$

上式中 $\sum_i \boldsymbol{F}_i$ 是系统内各质点所受外力的矢量和，$\sum_i \boldsymbol{F}'_i$ 是系统内各质点所受内力的矢量和，$\sum_i (m_i v_i)$ 表示质点系的总动量。

根据牛顿第三定律，任意一对内力都是作用力与反作用力，它们的矢量和等于零，而内力总是成对出现的，所以所有内力的矢量和 $\sum_i \boldsymbol{F}'_i=0$，则有

$$\sum_i \boldsymbol{F}_i=\frac{\mathrm{d}\left(\sum_i (m_i v_i)\right)}{\mathrm{d}t}=\frac{\mathrm{d}\boldsymbol{p}}{\mathrm{d}t} \tag{2-18}$$

式中，$\boldsymbol{p}=\sum_i m_i v_i$ 为质点系的总动量，这就是质点系的动量定理的微分形式：质点系所受外力的矢量和等于质点系总动量增量的变化率。

将式(2-18)两端乘以 $\mathrm{d}t$，并从 t_1 积分到 t_2，得

$$\int_{t_1}^{t_2}\left(\sum_i \boldsymbol{F}_i\right)\mathrm{d}t=\sum_i (m_i v_{i2})-\sum_i (m_i v_{i1}) \tag{2-19a}$$

式中，$\sum_i (m_i v_{i1})$ 和 $\sum_i (m_i v_{i2})$ 分别表示质点系在初、末状态的总动量。上式也可用平均力表示为

$$\overline{\boldsymbol{F}}(t_2-t_1)=\sum_i (m_i v_{i2})-\sum_i (m_i v_{i1}) \tag{2-19b}$$

上述两式就是质点系动量定理的积分形式，它表示：在一段时间内，作用于质点系的外力矢量和在该时间段内的冲量等于质点系总动量的增量。

质点系的动量定理告诉我们，只有外力的作用才能改变质点系的总动量，由于内力的矢量和为零，内力冲量的矢量和也一定为零，所以质点系的内力能够引起系统内各质点动量的变化，但是不会影响质点系的总动量。例如，静止车上的乘客无论怎样推车，都不可能使车获得动量而前进。

质点系动量定理同样也只在惯性系中成立。在使用时，也要注意它的矢量性，通常使用其分量形式。例如质点系的动量定理在平面直角坐标系中的分量式为

$$\begin{cases}\int_{t_1}^{t_2}\left(\sum_i F_{ix}\mathrm{d}t\right)=\sum_i (m_i v_{i2x})-\sum_i (m_i v_{i1x})\\ \int_{t_1}^{t_2}\left(\sum_i F_{iy}\mathrm{d}t\right)=\sum_i (m_i v_{i2y})-\sum_i (m_i v_{i1y})\end{cases} \tag{2-20}$$

由式(2-18)可知，如果 $\sum_i \boldsymbol{F}_i = 0$，则

$$\sum_i (m_i \boldsymbol{v}_i) = \text{常矢量} \tag{2-21}$$

这就是说，如果质点系所受外力的矢量和等于零，则质点系的总动量保持不变。这一结论就是质点系的**动量守恒定律**。

应用动量守恒定律分析解决问题时，应该注意以下几点：

1）动量守恒定律的适用条件是系统所受外力的矢量和为零，不必考虑系统内物体相互作用的详细情况。所以首先要分析每个有关质点的受力情况，根据受力图，选取合适的系统，把物体间复杂的未知力作为内力，如果系统受到的外力的矢量和为零，就可以运用动量守恒定律求解，这是应用动量守恒定律求解问题比用牛顿第二定律优越的地方。如果系统受到的外力矢量和不为零，只能对每个质点应用动量定理。

2）如果外力的矢量和不为零，但是内力远大于外力(通常内力为冲力,外力为常力如重力，即不随冲力而变的力)，也可以忽略外力，而认为系统总动量近似守恒。至于冲击(或碰撞)问题是否满足这个条件，则要作具体的分析。例如，在水平桌面上物体 A 朝物体 B 运动，与之相撞，如图 2-18 所示，若 A、B 之间的冲力远大于 A、B 所受的摩擦力，系统水平方向动量在碰撞的瞬间动量守恒。但是，如果 B 紧靠坚硬的竖直墙，在 B 受到冲力 $\boldsymbol{F}$ 时仍保持静止，它必定还要受到墙的支持力 $\boldsymbol{F}_N$，方向与 $\boldsymbol{F}$ 相反，$\boldsymbol{F}$ 虽然很大，但 $\boldsymbol{F}_N = \boldsymbol{F}$ 也很大，不论 $\boldsymbol{F}$ 如何变，$\boldsymbol{F}_N$ 也跟着变，系统动量就不守恒。

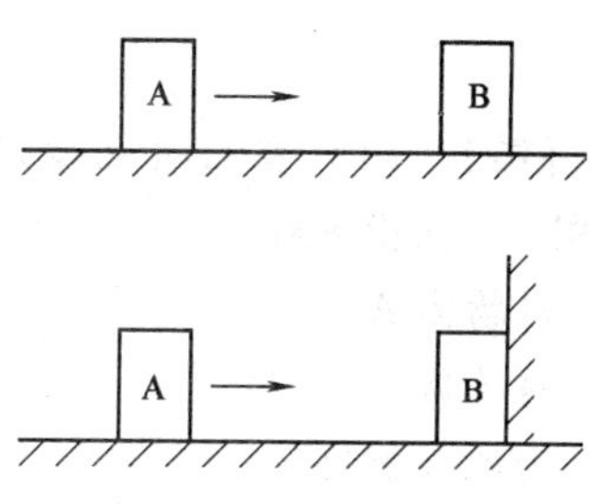

图 2-18 冲击问题的动量守恒

3）质点系动量守恒定律的表示式(2-21)是一个矢量式，使用时常用其分量形式。如在平面直角坐标系中，动量守恒定律的表示形式是

$$\begin{cases} \text{当} \sum_i F_{ix} = 0 \text{ 时，} \sum_i m_i v_{ix} = p_x = C_1 \quad (\text{常量}) \\ \text{当} \sum_i F_{iy} = 0 \text{ 时，} \sum_i m_i v_{iy} = p_y = C_2 \quad (\text{常量}) \end{cases} \tag{2-22}$$

分量式的意义在于，如果质点系所受的外力矢量和不等于零，质点系的总动量不守恒。但是，如果质点系沿某坐标方向所受的合外力为零，则沿此坐标方向的总动量的分量守恒。例如，一个物体在空中爆炸后碎裂成几块，在忽略空气阻力的情况下，这些碎块受到的外力只有竖直向下的重力，因此它们的总动量在水平方向的分量是守恒的。

4）由于动量守恒定律是从牛顿第二定律中推导出来的，所以它只适用于惯性系。

【例2-7】 在图2-19a所示的装置中，A，B，C三个小物体的质量均为m，B、C两物体放在光滑水平桌面上，滑轮质量不计。起初B，C靠在一起，其间有长为L的放松的绳子，问：

(1) A由静止开始运动，经过多长时间，C才开始运动？

(2) 绳子绷紧后，C开始运动时的速度是多少？

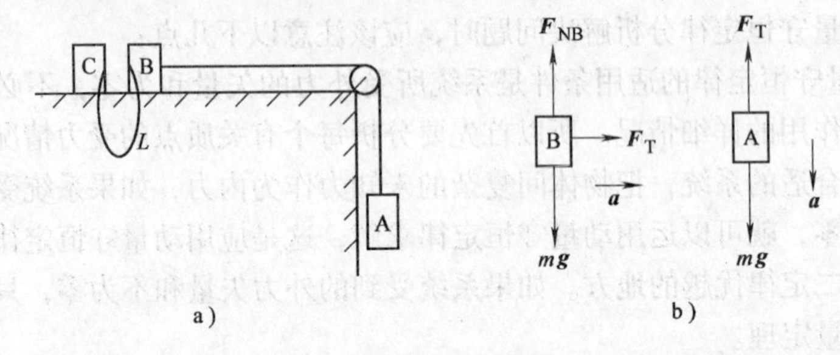

图2-19 例2-7图

【解】 (1) 在C开始运动前，分别对A和B进行受力和加速度分析(见图2-19b)，列出方程。

对物体A： $mg - F_T = ma$

对物体B： $F_T = ma$

由此可解得

$$a = \frac{1}{2}g$$

设经过时间t，C开始运动，则

$$L = \frac{1}{2}at^2$$

因此可解得

$$t = 2\sqrt{\frac{L}{g}}$$

此时，A，B速度的大小均为

$$v = at = \sqrt{gL}$$

(2) 绳子绷紧是一个短暂的过程，在这个过程中，A，B的速率均由v减小到v'，C的速率由零增大到v'，因为过程历时很短，三个物体分别受到很大的合力作用，主要是绳子的拉力，如果我们取“A+B+C+绳子”为系统，这个拉力就是内力。我们再来分析系统所受的外力。如果忽略A的重力，外力的矢量和就是滑轮对绳的支持力$\boldsymbol{F}_N$。由滑轮处绳的受力图2-20可知，因绳的质量不计，该段绳受到$\boldsymbol{F}_N$和两个$\boldsymbol{F}_T$，$\boldsymbol{F}'_T$，且$F_T = F'_T$，应当平衡，则有$F_N = \sqrt{2}F_T$，可见外力F_N大于内力F_T，不能忽略，系统的总动量不守恒，我们只能对这三个物体分别使用动量定理。

分别对物体A，B，C画出受力图(图2-21)。

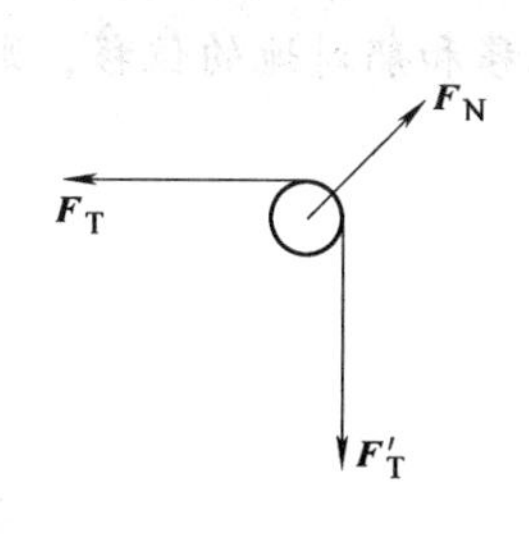

图2-20 例2-7滑轮受力图

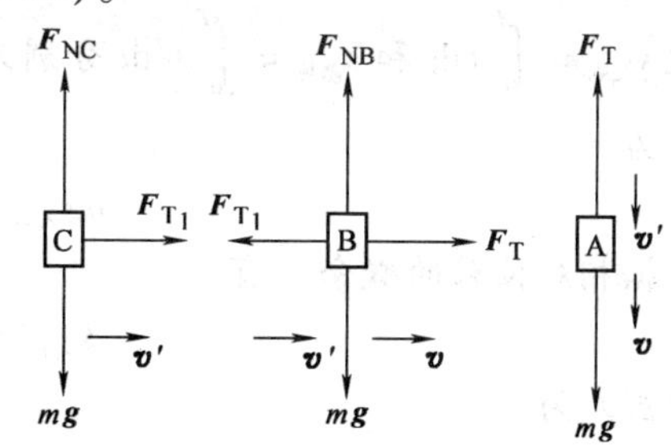

图2-21 例2-7三个物体受力图

对物体A：(取向下为正) $(mg-F_T)t=mv'-mv$

对物体B：(取向右为正) $(F_T-F_{T_1})t=mv'-mv$

对物体C：(取向右为正) $F_{T_1}t=mv'-0$

略去mg后，三式相加得

$$0=3mv'-2mv$$

故绳子绷紧后物体C开始运动时的速度

$$v'=\frac{2}{3}v=\frac{2}{3}\sqrt{gL}$$

【例2-8】 如图2-22所示，质量为$m=70\text{kg}$的渔夫站在静浮于水面的船的一端，船的质量$m'=210\text{kg}$、长度$L=4\text{m}$。当渔夫走到船的另一端时，船相对于地面走了多远(忽略水对船的阻力)？

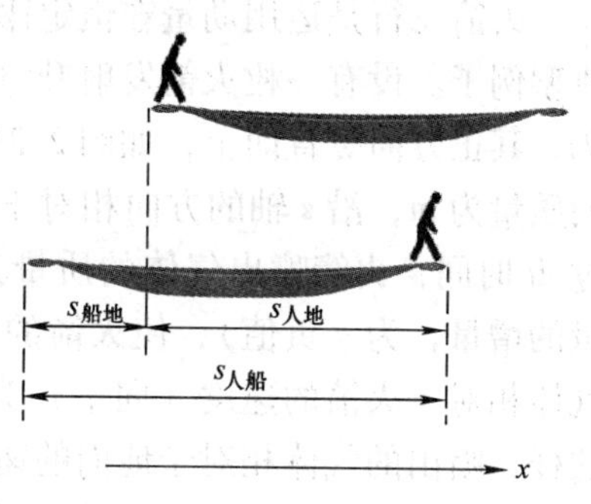

图2-22 例2-8图

【解】 当人在船上行走时，人受到的力有重力、船对人作用的摩擦力(方向向前)和向上的支持力；船受到的力有人对船的摩擦力(方向向后)和向下的压力、水的浮力及船的重力。如果取人和船作为一个系统，人和船的相互作用力为内力，系统所受的外力为人和船的重力及船受的水的浮力，这些外力都是在竖直方向，沿水平方向没有外力，所以系统在水平方向动量守恒。

开始时人和船都静止，系统的初动量为零。设$t=0$时人开始走动，在到达端点以前的任一时刻t，人和船相对于地面的速度分别为v和v'。设人行走的方向为x轴的正方向，则在x方向上系统的动量守恒，即

$$mv+m'v'=0 \quad ①$$

令T表示人走到船另一端的时刻，将式①两边对时间从0到T积分，得到

$$m\int_0^T v\mathrm{d}t + m'\int_0^T v'\mathrm{d}t = 0$$

设 $s_{人地} = \int_0^T v\mathrm{d}t$ 和 $s_{船地} = \int_0^T v'\mathrm{d}t$ 分别为人对地的位移和船对地的位移，则上式可写为

$$ms_{人地} + m's_{船地} = 0 \quad ②$$

根据相对位移的概念，有

$$\boldsymbol{s}_{人船} = \boldsymbol{s}_{人地} - \boldsymbol{s}_{船地}$$

投影式为

$$s_{人船} = s_{人地} - s_{船地} \quad ③$$

由式②和式③，解出

$$s_{船地} = -\frac{m}{m+m'}s_{人船}$$

而 $s_{人船} = L$，所以船相对于地面走过的距离

$$s_{船地} = -\frac{m}{m+m'}L = -1\mathrm{m}$$

负号表明船的实际运动方向是沿坐标轴的负向，即与人行走的方向相反。

*2.6.5 火箭飞行原理

火箭飞行是运用动量守恒定律处理变质量运动问题的一个典型例子。设有一枚火箭发射升空，取固定于地面上的坐标系 Oz，其正方向竖直向上，如图 2-23 所示。在某一时刻 t，火箭的质量为 m，沿 z 轴的方向相对于地面的速度 v 向上运动，经过 $\mathrm{d}t$ 时间，火箭喷出气体的质量为 $-\mathrm{d}m$（其中 $\mathrm{d}m$ 为火箭质量的增量，为一负值），使火箭的速度变为 $(v+\mathrm{d}v)$，喷出的气体相对于火箭的速度（向下）为 u（u 的大小可视为不变），这样，喷出的气体相对于地面的速度为 $(v+\mathrm{d}v) + (-u)$。

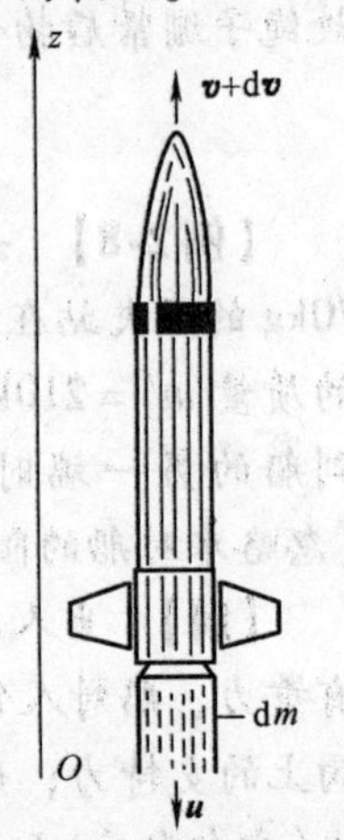

图 2-23 火箭飞行

在时刻 t，质量为 m 的火箭沿 z 轴的动量为 mv，在时刻 $t+\mathrm{d}t$，质量为 $m+\mathrm{d}m$ 的火箭和质量为 $-\mathrm{d}m$ 的气体的总动量为

$$(m+\mathrm{d}m)(v+\mathrm{d}v) - \mathrm{d}m[(v+\mathrm{d}v)+(-u)]$$

我们把整个火箭壳体连同所装的燃料及助燃剂等视为一个系统，由于重力、飞行时的空气阻力等系统外力与火箭的内力相比均可忽略不计，因而该系统的动量守恒，即

$$mv = (m+\mathrm{d}m)(v+\mathrm{d}v) - \mathrm{d}m[(v+\mathrm{d}v)+(-u)]$$

略去二阶小量 $\mathrm{d}m \cdot \mathrm{d}v$，化简后可得

$$dv = -u\frac{dm}{m}$$

设开始喷气时火箭的速度为零，火箭壳体连同携带的燃料及助燃剂等的总质量为 m_0，壳体本身的质量为 m_1，燃料耗尽时火箭的速度为 v，对上式两边积分得

$$\int_0^v dv = -u\int_{m_0}^{m_1}\frac{dm}{m}$$

得

$$v = u\ln\frac{m_0}{m_1}$$

其中 m_0/m_1 称为质量比。由此可见，在同样的条件下，火箭的喷气速度 u 及质量比越大，火箭所能达到的速度也就越大。根据目前的理论分析，化学燃烧过程所能达到的喷射速度的理论值为 $5\times10^3\text{m}\cdot\text{s}^{-1}$，而实际上能达到的喷射速度只是该理论值的一半左右，因此，要提高火箭的速度只能凭借提高其质量比来实现。但是，由于单级火箭燃料的运载量有限，其质量比也不能很大，因此，仅靠增加单级火箭的质量比来实现超越第一宇宙速度（$7.9\text{km}\cdot\text{s}^{-1}$），在技术上有很大的困难，所以必须采用多级火箭的方式来达到提高速度的目的。下面我们简述三级火箭的发射。

如有一人造卫星由三级火箭从地面静止发射，每级火箭的燃料燃烧完后便自动脱落，忽略燃料容器的质量。设第一、二、三级火箭的质量比分别为 ρ_1，ρ_2，ρ_3，各级火箭的喷气速度均为 $\boldsymbol{u}$，则第一、二、三级火箭燃料耗尽后达到的速率分别为

$$v_1 = u\ln\rho_1$$

$$v_2 = v_1 + u\ln\rho_2$$

$$v_3 = v_2 + u\ln\rho_3$$

当第三级火箭的燃料耗尽后，人造卫星的速率为

$$v_3 = u(\ln\rho_1 + \ln\rho_2 + \ln\rho_3) = u\ln(\rho_1\cdot\rho_2\cdot\rho_3)$$

若 $u = 2.5\times10^3\text{m}\cdot\text{s}^{-1}$，$\rho_1 = 4$，$\rho_2 = 3$，$\rho_3 = 2$，则根据上式，得

$$v_3 = 2.5\times10^3\text{m}\cdot\text{s}^{-1}\times\ln24 = 7.93\times10^3\text{m}\cdot\text{s}^{-1}$$

这个速度已达到第一宇宙速度，达到了人造卫星的发射要求。这个计算只是一个估算，实际中是很复杂的，需要考虑的因素要很多。

*2.6.6 质心与质心运动定理

在运动过程中，质点系内每个质点的运动状态各不相同，这就给描述质点系的运动带来很大不便，为了能简洁地描述质点系的运动状态，我们引入质量中心的概念，简称质心。设一个质点系由 N 个质点组成，以 m_1，m_2，…，m_i，…分

别表示各质点的质量，以 $\boldsymbol{r}_1$，$\boldsymbol{r}_2$，…，$\boldsymbol{r}_i$，…分别表示各质点对某一坐标原点的位置矢量，如图 2-24 所示。质心的位置矢量定义为

$$\boldsymbol{r}_C=\frac{\sum_{i=1}^{N} m_i\boldsymbol{r}_i}{\sum_{i=1}^{N} m_i}=\frac{\sum_{i=1}^{N} m_i\boldsymbol{r}_i}{m} \tag{2-23}$$

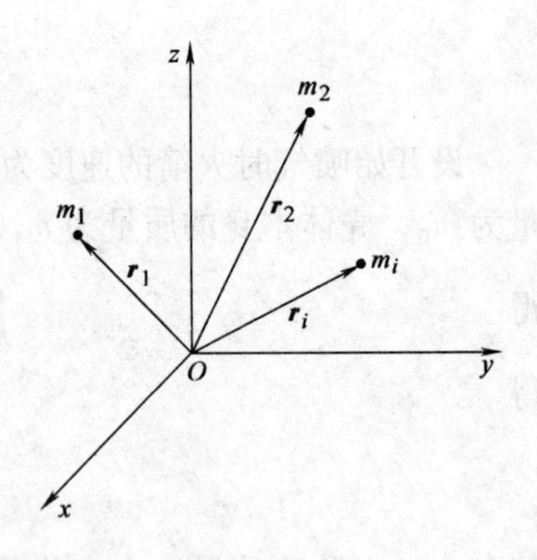

图 2-24　质心

$m=\sum_{i=1}^{N} m_i$ 是质点系的总质量。

质心位置矢量与坐标的选择有关，但质心相对于质点系内各质点的相对位置与坐标的选取无关。

质心位置的坐标分量为

$$x_C=\frac{\sum_{i=1}^{N} m_ix_i}{m},\ y_C=\frac{\sum_{i=1}^{N} m_iy_i}{m},\ z_C=\frac{\sum_{i=1}^{N} m_iz_i}{m}$$

一个质量连续分布的物体，可以认为是由许多质点组成的，以 dm 表示其中任一质元的质量，以 $\boldsymbol{r}$ 表示它的位置矢量，则物体的质心位置矢量为

$$\boldsymbol{r}_C=\frac{\int \boldsymbol{r}\mathrm{d}m}{m}$$

它的坐标分量式

$$x_C=\frac{\int x\mathrm{d}m}{m},\ y_C=\frac{\int y\mathrm{d}m}{m},\ z_C=\frac{\int z\mathrm{d}m}{m}$$

将 $v_i=\frac{\mathrm{d}\boldsymbol{r}_i}{\mathrm{d}t}$代入质点系动量定理的微分形式(2-18)，可得

$$\sum_i \boldsymbol{F}_i=\frac{\mathrm{d}^2\left(\sum_{i=1}^{N} m_i\boldsymbol{r}_i\right)}{\mathrm{d}t^2} \tag{2-24}$$

由式(2-23)，$\sum_{i=1}^{N} m_i\boldsymbol{r}_i=m\boldsymbol{r}_C$，所以

$$\sum_i \boldsymbol{F}_i=\frac{\mathrm{d}^2(m\boldsymbol{r}_C)}{\mathrm{d}t^2}=m\frac{\mathrm{d}^2\boldsymbol{r}_C}{\mathrm{d}t^2}=m\boldsymbol{a}_C \tag{2-25}$$

式中，$\boldsymbol{a}_C=\frac{\mathrm{d}^2\boldsymbol{r}_C}{\mathrm{d}t^2}$是质心的加速度。

式(2-25)与质点的牛顿第二定律十分相似，它表明，可以把外力矢量和对

质点系的作用等价地看成对一个质点的作用，这个质点的质量 m 等于质点系中所有质点质量之和 $\sum_{i=1}^{N} m_i$，这个质点所处的位置就是质点系的质心。

因此，式(2-25)表明，质点系所受外力的矢量和等于质点系的总质量 m 与质心加速度的乘积，称为质点系的质心运动定理。该定理为我们描述质点系的整体运动提供了方便，质点系内的各个质点由于受到外力和内力的共同作用，它们的运动情况可能很复杂，但其质心的运动很简单，它仅由质点系所受的外力的矢量和来决定，内力对质心的运动不产生影响。当质点系所受外力矢量和不为零时，质心就有加速度；当外力矢量和等于零时，质点系的动量守恒，质心就没有加速度，质心保持静止或匀速直线运动状态。当然这时质点系内各个质点还可能有运动，有速度和加速度。所以质心运动定理只是描述了质点系运动的总趋势，不能反映系统中各个质点的运动情况。例如，高台跳水运动员离开跳台后，他的身体可以做各种优美的翻滚伸缩动作，运动十分复杂，但是如果忽略空气阻力，运动员在空中运动时所受的外力只是他的重力，他的质心在空中的运动就和一个质点被抛出后的运动一样，其轨迹是一条斜抛线，如图 2-25 所示。

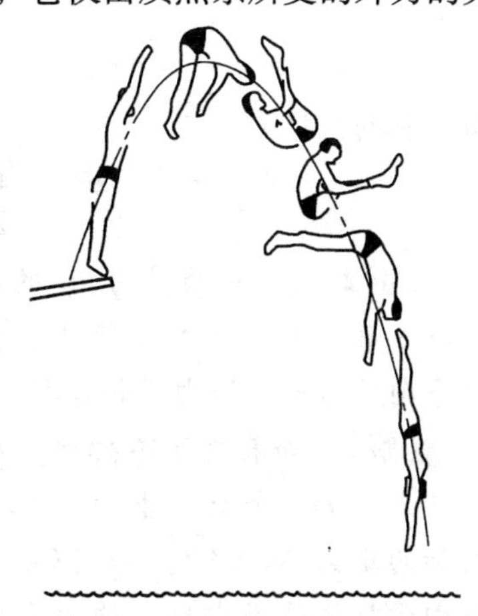

图 2-25　跳水运动员质心的运动

我们也可以利用质心运动定理来解例 2-8。

本题中人与船组成的系统水平方向所受外力的矢量和为零，因此，系统的质心没有加速度。人在船上不论如何走动，质心在水平方向上的位置仍然应当保持不变。(注意是质心相对于地面的水平位置保持不变)

令人船系统的质心位置在 C。取水平向右的方向为 x 轴正向，坐标原点取在初始时人的位置，船的长度为 L，如图 2-26 所示。

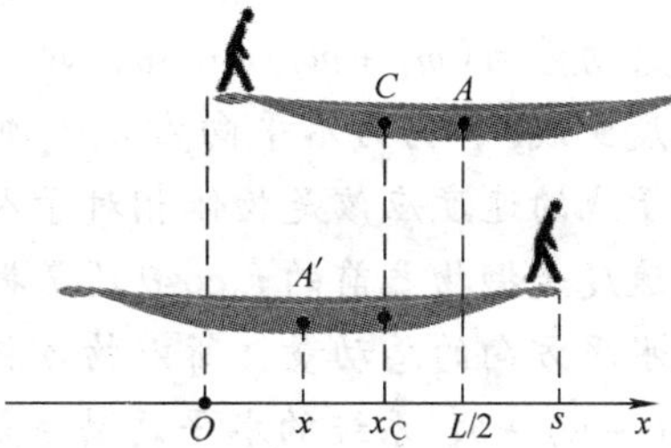

图 2-26　用质心运动定理解例 2-8 图

开始时船中心 A 的坐标为$\frac{L}{2}$，人的坐标为 O，则质心 C 的坐标为

$$x_C = \frac{m' \times \frac{1}{2}L + m \times 0}{m + m'}$$

人向右走到船的另一端时，令船中心的坐标为 x，则人的坐标为 $s=x+\frac{L}{2}$，此时质心 C 的坐标

$$x_C'=\frac{m'\times x+m\times\left(x+\frac{1}{2}L\right)}{m+m'}$$

由于 $x_C=x_C'$，所以可解得

$$x=\frac{m'-m}{2(m+m')}L$$

所以船的位移为

$$x-\frac{1}{2}L=-\frac{m}{m+m'}L=-1\text{m}$$

【例2-9】 一质量为 m_1 的人手中拿着一个质量为 m_2 的物体，此人以与地平线成 θ 角的速率 v_0 向前跳去，当他到达最高点时，将物体以相对于他的速度 u 水平向后抛出。问由于物体被抛出，他的落地点将会前移多少距离？

【解】 如果物体不抛出，人的落地点在 A 点；如果物体被抛出，人落在 B 点，增加的距离 $\Delta s=\overline{AB}$，如图2-27所示，这是由于物体被抛出后人的速率增加了。人抛物体是人与物体相互作用的过程，人给物体一个向后的作用力，同时物体也给人一个反作用力，推人往前。如果取人和物体组成一个系统，这一对力是内力，外力在铅直方向，水平方向不受外力，所以系统在水平方向动量守恒。

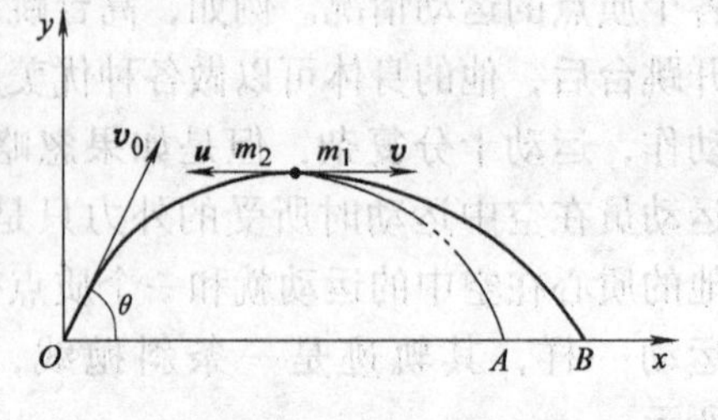

图2-27　例2-9图

取水平向右为正方向。人抛物前瞬时的速度水平向右，大小是 $v_0\cos\theta$，系统的总动量为 $(m_1+m_2)v_0\cos\theta$，此动量的方向是水平向右；抛物后的瞬时，人的速度变成 $\boldsymbol{v}$，仍为水平向右。必须注意，u 不是物体相对于地的速度，物体相对于地的速度应该是物体相对于人的速度 $\boldsymbol{u}$ 与人的速度的矢量和，那么这里人的速度是抛物之前的 $v_0\cos\theta$ 还是抛物之后的 v？因为我们写的是在抛物之后系统水平方向的总动量，所以物体相对于地的速度是 $\boldsymbol{u}$ 和 $\boldsymbol{v}$ 的矢量和，它的大小是 $(-u)+v$，系统的水平总动量是 $m_1v+m_2(-u+v)$，由系统动量守恒可以写出

$$(m_1+m_2)v_0\cos\theta=m_1v+m_2(-u+v)$$

解出

$$v=v_0\cos\theta+\frac{m_2u}{m_1+m_2}$$

所以由于物体被抛出，在水平方向人的速率增加了 $\Delta v=\dfrac{m_2u}{m_1+m_2}$。利用运动学公式可知，人从最高点落到地面的时间 $t=\dfrac{v_0\sin\theta}{g}$，故增加的距离是

$$\Delta s=\Delta vt=\frac{m_2uv_0\sin\theta}{(m_1+m_2)g}$$

【例2-10】 质量为 m_1、倾角为 θ 的劈形斜面置于光滑水平面上，质量为 m_2 的小物体从光滑斜面上由静止下滑，如果 m_2 在斜面上滑动的某一瞬时，它相对于斜面的速度为 v，求此时斜面的速度。

【解】 分析运动物体 m_2 和 m_1 的受力情况，分别画出 m_2 与 m_1 的受力图，如图2-28所示。m_2 受重力 $m_2\boldsymbol{g}$ 和斜面的支持力 $\boldsymbol{F}_N$；m_1 受重力 $m_1\boldsymbol{g}$、水平面的支持力 $\boldsymbol{F}_R$ 和 m_2 的压力 $\boldsymbol{F}'_N$。

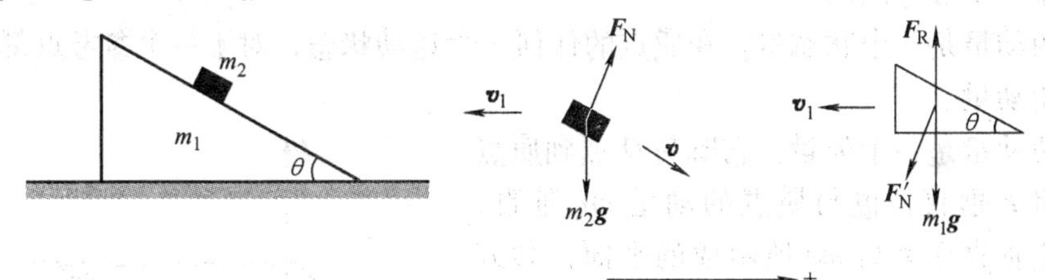

图2-28 例2-10图

如果取 m_1 与 m_2 组成一个系统，外力都在竖直方向，所以系统在水平方向的动量守恒。取水平向右为正方向。初始时 m_1，m_2 都没有速度，总动量为零。因此在以后的任一时刻系统在水平方向的总动量都等于零。设 m_2 沿斜面下滑速度为 v 时，m_1 沿水平面左移的速度为 v_1。m_1 的动量为 $m_1(-v_1)$，注意 m_2 的动量不是 m_2v，因为 v 是 m_2 相对于 m_1 的速度，不是相对于惯性系（水平面）的速度，后者应该是 v 与 v_1 的矢量和，即 m_2 的速度应该是 $v+v_1$，它的水平分量应该是 $v\cos\theta-v_1$，m_2 的水平动量是 $m_2(v\cos\theta-v_1)$。系统水平方向动量守恒式应写成

$$m_2(v\cos\theta-v_1)+m_1(-v_1)=0$$

由此可解得斜面的速度

$$v_1=\frac{m_2v\cos\theta}{m_1+m_2}$$

2.7 角动量和角动量守恒定律

在研究质点运动时，常会遇到质点或质点系绕某一确定点运动的情况。例如，行星绕太阳运动，月球、人造卫星绕地球的运动等。对这类问题的描述，需

要引入一个新的物理量，这就是角动量(或称动量矩)。当刚体转动时，其上的每个质点都绕某一定点或定轴运动，每个质点都有角动量，整个刚体也有角动量，所以角动量也是描述刚体转动的重要物理量。本节我们研究质点和质点系的角动量，第三章再在此基础上研究刚体的角动量。

2.7.1 质点对参考点的角动量

质点对参考点 O 的**角动量**定义为

$$\boldsymbol{L}=\boldsymbol{r}\times\boldsymbol{p}=\boldsymbol{r}\times m\boldsymbol{v} \tag{2-26}$$

式中，$\boldsymbol{r}$ 是质点相对于 O 点的矢径；$\boldsymbol{p}=m\boldsymbol{v}$ 是质点的动量。质点的角动量不仅取决于它的运动状态，还取决于它的矢径，因而与所取的参考点有关。同一质点，相对于不同参考点，它的角动量是不同的。所以我们说到角动量时，一定要指明是对哪一个参考点的。

角动量是一个状态量，在质点的任何一个运动状态，对于一个参考点都有一定的角动量。

角动量是一个矢量，它既与 O 点到质点的矢量 $\boldsymbol{r}$ 垂直，也与质点的动量 $m\boldsymbol{v}$ 垂直，所以它垂直于 $\boldsymbol{r}$ 与 $m\boldsymbol{v}$ 所组成的平面，其方向由矢量积(即右手螺旋法则)确定：伸开右手先让四指指向 $\boldsymbol{r}$ 的方向，再使四指沿着小于180°的角 α 转到 $m\boldsymbol{v}$ 的方向，这时大拇指所指的方向就是角动量 $\boldsymbol{L}$ 的方向，如图2-29所示。

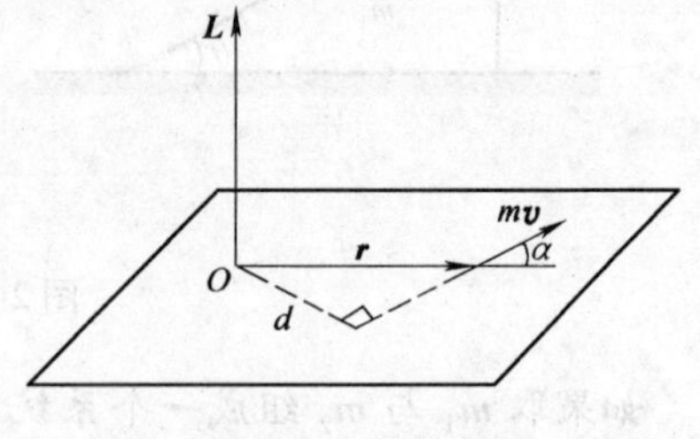

图 2-29　角动量

角动量的大小为 $L=|\boldsymbol{L}|=rmv\sin\alpha$，注意到 $r\sin\alpha$ 等于参考点到动量方向的垂直距离 d，则 $L=mvd$，所以，质点角动量的大小等于质点的动量与参考点到质点速度方向的垂直距离的乘积。

角动量的概念不仅能描述经典力学中物体的运动状态，在近代物理理论中，角动量这个物理量也显示了重要的作用。

在SI中，角动量的单位是千克·米^2/秒($\mathrm{kg\cdot m^2/s}$)。

【例2-11】　设氢原子核外电子的质量为 m，以速率 v 沿半径为 r 的圆周绕原子核运动，求电子相对于核的角动量。

【解】　根据角动量的定义，电子对核的角动量的大小为 $L=mvd$，而核到速度方向的垂直距离 d 就是电子运动轨道的半径 r，所以，角动量的大小 $L=mvr$，其方向垂直于轨道平面，在图2-30中为垂直纸面向外。作匀速率圆周运动的质点的角动量 $\boldsymbol{L}$ 是一个常矢量。

【例2-12】　如图2-31所示，一个质量为 m、以速度 v 作匀速直线运动的质点，它对某个参考点 O 的角动量是多少？

【解】 $L = mvr\sin\alpha = mvd =$ 常量。d 是 O 到直线的垂直距离。在图2-31中，$\boldsymbol{L}$ 的方向为垂直纸面向里。所以做匀速直线运动的质点对某一参考点的角动量也是一个常矢量。特别地，当参考点就在质点运动的直线上时，因为 $\alpha=0$ 或 $\alpha=\pi$，所以角动量为零。

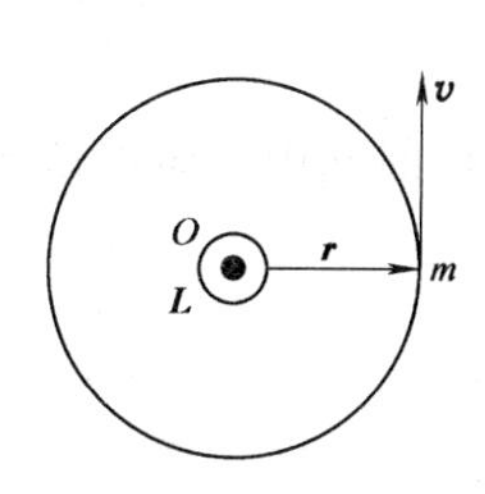

图2-30 例2-11图

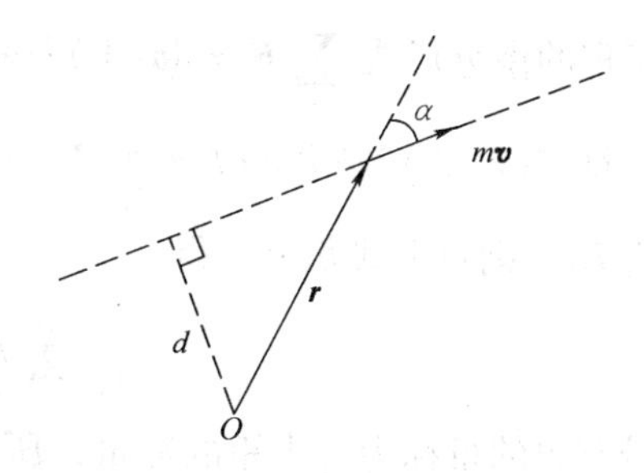

图2-31 例2-12图

2.7.2 质点的角动量定理和角动量守恒定律

质点动量定理描写了质点动量对时间的一阶变化率等于它所受的合力，那么质点角动量对时间的一阶变化率等于什么呢？

将式(2-26)两端对时间求一阶导数，有

$$\frac{\mathrm{d}\boldsymbol{L}}{\mathrm{d}t}=\frac{\mathrm{d}}{\mathrm{d}t}(\boldsymbol{r}\times m\boldsymbol{v})=\frac{\mathrm{d}\boldsymbol{r}}{\mathrm{d}t}\times m\boldsymbol{v}+\boldsymbol{r}\times\frac{\mathrm{d}}{\mathrm{d}t}(m\boldsymbol{v})$$

$$=\boldsymbol{v}\times m\boldsymbol{v}+\boldsymbol{r}\times\sum_i\boldsymbol{F}_i=\boldsymbol{r}\times\sum_i\boldsymbol{F}_i \tag{2-27}$$

由此可见，质点对某参考点的角动量随时间的变化率与质点所受的合力 $\sum\boldsymbol{F}$ 有关，也与力的作用点的矢径 $\boldsymbol{r}$ 有关，而且由两者的矢量积决定。

对质点来说，每个 $\boldsymbol{F}_i$ 的 $\boldsymbol{r}$ 都相同，所以 $\boldsymbol{r}\times\sum_i\boldsymbol{F}_i=\sum_i(\boldsymbol{r}\times\boldsymbol{F}_i)$，我们把 $\boldsymbol{r}\times\boldsymbol{F}$ 定义为一个新的物理量，称为力 $\boldsymbol{F}$ 对 O 点的力矩，写作 $\boldsymbol{M}$，有

$$\boldsymbol{M}=\boldsymbol{r}\times\boldsymbol{F} \tag{2-28}$$

其大小为 $M=rF\sin\theta=r_\perp F$，这个量值就是中学物理中力矩 M 的大小，其中 $r_\perp=r\sin\theta$ 称为力臂，但在这里定义的力矩 $\boldsymbol{M}=\boldsymbol{r}\times\boldsymbol{F}$ 是一个矢量，$\boldsymbol{M}$ 的方向垂直于 $\boldsymbol{r}$ 与 $\boldsymbol{F}$ 所在的平面，方向按右手螺旋法则确定。如图2-32所示。力矩的单位为牛·米(N·m)。

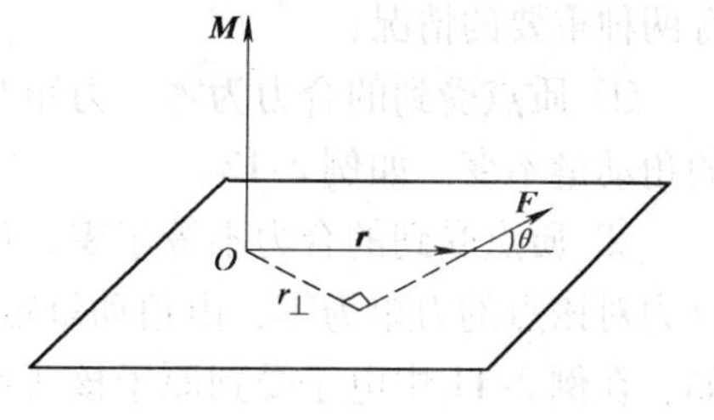

图2-32 力矩的定义

由于 $\boldsymbol{r}\times\sum_i\boldsymbol{F}_i=\sum_i(\boldsymbol{r}\times\boldsymbol{F}_i)=\sum_i\boldsymbol{M}_i$，即

合力的力矩或力矩的矢量和，所以得到

$$\sum_i \boldsymbol{M}_i = \frac{\mathrm{d}\boldsymbol{L}}{\mathrm{d}t} \tag{2-29}$$

这就是**质点的角动量定理的微分形式**：作用在质点上的合力对该参考点的力矩等于质点对该参考点的角动量的时间变化率。式(2-29)与牛顿第二定律(即质点动量定理的微分形式 $\sum_i \boldsymbol{F}_i = \mathrm{d}\boldsymbol{p}/\mathrm{d}t$)是相似的。

将式(2-29)改写为 $\mathrm{d}\boldsymbol{L} = \sum_i \boldsymbol{M}_i \mathrm{d}t$。若在 t_1 到 t_2 的时间内，质点角动量由 $\boldsymbol{L}_1$ 变为 $\boldsymbol{L}_2$，则对上式积分，得

$$\int_{t_1}^{t_2} \sum_i \boldsymbol{M}_i \mathrm{d}t = \boldsymbol{L}_2 - \boldsymbol{L}_1 \tag{2-30}$$

等号左边的量称为合力矩的冲量，所以质点的角动量定理也可以表述为：某段时间内质点对某个参考点的合力矩的冲量等于同一时间内质点对该点角动量的增量。这就是**质点角动量定理的积分形式**。

对于质点角动量定理的理解和应用，要注意以下几点：

1）该定理只适用于惯性系，所用到的速度必须是相对于同一惯性系的，所选的参考点必须在这个惯性系上。

2）质点的角动量和质点所受的合力矩必须是对同一个参考点的。

3）角动量定理是一个矢量式。在直角坐标系中，其分量式是

$$\sum_i M_{ix} = \frac{\mathrm{d}L_x}{\mathrm{d}t}, \quad \int_{t_1}^{t_2} \sum_i M_{ix} \mathrm{d}t = L_{2x} - L_{1x}$$

$$\sum_i M_{iy} = \frac{\mathrm{d}L_y}{\mathrm{d}t}, \quad \int_{t_1}^{t_2} \sum_i M_{iy} \mathrm{d}t = L_{2y} - L_{1y}$$

$$\sum_i M_{iz} = \frac{\mathrm{d}L_z}{\mathrm{d}t}, \quad \int_{t_1}^{t_2} \sum_i M_{iz} \mathrm{d}t = L_{2z} - L_{1z}$$

4）由质点角动量定理的微分形式可知，当质点所受合力对某点的力矩为零时，质点对该点的角动量保持不变。这个结论称为**质点的角动量守恒定律**。这里有两种重要的情况：

① 质点受到的合力为零，力矩当然也为零，该质点作匀速直线运动，质点的角动量不变。如例 2-12。

② 质点受到的合力不等于零，但是合力的作用线始终通过空间某一点，则合力对该点的力矩为零，由角动量定理可知，质点对该点的角动量保持不变。例如，在例 2-11 中电子受到原子核所给予的库仑力，这个力的作用线始终通过原子核，对核的力矩为零，因此电子对核的角动量保持不变。这种作用线始终通过某个中心的力叫做有心力。

【例2-13】 证明关于行星运动的开普勒第二定律:行星在绕太阳运动的过程中,行星与太阳的连线在相等的时间内扫过的面积相等。

【证】 在牛顿提出万有引力定律之前，开普勒由大量的天文观测数据总结出行星运动的三大定律，其中第二定律是：“行星和太阳中心的连线在相等的时间内扫过的面积相等。”这一定律实质上就是说：行星在运动过程中，对太阳中心的角动量守恒。

行星在太阳的万有引力的作用下，绕太阳做椭圆运动，万有引力的作用线始终通过太阳的中心，所以是一个有心力。如果略去其他天体对行星的作用，行星对太阳中心的角动量就保持不变。

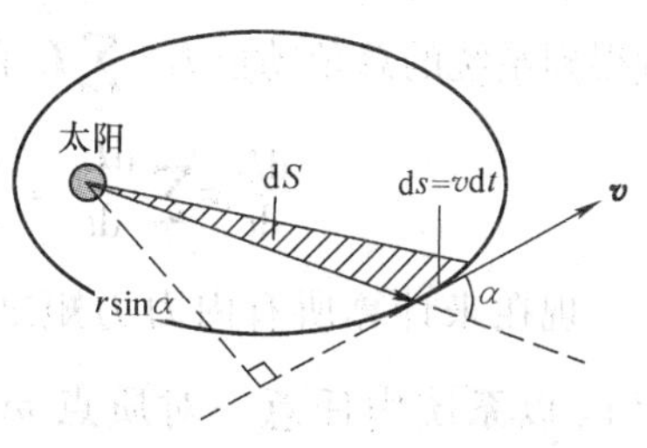

图2-33 例2-13图

设行星的质量为 m，在某一瞬时，它的速度为 v，太阳中心到行星的矢量为 $\boldsymbol{r}$，如图2-33所示，那么行星对太阳中心角动量的大小为

$$L=|\boldsymbol{r}\times m\boldsymbol{v}|=mrv\sin\alpha=mr\frac{\mathrm{d}s}{\mathrm{d}t}\sin\alpha=m\frac{(r\sin\alpha)\ \mathrm{d}s}{\mathrm{d}t}$$

而 $(r\sin\alpha)\mathrm{d}s$ 是行星和太阳中心的连线在 $\mathrm{d}t$ 时间内扫过的三角形(图上阴影区域)面积 $\mathrm{d}S$ 的2倍，故 $L=2m\dfrac{\mathrm{d}S}{\mathrm{d}t}$。$L=$常量，所以$\dfrac{\mathrm{d}S}{\mathrm{d}t}$也是一个常量，这说明，在相等的时间内行星和太阳中心的连线扫过的面积相等。

类似的例子还有：在卢瑟福 α 粒子散射实验中，α 粒子在运动过程中受到原子核的斥力，这个力的作用线也始终通过原子核，所以 α 粒子对核的角动量不变，如果 α 粒子与核相距很远时的速度为 v_0，核到 v_0 方向的垂直距离为 b，如图2-34所示。则 α 粒子对核的角动量大小等于 mv_0b，在图2-34中角动量的方向垂直于纸面向里。

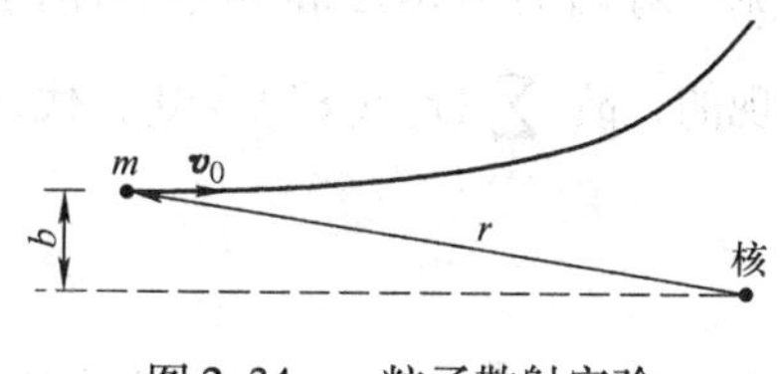

图2-34 α粒子散射实验

2.7.3 质点系的角动量和角动量定理

质点系的角动量是系统内每一个质点的角动量的矢量和。如果用 $\boldsymbol{L}_i$ 表示系统中第 i 个质点的角动量，而用 $\boldsymbol{L}$ 表示整个系统的角动量，则有 $\boldsymbol{L}=\sum\limits_i \boldsymbol{L}_i$。当然，这里所有的 $\boldsymbol{L}_i$ 和 $\boldsymbol{L}$ 都必须是相对于同一个参考点的。

由式(2-29)，可以写出第 i 个质点的角动量定理

$$\frac{\mathrm{d}\boldsymbol{L}_i}{\mathrm{d}t}=\boldsymbol{M}_i \tag{2-31}$$

式中，$\boldsymbol{L}_i$ 和 $\boldsymbol{M}_i$ 分别是该质点的角动量和它所受到的合力矩，这里的合力矩包括作用在该质点上的外力(用 $\boldsymbol{F}_i$ 表示)的力矩和内力(用 $\boldsymbol{F}'_i$ 表示)的力矩，即 $\boldsymbol{M}_i = \boldsymbol{r}_i \times \boldsymbol{F}_i + \boldsymbol{r}_i \times \boldsymbol{F}'_i$，因此

$$\frac{\mathrm{d}\boldsymbol{L}_i}{\mathrm{d}t} = \boldsymbol{r}_i \times \boldsymbol{F}_i + \boldsymbol{r}_i \times \boldsymbol{F}'_i \tag{2-32}$$

如果系统中有 N 个质点，就可写出 N 个这样的方程，将这 N 个方程两边相加，就得到系统的总角动量 $\boldsymbol{L} = \sum_i \boldsymbol{L}_i$ 随时间的变化率

$$\frac{\mathrm{d}\boldsymbol{L}}{\mathrm{d}t} = \sum_i \frac{\mathrm{d}\boldsymbol{L}_i}{\mathrm{d}t} = \sum_i (\boldsymbol{r}_i \times \boldsymbol{F}_i) + \sum_i (\boldsymbol{r}_i \times \boldsymbol{F}'_i) \tag{2-33}$$

现在来计算所有内力力矩之和 $\sum_i (\boldsymbol{r}_i \times \boldsymbol{F}'_i)$。以系统内任意一对质点 m_1、m_2 为例，它们之间的作用力和反作用力 $\boldsymbol{F}'_1$ 和 $\boldsymbol{F}'_2$ 是内力，这一对内力大小相等，方向相反，在同一条直线上，即 $\boldsymbol{F}'_1 = -\boldsymbol{F}'_2$(如图 2-35 所示，图中 O 为任意参考点)，而它们的力矩之和为

$$\begin{aligned}\boldsymbol{r}_1 \times \boldsymbol{F}'_1 + \boldsymbol{r}_2 \times \boldsymbol{F}'_2 &= \boldsymbol{r}_1 \times \boldsymbol{F}'_1 + \boldsymbol{r}_2 \times (-\boldsymbol{F}'_1) \\ &= (\boldsymbol{r}_1 - \boldsymbol{r}_2) \times \boldsymbol{F}'_1 \\ &= \overrightarrow{m_2 m_1} \times \boldsymbol{F}'_1 = 0\end{aligned}$$

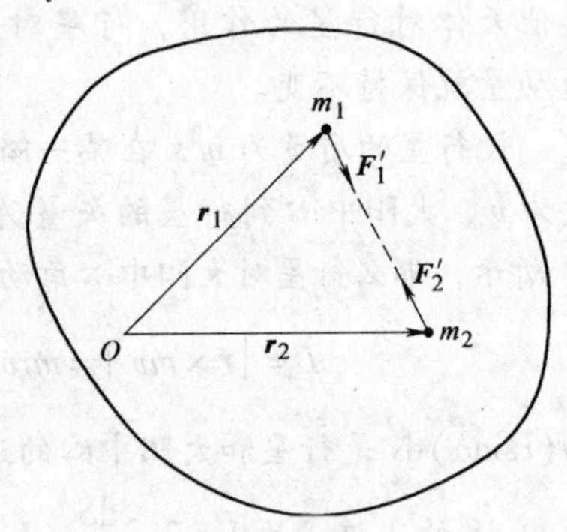

图 2-35 内力力矩矢量和分析

可见一对内力力矩之和为零。而内力是成对出现的，故 $\sum_i (\boldsymbol{r}_i \times \boldsymbol{F}'_i) = 0$，代入式(2-33)，得到

$$\frac{\mathrm{d}\boldsymbol{L}}{\mathrm{d}t} = \boldsymbol{M}_{外} \tag{2-34}$$

式中，$\boldsymbol{M}_{外} = \sum_i \boldsymbol{r}_i \times \boldsymbol{F}_i$ 是外力力矩的矢量和。$\boldsymbol{L}$ 和 $\boldsymbol{M}_{外}$ 都是相对于同一个参考点而言的。

由式(2-32)和式(2-34)可以看出，内力矩可以改变质点系内各个质点的角动量，但是不会改变质点系的总角动量。

式(2-34)就是**质点系的角动量定理的微分形式**，它指出：质点系对某个参考点的角动量的时间变化率等于质点系所受所有外力对该点力矩的矢量和。

式(2-34)两边对时间积分，有

$$\int_{t_1}^{t_2} \boldsymbol{M}_{外}\, \mathrm{d}t = \boldsymbol{L}_2 - \boldsymbol{L}_1 \tag{2-35}$$

这是**质点系角动量定理的积分形式**，它指出：某段时间内质点系对某参考点的角动量的增量等于同一时间内质点系对该点的外力矩矢量和的冲量。

2.7.4　质点系的角动量守恒定律

由式(2-34)或式(2-35)可知，当质点系所受的外力矩的矢量和等于零，即$\boldsymbol{M}_{外}=0$时，有

$$\boldsymbol{L}=\text{恒矢量} \tag{2-36}$$

即该系统的总角动量守恒，称为**质点系的角动量守恒定律**。

必须注意：质点系的角动量守恒的条件是系统所受到的外力矩的矢量和为零。但是，系统可以受到外力，外力的矢量和可以不为零，所以质点系的角动量守恒时，质点系的动量不一定守恒。

质点系所受外力矩的矢量和$\boldsymbol{M}_{外}=\sum\limits_{i}\boldsymbol{r}_i\times\boldsymbol{F}_i$，而各个外力可能有不同的作用点，有不同的力臂，所以$\boldsymbol{M}_{外}\neq\boldsymbol{r}\times\sum\limits_{i}\boldsymbol{F}_i$，即使外力的矢量和为零，外力矩的矢量和也不一定为零。也就是说，系统的动量守恒时，系统的角动量却不一定守恒。

讨论：

1. 质点系的角动量守恒定律也只适用于惯性系。
2. 角动量守恒是一个矢量式，在平面直角坐标系中，其分量式是

$$M_{外x}=0\text{ 时，}\quad L_x=\text{恒量}$$
$$M_{外y}=0\text{ 时，}\quad L_y=\text{恒量}$$
$$M_{外z}=0\text{ 时，}\quad L_z=\text{恒量}$$

【例2-14】　用角动量的理论重解例2-7，如图2-19所示。

【解】　(1) C开始运动前：分别对A和B进行受力分析(见图2-36a)，$\boldsymbol{F}_{NB}$和mg是一对平衡力，对滑轮中心O点力矩的矢量和为零；O点到A的矢量为$\boldsymbol{r}_A$，mg对O点的力臂为滑轮的半径R，力矩的大小为$M=mgR$，方向垂直纸面向里，用⊗表示。我们取“A+B+绳子”为研究系统，此系统所受的外力除了mg外，还有滑轮对绳子的支持力$\boldsymbol{F}_N$(正是由于这个力,系统的动量不守恒)，但是这个支持力的作用线通过O点，它对O点的力矩为零，所以系统所受到的外力矩为$M_{外}=mgR$。

A，B开始运动之前，系统的总角动量为零。C开始运动前瞬间，A的运动速度为v_A，方向向下，O点到v_A的垂直距离就是滑轮的半径R，所以A对O点的角动量的大小等于$L_A=mvR$，方向为$\boldsymbol{r}_A\times\boldsymbol{v}_A$的方向，垂直纸面向里，用⊗表示；B的运动速度为$\boldsymbol{v}_B$，方向向右，$O$点到$\boldsymbol{v}_B$的垂直距离也是滑轮的半径$R$，所以B对$O$点的角动量的大小也等于$L_B=mvR$（注意：$|\boldsymbol{v}_A|=|\boldsymbol{v}_B|=v$），方向为$\boldsymbol{r}_B\times\boldsymbol{v}_B$的方向，也是垂直纸面向里⊗。因此，系统的总角动量为$L=2mvR$，方向垂直纸面向里⊗。

设系统角动量的变化发生在时间间隔t内，则根据质点系的角动量定理式(2-35)，有

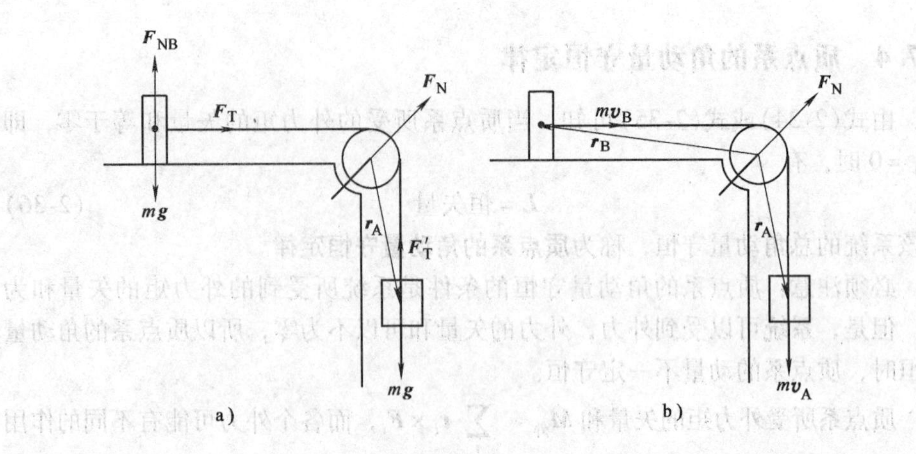

图2-36 例2-14图

$$mgRt = 2mvR$$

解出

$$v = \frac{1}{2}gt$$

时间 t 可由 $L = \int v\mathrm{d}t = \frac{1}{4}gt^2$ 求出，为 $t = 2\sqrt{\frac{L}{g}}$。所以在绳子张紧前，A，B 速度的大小都等于 $v = \sqrt{gL}$。

(2) 在绳子张紧的短暂过程中，滑轮对绳子支持力对 O 点的力矩为零，A 的重力与绳的拉力相比，可以忽略，所以系统的角动量守恒。

绳子张紧前后，三个物体的速度、角动量和系统的角动量见下表：

		A	B	C	系　统
绳张紧前	速度	$v\downarrow$	$v\rightarrow$	0	
	角动量	$mvR\otimes$	$mvR\otimes$	0	$2mvR\otimes$
绳张紧后	速度	$v'\downarrow$	$v'\rightarrow$	$v'\rightarrow$	
	角动量	$mv'R\otimes$	$mv'R\otimes$	$mv'R\otimes$	$3mv'R\otimes$

由系统角动量守恒定律，有

$$2mvR = 3mv'R$$

故可解得绳子绷紧后物体 C 开始运动时的速度为

$$v' = \frac{2}{3}v$$

【例 2-15】 一绳跨过一定滑轮，有两个质量相同的人 A 和 B 在同一高度处，各由绳的一端同时开始攀登，进行爬绳比赛。若绳和滑轮的质量不计，忽略滑轮轴的摩擦，问他们中的哪一个先爬到轮处获胜？如图2-37a 所示。

【解】 取“A+B+绳”的系统为研究对象，分析系统各物体的受力如图2-37b 所示。系统所受的外力是滑轮重力(忽略)和支持力(它们都通过滑轮轴 O 点,对 O 点都没有力矩)和两人的重力。取 O 点到两人的矢量分别为 $\boldsymbol{r}_1$ 和 $\boldsymbol{r}_2$，一人的重力 $m_1\boldsymbol{g}$ 对 O 点的力矩为 $\boldsymbol{r}_1\times m_1\boldsymbol{g}$，大小为 $r_1m_1g\sin\alpha=m_1gR$，方向垂直纸面向外，用⊙表示；另一人的重力 $m_2\boldsymbol{g}$ 对 O 点的力矩为 $\boldsymbol{r}_2\times m_2\boldsymbol{g}$，大小为 $r_2m_2g\sin\theta=m_2gR$，方向垂直纸面向里，用⊗表示。由于 $m_1=m_2$，系统对 O 点的合外力矩为零，因此系统对 O 点的角动量守恒。

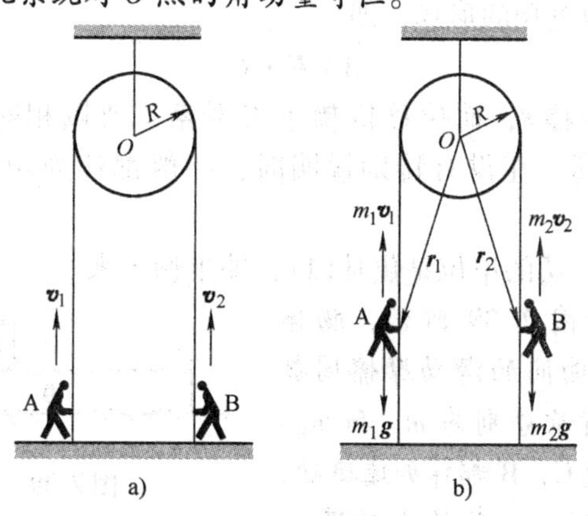

图2-37　例2-15图

设 t 时刻 A、B 对地的速度分别为 v_1 和 v_2，A 对 O 点的角动量 $\boldsymbol{r}_1\times m_1\boldsymbol{v}_1$ 的大小为 m_1v_1R，方向为⊗；同理，B 对 O 点角动量的大小为 m_2v_2R，方向为⊙。取⊗为正方向，则系统角动量守恒方程写为

$$0=Rm_1v_1-Rm_2v_2$$

由于 $m_1=m_2$，所以得

$$v_1=v_2$$

可见，两人对地的速度始终相等，同时爬到滑轮处。

注意：尽管两人对地的速度相等，但他们对绳的速度不一定相等，爬得较快的人后面的绳子要长一些。

2.8　功和功率

2.8.1　恒力的功

从中学物理我们知道，当作用在物体的恒力 $\boldsymbol{F}$ 使其发生的位移为 $\boldsymbol{s}$ 时，那么，在此过程中，如图2-38 所示，该力对物体所做的功为

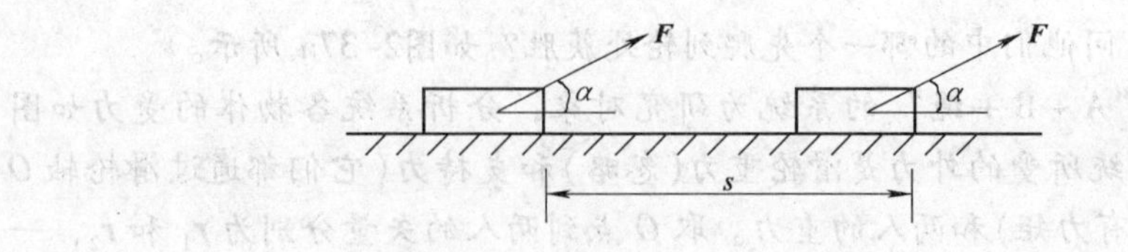

图 2-38 恒力的功

$$A = Fs\cos\alpha \tag{2-37}$$

其中 α 是力 $\boldsymbol{F}$ 与位移 $\boldsymbol{s}$ 之间的夹角。由于力 $\boldsymbol{F}$ 和位移 $\boldsymbol{s}$ 都是矢量，式(2－37)也可以写成 $\boldsymbol{F}$ 与 $\boldsymbol{s}$ 的数量积的形式，即

$$A = \boldsymbol{F} \cdot \boldsymbol{s} \tag{2-38}$$

由于 A 中涉及位移 $\boldsymbol{s}$，而位移依赖于参考系，所以相对于不同的参考系，位移不同，功也不同。在没有特别说明时，一般都认为功是相对于地面惯性系的。

在 SI 单位制中，功的单位是焦耳(J)，即牛顿·米。

【例 2-16】 如图 2-39 所示，物体 C，B 间、B 与水平面间的滑动摩擦因数均为 μ。两物体的质量分别为 m_C 和 m_B。今用恒力 $\boldsymbol{F}$ 拉 B，使 C，B 都作加速运动，B 前进位移 $\boldsymbol{s}_B$(向右)，C 在 B 上后退 $\boldsymbol{s}$，即 C 相对于 B 的位移为 $\boldsymbol{s}$(向左)。试分别求出 B，C 两物体所受各力所做的功。

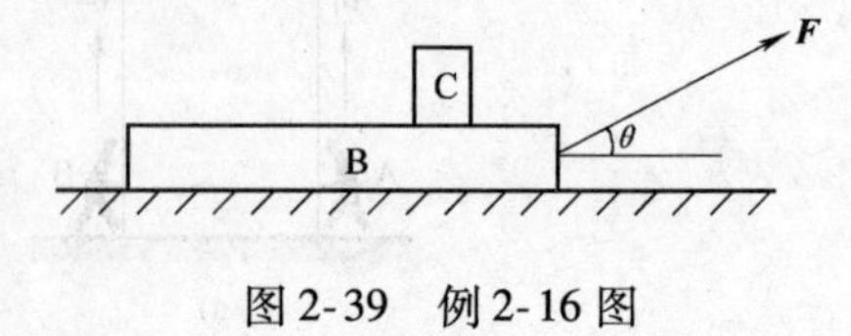

图 2-39 例 2-16 图

【解】 先分别画出如图 2-40a 所示 B，C 两物体的受力图。它们之间滑动摩擦力的大小为 $F_{摩} = F'_{摩} = \mu F_N$，B 受到水平面的滑动摩擦力大小为 $F_{摩1} = \mu F_R$。设 B，C 两物体相对于地面的位移分别为 $\boldsymbol{s}_B$ 与 $\boldsymbol{s}_C$，由图 2-40b 可以看出，$\boldsymbol{s}_C = \boldsymbol{s} + \boldsymbol{s}_B$，符合相对运动的位移公式。

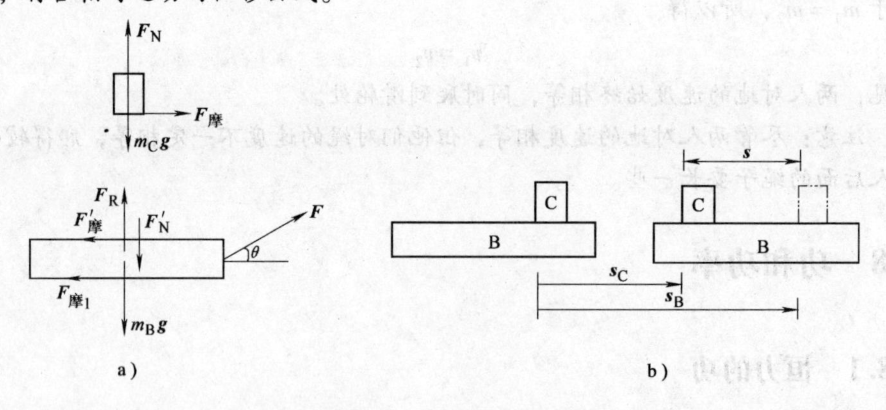

图 2-40 例 2-16 分析图

F 所做的功

$$A_F=\boldsymbol{F}\cdot\boldsymbol{s}_B=Fs_B\cos\theta$$

$\boldsymbol{F}_{摩1}$所做的功

$$A_{摩1}=\boldsymbol{F}_{摩1}\cdot\boldsymbol{s}_B=F_{摩1}s_B\cos180°=-\mu F_R s_B$$

取向上为正，分别对C、B写出竖直方向的平衡方程

$$F_N-m_Cg=0$$

$$F_R+F\sin\theta-F'_N-m_Bg=0$$

考虑到$F'_N=F_N$，解得

$$F_R=(m_C+m_B)g-F\sin\theta$$

所以

$$A_{摩1}=-\mu(m_Cg+m_Bg-F\sin\theta)s_B$$

作用在C上的摩擦力$\boldsymbol{F}_{摩}$所做的功

$$A_{摩}=\boldsymbol{F}_{摩}\cdot\boldsymbol{s}_C=F_{摩}s_C\cos0°=\mu F_N s_C=\mu m_C g s_C \quad (正功!)$$

作用于B上摩擦力$\boldsymbol{F}'_{摩}$所做的功

$$A'_{摩}=\boldsymbol{F}'_{摩}\cdot\boldsymbol{s}_B=F'_{摩}s_B\cos180°=-\mu F_N s_B=-\mu m_C g s_B(负功!)$$

其他各力均不做功。

注意：$\boldsymbol{F}_{摩}$与$\boldsymbol{F}'_{摩}$是一对作用力和反作用力，它们做功的符号虽然相反，但大小并不相等，这是因为它们作用在不同的物体上，而不同的物体可以有不同的位移。这一对作用力与反作用力做功之和不等于零，而是

$$A_{对}=A_{摩}+A'_{摩}=\boldsymbol{F}_{摩}\cdot\boldsymbol{s}_C+\boldsymbol{F}'_{摩}\cdot\boldsymbol{s}_B=\boldsymbol{F}_{摩}\cdot\boldsymbol{s}_C+(-\boldsymbol{F}_{摩})\cdot\boldsymbol{s}_B$$

$$=\boldsymbol{F}_{摩}\cdot(\boldsymbol{s}_C-\boldsymbol{s}_B)=\boldsymbol{F}_{摩}\cdot\boldsymbol{s}$$

式中，$\boldsymbol{F}_{摩}$是物体C所受的滑动摩擦力；$\boldsymbol{s}$是C相对于B的位移。

2.8.2 变力的功

如图2-41所示，物体在变力$\boldsymbol{F}$作用下，沿曲线由a点运动到b点，那么，在此过程中，变力$\boldsymbol{F}$做的功如何计算？当然不能直接使用式(2-37)或式(2-38)。但只要应用微积分的概念，变力的功就可求得。为此，可以将路径分成许多无限小的小段，在任何一小段位移ds上，作用在质点上的力$\boldsymbol{F}$可以视为恒力，它做的功可以表示为d$A=\boldsymbol{F}\cdot$d$\boldsymbol{s}$，从a点到b点，变力所做的总功A就是所有dA的代数和。所以在物体从a点运动到b点的过程中，力$\boldsymbol{F}$所做的功可以表示为

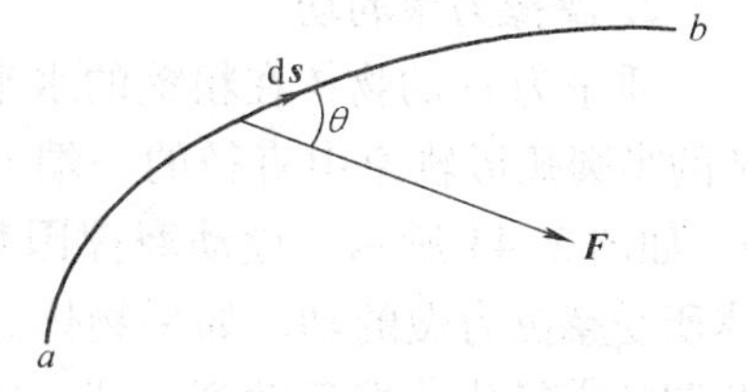

图2-41 变力的功

$$A_{ab}=\int_a^b \mathrm{d}A=\int_a^b \boldsymbol{F}\cdot\mathrm{d}\boldsymbol{s} \tag{2-39}$$

这就是计算功的一般公式。这里的 $\boldsymbol{F}$ 是物体发生位移元 $\mathrm{d}\boldsymbol{s}$ 作用在物体上的力，而 $\mathrm{d}\boldsymbol{s}$ 是沿实际路径取的无限小位移。一般来说，$\boldsymbol{F}$ 是 $\boldsymbol{s}$ 的函数，不可以提到积分号外面去(只有恒力才可以提到积分号外)。因此，要计算 $\boldsymbol{F}$ 所做的功，必须知道 $\boldsymbol{F}$ 与 $\boldsymbol{s}$ 的函数关系。在曲线上各点的 $\boldsymbol{F}$、θ 可以是不同的，所以只有确定了路径，并且知道质点在路径上各点所受的力 $\boldsymbol{F}$ 以及夹角 θ 随位置的变化关系时，才能通过积分求得 A_{ab}。

在直角坐标系中，力 $\boldsymbol{F}$ 和位移元 $\mathrm{d}\boldsymbol{s}$ 可分别写成

$$\boldsymbol{F} = F_x\boldsymbol{i} + F_y\boldsymbol{j} + F_z\boldsymbol{k},\ \mathrm{d}\boldsymbol{s} = \mathrm{d}x\boldsymbol{i} + \mathrm{d}y\boldsymbol{j} + \mathrm{d}z\boldsymbol{k}$$

因此，力 $\boldsymbol{F}$ 做的功可以表示为

$$A = \int_a^b \boldsymbol{F} \cdot \mathrm{d}\boldsymbol{s} = \int_a^b (F_x\mathrm{d}x + F_y\mathrm{d}y + F_z\mathrm{d}z)$$

2.8.3 常见力的功

1. 重力做的功

如图 2-42 所示，一质量为 m 的质点在重力场中从 a 点沿任意路径运动到 b 点，求重力所做的功。

重力是恒力，可直接用式(2-38)求重力的功，即

$$\begin{aligned} A_{重} &= m\boldsymbol{g} \cdot \overrightarrow{ab} = mg \cdot \overline{ab}\cos\alpha \\ &= mg(h_a - h_b) = (mgh)_a - (mgh)_b \end{aligned}$$

所以

$$A_{重} = -\Delta(mgh) \qquad (2\text{-}40)$$

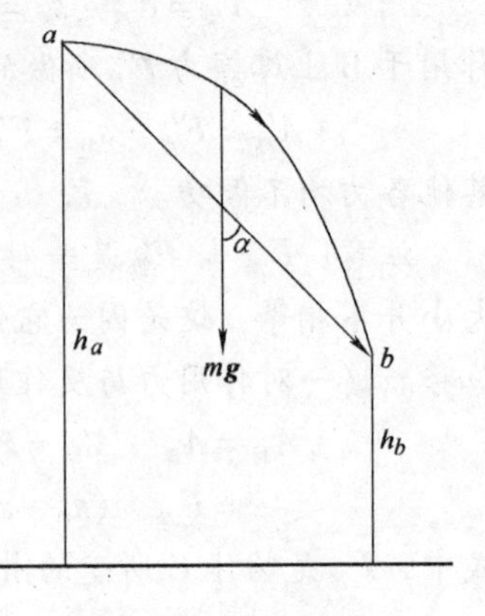

图 2-42 重力的功

计算结果同质点从 a 运动到 b 的具体路径无关，所以重力具有做功与路径无关的特点。

2. 摩擦力做的功

质量为 m 的物体在粗糙的水平面上沿半径为 R 的半圆弧形轨道由直径的一端 a 运动到另一端 b，如图 2-43 所示。设动摩擦因数为 μ，计算物体所受摩擦力做的功。如果物体运动的轨道是沿此圆的直径从 a 端运动到 b 端，摩擦力做的功又为多少？

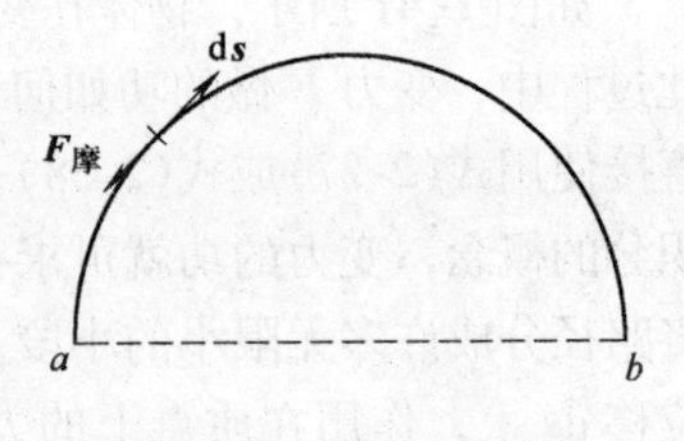

图 2-43 摩擦力的功

物体所受摩擦力的大小为 $F_{摩} = \mu F_{\mathrm{N}} = \mu mg$，方向始终与运动位移 $\mathrm{d}\boldsymbol{s}$ 的方向相反，是变化的，所以这个摩擦力是一个变力，它的元功等于

$$\mathrm{d}A = \boldsymbol{F}_{摩} \cdot \mathrm{d}\boldsymbol{s} = F_{摩}\,\mathrm{d}s\cos 180^\circ = -\mu mg\mathrm{d}s$$

在从 a 移动到 b 的过程中，摩擦力做的功等于

$$A=-\int_0^{\pi R}\mu mg\mathrm{d}s=-\mu mg\pi R$$

式中的负号说明摩擦力做负功。

如果物体沿直径从 a 移动到 b，则摩擦力做的功将是 $-2\mu mgR$。

因此，摩擦力做的功不仅与质点运动的起点和终点位置有关，而且与质点所经过的路径有关。

3. 弹性力做的功（在弹性限度内）

设劲度系数为 k 的轻弹簧的一端固定于墙上 O 点，另一端与一质量为 m 的质点连接，弹簧原长为 L，现在研究质点自 a 点经如图 2-44 所示的任一曲线路径运动到 b 点的过程中，作用于质点上的弹性力所做的功。

如图 2-44 所示，取 O 为坐标原点，当弹簧长度为 r 时，m 受到的弹性力 $F=k(r-L)$，方向指向 O 点。在质点有位移 $\mathrm{d}s$ 的过程中，$\boldsymbol{F}$ 所做的功为 $\mathrm{d}A=\boldsymbol{F}\cdot\mathrm{d}\boldsymbol{s}=F\mathrm{d}s\cos\alpha$，由图 2-45 知 $\mathrm{d}r=\mathrm{d}s\sin\left(\alpha-\dfrac{\pi}{2}\right)=-\mathrm{d}s\cos\alpha$，则

$$\mathrm{d}A=-k(r-L)\mathrm{d}r$$

从 r_a 到 r_b 的过程中，弹性力做的功为

$$A_{弹ab}=\int_a^b\boldsymbol{F}\cdot\mathrm{d}\boldsymbol{s}=\frac{1}{2}k(r_a-L)^2-\frac{1}{2}k(r_b-L)^2 \tag{2-41}$$

这里 (r_a-L) 和 (r_b-L) 分别是质点在初、末位置时弹簧的形变量。可见，弹性力的功 $A_弹$ 只与质点的初始位置 a 和最终位置 b 有关，与从 a 到 b 的具体路径无关。所以弹性力也具有做功与路径无关的特点。

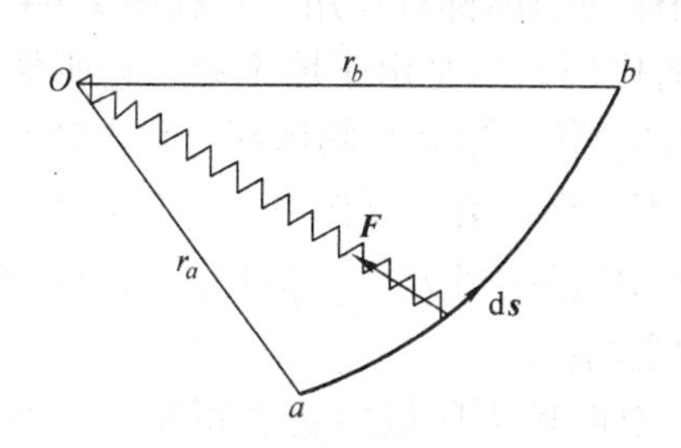

图 2-44　弹性力的功

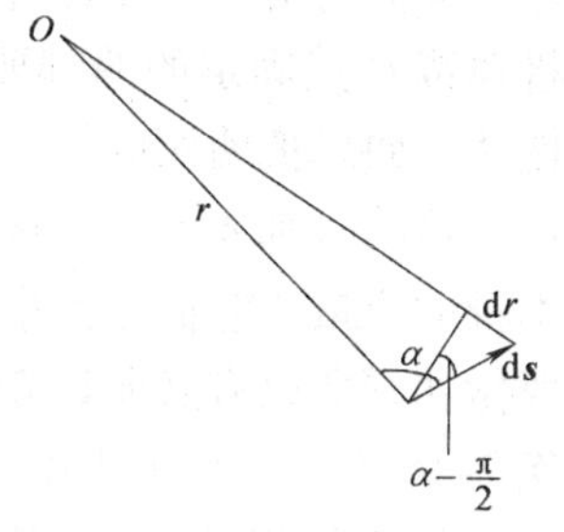

图 2-45　弹性力功分析

如果用 $x_a=r_a-L$ 和 $x_b=r_b-L$ 分别表示物体在初位置和末位置时弹簧的形变量，则弹性力的功为

$$A_{弹ab}=\frac{1}{2}kx_a^2-\frac{1}{2}kx_b^2=-\Delta\left(\frac{1}{2}kx^2\right)$$

4. 万有引力做的功

质量分别为 m 和 m' 的两个质点相互作用着万有引力，设 m' 固定不动，计算

在质点之间的距离由 r_a 变为 r_b 的过程中，m 所受万有引力 $\boldsymbol{F}_{引}$ 所做的功。

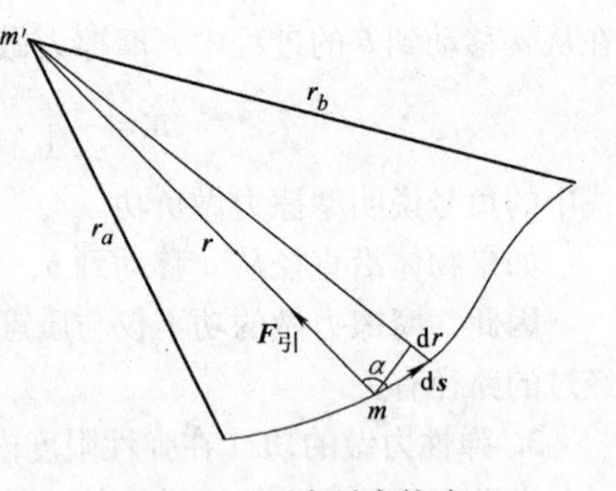

图 2-46 万有引力的功

在 m 有位移 ds 的过程中，$\boldsymbol{F}_{引}$ 所做的元功 $\mathrm{d}A=\boldsymbol{F}_{引}\cdot\mathrm{d}\boldsymbol{s}=F_{引}\ \mathrm{d}s\cos\alpha$。由图 2-46得

$$\mathrm{d}r=\mathrm{d}s\sin\left(\alpha-\frac{\pi}{2}\right)=-\mathrm{d}s\cos\alpha$$

所以

$$\mathrm{d}A=-F_{引}\ \mathrm{d}r=-\frac{Gmm'}{r^2}\mathrm{d}r$$

则

$$A_{引ab}=\int_{r_a}^{r_b}\left(-\frac{Gmm'}{r^2}\right)\mathrm{d}r=-\left[\left(-\frac{Gmm'}{r_b}\right)-\left(-\frac{Gmm'}{r_a}\right)\right]=-\Delta\left(-\frac{Gmm'}{r}\right) \tag{2-42}$$

这就是万有引力所做的功。这个功也与 m 从初始位置到最终位置的具体路径无关。

5. 一对力的功

上面我们计算了几种常见力的功。实际上，重力是物体、地球之间的相互作用力，物体受重力作用，地球也受“重力”作用。在物体移动、重力做功的同时，地球也应该有微小的位移，它的“重力”也应该做功(当然这时不能取地球为参考系,可以取太阳为参考系)。两个相互接触、并相对滑动的物体之间存在着一对滑动摩擦力，当这两个物体运动时，这两个滑动摩擦力都要做功。对弹簧弹性力也有类似的情况：弹簧对与它两端相连的物体都有作用力。在图 2-44 中物体和将弹簧 O 点固定的墙都要受弹性力的作用，只是由于墙不动，它所受到的力不做功。如果把墙换成另一个可以移动的物体，这两个物体都受到弹簧的弹性力作用，移动时都要做功。这两个力虽然不是作用力和反作用力，但是如果略去弹簧本身的质量，它们是大小相等、方向相反的一对力。一般来说，这样的一对力都要做功，所以有必要计算一对力做功之和。

在例 2-16 中，我们求出了 C，B 之间一对摩擦力所做的功之和等于 C 所受到的摩擦力与 C 的相对位移 $\boldsymbol{s}$ 的数量积。现在我们证明这个结果对计算一对力所做功之和具有普遍意义。

考虑两个质点相互作用，它们的质量分别是 m_1 和 m_2，分别受到相互作用的一对力 $\boldsymbol{F}_1$ 和 $\boldsymbol{F}_2$。当它们相对于某个参考系分别有位移 d$\boldsymbol{s}_1$ 与 d$\boldsymbol{s}_2$ 时，所做的元功分别为 $\mathrm{d}A_1=\boldsymbol{F}_1\cdot\mathrm{d}\boldsymbol{s}_1$ 和 $\mathrm{d}A_2=\boldsymbol{F}_2\cdot\mathrm{d}\boldsymbol{s}_2$，虽然，$\boldsymbol{F}_1+\boldsymbol{F}_2=0$，但是一般来说，两个质点的位移不同，即 $\mathrm{d}\boldsymbol{s}_1\neq\mathrm{d}\boldsymbol{s}_2$，所以这一对力做功之和不等于零，而是等于

$$\mathrm{d}A_{对}=\mathrm{d}A_1+\mathrm{d}A_2=\boldsymbol{F}_1\cdot\mathrm{d}\boldsymbol{s}_1+\boldsymbol{F}_2\cdot\mathrm{d}\boldsymbol{s}_2=\boldsymbol{F}_1\cdot\mathrm{d}\boldsymbol{s}_1+(-\boldsymbol{F}_1)\cdot\mathrm{d}\boldsymbol{s}_2$$

$$= \boldsymbol{F}_1 \cdot (\mathrm{d}\boldsymbol{s}_1 - \mathrm{d}\boldsymbol{s}_2) = \boldsymbol{F}_1 \cdot \mathrm{d}\boldsymbol{s}_{12}$$

式中，$\boldsymbol{F}_1$ 是 m_1 所受的力，$\mathrm{d}\boldsymbol{s}_{12}$是 m_1 相对于 m_2 的位移。这一结果说明，两个质点间相互作用的一对力所做的元功之和等于其中一个质点受的力与此质点相对于另一质点的元位移的数量积。若两个质点发生了一定的相对位移，两质点间相互作用的一对力的做功之和应该等于

$$A_{对} = \int \boldsymbol{F}_1 \cdot \mathrm{d}\boldsymbol{s}_{12} \tag{2-43}$$

所以，一对大小相等、方向相反的力做功之和等于其中一个力与该力的受力物体相对于另一物体的位移元的数量积再积分。

例如，两个物体之间的一对滑动摩擦力做功之和一定为负，这是因为滑动摩擦力的方向一定与物体相对运动的方向相反，也就一定与相对位移的方向相反（例如在例 2-16 中，C、B 之间的一对滑动摩擦力做功之和是负的）。而两个物体之间的一对静摩擦力做功之和一定等于零，这是因为这两个物体之间没有相对位移。这两个物体所受的静摩擦力都要做功，但是其中一个静摩擦力一定做正功，另一个静摩擦力一定做负功，这两个功的和一定为零。

注意：一对力的功与参考系无关。不论 m_1 和 m_2 的位移 $\mathrm{d}\boldsymbol{s}_1$ 和 $\mathrm{d}\boldsymbol{s}_2$ 是相对于哪个参考系的，它们的相对位移 $\mathrm{d}\boldsymbol{s}_{12}$总是一定的。也就是说，不论在哪个参考系中计算一对力的功，结果都是一样的，这是一对力做功之和的重要特点。因此，我们可以随意选取参考系来计算一对力的功，而不论这个参考系是不是惯性系。最方便的选择是取一对力中一个受力物体（它可以不是惯性系）为参考系，例如我们在计算重力的功时，以地球为参考系；在计算弹性力的功时，以与弹簧一端连结的物体为参考系；在计算万有引力的功时，以相互作用的一个质点为参考系。这就是利用了“一对力的功与参考系无关”这一特点。所以重力做功的公式（2-40）、弹性力做功公式（2-41）和万有引力做功公式（2-42）都应当理解为一对力做功的公式。一对重力做功、一对弹性力和一对万有引力做功都与路径无关。

2.8.4　合力的功

当质点同时受有几个力 $\boldsymbol{F}_1$，$\boldsymbol{F}_2$，…，$\boldsymbol{F}_n$ 的作用而沿某一路径由 A 运动到 B 时，那么，合力所做的功是

$$\begin{aligned} A &= \int_A^B \sum \boldsymbol{F} \cdot \mathrm{d}\boldsymbol{s} = \int_A^B (\boldsymbol{F}_1 + \boldsymbol{F}_2 + \cdots + \boldsymbol{F}_n) \cdot \mathrm{d}\boldsymbol{s} \\ &= \int_A^B \boldsymbol{F}_1 \cdot \mathrm{d}\boldsymbol{s} + \int_A^B \boldsymbol{F}_2 \cdot \mathrm{d}\boldsymbol{s} + \cdots + \int_A^B \boldsymbol{F}_n \cdot \mathrm{d}\boldsymbol{s} \\ &= A_1 + A_2 + \cdots + A_n = \sum_i A_i \end{aligned} \tag{2-44}$$

所以对质点来说，质点所受合力所做的功等于几个分力沿同一路径所做功的代数和。

2.8.5 功率

在功的概念中，不包含时间的因素。将一个物体举到一定高度所做的功，可能在1s内完成，也可能在10s内完成。两台机器，如果它们完成了同量的功，则在较短的时间内完成此功的机器的效率高；如果两台机器工作了相同的时间，则在此时间内做了较多功的机器的效率高。所以，在许多情况下，不仅需要考虑完成的功的大小，还需要考虑完成此功的时间长短，这就需要引入**功率**的概念。

功率P是单位时间内所做的功，可写成

$$P=\frac{dA}{dt}$$

由于$dA=\boldsymbol{F}\cdot d\boldsymbol{s}$，故

$$P=\boldsymbol{F}\cdot\frac{d\boldsymbol{s}}{dt}=\boldsymbol{F}\cdot\boldsymbol{v}=Fv\cos\alpha \tag{2-45}$$

此式表明，功率等于作用力与速度的数量积，即功率等于力在速度方向的分量与速度大小的乘积。当力$\boldsymbol{F}$和速度v的方向相同时，则有$P=Fv$。

在曲线运动中，可以将力分解为切向力F_τ和法向力F_n，因为运动质点的速度是沿切向的，所以$P=F_\tau v$。

在一般情况下，v、$\boldsymbol{F}$是时间的函数，所以功率一般也是时间的函数。

通常机器提供的额定功率是一定的，输出的动力增大时，速度就要减小。反之，输出的动力减小时，速度就会增大。

在SI单位制中，功率的单位是瓦(W)，即焦耳·秒$^{-1}$。

2.9 动能定理

2.9.1 质点的动能定理

中学物理对受恒力作用的质点沿直线运动的情况，得出了动能定理：合力对质点所做的功的代数和(或合力对质点所做的功)等于质点动能的增量。现在来证明，这个结论对任意情况下运动的质点都是正确的。

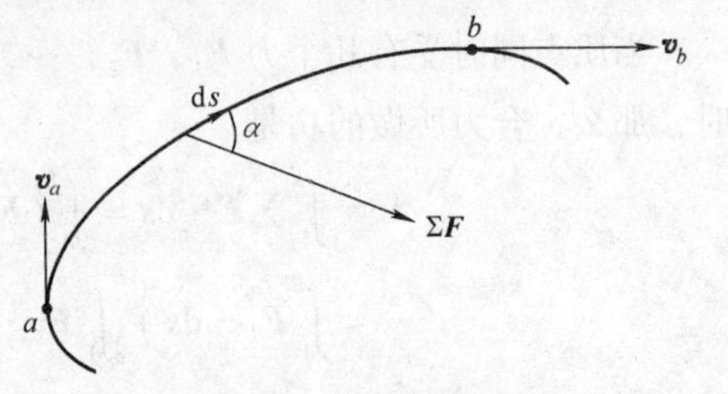

图2-47 质点动能定理

设质量为m的质点在合力$\sum\boldsymbol{F}$的作用下，从a点沿任意曲线到达b点，速度由v_a变为v_b，如图2-47所示，合力对质点所做的功

$$A_{合} = \int \sum \boldsymbol{F} \cdot \mathrm{d}\boldsymbol{s} = \int (\sum F_\tau)\mathrm{d}s = \int ma_\tau \mathrm{d}s = m\int \frac{\mathrm{d}v}{\mathrm{d}t}\mathrm{d}s$$
$$= m\int_{v_a}^{v_b} v\mathrm{d}v = \frac{1}{2}mv_b^2 - \frac{1}{2}mv_a^2$$

$\frac{1}{2}mv^2$ 称为质点的动能，用 E_k 表示，$E_\mathrm{k} = \frac{1}{2}mv^2$。所以

$$A_{合} = \Delta E_\mathrm{k} = \Delta\left(\frac{1}{2}mv^2\right) \tag{2-46}$$

这就是**动能定理**，它说明，作用在质点上的合力所做的功等于质点动能的增量。由定理可知，当 $A_{合} > 0$，即合力对质点做正功时，质点的动能增加；当 $A_{合} < 0$，即合力对质点做负功时，质点的动能减少。

注意：

（1）式(2-46)只对惯性系成立，即式中右边的 v 是相对于惯性系的。左边是合力的功，或所有力做功的代数和，其中的位移是相对于同一个惯性系的。

（2）动能与功是概念不同的两个物理量，动能是质点运动状态的单值函数，即在每个运动状态，都对应有唯一的动能值。而功是过程的函数，对某一个运动过程才有功可言，不能说在某一运动状态的功，或某一时刻、某一位置的功。

（3）动能和动量虽然都与物体的质量、速度有关，但是它们的意义和作用各不相同，动能的变化和合力的功相联系，动量的变化和合力的冲量相联系；动能是标量，动量是矢量。

我们可以从动能定理出发，通过求质点动能的变化来求合力的功，从而可能求出其中某个力的功，这是求功的另一种方法。

质点的动能定理涉及的是合力的功，如果作用在质点上的某些力是未知的，但只要不做功，动能定理的表达式中就不出现这样的力，从而避开了这个未知力，这对于某些问题的求解是方便的。但是如果不做功的力恰恰是要求的力，动能定理就无能为力了，这时还要利用其他定律(如牛顿定律)。所以动能定理和牛顿定律各有特点，要根据实际情况灵活选用。

【例 2-17】 如图 2-48a 所示，在半径为 R 的半球形固定容器中，一质量为 m 的质点从 a 点沿容器内壁由静止开始滑下，a 点与球心 O 在同一水平线上，如果质点经过$\frac{1}{4}$圆周到达最低点 b 时，它对容器的压力为 $\boldsymbol{F}$，求在此过程中摩擦力做的功。

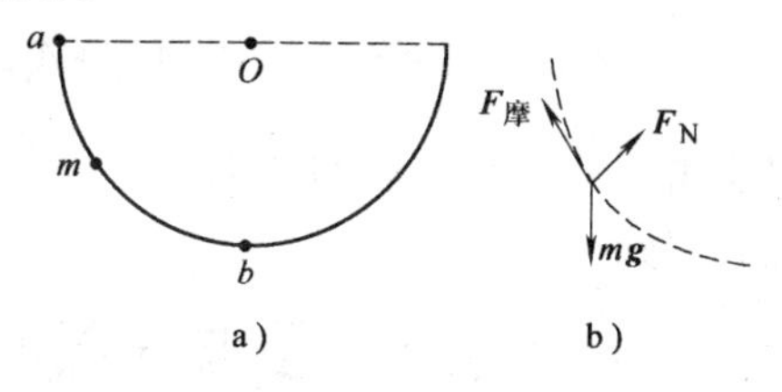

图 2-48　例 2-17 图

【解】 质点在下滑的过程中受到重力 $m\boldsymbol{g}$、器壁的支持力 $\boldsymbol{F}_\mathrm{N}$、摩擦力 $\boldsymbol{F}_{摩}$ 的

作用，如图2-48b所示。在此过程中支持力与位移垂直，所以不做功，重力所做的功等于mgR，因此合力所做的功等于mgR加上摩擦力所做的功$A_{摩}$。由动能定理得

$$mgR + A_{摩} = \frac{1}{2}mv^2 \quad ①$$

在最低点，由牛顿第二定律有

$$F - mg = m\frac{v^2}{R} \quad ②$$

解出

$$A_{摩} = \frac{1}{2}(F - 3mg)R$$

可以看出，本题中虽然质点所受的摩擦力非常复杂，但用动能定理来求摩擦力做的功就容易得多。

2.9.2 质点系的动能定理

质点的动能定理说明一个质点动能的增量与其所受合力的功的关系。在实际问题中，通常需要研究几个物体的运动，这些物体间存在着相互作用，影响着它们各自的运动，所以常常把几个物体看作一个质点系来研究。

对质点系中的每个质点都可以写出动能定理，例如对第i个质点，有

$$A_i = \Delta\left(\frac{1}{2}m_i v_i^2\right)$$

式中，A_i是作用在该质点上所有力做功的代数和。把第i个质点受到的力按系统分为内力和外力两类，那么在任一变化过程中，A_i可以写成$A_{i内} + A_{i外}$，$A_{i内}$是作用于该质点上的所有内力做功的代数和，$A_{i外}$是作用于该质点上的所有外力做功的代数和。

这样，对系统内第i个质点，动能定理可写为

$$A_{i内} + A_{i外} = \Delta\left(\frac{1}{2}m_i v_i^2\right)$$

对于由N个质点组成的系统，就可写出N个这样的方程，将这N个方程两边相加，得到

$$\sum_i A_{i内} + \sum_i A_{i外} = \Delta\left(\sum_i \frac{1}{2}m_i v_i^2\right)$$

如果用$A_{内} = \sum\limits_i A_{i内}$表示内力做功之和，用$A_{外} = \sum\limits_i A_{i外}$表示外力做功之和，用$E_k = \sum\limits_i \frac{1}{2}m_i v_i^2$表示系统的总动能，则有

$$A_{内}+A_{外}=\Delta\left(\sum_i \frac{1}{2}m_i v_i^2\right)=\Delta E_k \tag{2-47}$$

这就是质点系的动能定理：作用在所有质点上的内力所做的功与外力所做的功之和，等于系统总动能的增量。

这里的方法与推导质点系的动量定理、角动量定理是相似的，但是结论有一个重要的区别。质点系总动量的变化率仅由外力的矢量和所决定[见式(2-18)]，内力不影响质点系的总动量，这是因为内力总是成对出现的，所有内力的矢量和一定为零；质点系总角动量的变化率仅由外力矩的矢量和所决定[见式(2-34)]，内力矩不影响质点系的总角动量，这是因为所有内力矩的矢量和一定等于零。但是，由于系统内各个质点的位移一般并不相同，质点之间可能有相对位移，内力做功之和并不一定为零，所以质点系总动能的增量必须由外力的功和内力的功共同决定，不仅外力做功会影响质点系的总动能，内力做功也可能改变质点系的总动能。例如，炮弹爆炸，弹片四向飞散，它们的总动能显然比爆炸前增加了，这就是内力(火药的爆炸力)对各弹片做正功的结果。又例如，两个带正电荷的粒子，在运动中相互靠近时总动能会减少，这是因为它们之间的内力(相互作用的斥力)对粒子都做负功的结果。内力能改变系统的总动能，但不改变系统的总动量和总角动量。

【例2-18】 在光滑的水平面上，有一质量为m'的木块。现在有一个质量为m的子弹以速率v_0水平射入木块，已知子弹受到的阻力与进入深度成正比，设比例系数为k，为了使子弹不穿出木块，木块的最小厚度为多少？

【解】 取“子弹+木块”两物体为系统，分析受力如图2-49所示，在子弹进入木块的过程中，系统在水平方向上不受外力，所以在水平方向上，系统的动量守恒。设子弹最后的速度为v，则有

$$mv_0=(m+m')v \qquad ①$$

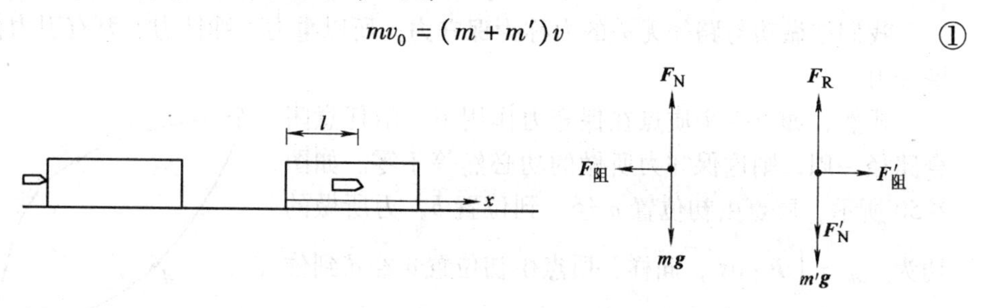

图2-49　例2-18图

可分析，此系统外力不做功，只有木块对子弹的摩擦力$\boldsymbol{F}_{阻}$和子弹对木块的摩擦力$\boldsymbol{F}'_{阻}$这一对内力做功。为求出这个功，我们以木块为参考系，取木块左端为原点，子弹前进方向为x轴正向，在子弹进入木块的深度为x(即子弹的坐标)时，子弹受到的摩擦力$\boldsymbol{F}_{阻}$写成$\boldsymbol{F}_{阻}=-kx\boldsymbol{i}$，方向与子弹前进的方向相反，在子

弹在木块中又前进 $\mathrm{d}\boldsymbol{s}=\mathrm{d}x\boldsymbol{i}$(相对位移)的过程中，一对阻力的元功为 $\boldsymbol{F}_{阻}\cdot\mathrm{d}\boldsymbol{s}=-kx\mathrm{d}x$，设子弹进入木块的最大深度为 l，由系统的动能定理有

$$\int_0^l -kx\mathrm{d}x=\frac{1}{2}(m+m')v^2-\frac{1}{2}mv_0^2 \qquad ②$$

联立①、②两式可得

$$l=v_0\sqrt{\frac{mm'}{k(m+m')}}$$

要使子弹不穿出木块，子弹进入木块的深度应不超过木块的厚度，因此，木块的厚度应至少等于上式确定的值。

2.10 保守力 势能

2.10.1 保守力

从功的计算中可以看出，重力、弹性力、万有引力做功有共同的特点，它们的功与质点所经过的路径无关，仅与运动质点的起点 a 和终点 b 的位置有关。这些力做功的表达式都有类似的形式，都可以表示为某个函数在初位置的值减去这个函数在末位置的值，即

$$A_{重ab}=\int_a^b\boldsymbol{F}_{重}\cdot\mathrm{d}\boldsymbol{s}=mgh_a-mgh_b=-\Delta(mgh) \qquad (2\text{-}48)$$

$$A_{弹ab}=\int_a^b\boldsymbol{F}_{弹}\cdot\mathrm{d}\boldsymbol{s}=\frac{1}{2}kx_a^2-\frac{1}{2}kx_b^2=-\Delta\left(\frac{1}{2}kx^2\right) \qquad (2\text{-}49)$$

$$A_{引ab}=\int_a^b\boldsymbol{F}_{引}\cdot\mathrm{d}\boldsymbol{s}=\left(-\frac{Gmm'}{r_a}\right)-\left(-\frac{Gmm'}{r_b}\right)=-\Delta\left(-\frac{Gmm'}{r}\right) \qquad (2\text{-}50)$$

我们把做功与路径无关的力称为**保守力**。所以重力、弹性力、万有引力都是保守力。

显然，如果一个质点在保守力作用下，沿任意闭合路径一周，则这保守力所做的功必然等于零。如图2-50所示，质点由初位置 a 经 c 到位置 b，力所做的功为 $A_{acb}=\int_a^b\boldsymbol{F}\cdot\mathrm{d}\boldsymbol{s}$，同样，质点由初位置 a 经 d 到位置 b，力所做的功为 $A_{adb}=\int_a^b\boldsymbol{F}\cdot\mathrm{d}\boldsymbol{s}$，显然，$A_{acb}=A_{adb}=-A_{bda}$，因此，$\oint\boldsymbol{F}\cdot\mathrm{d}\boldsymbol{s}=A_{acb}+A_{bda}=0$，所以保守力的定义也可表示为：如果一个力沿任意闭合路径所做的功等于零，则该力就是保守力。用数学式子表示，就是

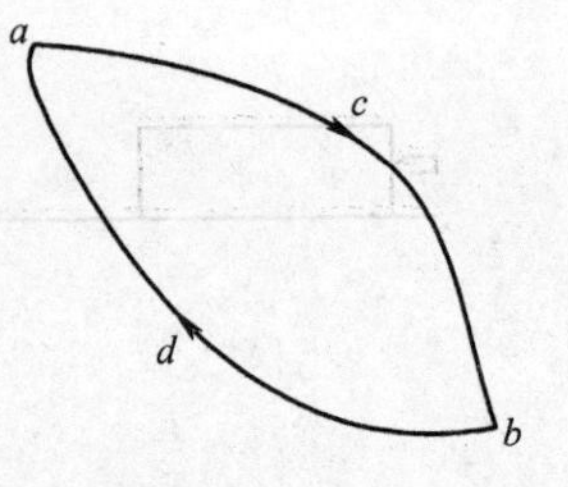

图2-50 保守力的定义

$$\oint \boldsymbol{F}_{保} \cdot \mathrm{d}\boldsymbol{s} = 0 \tag{2-51}$$

式中，符号$\oint$表示沿闭合曲线积分。保守力的这个定义和做功与路径无关的定义是完全等价的。

如果力做功与受力质点运动的路径有关，那么，力沿闭合路径的功不为零，这种力就是非保守力。例如，摩擦力就是非保守力，因为摩擦力做功与路径有关。

2.10.2 势能

保守力的功与路径无关的性质，大大简化了保守力做功的计算，并可由此引出势能的概念。

在保守力作用下的运动物体，不论沿什么路径从开始位置 a 运动到末位置 b，所做的功总是相等的。因此，保守力的功的数值就可以由物体所处的位置 a 和位置 b 决定。也就是说，保守力的功可以用一个位置函数的差来表示，这个与位置有关的物理量就定义为保守力的**势能**。根据这个定义，保守力的功可以写为

$$A_{保} = -\Delta E_{\mathrm{p}} \tag{2-52}$$

式中，E_{p} 即为势能。式(2-52)表明，保守力做功等于势能增量的负值。

势能的概念是根据保守力做功的特点引入的，势能的变化与保守力的功有紧密联系。若保守力做正功，则相应的势能减少；若保守力做负功，也就是外力克服保守力做功，则相应的势能增加。

式(2-52)也可以写为

$$A_{保} = \int_a^b \boldsymbol{F}_{保} \cdot \mathrm{d}\boldsymbol{s} = E_{\mathrm{p}a} - E_{\mathrm{p}b} \tag{2-53}$$

必须注意，在这里，只定义了势能的增量，并没有定义某点的势能值，如果要确定任一点的势能，必须先规定势能的零点。如果规定 b 点为势能零点，即 $E_{\mathrm{p}b} = 0$，则由式(2-53)可知，a 点的势能就等于

$$E_{\mathrm{p}a} = \int_a^0 \boldsymbol{F}_{保} \cdot \mathrm{d}\boldsymbol{s} \tag{2-54}$$

(积分上限改写为0,表示零点)这表明，某一点的势能，在数值上等于质点从该点运动到势能零点的过程中保守力所做的功。势能零点可以根据问题的需要任意选择，对于零点的不同选择，在同一位置的势能值是不同的。这就是说，势能的值是相对的。但根据式(2-53)，某两个位置的势能差却是一定的，与势能零点的选择无关。

对重力势能，有

$$E_{重a} = \int_a^0 \boldsymbol{F}_{重} \cdot \mathrm{d}\boldsymbol{s} = mgh_a - mgh_0$$

取 $h_0=0$ 处为势能零点，得到在 h 处物体的重力势能等于

$$E_{重}=mgh \tag{2-55}$$

对弹性势能，有

$$E_{弹a}=\int_a^0 \boldsymbol{F}_{弹}\cdot d\boldsymbol{s}=\frac{1}{2}kx_a^2-\frac{1}{2}kx_0^2$$

这里的 x_a，x_0 是弹簧的形变量，是从弹簧的原长开始计算的，弹性势能是两项之差。如果我们取弹簧无形变处(弹簧的原长处)为势能零点，即令 $x_0=0$，这时弹性势能的表达式最简单，在弹簧形变量为 x 处物体的弹性势能等于

$$E_{弹}=\frac{1}{2}kx^2 \tag{2-56}$$

必须强调，将弹性势能写成 $\frac{1}{2}kx^2$ 时，一定要以弹簧原长(无形变)处为势能零点，也就是说，这时弹性势能的零点不能选在别的地方，否则，势能就不能表示为 $\frac{1}{2}kx^2$。

对万有引力势能，有

$$E_{引a}=\int_a^0 \boldsymbol{F}_{引}\cdot d\boldsymbol{s}=\left(-\frac{Gmm'}{r_a}\right)-\left(-\frac{Gmm'}{r_0}\right)$$

如果取质点在无限远处势能为零，即令 $r_0\to\infty$，则万有引力势能的表达式最简单，得到在相距 r 处物体的万有引力势能等于

$$E_{引}=-\frac{Gmm'}{r} \tag{2-57}$$

同样必须强调，当将万有引力势能写成 $-\frac{Gmm'}{r}$ 时，一定要以无限远处为势能零点，如果将零点选在别的地方，势能就不能表示为 $-\frac{Gmm'}{r}$。

需要说明一点，我们常常谈到能量的“所有者”。对于动能，很容易而且很合理地就认为它属于运动的质点。对于势能，由于是以研究一对保守力的功引进的，所以它应属于一对保守力相互作用着的整个质点系，它实质上是一种相互作用能。例如，平时我们说“质点的重力势能”，只是一种简便的说法，是以地球为参考系，地球所受“重力”不做功，重力势能的变化就只与质点所受的重力做功有关，这样，似乎重力势能就只与质点有关了，或只属于质点了。实际上，应该把重力势能理解为属于质点与地球所组成的系统。

*2.10.3 保守力与势能的微分关系

上面由保守力做功与路径无关的特性，定义了势能。从数学上说，势能是保守力沿路径的线积分。反过来，也应该能从势能函数对路径的导数求出保守力。

下面来讨论这个问题。

可以将式(2-53)写为

$$dA = \boldsymbol{F} \cdot d\boldsymbol{s} = -dE_p \tag{2-58}$$

势能 E_p 一般是空间(x,y,z)的函数，根据数学中全微分的定义，在直角坐标系中 dE_p 可写为

$$\begin{aligned} dE_p &= \frac{\partial E_p}{\partial x}dx + \frac{\partial E_p}{\partial y}dy + \frac{\partial E_p}{\partial z}dz \\ &= \left(\frac{\partial E_p}{\partial x}\boldsymbol{i} + \frac{\partial E_p}{\partial y}\boldsymbol{j} + \frac{\partial E_p}{\partial z}\boldsymbol{k}\right) \cdot (dx\boldsymbol{i} + dy\boldsymbol{j} + dz\boldsymbol{k}) \\ &= \left(\frac{\partial E_p}{\partial x}\boldsymbol{i} + \frac{\partial E_p}{\partial y}\boldsymbol{j} + \frac{\partial E_p}{\partial z}\boldsymbol{k}\right) \cdot d\boldsymbol{s} \end{aligned}$$

与式(2-58)比较，则有

$$\boldsymbol{F} = -\left(\frac{\partial E_p}{\partial x}\boldsymbol{i} + \frac{\partial E_p}{\partial y}\boldsymbol{j} + \frac{\partial E_p}{\partial z}\boldsymbol{k}\right) = -\nabla E_p \tag{2-59}$$

式中，$\nabla = \frac{\partial}{\partial x}\boldsymbol{i} + \frac{\partial}{\partial y}\boldsymbol{j} + \frac{\partial}{\partial z}\boldsymbol{k}$ 称为梯度算符。

式(2-59)表示：保守力等于相关势能梯度的负值。因此，保守力沿三个坐标轴的分量分别可写为

$$F_x = -\frac{\partial E_p}{\partial x},\quad F_y = -\frac{\partial E_p}{\partial y},\quad F_z = -\frac{\partial E_p}{\partial z} \tag{2-60}$$

由此可以看出，只要知道势能随空间变化的函数，就可以求出相应的保守力。

例如，对重力势能函数 $E_p = mgz + c$(c 为常量，与势能零点的选取有关，下同)，只是高度 z 的一维函数，因此，重力

$$F_z = -\frac{dE_p}{dz} = -mg \quad \text{(负号表示与向上的 } z \text{ 轴正方向相反)}$$

对弹性势能函数 $E_p = \frac{1}{2}kx^2 + c$，只是弹簧形变量 x 的一维函数，因此，弹簧的弹性力

$$F_x = -\frac{dE_p}{dx} = -kx$$

对万有引力势能函数 $E_p = -\frac{Gmm'}{r} + c$，只是两质点相对距离 r 的一维函数，因此，万有引力

$$F_r = -\frac{dE_p}{dr} = -\frac{Gmm'}{r^2}$$

2.11 功能原理和机械能守恒定律

2.11.1 功能原理

由之前内容可知，质点系的动能定理为

$$A_{内}+A_{外}=\Delta E_{k}$$

我们将每对保守力所属的一对质点都包含在系统中，则所有的保守力都是内力，当然，系统内还存在非保守内力。现在，我们将内力的功之和 $A_{内}$ 分成保守内力的功 $A_{保内}$ 与非保守内力的功 $A_{非保内}$，则上式可以写成

$$A_{保内}+A_{非保内}+A_{外}=\Delta E_{k}$$

而保守内力的功可以用势能增量的负值来表示，即 $A_{保内}=-\Delta E_{p}$，因此有

$$A_{非保内}+A_{外}=\Delta(E_{k}+E_{p})$$

$E_{k}+E_{p}$ 是质点系的动能和势能之和，称为机械能，用 E 表示，则

$$A_{非保内}+A_{外}=\Delta E \tag{2-61}$$

这就是**质点系的功能原理**：质点系所有非保守内力的功与所有外力的功之和等于系统机械能 E(动能与势能之和)的增量。

功能原理是在质点系动能定理中引入势能后得出的。质点系的动能定理给出了系统总动能的增量与系统所有内力的功和所有外力的功之和的关系，而功能原理则给出了机械能的增量与系统所有外力的功和所有非保守内力的功之和的关系。注意：在功能原理中没有保守力的功，这是因为保守力做的功已经用势能增量的负值来表示了。

2.11.2 机械能守恒定律

由式(2-61)可知

$$当\ A_{非保内}+A_{外}=0\ 时，E=常量 \tag{2-62}$$

即系统所有非保守内力的功与所有外力的功之和等于零时，系统的机械能守恒，这就是**机械能守恒定律**。

在理解和应用机械能守恒定律时，应注意以下几点：

1）机械能守恒定律与动量守恒定律、角动量守恒定律一样，都是相对于惯性系的。就是说，每一个定律中的速度、位移、位矢等都必须相对于同一个惯性系。

2）系统的机械能守恒定律是有条件的，条件是关于功的，而功是物体移动时力所做的功。所以要利用机械能守恒定律处理问题，首先还是要分析力，弄清每个质点所受的力以及每一个力做功的情况，是属于保守力还是非保守力。把属

于保守力的那一对力(或几对力)找出来，取这一对力(或几对力)的受力物体为一个系统，也就是使保守力成为内力，分析非保守内力及外力的做功情况，如果它们做功之和为零(非保守内力或外力可以做功,但是这些功之和为零)，则系统的机械能守恒。如果这些条件不满足，只能对系统使用功能原理或动能定理，或者分别对每个质点使用动能定理。

3）机械能守恒定律、动量守恒定律和角动量守恒定律成立的条件是不同的，如表2-1所示。

表　2-1

	机械能守恒	动 量 守 恒	角动量守恒
系统内力	可以有，且要研究其做功情况。保守内力做功可用势能差表示。要计算$\sum A_{非保内}$	可以有，但不必研究	可以有，但不必研究
系统外力	可以有，且要研究其做功情况，要计算$\sum A_{外}$	可以有，且要研究外力的矢量和$\sum \boldsymbol{F}_{外}$	可以有，且要研究外力矩的矢量和$\sum \boldsymbol{M}_{外}$
守恒条件	对任一微小位移$\sum A_{非保内}+\sum A_{外}=0$	任一时刻$\sum \boldsymbol{F}_{外}=0$	任一时刻$\sum \boldsymbol{M}_{外}=0$

4）如果在一个惯性系中，系统的机械能守恒，那么在另一个惯性系中，系统的机械能则不一定守恒，因为相对于不同的惯性系，质点可能有不同的位移，非保守内力和外力做功之和也可能有不同的值。

5）机械能守恒是指系统在一个过程中任一时刻或任一运动状态的机械能都相等，所以应当分析任何一个小位移上是否满足$\mathrm{d}A_{非保内}+\mathrm{d}A_{外}=0$。如果过程中某两个特定运动状态的机械能相等，并不能说明该过程的机械能一定守恒。

6）在解决物理问题时，如何正确地运用守恒定律，对初学者来说会感到一些困难。但是，只要正确理解守恒定律的含义，明确解题思路，掌握解题方法，问题是不难解决的。解题思路和方法一般是根据题意，分析在整个运动的各个过程中各个运动质点的受力情况，这些力做功或力矩的情况，对照各个守恒定律所需满足的条件，正确选用系统守恒定律，最后列方程(对动量定理和角动量定理,往往要取坐标轴,将守恒式写成分量形式)。在应用守恒定律处理问题时常常需要几个定律联合使用。

【例2-19】　质量为m'、倾角为θ、高度为h的劈形斜面置于光滑水平面上，质量为m的小物体从光滑斜面上由静止开始下滑时，斜面也是静止的，如图2-51所示。求当m滑到斜面底端时，它相对于斜面的速度大小v和斜面的速度v'。

【解】　分析运动物体的受力情况，分别画出m和m'的隔离体受力图，如图2-52所示。

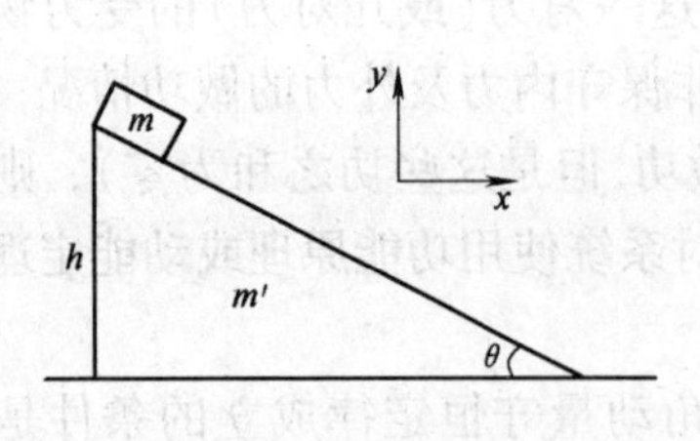

图2-51 例2-19图

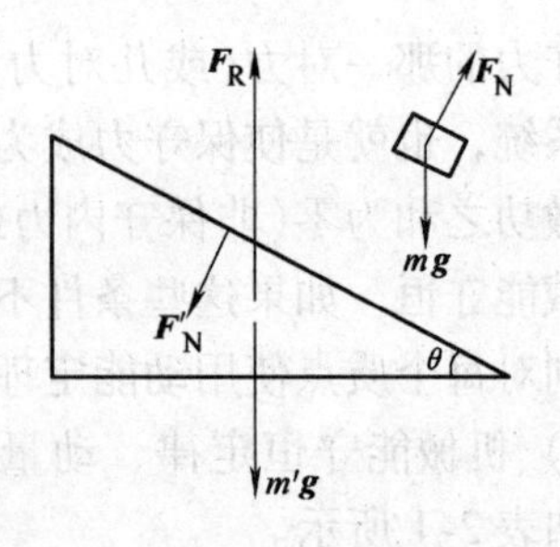

图2-52 例2-19受力分析图

m受有重力$m\boldsymbol{g}$和斜面的支持力$\boldsymbol{F}_N$，m'受有重力$m'\boldsymbol{g}$、水平面的支持力$\boldsymbol{F}_R$和m的压力$\boldsymbol{F}'_N$。$\boldsymbol{F}_N$和$\boldsymbol{F}'_N$是一对作用力和反作用力，如果我们暂时将它们撇开不管，其余的力都在竖直方向，所以若取m与m'为系统，外力都在竖直方向，因此，系统在水平方向动量守恒。

设当m滑到斜面底端时，相对于斜面的速度是v(方向沿斜面向下)，m'相对于地面的速度是v'(方向水平向左)。取水平向右为正方向，则水平方向动量守恒的表达式为

$$m(v\cos\theta-v')+m'(-v')=0 \quad ①$$

我们再分析受力图中各力做功的情况，重力$m\boldsymbol{g}$做功，它与作用在地球上(更确切地说,是作用在地球的重力场上)的力($m\boldsymbol{g}$的反作用力)是一对保守力。$m'\boldsymbol{g}$，$\boldsymbol{F}_R$均不做功。注意$\boldsymbol{F}_N$和$\boldsymbol{F}'_N$都要做功。$\boldsymbol{F}'_N$的水平分力使m'做加速运动，所以$\boldsymbol{F}'_N$要做正功，使m'的动能增加。$\boldsymbol{F}_N$做的功应该是$\boldsymbol{F}_N$与m相对于地面的位移$\mathrm{d}\boldsymbol{s}_m$的数量积。因为$m$沿$m'$下滑时，$m'$要向左移动，$m$相对于地面的位移$\mathrm{d}\boldsymbol{s}_m$应该是$m$相对于$m'$的位移元$\mathrm{d}\boldsymbol{s}_{mm'}$(沿斜面向下)与$m'$相对于地面的位移$\mathrm{d}\boldsymbol{s}_{m'}$(水平向左)的矢量和，即$\mathrm{d}\boldsymbol{s}_m=\mathrm{d}\boldsymbol{s}_{mm'}+\mathrm{d}\boldsymbol{s}_{m'}$，如图2-53所示。由图可知，$\mathrm{d}\boldsymbol{s}_m$与$\boldsymbol{F}_N$并不垂直，它们的夹角大于90°，$\boldsymbol{F}_N$做负功，使$m$与地球组成的系统的机械能减少。那么$\boldsymbol{F}_N$做的元功$\mathrm{d}A_N$与$\boldsymbol{F}'_N$做的元功$\mathrm{d}A_{N'}$是否互相抵消呢？注意到$\boldsymbol{F}_N$和$\boldsymbol{F}'_N$是一对力，那么，这一对力的功之和$\mathrm{d}A_N+\mathrm{d}A_{N'}$等于$m$受到的力$\boldsymbol{F}_N$与$m$相对于$m'$的位移$\mathrm{d}\boldsymbol{s}_{mm'}$的数量积，即$\boldsymbol{F}_N\cdot\mathrm{d}\boldsymbol{s}_{mm'}$，由于$\boldsymbol{F}_N\perp\mathrm{d}\boldsymbol{s}_{mm'}$，故$\mathrm{d}A_N+\mathrm{d}A_{N'}=0$。这样，除了$m\boldsymbol{g}$做功可以用重力势能之差来表示以外，其余力做功之和为零(并非都不做功)，所以，如果取m、m'和地球组成一个系统，就满足机械能守恒定律的条件，系统的机械能守恒。

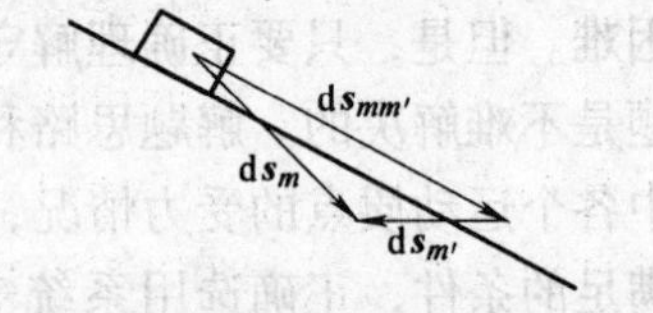

图2-53 例2-19位移分析图

取斜面底端的水平面为重力势能零点，初始时，系统的机械能为mgh。当m

下滑 h 高度后，系统的机械能为$\frac{1}{2}mv_m^2+\frac{1}{2}m'v'^2$，其中 $v_m=v+v'$，在图2-54中，由余弦定理得

$$v_m^2=v^2+v'^2-2vv'\cos\theta$$

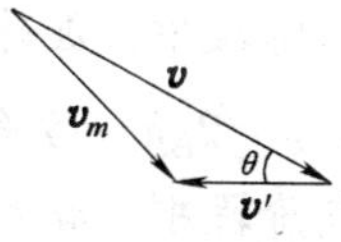

图2-54　例2-19速度分析图

系统机械能守恒式可写成

$$mgh=\frac{1}{2}m(v^2+v'^2-2vv'\cos\theta)+\frac{1}{2}m'v'^2 \quad ②$$

由式①得

$$v'=\frac{mv\cos\theta}{m+m'} \quad ③$$

代入式②，解出

$$v=\sqrt{\frac{m+m'}{m'+m\sin^2\theta}\times 2gh}$$

代入式③，得

$$v'=m\cos\theta\sqrt{\frac{2gh}{(m+m')(m'+m\sin^2\theta)}}$$

注意到此时 m 相对于 m' 的速度 $v\neq\sqrt{2gh}$。在这里 m 相对于 m' 的速度方向平行于斜面向下，但速度的大小不能按$\frac{1}{2}mv^2=mgh$ 求出，因为相对于 m'（非惯性系），机械能不守恒。

【例2-20】　一劲度系数为 k 的轻弹簧，下端固定，上端系一质量为 m' 的物体，如图2-55a所示。当物体平衡时位于 A 点时，一个质量为 m 的泥球自距板上方 h 处自由下落到物体上。求泥球和物体一起向下运动的最大距离。

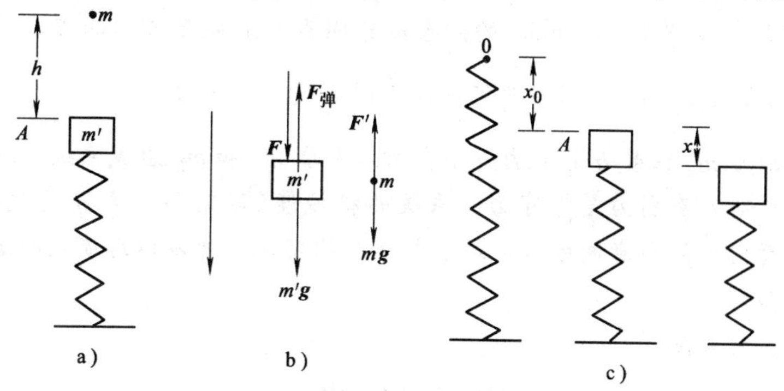

图2-55　例2-20图

【解】　整个运动过程可以分为三个阶段：第一阶段是泥球自由下落的过程；第二阶段是泥球与 m' 碰撞的过程；第三阶段是泥球和 m' 一起向下运动的过程。

第一阶段中，泥球 m 作自由落体运动，在它与板相碰撞前的瞬间，它的速度等于 $v=\sqrt{2gh}$，方向竖直向下。

第二阶段中，m 和 m' 的受力情况如图 2-55b 所示，若取 m 和 m' 为研究系统，系统所受的外力是 $m'\boldsymbol{g}$、$m\boldsymbol{g}$ 和弹簧的弹性力 $\boldsymbol{F}_弹$，在泥球未碰 m' 时，$m'\boldsymbol{g}$ 与 $\boldsymbol{F}_弹$ 平衡。由于碰撞时间很短，当碰撞结束时，弹簧尚未发生进一步的形变，$m'\boldsymbol{g}$ 与 $\boldsymbol{F}_弹$ 仍是平衡的，所以外力的矢量和为 $m\boldsymbol{g}$，但此力与碰撞时 m 和 m' 的相互作用力 $\boldsymbol{F}$（内力）相比可以忽略，因此系统动量近似守恒。取向下方向为正方向，碰后 m 和 m' 的共同速度为 v'，则

$$mv=(m+m')v' \quad ①$$

第三阶段中，$(m+m')$ 只受重力和弹簧的作用力，若取"$m+m'$ + 地球 + 弹簧"为一系统，这些力都是保守内力，系统不受外力，与 m' 之间的作用力（内力）因没有相对位移，做功之和为零，所以机械能守恒。

如图 2-55c 所示，取 m 和 m' 相碰撞处为重力势能的零点，弹簧的弹性势能的零点取在弹簧的原长处，在 A 处的机械能为 $\frac{1}{2}(m+m')v'^2+\frac{1}{2}kx_0^2$，其中 x_0 是此时弹簧的形变量，且 $m'g=kx_0$；物体（和泥球）下降到最低处时的机械能为 $\frac{1}{2}k(x_0+x)^2-(m+m')gx$。机械能守恒可写成

$$\frac{1}{2}(m+m')v'^2+\frac{1}{2}kx_0^2=\frac{1}{2}k(x_0+x)^2-(m+m')gx \quad ②$$

将 $x_0=m'g/k$ 代入，解方程①、②，可得泥球和物体一起向下运动的最大距离

$$x=\frac{mg}{k}\left(1+\sqrt{1+\frac{2kh}{(m+m')g}}\right)$$

【例 2-21】 质量为 m_1 和 m_2 的两个质点间存在着相互作用的万有引力，开始时两者静止，相距为 a，问当它们相距 $\frac{a}{2}$ 时速度各为多大？

【解】 m_1，m_2 仅受万有引力作用，所以若取 m_1 和 m_2 组成系统，则动量守恒。又由于一对万有引力是保守力，系统的机械能（动能与引力势能之和）也守恒。因为万有引力沿质点间连线，质点初始时均静止，所以以后质点的速度也都沿着连线方向。

动量守恒可写成

$$m_1v_1+m_2v_2=0$$

机械能守恒可写成

$$-G\frac{m_1m_2}{a}=-G\frac{m_1m_2}{\frac{a}{2}}+\frac{1}{2}m_1v_1^2+\frac{1}{2}m_2v_2^2$$

从而可解出两质点的速度分别为

$$v_1 = \pm m_2 \sqrt{\frac{2G}{(m_1+m_2)a}},\ v_2 = \mp m_1 \sqrt{\frac{2G}{(m_1+m_2)a}}$$

v_1，v_2 的符号相反，说明它们的运动方向相反。

【例 2-22】 地球可看作是半径为 $R=6.4\times10^3\text{km}$ 的均匀球体，一颗人造地球卫星在地面上空 $h=0.80\times10^3\text{km}$ 的圆形轨道上、以 7.5km/s 的速度绕地球运动。突然在卫星的外侧发生了一次爆炸，其冲量并未影响卫星当时绕地球运动的切向速度 $v_\tau=7.5\text{km/s}$，但给卫星一个指向地心的径向速度 $v_n=0.2\text{km/s}$。问：这次爆炸后，使卫星轨道的近地点和远地点各位于地面上空多少千米？

【解】 爆炸过程中卫星受到地球的引力和爆炸时的冲力作用，地球的引力是指向地心的，爆炸时的冲力由于不影响地球的切向速度，所以它在切向没有分量，也是指向地心的。在爆炸的前后，卫星都只受到地球的引力。卫星在爆炸的过程中以及爆炸的前后受到的都是有心力，所以卫星对地心的角动量守恒。用 m 和 m' 分别表示卫星和地球的质量。在爆炸前，卫星与地心的距离为 $r=R+h$，角动量等于 $mv_\tau r$；设爆炸后，卫星在轨道近地点或远地点处距地心的距离为 r'，此时的速度为 v'，而且 $v'\perp \boldsymbol{r}'$，则角动量守恒写成

$$mv_\tau r = mv'r' \qquad ①$$

爆炸后，卫星的速度是 $v_\tau+v_n$ 的矢量和，它只受地球的引力，若把地球和卫星作为一个系统，此系统的机械能守恒，即

$$\frac{1}{2}m(v_\tau^2+v_n^2)-\frac{Gmm'}{r}=\frac{1}{2}mv'^2-\frac{Gmm'}{r'} \qquad ②$$

由牛顿定律 $\frac{Gmm'}{r^2}=m\frac{v_\tau^2}{r}$，得

$$Gm' = v_\tau^2 r \qquad ③$$

联立①、②、③式，可解得 r' 的两个值，分别对应远地点和近地点与地心的距离，结果为

$$r_1' = \frac{v_\tau r}{v_\tau - v_n} = 7.4\times10^3\text{km},\ r_2' = \frac{v_\tau r}{v_\tau + v_n} = 7.0\times10^3\text{km}$$

因此，远地点离地高度为 $h_1=r_1'-R=1.0\times10^3\text{km}$，近地点离地高度为 $h_2=r_2'-R=0.6\times10^3\text{km}$。

2.11.3 能量守恒与转换定律

机械能守恒定律告诉我们，在一个只有保守力做功的系统内，系统的动能和势能可以相互转化，但两者的总和保持不变。如果系统不受外力作用，但内部有非保守力作用而且做功，则系统的机械能不守恒，此时系统内部发生机械能和其

他形式能量的转化。非保守力做正功时，其他形式的能量转化为机械能(例如，炮弹爆炸时,化学能转化为机械能、热能和声能)。非保守力做负功时，机械能转化为其他形式的能量(例如,子弹射入木块的过程中,机械能转化为热能)。人们在总结各种自然过程中发现，如果一个系统与外界没有能量交换(这样的系统称为孤立系统)，则系统内部各种形式的能量可以相互转化，或由系统内一个物体传递给另一个物体，但这些能量的总和保持不变，这就是**能量守恒与转换定律**，简称能量守恒定律。能量守恒定律是自然界中最普遍的定律之一，是自然界一切变化过程所必须遵守的规律，机械能守恒定律仅是能量守恒定律的特殊情况。

在历史上，甚至到现在，仍有人企图发明一种机器，它能够不消耗外界或机器本身的能量而源源不断地对外做功，这种机器被称为“永动机”。但是，所有制造这类“永动机”的尝试都没有成功，也不可能成功，因为它违反了自然界所遵循的能量守恒与转换定律。

正因为能量可以转换和传递，它对人类的生活和生产提供了条件。当今科学技术和生产水平突飞猛进，给整个世界提出了一个重大的课题，就是要寻找足够的能源，以满足社会日益增长的需要。我们不仅必须寻找提供能量的有效方法，并且还应当尽量使它们没有副作用，也不致对我们周围的环境造成污染和破坏生态平衡。

至此，我们在牛顿三大定律的基础上导出了动量守恒定律、角动量守恒定律、能量守恒定律。应当指出，这些守恒定律虽然是从牛顿定律推导出来的，但是它们的适用范围比牛顿定律更广。在高速领域和微观领域中，牛顿定律不再成立，但是这三个守恒定律仍然是成立的。这就是说，这三个守恒定律不仅仅是力学领域，而是整个物理学的普遍规律。守恒定律给出变化过程的某种不变性，它说明尽管自然界变化无穷，但遵守着某些规律性。

除了我们学过的三个守恒定律以外，自然界中还存在着其他的守恒定律，例如，质量守恒定律、电荷守恒定律等。守恒定律的最大特点是，只要过程满足一定的条件，就可以不必考虑过程的细节，而对系统的始末状态的某些特征下结论，这也是守恒定律的优点。在物理学中分析问题时常常要用到守恒定律，对于一个待研究的物理过程，物理学家们总是首先从已知的守恒定律出发研究其特点，而先不涉及其细节，这是由于很多过程的细节有时还不清楚，有时太复杂而难以处理，只是在守恒定律都用过之后，如果还不能得到结果时，才对过程的细节进行细致的分析。

2.11.4 碰撞

碰撞是指两个或两个以上的物体在运动中相互靠近，或发生接触时，在极短的时间内发生强烈相互作用的过程。碰撞的物体可以接触，也可以不接触，宏观物体之间的碰撞属前一种情况，微观粒子之间的碰撞属后一种情况。在自然界中，碰撞是一种十分常见的现象，例如乒乓球与球拍之间的相互作用，建筑工地上打桩机气锤对桩柱的撞击，组成物质的分子、原子或原子核内的基本粒子在加速器中的散射等，都是碰撞的具体事例。由于碰撞过程中物体之间的作用时间很短，所以相互作用力很大。如果将相互碰撞的物体作为一个系统，由于系统内物体碰撞时的相互作用力很大，在通常情况下可以忽略外力的影响，故可以认为系统的动量守恒。

设质量分别为 m_1 和 m_2 的两个物体在碰撞前的速度分别为$\boldsymbol{v}_{10}$和$\boldsymbol{v}_{20}$，碰撞后的速度分别为$\boldsymbol{v}_1$和$\boldsymbol{v}_2$，则应用动量守恒定律可得

$$m_1 \boldsymbol{v}_{10} + m_2 \boldsymbol{v}_{20} = m_1 \boldsymbol{v}_1 + m_2 \boldsymbol{v}_2$$

如果已知$\boldsymbol{v}_{10}$和$\boldsymbol{v}_{20}$，要求出$\boldsymbol{v}_1$和$\boldsymbol{v}_2$，除上述方程外，还需要从碰撞前、后的能量关系找到第二个方程，这个方程由两物体的弹性所决定。如果在碰撞后，物体系统的机械能没有任何损失，我们就称这种碰撞为完全弹性碰撞。完全弹性碰撞是理想的极限情形，实际上，物体之间的碰撞多少总会有机械能的损失（一般转变为热能等）。因此，一般的碰撞为非弹性碰撞。如果物体在碰撞后以同一速度运动，则这种碰撞为完全非弹性碰撞，例如子弹射入木块，然后随木块一起运动这样的碰撞。

一般情况下，两物体发生完全弹性碰撞以后，它们的速度大小和方向都要发生改变。在这里我们只讨论一种特殊的碰撞情况，即对心碰撞。也就是两物体在碰撞前、后速度的方向在同一条直线上，如图2-56所示。在对心碰撞时，取如图2-56所示的坐标系 Ox，则动量守恒式可表示为

$$m_1 v_{10} + m_2 v_{20} = m_1 v_1 + m_2 v_2$$

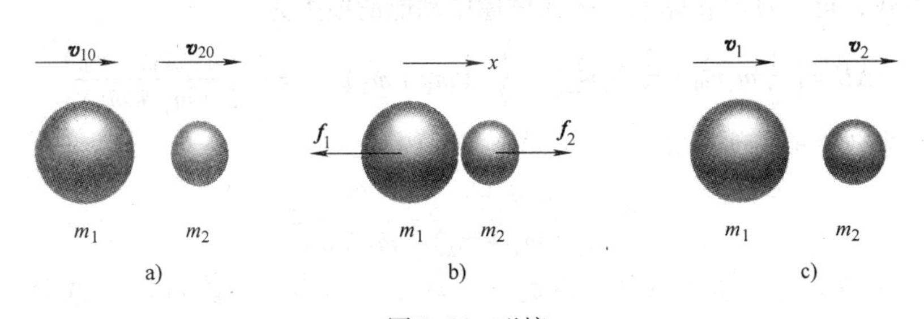

图2-56　碰撞

下面，我们对完全弹性碰撞、完全非弹性碰撞和非弹性碰撞三种情况分别予以讨论。

1. 完全弹性碰撞

在完全弹性碰撞时，两物体间相互作用的内力只是弹性力，碰撞前、后两物体的总动能不变，即有

$$\frac{1}{2}m_1v_{10}^2+\frac{1}{2}m_2v_{20}^2=\frac{1}{2}m_1v_1^2+\frac{1}{2}m_2v_2^2$$

联立求解上面两式，可得

$$\begin{cases} v_1=\dfrac{(m_1-m_2)\ v_{10}+2m_2v_{20}}{m_1+m_2} \\ v_2=\dfrac{(m_2-m_1)\ v_{20}+2m_1v_{10}}{m_1+m_2} \end{cases} \tag{2-63}$$

现在讨论两种常见的特殊情况：

（1）如果两物体的质量相等，即 $m_1=m_2$，则由式（2-63）可得 $v_1=v_{20}$，$v_2=v_{10}$，即两物体在碰撞时速度发生了交换。

（2）如果质量为 m_2 的物体在碰撞前静止不动，即 $v_{20}=0$，且 $m_2\gg m_1$，则由式（2-63）近似可得 $v_1=-v_{10}$，$v_2=0$。即质量很大并且静止的物体在碰撞后仍然静止不动；质量很小的物体在碰撞前、后的速度等值反向。篮球在与地面或墙壁碰撞时，近似是这种情形。

2. 完全非弹性碰撞

当两物体发生完全非弹性碰撞时，在它们相互压缩以后，完全不能恢复原状，两个物体以相同的速度一起运动，如粘土、油灰等物体的碰撞就是如此。由于在碰撞后，物体的形状完全不能恢复，因此总动能要减少。

在一维的完全非弹性碰撞中，设两物体碰撞后以相同的速度 v 运动，于是，由动量守恒定律可以解得碰撞后的速度 v 为

$$v=\frac{m_1v_{10}+m_2v_{20}}{m_1+m_2} \tag{2-64}$$

利用上式，可以算出在完全非弹性碰撞中动能的损失为

$$\Delta E=\left(\frac{1}{2}m_1v_{10}^2+\frac{1}{2}m_2v_{20}^2\right)-\frac{1}{2}\ (m_1+m_2)\ v^2=\frac{m_1m_2\ (v_{10}-v_{20})^2}{2\ (m_1+m_2)}$$

如果碰撞前，m_2 静止，即 $v_{20}=0$，则

$$\Delta E=\frac{m_1m_2v_{10}^2}{2\ (m_1+m_2)}=\frac{m_2}{m_1+m_2}E_{10}$$

式中，E_{10} 为系统的初始动能。由此可以看出，m_2 越大，能量损失越大；m_1 越大，能量损失越小，损失的动能转变为系统的内能。

3. 非弹性碰撞

在非弹性碰撞中，压缩后的物体不能完全恢复原状，造成碰撞前、后系统的动能有所损失，一部分动能转变为热能和其他形式的能量。牛顿对大量的实验进行了总结，提出了碰撞定律：在一维对心碰撞中，碰撞后两物体的分离速度 v_2-v_1 与碰撞前两物体的接近速度 $v_{10}-v_{20}$ 成正比，比值由两物体的材料性质决

定，即

$$e = \frac{v_2 - v_1}{v_{10} - v_{20}} \tag{2-65}$$

通常称 e 为恢复系数。如果 $e = 0$，则 $v_2 = v_1$，这就是完全非弹性碰撞；如果 $e = 1$，则分离速度等于接近速度，根据式（2-63）可以证明，这就是完全非弹性碰撞的情形；对于一般的碰撞，$0 < e < 1$。恢复系数 e 可用实验方法测定。

*2.12　物理学中的对称性

爱因斯坦说过："我想知道上帝是如何创造这个世界的。对这个或那个现象、这个或那个元素的谱我并不感兴趣。我想知道的是他的思想，其他的都只是细节问题。"爱因斯坦的"他的思想"是指什么呢？是指自然界的法则。现代物理学的研究发现，自然界的设计是简单的，而且是最大限度的简单。而自然界的简单在很大程度上是因为它具有优美的对称性。

对称性的概念最初来源于生活。在我们周围的建筑中，差不多都具有对称性。北京故宫的每座宫殿都是以中线为界左右对称的，天坛公园的祈年殿则具有严格的对于竖直中心线的轴对称性。这样的设计都给人以庄严、肃穆、优美的感觉。我国古诗中有一种"回文诗"，如苏东坡的《题金山寺》："潮随暗波雪山倾，远浦渔舟钓月明。桥对寺门松径小，巷当泉眼石波清。迢迢远树江天晓，霭霭红霞晚日晴。遥望四边云接水，碧峰千点数鸥轻。"顺念倒念都成章，这是文学创作中的对称性。地球上的各种动物（包括人在内），大多具有左右对称性。植物的叶子、美丽的雪花、天体的运动等具有各种各样的对称性。看来，人类和自然界都很喜欢对称。物理学中充满了对称性。

物理学各个领域里有那么多定理、定律和法则，但它们的地位并不平等，而是有层次的。例如，胡克定律、物态方程、欧姆定律等都是经验性的，仅适用于一定的材料和范围，是较低层次的规律。牛顿定律、麦克斯韦方程组等是属于物理学中整整一个领域的基本规律，层次要高得多。超过了弹性限度，胡克定律失效，但牛顿定律依然成立；晶体管中，欧姆定律失效，麦克斯韦方程组依然成立。对称性原理又是凌驾于这些基本规律之上的更高层次的法则，由时空对称性导出的能量、动量守恒定律是跨越物理学各个领域的普遍法则。即使在讨论某一问题时，在不知道它所遵循的具体定律的情况下，我们也有可能根据它的对称性和守恒律得到相当多的信息。下面，我们从对称性的定义出发，引入对称性原理、物理定律的对称性、对称性的实质等。

2.12.1　什么是对称性？

广义地说，对称性就是不变性。如果我们对一个体系进行了某种操作，而且操作以后体系的状态和操作以前的状态一样，即在这种操作下系统的状态不改变，那么就说该体系在这种操作下是对称的，这样的操作叫对称操作。例如，使一个圆绕通过圆心且垂直于圆面的轴转动，圆是不变的，这种转动对圆来说，就是对称操作。常见的对称操作有转动、平移、镜像反射、标度变换等空间操作，有时间平移、时间反演等时间操作等。

1. 镜像对称

镜像对称就是我们常说的左右对称，在物理学中叫宇称，相应的操作是空间反演，即镜像反射。

物理学中的矢量分两类。像位置矢量、速度、加速度、力等经过空间反演后，与镜面垂直的分量反向，平行的分量不变，这一类矢量叫极矢量；像角速度、磁感应强度等经过空间反演后，与镜面垂直的分量不变，平行的分量却反向，这一类矢量叫轴矢量。

镜像对称是物理学中最重要的对称性之一。

2. 转动对称

如果使一个物体绕某一固定轴转动一个角度(转动操作)，它又和原来一模一样的话，则这种对称叫转动对称或轴对称。轴对称有级次之别。正三角形绕中心轴转动120°后可恢复原状，正六边形绕中心轴转动60°即可恢复原状。后者比前者的对称性级次高。圆绕中心轴转动任何角度时其形状都不变，所以它具有更高的对称性。

如果一个物体对通过某一定点的任意轴都具有转动对称性，则该物体就具有球对称性。具有球对称性的物体，从对称中心出发，沿各个方向都是一样的，叫各向同性。

3. 平移对称

使一个物体发生平移后和原来一样的话，该物体具有空间平移对称性。平移对称性也有高低之分。一条无穷长直线对沿自身方向任意大小的平移都是对称的。一个无穷大平面对沿面内的任何平移都是对称的。严格的晶体(如 NaCl)只对沿确定的方向(如沿一列离子的方向)而且一次平移的距离具有确定值时才是对称的。

4. 标度变换

所谓“标度变换”是指放大或缩小。如果一件事物放大或缩小后不发生改变，我们就说它具有标度变换不变性。海洋中有一种动物叫鹦鹉螺，它的美丽的外壳上有一条曲线，叫对数螺线，其极坐标方程为 $r=ae^{\theta}$，这种曲线就具有标度变换不变性。平面几何中的角度和立体几何中的立体角也都具有标度变换不变性。

对于空间图形，如果把它放大或缩小，它的有些性质如形状等不变，我们就说它的这些性质具有标度变换不变性。例如一棱长为 l 的立方体的体积 $V=l^3$，把它放大或缩小后其体积公式不变，我们说它的体积公式具有标度变换不变性。

有些标度变换不变性不那么严格，是在统计意义下的不变性。几乎每一本物理教科书中都能找到布朗运动的折线图，图中的点是在显微镜下观察到的，每隔30秒钟记录下粒子的一个位置。但点与点之间的连线并不是粒子真实的运动路径，在每两个点之间粒子已经经过了许多次碰撞，走的仍是一条弯弯曲曲的路径。如果把两点之间粒子运动的轨迹放大，得到的图形并不比原来的图形更直。这一现象叫标度变换下的自相似性。地图上海岸线的画法也具有这样的特征。

5. 时间平移和反演

一个静止不变的体系对任何间隔的时间平移都有不变性，但像单摆这样的周期性变化的体系只对周期整数倍的时间具有时间平移不变性。

时间反演操作就是让时间倒回去。在现实的生活中时间是不会倒流的。如果我们用录像机把录像带倒放，会看到许多滑稽的画面：人倒退着走路；空中的烟雾汇聚到香烟里……但也有些体系具有时间反演不变性，如理想的无阻尼的单摆，一个热力学系统中的粒子等，用录像机把这样的过程录下来，再倒放，与实际过程比较是看不出区别的。在时间反演操作下，加速度、电荷、电场强度等量具有不变性，但速度、电流、磁感应强度等方向相反。有趣的是，微观粒子的运动具有时间反演不变性，但由微观粒子组成的宏观体系却不具备这个特征，这就是时间不会倒流的原因，也是热力学第二定律的实质。

由于篇幅的限制，这里不再介绍更多类型的对称操作了。值得一提的是，对于有些体系单独的一次操作不具有不变性，但对两个或两个以上的联合变换却具有不变性。

2.12.2　对称性原理

1894年法国著名物理学家皮埃尔·居里提出了对称性原理：

对于有因果关系的事件，原因中的对称性必然反映在结果中，结果中的不对称性必然在原因中有反映。

自然规律反映了事物之间的因果关系。对称性原理告诉我们，在有因果关系的事件中，结果中的对称性不会比原因中的对称性少，原因中的不对称性不会比结果中的不对称性少。

例如，地球绕太阳运行时必在一个平面内运动，这个结论就可以用对称性原理很容易地说明。设地球某时刻具有一定速度，而地球受太阳的作用力沿两球的连线，速度的方向和作用力的方向决定了一个平面，地球和太阳系统对这个平面具有镜像反射对称性。由对称性原理知，结果(行星的轨道)也应具备这个对称性，所以地球的运动不会偏斜而离开此平面。

同样的原因可以论证，当我们抛出一个物体时，若没有其他原因，抛体的轨迹不会偏离物体速度与重力所决定的竖直平面。如果发现有一定的偏离，一定是出现了对此平面不对称的原因(如横向风的影响)。足球运动员经常踢出会拐弯的球(香蕉球)，是因为他踢球的瞬间，脚的用力不通过球心，踢出的球要旋转，即出现了不对称的原因。

2.12.3 物理定律的对称性

我们都知道，物理定律不会因为地点的改变和实验仪器的转动而发生任何变化。这表明，空间是均匀的，也是各向同性的。

关于物理定律的对称性有一条很重要的定律，就是：对应于每一种对称性都有一条守恒定律。例如，空间平移对称性对应于动量守恒定律；空间旋转对称性对应于角动量守恒定律；空间的反射对称性对应于宇称守恒定律；时间平移对称性对应于能量守恒定律等。

为了使大家有进一步的认识，我们打个比方。假想在洛阳建成了一个抽水蓄能电站，可以利用昼夜能源价值不同，夜间用电低谷时抽水上山，白天用电高峰时放水发电，能够获得很好的经济效应。倘若昼夜变化的不是能源的价值，而是重力加速度，从而水库中同样水位所蓄的重力势能作周期性的变化，则抽水蓄能电站将获得能量的赢余，于是，永动机的梦想实现了。然而，时间平移不变性是不允许这种情况出现的。

2.12.4 对称性意味着不可分辨性

如前所述，对称性即不变性。也就是说，哪里存在一种对称性，就意味着这里面包含一种不可分辨性，或者说，有一件不可认识的事物。若用信息论的语言来说，对称性越高，信息量越少，信息熵越高。对称性和熵这两个概念之间有着内在的联系。

若一只洁白无瑕的花瓶具有完美的轴对称性，我们就无法分辨其前后左右，亦即它绕中心轴的方位是不可认识的。牛顿定律具有伽利略变换不变性，这种对称性使我们不能分辨两个不同的惯性系，不能分辨绝对静止和绝对运动，亦即在牛顿力学领域内绝对时空观是不可认识的。电磁学理论(麦克斯韦方程)不服从伽利略变换，这曾给予人们在电磁学或光学领域内认识绝对时空观的希望。迈克尔逊-莫雷实验的结果，导致了相对论的诞生。人们认识到，牛顿力学及其对称性(伽利略不变性)都是不精确的，应为相对论力学和洛仑兹变换所代替。这种更精确的对称性彻底否定了绝对时空观的可认识性。由此可见，物理学规律的对称性具有普遍而深远的意义。

其实，在自然界中有些守恒律也不是普遍成立的。例如，宇称守恒定律原来被认为和动量守恒定律一样是自然界的普遍规律，但20世纪50年代李政道和杨振宁提出了弱作用中宇称不守恒，并为吴健雄的实验所证实。这样，人们就认识到有些守恒律是绝对的，如动量守恒、能量守恒等，任何自然过程都要服从这些规律；有些守恒律则有局限性，只适用于某些过程，如宇称守恒只适用于强相互作用和电磁相互作用，而在弱作用中则不成立。在自然界中还存在着一些不对称的事物。例如，自然界中的生物虽然外观大都具有左右对称性，但构成它们的蛋白质分子却只有左旋的一种。在生物维持生命所吃的糖分子中，也只有左旋的糖分子才能被消化。假如有一只猫，看到镜子里有老鼠，如果它真的钻进去，把老鼠吃到肚里，最终也非饿死不可，因为镜中老鼠的蛋白质分子都是右旋的，猫消化不了。再如，根据对称性的设想，自然界中粒子和反粒子的数目应是一样多的，可我们周围现实世界中的粒子绝大多数是正粒子，几乎看不到它们的反粒子了。这种不对称是如何产生的，是当代粒子物理学家们正在探讨的问题。当然，这个问题也超出了大学物理课所要求的范围，我们不再多说，留给对此感兴趣的同学们自己讨论。

对称性研究是物理学中一个重要的课题。当代理论物理学家正高度自觉地运用对称性法则和与之相应的守恒律，去寻找物质结构上更深层次的奥秘。

习　题

2-1　质量为 m 的物体放在水平面上，物体与水平面之间的滑动摩擦因数为 μ，用力 $\boldsymbol{F}$ 拉此物体，要使物体具有最大加速度，则 $\boldsymbol{F}$ 与水平面的夹角应为________。

2-2　质量为 m 的物体放在质量为 m' 的物体之上，m' 置于倾角为 θ 的斜面上，整个系统处于静止，若所有接触面的摩擦因数均为 μ，则斜面给物体 m' 的摩擦力为________。

2-3　在光滑的地面上有一辆车，粗糙的水平车板上放一木块。用水平恒力将木块从左端拉至右端。第一次将车固定，第二次车可沿地面运动，那么这两次木块所受的摩擦力的大小 F_1 与 F_2 的关系是(　　)。

(A) $F_1 > F_2$；　　(B) $F_1 = F_2$；　　(C) $F_1 < F_2$。

2-4　一斜面原来静止于光滑水平面上，将一木块轻轻放于斜面上，若此后木块能静止于斜面上，则斜面将(　　)。

(A) 保持静止；　(B) 匀加速运动；　(C) 匀速运动；　(D) 变加速运动。

2-5　质量为 $m' = 1\text{kg}$ 的木板B上放置一质量为 $m = 0.2\text{kg}$ 的物体A，当B相对于地面以加速度 5m/s^2 向右运动时，A则以 3m/s^2 的加速度相对于木板向左运动，此时，A，B之间摩擦力的大小为________N。当木板B相对于地面以加速度 1m/s^2 向右运动时，A相对于地面的加速度为________m/s^2，A，B之间摩擦力的大小为________N。

2-6　桌面上有一块质量为 m' 的板，板上有一块质量为 m 物体，物体与板之间、板与桌面之间的动摩擦因数均为 μ_k，静摩擦因数均为 μ_s，将一个逐渐增大的水平力施于板，要使板从物体下抽出，这个水平力至少要增到多大?

2-7　一小物体放在绕竖直对称轴匀速转动的漏斗内壁上，漏斗内壁与水平面成 θ 角，小物体和壁间的静摩擦因数为μ，它到轴的距离为r_0，要使小物体相对于漏斗壁不动，转动角速度ω应该多大？

2-8　设某公路转弯处的曲率半径$R=200\text{m}$，车速$v_0=60\text{km/h}$，为使汽车不致滑出结冰路面(不计摩擦)，应使路面有个坡度，问路面与水平面的夹角应为多少？现在汽车行驶之路面上的结冰融化，汽车以车速$v=40\text{km/h}$行驶，为保证车不致沿斜坡从公路滑出，车胎与路面之间的摩擦因数μ至少应为多少？

2-9　一个半径为R的圆盘水平放置，圆盘可以绕通过其盘心的竖直轴旋转，在圆盘上放置质量分别为m和m'的两物体，m放在盘心，m'放在圆盘的边缘，两物体之间以不可伸长的轻绳相连，绳长为R，物体与盘面间的摩擦因数均为μ，为维持m和m'相对于盘不动，圆盘的最大转速ω应为________。

2-10　在合外力$F=3+4x$的作用下，质量为6kg的物体沿x轴运动，若$t=0$时物体的状态为$x=0$、$v=0$，则物体运动了3m时其加速度大小为________，速度大小为________。

2-11　在密度为ρ的液体上方悬一根长为l_0、密度为$\rho_0(<\rho)$的均匀直棒，棒的下端刚好与液面接触。今剪断悬绳，棒受重力和浮力的作用下沉。求：(1)棒达到最大速度时浸入到液体中的长度l_1；(2)棒的最大速度值$v_{\max}$。

2-12　光滑的水平面上放置一固定的圆环，半径为R，一物体贴着圆环的内侧运动，物体与环之间的滑动摩擦因数为μ。设物体某一时刻在A点的速率为v_0，求经过时间t物体的速率以及从A点开始所行的路程。

2-13　一只质量为m的猫，原来抓住用绳子吊在天花板上的一根竖直杆子，杆子质量为m'，悬线突然断裂后，小猫沿杆竖直向上爬，以保持它离地面的高度不变，则此时杆子下降的加速度为________。

2-14　一根不可伸长的细绳跨过一定滑轮，绳的一端悬有一质量为m_1的物体，另一端穿在质量为m_2的圆柱体的竖直细孔中，圆柱体可沿绳滑动，如习题2-14图。今看到绳子从圆柱细孔中加速上升，柱体相对于绳子以匀加速度a下滑，求m_1，m_2相对于地面的加速度、绳的张力以及柱体与绳间的摩擦力(绳、滑轮的质量不计,滑轮轴的摩擦不计)。

2-15　如习题2-15图所示，A为定滑轮，B为动滑轮，三个物体的质量分别为$m_1=200\text{g}$、$m_2=100\text{g}$，$m_3=50\text{g}$，求：(1)每个物体的加速度(大小和方向)；(2)两根绳中张力的大小F_1、F_2。(不计滑轮质量)

2-16　升降机内有一装置如习题2-16图所示，A，B质量分别为m_A和m_B，滑轮质量不计。设A与桌面间无摩擦，升降机以加速度a上升，求装置内绳子的张力。

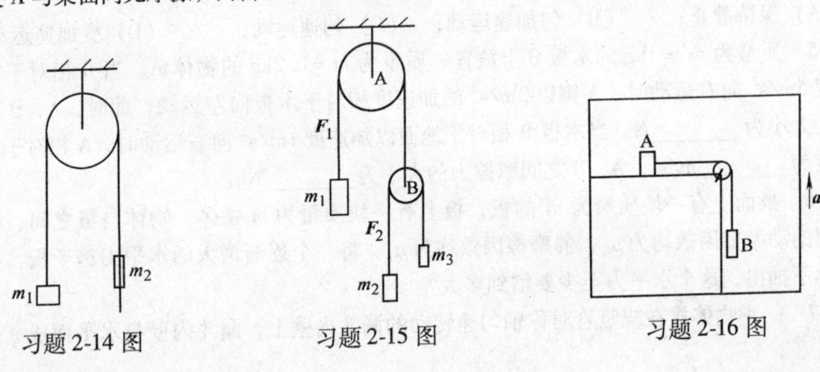

习题2-14图　　习题2-15图　　习题2-16图

2-17　习题2-17图所示的系统放在水平面上，所有表面都无摩擦，滑轮质量不计，试分别画出 m_1（包括滑轮）、m_2、m_3 的受力图。并证明 m_1 的加速度为

$$a_1 = \frac{m_2 m_3 g}{m_1 m_2 + m_1 m_3 + 2m_2 m_3 + m_3^2}$$

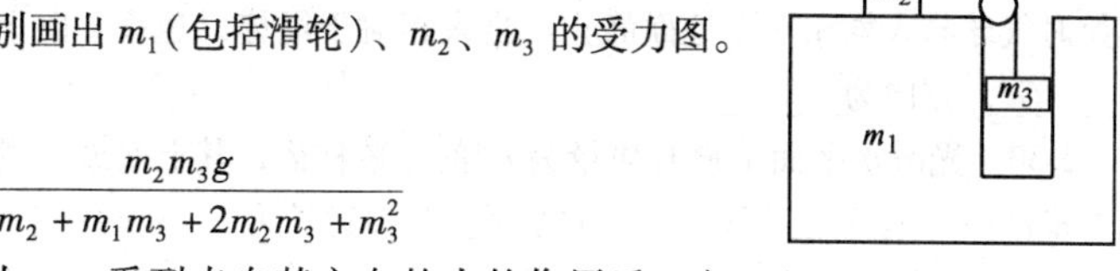

习题2-17图

2-18　运动质点质量为 m，受到来自某方向的力的作用后，它的速度 v 值不变，方向改变 θ 角，这个力的冲量的数值为________。

2-19　质量为 m 的小球，距离地面某一高度处以某一速度水平抛出，触地后反跳，在抛出 t 秒后跳回原高度，速度仍沿水平方向，大小也与抛出时相同。则小球与地面碰撞过程中，地面给它的冲量的方向向________，大小为________。

2-20　在光滑水平面上有一轻弹簧连接两个质量不同的物体，今相向压物体，然后同时由静止释放，在释放后任一时刻这两个物体将有(　　)。

(A) 相等的速率；　(B) 大小相等的动量；　(C) 相等的动能；　(D) 相等的动量。

2-21　质量为 m 的物体作斜抛运动，初速率为 v，仰角为 θ，忽略空气阻力，物体从抛出点到最高点这段过程中所受合外力冲量的大小为________，方向向________。

2-22　轻绳一端固定在天花板上，另一端系质量为 m 的小球，小球在水平面内作匀速圆周运动，角速度为 ω。在小球转动一周的过程中，其动量增量为________，所受重力的冲量为________，方向向____。小球所受绳子拉力的冲量为________，方向向____。

2-23　力沿 x 方向作用在质量为2.00kg的质点上，0~6s内力随时间的变化如习题2-23图所示。(1) 求这段时间内该力的冲量；(2) 求这段时间内该力的平均冲力；(3) 如果质点最初静止，求质点的末速度。

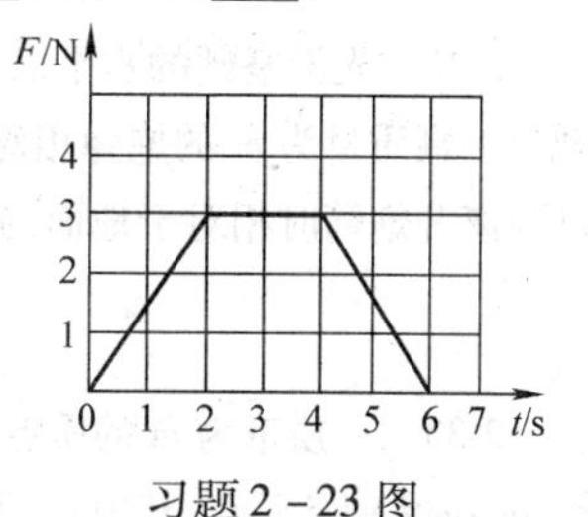

习题2-23图

2-24　一质量为 m 的质点在力 $F=5m(5-2t)$ 的作用下（式中 t 为时刻），从静止开始($t=0$)作直线运动，则当 $t=5$s 时质点的速率等于________。

2-25　一静止物体受到一个 x 方向的外力 $F=5t$ 作用，它在第一个5s内的动量的增量为________，在第二个5s内动量的增量为________。

2-26　一轻绳跨过定滑轮，两端分别系有质量为 m 和 m' 的物体，如习题2-26图所示，m' 静止在地面上，且 $m'>m$。当 m 自由下落 h 后，绳子才被拉紧，求绳子刚被拉紧时两物体的速率以及 m' 能上升的最大高度。

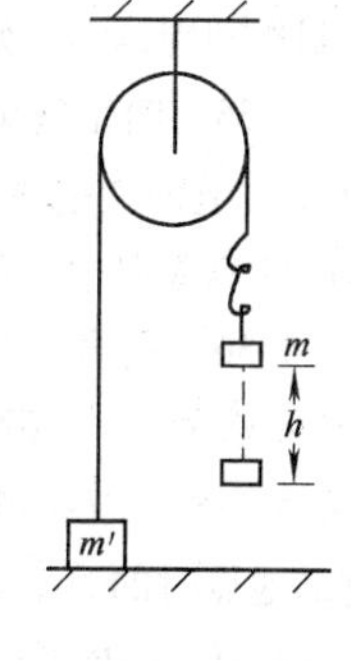

习题2-26图

2-27　一个原来静止的原子核，放射性蜕变时放出一个动量为 9.22×10^{16} g·cm/s 的电子，同时还在垂直于此电子运动的方向上放出一个动量为 5.33×10^{16} g·cm/s 的中微子。求蜕变后原子核的动量的大小和方向。

2-28　两辆质量相等的汽车在十字路口垂直相撞，撞后二者扣在一起又沿直线滑了 $s=25$m 才停下来。设滑动时地面与车轮之间的摩擦因数为 $\mu=0.80$。撞后两个司机都声明在撞车前自己的车速未超限制(14m/s)。他们的话都可信吗？

2-29 空中有一气球，下连一绳梯，它们的质量共为 m'。在梯上站着一质量为 m 的人，起始时气球与人均相对于地面静止。当人相对于绳梯以速率 v 向上爬时，气球的速度大小为________，方向为________。

2-30 光滑水平面上放有质量为 m'的三棱柱体，其上又放一质量为 m 的小三棱柱体，它们的横截面都是直角三角形，m'的水平直角边边长为 a，m 的水平直角边边长为 b，两者的接触边为光滑接触(倾角 θ 为已知)。设它们从习题 2-30 图所示的位置由静止开始运动，求当 m 的下边缘滑动到水平面时，m'在水平面上移动的距离为________。

2-31 一质量为 $m'=2.0\times10^4\text{kg}$ 的浮吊静止在岸边水中(习题 2-31 图)，它由岸上吊起 $m=2.0\times10^3\text{kg}$ 重物后，再移动吊杆 OA 使它与铅直方向的夹角 θ 由 60°变为 30°。设杆长 $L=\overline{OA}=8\text{m}$，水的阻力与杆重忽略不计，求浮吊在水平方向上移动的距离。

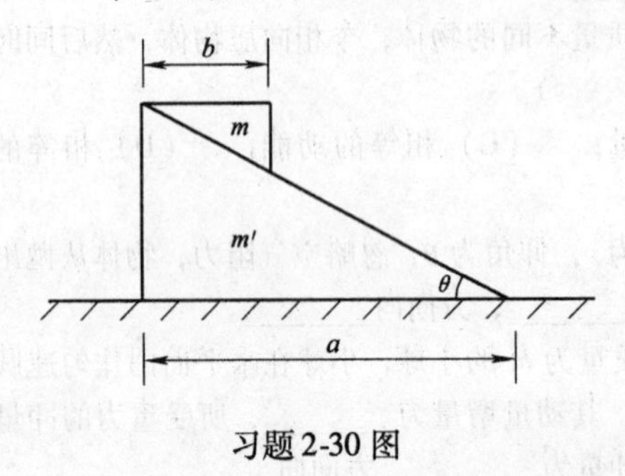

习题 2-30 图

习题 2-31 图

2-32 光滑坚硬的水平面上有一门大炮，质量为 m'(不含炮弹)，炮筒与水平方向成 β 角。现有一颗质量为 m 的炮弹相对于炮身以速率 v 射出，则大炮的后退速率为________；并证明炮弹离开炮筒时相对于地面的速度与水平面所夹的角 θ 由下式决定：

$$\tan\theta=\left(1+\frac{m}{m'}\right)\tan\beta$$

2-33 一质量为 m 的质点沿着一条空间曲线运动，质点的矢径在直角坐标系下的表示式为 $\boldsymbol{r}=a\cos\omega t\boldsymbol{i}+b\sin\omega t\boldsymbol{j}$，其中 a、b、ω 皆为正值常量，则在 t 时刻，此质点所受的力 $\boldsymbol{F}=$________；此力对原点的力矩 $\boldsymbol{M}=$________；该质点对原点的角动量 $\boldsymbol{L}=$________。

2-34 地球质量为 m，太阳质量为 m'，地心与日心的距离为 R，引力常量为 G，设地球绕太阳作圆周运动，则地球对太阳中心的角动量为________。

2-35 哈雷彗星绕太阳运动的轨道是一个椭圆。它与太阳中心的最近距离是 $r_1=8.75\times10^{10}\text{m}$，其时它的速率是 $v_1=5.46\times10^4\text{m/s}$。它离太阳中心最远时的速率是 $v_2=9.08\times10^2\text{m/s}$，这时它离太阳中心的距离 $r_2=$________。

2-36 我国于 1988 年 12 月发射的通信卫星在到达同步轨道之前，先要在一个大的椭圆形“转移轨道”上运行若干圈。此转移轨道的近地点高度为 205.5km，远地点高度为 35835.7km，卫星越过近地点时的速率为 10.2km/s，地球半径取为 6380km。求：(1)卫星通过远地点时的速率。(2)卫星在此轨道上运行的周期。

2-37 一质子(质量为 m)从很远处以初速 $\boldsymbol{v}_0$ 朝着固定的原子核(质量为 m'，核内质子数为 Z)附近运动，原子核与 $\boldsymbol{v}_0$ 方向的距离为 b。质子由于受原子核斥力的作用，它的轨道是一条双曲线，如习题 2-37 图所示，质子与原子核相距最近时，距离为 r_s，则质子的速度为________。

2-38　在一较大的无摩擦的平均半径为 R 的水平固定圆环槽内，放有两个小球，质量分别为 m 和 m'，两球可在圆槽内自由滑动。现将一不计其长度的压缩的轻弹簧置于两球之间，如习题 2-38 图所示。将压缩弹簧释放后，两球沿相反方向被射出，而弹簧本身仍留在原处不动，则小球 m 将在槽内运动________路程后与 m'发生碰撞。

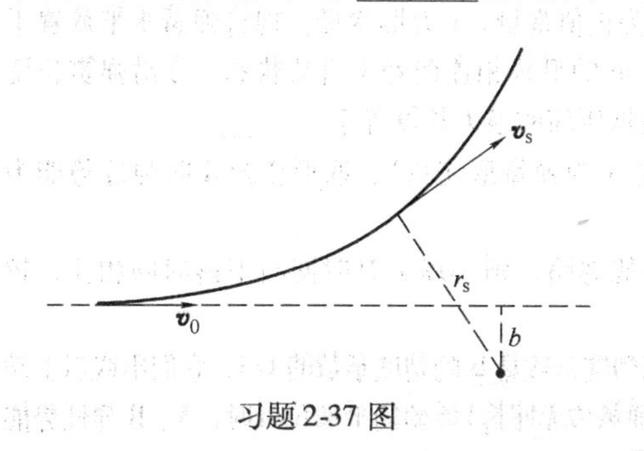

习题 2-37 图

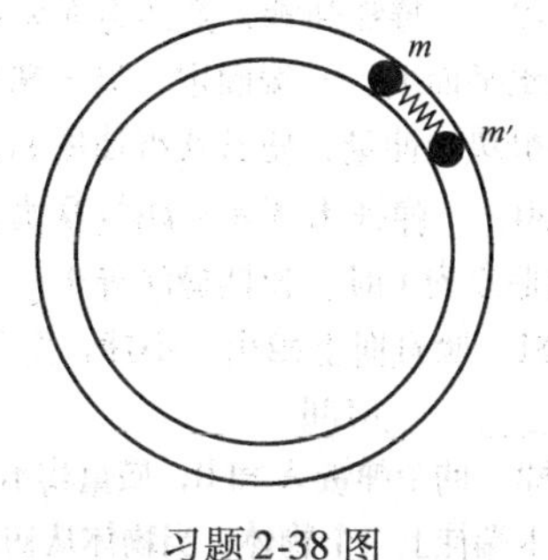

习题 2-38 图

2-39　两个质量相等、高度相同的人 A 和 B 分别在两根固定的悬绳(绳质量可忽略不计)上进行爬绳比赛时，A 的上爬速度为 v_A，B 的上爬速度为 v_B，且 $v_A > v_B$，则 A 先到达最高点。现将该绳跨过一轻定滑轮，两人再进行爬绳比赛，求 A 和 B 相对于地面的速度。

2-40　今有一劲度系数为 k 的轻弹簧，竖直放置，下端与一放在地面上的质量为 m 的物体相连，现用外力缓慢提起弹簧的上端，直到物体刚能脱离地面为止，在此过程中外力做的功等于________。

2-41　质量为 m 的质点的运动方程为 $\boldsymbol{r} = A\cos\omega t\boldsymbol{i} + B\sin\omega t\boldsymbol{j}$，式中 A、B、ω 均为正值常量，则外力在 $t=0$ 到$\frac{\pi}{2\omega}$这段时间内所做的功为________。

2-42　一质点受到变力 $F = 3 + 4x$(式中 x 是质点的坐标)的作用沿 x 轴运动。该质点从 $x = 2\text{m}$处移到 4m 处的过程中，力 F 所做的功等于________。

2-43　作用力和反作用力大小相等、方向相反，两者所做功的代数和可能不为零，这是因为________。一对静摩擦力做功之和一定为________，一对滑动摩擦力做功之和一定为________。

2-44　水平地面上放置一斜面 m'，其上放一物体 m。设 m 与 m'、m'与地面间均无摩擦，开始时整个系统静止，则 m 下滑过程中 m'对 m 的作用力(　　)。

(A) 做正功；　(B) 做负功；　(C) 不做功；　(D) 做功的正负无法判断。

2-45　有一边长为 L 的匀质正立方体，当它的底面刚好处于广阔的静止水面上，由静止开始释放，直到正立方体刚好浸没在水中的过程中，浮力对正立方体所做的功等于________。[设水的密度为 ρ_1，匀质立方体的密度为 $\rho_2(\rho_2 > \rho_1)$]

2-46　保守力做正功时，系统内相应的势能________。质点沿闭合路径运动一周，保守力对质点做的功为________。

2-47　一质点在光滑水平桌面上受水平力，其大小为 $F = Ae^{-kx}$，其中 A、k 均为正值常量，若质点在 $x=0$ 处的速度为零，此质点的最大动能等于________。

2-48　一根长为 l 的细绳的一端固定于光滑水平面上的 O 点，另一端系一质量为 m 的小球，开始时绳子是松弛的，小球与 O 点的距离为 h。今使小球以某个初速率沿该光滑水平面上一直线运动，该直线垂直于小球初始位置与 O 点的连线。当小球与 O 点的距离达到 l 时，绳子绷紧从而使小球沿一个以 O 点为圆心的圆形轨迹运动，则小球作圆周运动时的动能 E_k 与初动能 E_{k0} 的比值 $\frac{E_k}{E_{k0}}=$______。

2-49 一特殊弹簧，弹性力 $F=-kx^3$，k 为正值常量，x 为形变量。现将弹簧水平放置于光滑的水平面上，一端固定，另一端与质量为 m 的滑块相连而处于自然状态。今沿弹簧长度方向给滑块一冲量，使其获得速度 v_0，则弹簧被压缩的最大长度等于______。

2-50 一弹性力 $F=-Dx^3$（D 为正值常量，x 为弹簧形变量），取形变为 A 时弹性势能为零，则形变为 x 时，弹性势能等于______。

2-51 竖直向上抛出一小球，空气阻力不能忽略，则小球上升时间与下落时间相比，较长的是______时间。

2-52 两个弹簧 A 和 B，质量均不计，A 的劲度系数是 B 的劲度系数的 1/3，它们串联后上端固定，下端挂上一个物体，当物体从初始位置（弹簧均无伸长）运动到平衡位置时，A、B 弹性势能之比为______。（取弹簧无伸长时弹性势能为零）

2-53 一劲度系数为 k 的轻弹簧水平放置，其左端固定，其右端与桌面上一质量为 m 的木块连接，木块与桌面间的静摩擦因数为 μ。当木块受到水平力 F 作用而处于静止时，弹簧的弹性势能值为（弹簧无伸长时为势能零点）（　　）。

(A) $\frac{(F-\mu mg)^2}{2k}$；　(B) $\frac{(F+\mu mg)^2}{2k}$；

(C) $\frac{F^2}{2k}$；　(D) 在 $\frac{(F-\mu mg)^2}{2k}$ 和 $\frac{(F+\mu mg)^2}{2k}$ 之间。

2-54 光滑水平面上一轻弹簧两端各连着物体 A 和 B，弹簧无伸长。当一子弹沿着两物体的连线水平射入 A 后，弹簧压缩量最大时，两物的速率（　　）。

(A) $v_A\neq v_B$；　(B) $v_A=v_B$；　(C) 条件不足不能确定。

2-55 一水平放置的弹簧振子，静止于光滑桌面上，物体质量为 m，弹簧劲度系数为 k。现以水平恒力 F 拉物体，则物体的最大速度等于______。

2-56 用铁锤将一铁钉击入木板，设木板对钉的阻力与铁钉进入木板内的深度成正比。在铁锤击第一次时，能将小钉击入木板内 1cm，若以同样速度击第二次，铁钉能再进入木板的深度为______。（假定铁锤每次打击铁钉使铁钉获得的速度相同，且是水平打击）

2-57 在光滑水平面上有一质量为 m_B 的静止长板 B，在 B 上又有一质量为 m_A 的静止物体 A，今有一小球从左边射到 A 上并被弹回，于是 A 以速度 v（相对于水平面的速度）向右运动，A、B 间的摩擦因数为 μ，A 逐渐带动 B 运动，最后 A 与 B 以相同速度一起运动，则 A 从开始运动到相对 B 静止，在 B 上移动的距离为______。

2-58 在光滑的水平桌面上横放着一个内壁光滑的圆筒，筒内底部固定着一个水平放置的轻弹簧，如习题 2-58 图所示。今有一小球沿水平方向正对着弹簧射入筒内，而后又被弹出。“圆筒（包括弹簧）+小球”系统

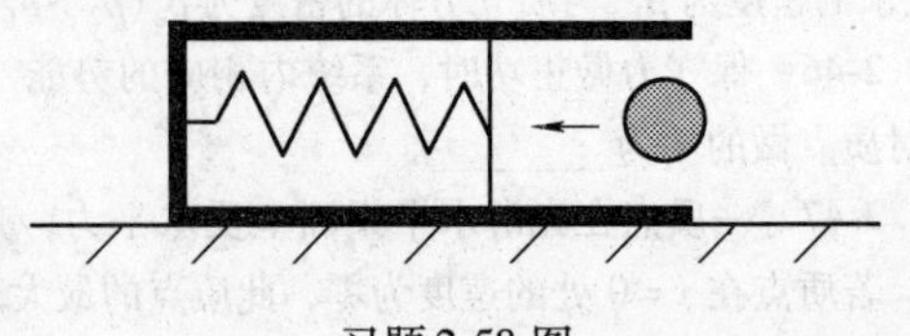

习题 2-58 图

在这一过程中，动量________，动能________，机械能________。(均填“守恒”，或“不守恒”)

2-59　物体A和B置于光滑桌面上，它们之间连有一轻弹簧。另有物体C和D分别置于A和B之上，且A和C、B和D之间的摩擦因数均不为零。先用外力沿水平方向压A和B，使弹簧被压缩，然后撤掉外力。则在A和B弹开的过程中，对于“A+B+C+D+弹簧”系统动量________，机械能________。(填“一定守恒”，或“一定不守恒”，或“不一定守恒”)

2-60　有一人造地球卫星，质量为m，在地球的表面上空2倍于地球半径R的高度沿圆轨道运行，用m、R、引力常量G和地球的质量m'表示：(1)卫星的动能________；(2)引力势能________。(取无限远处为势能零点)

2-61　劲度系数为k的弹簧上端固定，下端系质量为m的物体，将m托起，使弹簧不伸长，然后放手，则在运动过程中物体的最大速率为________，此时m下降位移为________。m到最低位置时弹簧伸长了________。

2-62　劲度系数为k的弹簧一端固定，另一端系住放置于光滑水平面上的小球，如习题2-62图所示，O点为小球的平衡位置。(1)若小球沿直线由B点运动到A点，则弹性力做功为______。($OB=b, OA=a$)(2)若以B点为弹性势能零点，则小球在A点时，弹性势能为________。

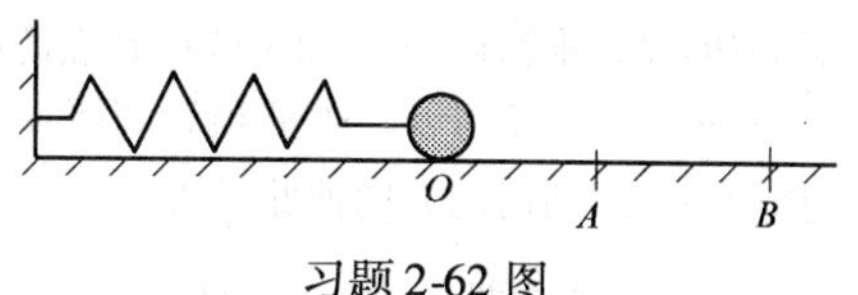

习题2-62图

2-63　如习题2-63图所示，轻弹簧上端固定，下端挂一质量为m_1的物体时，m_1位于O_1点，此时弹簧伸长l_1。在m_1下再加一质量为m_2的物体，则m_1+m_2下降到O_2点静止，将m_2取走，m_1就上下振动，求它通过O_1点时的速度。

2-64　用一轻弹簧将质量分别为m_1和m_2的两块木板联起来，设$m_2>m_1$，如习题2-64图所示，问必须加多大的力压到上面的板上(加上力后让系统静止)，当力突然消失后，上面的板跳起来，能使下面的板刚好被提起？(弹簧的质量不计)

2-65　如习题2-65图所示，光滑轨道上的行车质量为m_2，它下面用长为L的绳系一质量为m_1的沙袋。一颗质量为m的子弹水平射来，射入砂袋后并不穿出，砂袋摆过的最大角度为α。若不计行车与轨道间的摩擦，求子弹射入时的速度v_0。

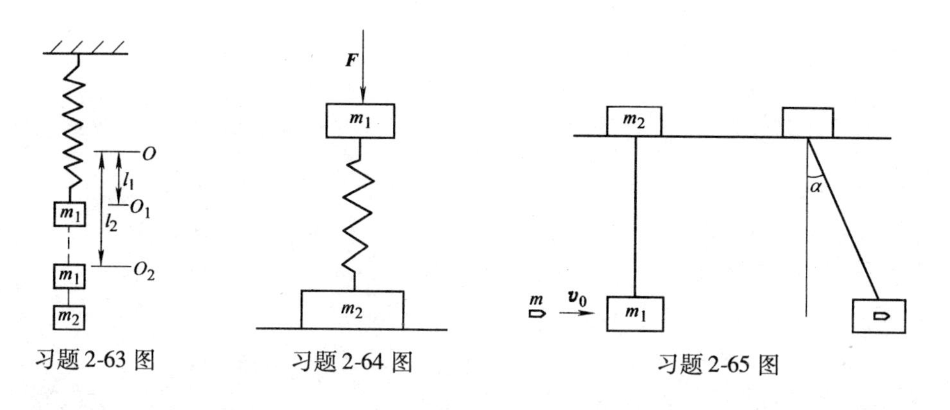

习题2-63图　习题2-64图　习题2-65图

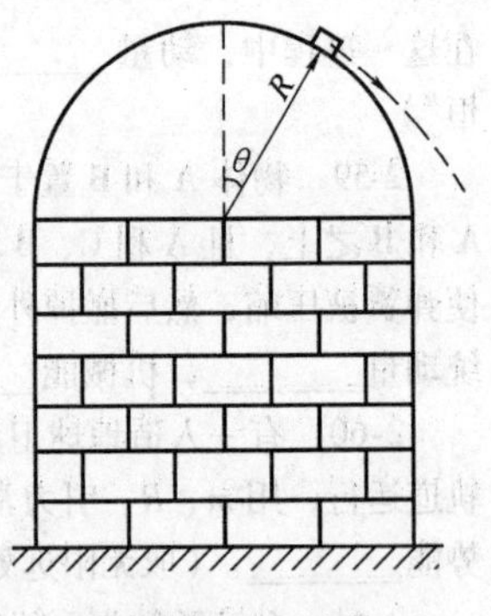

习题 2－66 图

2-66 如习题2－66图所示，天文观测台有一半径为 R 的半球形屋面，有一冰块从光滑屋面的最高点由静止沿屋面滑下，若摩擦力忽略不计，求此冰块离开屋面的位置以及在此位置处的速度。

2-67 如习题2-67图所示，质量为 m 的小球(视为质点)，在质量为 m'的小车B上沿光滑圆弧从 A 点由静止开始滑下，设圆弧半径为 R，小车与地面接触处光滑，求小球将要离开小车时，圆弧面对小球的支持力？

2-68 在光滑水平桌面上，质量为 m'的木块连在原长为 L_0 的弹簧上，弹簧的另一端固定在桌面上的 O 点，弹簧的劲度系数为 k，质量不计。有一质量为 m 的子弹以水平速度 v_0(其方向与 OA 垂直)射向木块并停留在其中，然后一起由 A 点沿曲线运动到 B 点(习题2-68图)。已知 $OB=L$，求物体(包括子弹)在 B 点的速度大小和角 α 的大小。

2-69 一小球与另一质量相等的静止小球发生弹性碰撞。若碰撞不是对心的，试证明，碰撞后两小球的运动方向彼此垂直。

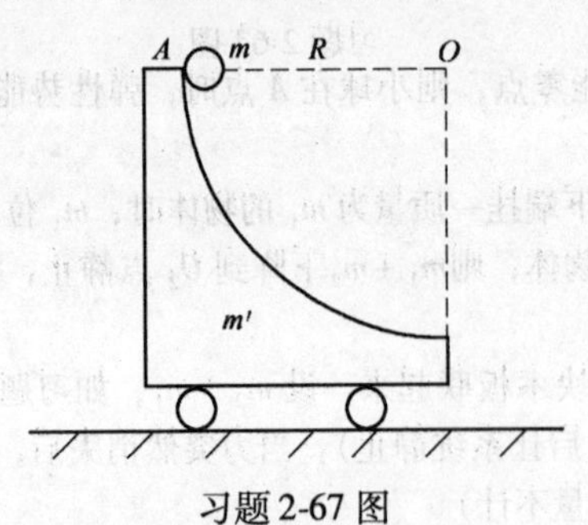

习题2-67图

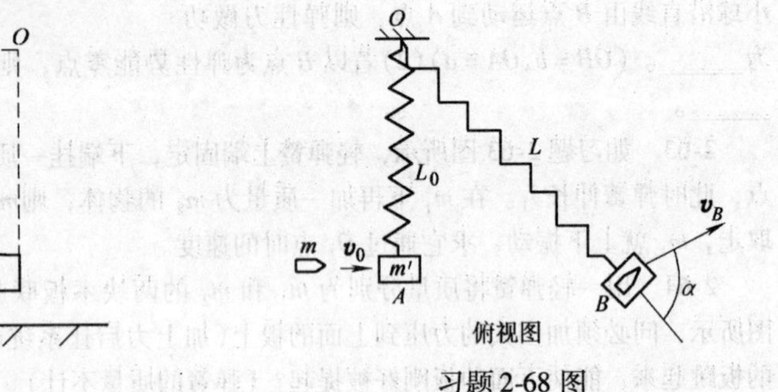

习题2-68图

阿基米德（Archimedes，约前287—前212），古希腊哲学家、物理学家、数学家，静态力学和流体静力学的奠基人，从小就善于思考，喜欢辩论。阿基米德发现了浮力原理和杠杆原理，对于经常使用工具制作机械的阿基米德而言，将理论运用到实际生活上是轻而易举的。他自己曾说：“给我一个支点和一根足够长的杠杆，我就能撬动整个地球。”

第3章 刚体力学基础

前几章主要研究了质点力学问题。以牛顿力学为基础，建立了动量定理、动能定理、角动量定理和相应的守恒定律等。这些定理和定律不仅可以用来解决质点力学问题，更重要的它是建立质点系力学的基础。本章将讲述作为质点系力学特例的刚体力学的基础知识，包括刚体的运动描述、刚体的定轴转动定律、转动动能、角动量及包括刚体系统的守恒定律。所有这些内容在工程实际问题中都有着广泛的应用。

3.1 刚体及其运动

3.1.1 刚体

刚体是固体物件的理想化模型。实验表明，实际的固体在受到力的作用时，总是要发生或大或小的形状和体积的改变。如果在讨论一个物体的运动时，物体形状或体积的变化可以忽略，我们就可以把这个物体当做刚体处理。也就是说，刚体是在受到力的作用时，形状和体积都保持不变的物体。刚体可以看做是由许多质点组成的，因此，刚体也可定义为：在受外力作用时内部任意两个质点之间的距离保持不变的物体。刚体是一个特殊的质点系，以前所讲过的质点系的运动定律都可以使用。

3.1.2 刚体的运动

刚体的运动一般比较复杂，但可以证明，刚体的任何运动都可以分解为两种基本的运动形式：平动和转动。

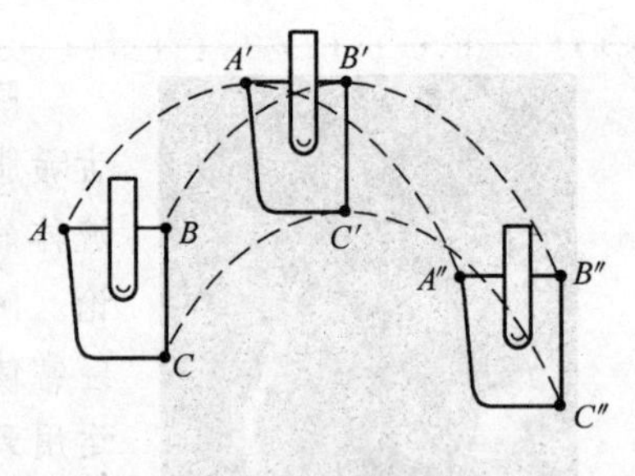

图 3-1 刚体平动

1. 刚体的平动

刚体运动时，如果内部任意两点的连线始终保持方向不变，这种运动称为刚体的平动，如图 3-1 所示。在作平动的刚体上，各个质点的运动情况完全相同，即有完全相同的位移、速度和加速度，所以在描述刚体的平动时，就可以用刚体上任意一点的运动来代表整个刚体的运动，通常选取刚体质心的运动来代表整个刚体的平动。

2. 刚体的转动

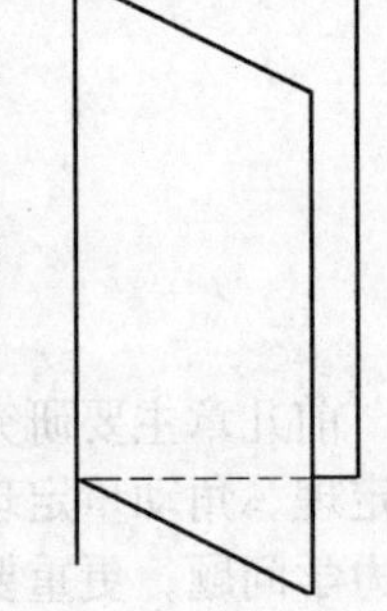
图 3-2 刚体转动

转动是轮子、齿轮、发动机、行星、钟表的指针、直升机的翼片等的运动。刚体转动时，如果其上各个质点在运动过程中都绕着同一条直线作圆周运动，则这条直线称为转轴。如果转轴是固定不动的，就称为**定轴转动**，例如门绕门轴的运动（图 3-2）。如果转动轴不固定，每个时刻有不同的转轴，这样的转轴称为瞬时转轴。

3. 一般运动

刚体的一般运动比较复杂，但是总是可以看成平动和转动的叠加。例如一个车轮在地面上的滚动，可以分解为整个车轮随着车轴的平动和车轮绕车轴的转动。平动与质点的运动描述相同，故无需赘述。本章只讨论刚体最基本的转动——定轴转动。

3.1.3 刚体定轴转动的描述

作定轴转动的刚体具有以下的特点：其上的质点(除了转轴上的质点以外)都在作圆周运动，各圆的圆心都在一条固定不动的直线——转轴上，各圆的平面重合或相互平行，而且都与转轴垂直。各个质点的位移、速度、加速度不尽相同，但是各个质点的角位移、角速度、角加速度是相等的，所以可以用角位移、角速度和角加速度这些角量来描述刚体的定轴转动。

刚体的角速度为

$$\omega = \frac{\mathrm{d}\theta}{\mathrm{d}t} \tag{3-1}$$

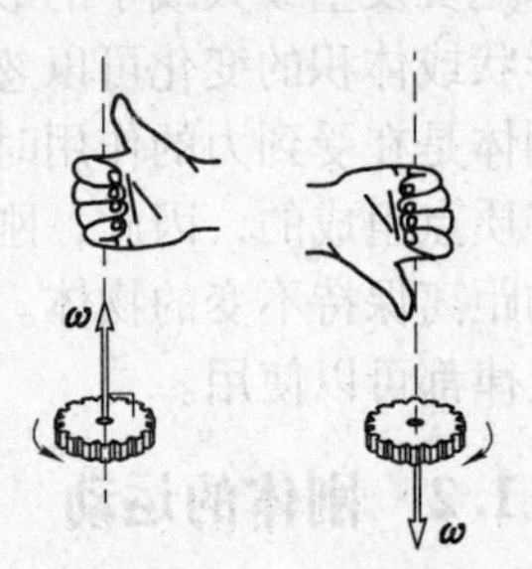

图 3-3 角速度方向

用“顺时针”或“逆时针”来表示一般转动刚体的转动方向是不确切的。为了充分反映刚体转动的情况，我们用角速度矢量 $\boldsymbol{\omega}$ 表示刚体转动的快慢和方向。如图 3-3 所示，规定角速度 $\boldsymbol{\omega}$ 的方向沿轴方向，与刚体实际转动的方向成右手螺旋关系：伸开右手，让四指沿刚体的转动方向环绕，则大拇指的指向就是 $\boldsymbol{\omega}$ 的方向，所以 $\boldsymbol{\omega}$ 的方向总是沿着刚体转动轴的方向。

刚体的角加速度为

$$\boldsymbol{\beta}=\frac{\mathrm{d}\boldsymbol{\omega}}{\mathrm{d}t}$$

在刚体绕固定轴转动的情况下，沿转轴选取坐标轴 z，坐标轴的单位矢量为 $\boldsymbol{k}$，则角速度和角加速度可以表示为

$$\boldsymbol{\omega}=\omega\boldsymbol{k},\quad \boldsymbol{\beta}=\frac{\mathrm{d}\boldsymbol{\omega}}{\mathrm{d}t}=\frac{\mathrm{d}\omega}{\mathrm{d}t}\boldsymbol{k}$$

由此可见，在定轴转动情况下，角加速度的大小为

$$\beta=\frac{\mathrm{d}\omega}{\mathrm{d}t}=\frac{\mathrm{d}^2\theta}{\mathrm{d}t^2}\tag{3-2}$$

角速度 $\boldsymbol{\omega}$ 的方向沿轴向，定轴转动时只有两种可能(与质点作直线运动的速度相似)，故可用正负号来表示其方向。即角速度的方向与坐标轴的正向相同时，ω 取正值，否则取负值。

刚体上离转轴距离为 r 的质点 P 的线速度、切向加速度、法向加速度与刚体的角加速度和角速度的关系为

$$\begin{cases}v=\omega r\\ a_\tau=\beta r\\ a_n=\omega^2 r\end{cases}\tag{3-3}$$

当刚体绕定轴作匀变速转动时，角加速度 β 保持不变。设 $t=0$ 时角速度为 ω_0，t 时刻的角速度为 ω，从0到 t 时刻这一段时间内的角位移为 θ，可导出类似于匀变速直线运动的三个公式

$$\begin{cases}\omega=\omega_0+\beta t\\ \theta=\omega_0 t+\dfrac{1}{2}\beta t^2\\ \omega^2-\omega_0^2=2\beta\theta\end{cases}\tag{3-4}$$

【例3-1】　一飞轮以转速 $n=1800\mathrm{r/min}$ 转动，受到制动均匀地减速，经 $t=20\mathrm{s}$ 后静止，设飞轮的半径为 $r=0.1\mathrm{m}$，求：(1)飞轮的角加速度；(2) $t=10\mathrm{s}$ 时飞轮的角速度及飞轮边缘上一点的加速度；(3)从制动开始到静止飞轮转过的转数。

【解】　(1) 飞轮的初角速度为

$$\omega_0=2\pi n=2\pi\,\frac{1800}{60}\mathrm{rad/s}\approx 188.4\mathrm{rad/s}$$

由于飞轮作匀变速转动，所以其角加速度为

$$\beta = \frac{\omega - \omega_0}{t} = \frac{0 - 188.4}{20}\text{rad/s}^2 = -9.42\text{rad/s}^2$$

（2）$t = 10\text{s}$ 时飞轮的角速度为

$$\omega = \omega_0 + \beta t = (188.4 - 9.42 \times 10)\text{rad/s} = 94.2\text{rad/s}$$

飞轮边缘上一点的切向加速度和法向加速度分别为

$$a_\tau = r\beta = 0.1 \times (-9.42)\text{m/s}^2 = -0.942\text{m/s}^2$$

$$a_\text{n} = \omega^2 r = 94.2^2 \times 0.1\text{m/s}^2 = 8.87 \times 10^2\text{m/s}^2$$

飞轮边缘上一点的加速度大小为

$$a = \sqrt{a_\tau^2 + a_\text{n}^2} \approx 8.87 \times 10^2\text{m/s}^2$$

（3）飞轮的角位移

$$\Delta\theta = \omega_0 t + \frac{1}{2}\beta t^2 = \left(188.4 \times 20 - \frac{1}{2} \times 9.42 \times 20^2\right)\text{rad} = 1884\text{rad}$$

从制动开始到静止飞轮转过的转数

$$N = \frac{\Delta\theta}{2\pi} = \frac{1884}{2 \times 3.14}\text{r} = 300\text{r}$$

3.2 力矩 刚体定轴转动定律

从本节开始，我们研究刚体绕定轴转动的运动规律。定轴转动定律是刚体定轴转动的基本方程，它给出了刚体的角加速度和刚体所受外力矩之间的定量关系。

3.2.1 力矩

力矩是使物体改变转动状态的原因，它是反映力对物体产生转动效应的物理量。实践经验告诉我们，在定轴转动中，力所产生的作用效果，不仅与力的大小和方向有关，而且还与力的作用点相对于转轴的位置有关。力大小相同，力的方向或者作用点不同，力所产生的转动效果就可能不相同。例如开门窗时，若力 $\boldsymbol{F}$ 的作用线通过转轴或力 $\boldsymbol{F}$ 平行于转轴，就无法使门窗打开。

为简单起见，我们先考虑刚体受的力 $\boldsymbol{F}$ 在转动平面内的情况，如图 3-4a 所示，力的作用点 P 相对转轴的位矢为 $\boldsymbol{r}$。要决定 $\boldsymbol{F}$ 如何对物体绕转轴的转动产生影响，把力 $\boldsymbol{F}$ 分解为两个分量（如图 3-4b）。一个分量沿 $\boldsymbol{r}$ 方向，称为径向分量 F_r，这一分量不产生转动。另一个分量垂直于 $\boldsymbol{r}$，称为切向分量 F_τ，这一分量真正产生转动，则力对转轴的力矩为

$$M = rF\sin\varphi = rF_\tau \tag{3-5a}$$

计算力矩的另一个等效方法是

$$M=(r\sin\varphi)F=r_{\perp}F \tag{3-5b}$$

式中，$r_{\perp}$是力$\boldsymbol{F}$的延长线到轴的垂直距离；$r_{\perp}$称为$\boldsymbol{F}$的力臂，如图3-4a所示，力矩的方向沿转轴。图3-4b表明，$\boldsymbol{r}$的大小r是切向分力F_{τ}的力臂。

若刚体所受力$\boldsymbol{F}$不在转动平面内(如图3-5所示)，我们可以将力分解为垂直于转轴的分量$\boldsymbol{F}_{\perp}$和平行于转轴的分量$\boldsymbol{F}_{/\!/}$。平行于转轴的分力$\boldsymbol{F}_{/\!/}$不能改变刚体的转动状态，对轴不产生力矩，亦即沿轴的力矩分量为零。垂直于转轴的分力$\boldsymbol{F}_{\perp}$所产生的力矩$M=Fd$。

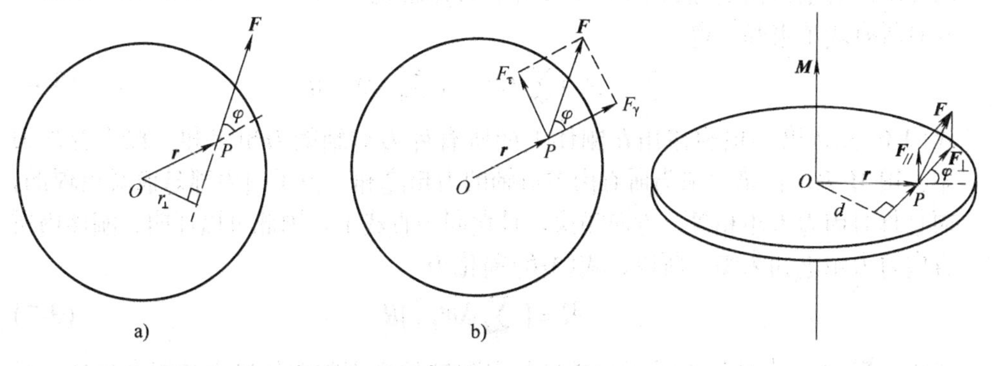

图3-4　作用力在转动面内的情况　　图3-5　力矩

力矩的方向沿轴向，其指向与该力驱使物体转动的方向服从右手螺旋法则。对定轴转动而言，力矩的方向只有两种可能，故可用正负号表示力矩的方向。力矩与轴正方向相同时为正，相反时为负。

整个刚体所受到的对轴的力矩是各个质点受到的外力在垂直于轴的方向上的分量与该力力臂乘积的累加。累加时要考虑各个外力力矩的方向，求代数和。

3.2.2　刚体定轴转动定律

具有固定转轴的刚体，如果受到外力矩的作用，它将会加速转动。下面推导定轴转动刚体的角加速度与外力矩之间的定量关系。

如图3-6所示，刚体作定轴转动。将刚体看成由许多小质元组成，其中任意一个质量为Δm_i的小质元绕定轴作圆周运动，圆心为O点，半径为r_i。设该质元所受的合外力为$\boldsymbol{F}_i$，刚体内其他质元对它的作用力(内力)之和为$\boldsymbol{F}'_i$，加速度为$\boldsymbol{a}_i$，则

$$\boldsymbol{F}_i+\boldsymbol{F}'_i=\Delta m_i\boldsymbol{a}_i$$

将$\boldsymbol{F}_i$和$\boldsymbol{F}'_i$分解为法向力和切向力，由于法向力通过转轴，对轴的力矩为零，故只讨论切向分量。切向分量式为

$$F_{i\tau}+F'_{i\tau}=\Delta m_i a_{i\tau}$$

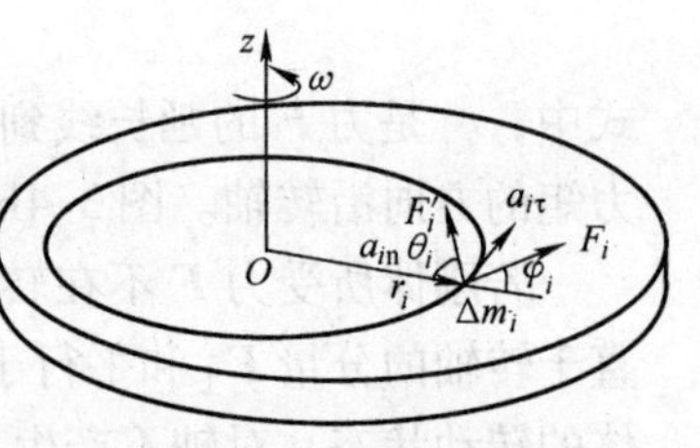

图3-6 刚体定轴转动

设刚体定轴转动的角加速度为β，则$a_{i\tau}=r_i\beta$，所以

$$F_{i\tau}+F'_{i\tau}=\Delta m_i r_i\beta$$

方程两边同乘以r_i得

$$F_{i\tau}r_i+F'_{i\tau}r_i=\Delta m_i r_i^2\beta$$

方程左边两项分别为质元i所受外力和内力对转轴的力矩。对刚体所有质元都可列出类似的关系式，并对所有式子求和，得

$$\sum_i F_{i\tau}r_i+\sum_i F'_{i\tau}r_i=\Big(\sum_i \Delta m_i r_i^2\Big)\beta \tag{3-6}$$

式(3-6)左边第一项为作用在刚体上的所有外力对轴的力矩之和，称为合外力矩，用M表示；第二项为所有内力对轴的力矩之和。由于内力都是成对出现的，而且每对内力大小相等、方向相反，且在同一直线上，因此可以证明，刚体内所有内力力矩之和为零。所以，式(3-6)简化为

$$M=\Big(\sum_i \Delta m_i r_i^2\Big)\beta \tag{3-7}$$

式中，$\sum\limits_i \Delta m_i r_i^2$是每个质元的质量与它到轴的垂直距离的平方乘积的累加，与刚体所受外力矩及刚体的转动状态无关，只与刚体本身的性质和轴的位置有关。我们把这个表征转动刚体自身特性的物理量称为刚体的转动惯量，用J表示，即

$$J=\sum_i \Delta m_i r_i^2 \tag{3-8}$$

式(3-7)可改写为

$$M=J\beta \tag{3-9}$$

该式表明：刚体绕定轴转动时，所受的对于固定转轴的合外力矩等于刚体对该转轴的转动惯量与角加速度的乘积。这就是**刚体绕定轴转动的转动定律**，它是解决刚体绕定轴转动动力学问题的基本方程。

定轴转动刚体的转动定律$M=J\beta$与直线运动质点的牛顿第二定律$F=ma$对比有相似之处，可见转动惯量J与质量m在物理意义上也有类似之处。m表示质点(或平动刚体)惯性的大小，当合外力一定时，质点的质量m越大，加速度a就越小，质点的运动状态越不容易改变；类似地，刚体的转动惯量J表示刚体转动惯性的大小，当外力矩M一定时，J越大，刚体的角加速度β越小，刚体的转动状态越不容易改变，刚体的转动惯性也就越大。

相对于质心的转动定律

对于整个刚体运动的情况，可以证明：对过质心的转轴，刚体的转动定律为

$$M_c=J_c\beta$$

式中，J_c 是刚体对于通过其质心的轴的转动惯量；M_c 是外力对于此轴的合外力矩；β 是刚体的角加速度。

3.2.3　转动惯量的计算

刚体对某轴的**转动惯量**等于刚体中各质元的质量和它们到转轴的距离平方的乘积的总和，它是反映刚体本身性质的物理量，式(3-8)给出了它的定义。对于质量连续分布的物体，式(3-8)可改写成积分形式

$$J = \int r^2 \mathrm{d}m \tag{3-10}$$

式中，r 是刚体质元 $\mathrm{d}m$ 到转轴的垂直距离。由式(3-8)、式(3-10)可知，转动惯量的大小不仅与刚体的质量有关，而且和转轴的位置、质量的分布有关。在国际单位制(SI)中，转动惯量的单位为$\mathrm{kg \cdot m^2}$，量纲为 $\mathrm{ML^2}$。

一般情况下，一个任意形状的物体的转动惯量难以计算出来，只能通过实验测出，但质量均匀分布、形状简单的物体的转动惯量可以计算出来。下面我们以几种物体转动惯量的计算为例，来探讨一下影响转动惯量的因素。

【例3-2】　一根长度为 L，质量为 m 的均匀细棒，在下列两种情况下，求细棒的转动惯量。

(1) 如图3-7所示，转轴通过棒的中心并与棒垂直；

(2) 如图3-8所示，转轴通过棒的一端并与棒垂直。

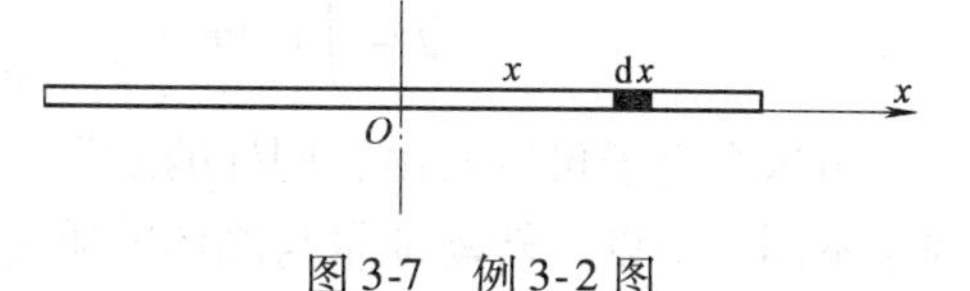

图3-7　例3-2图

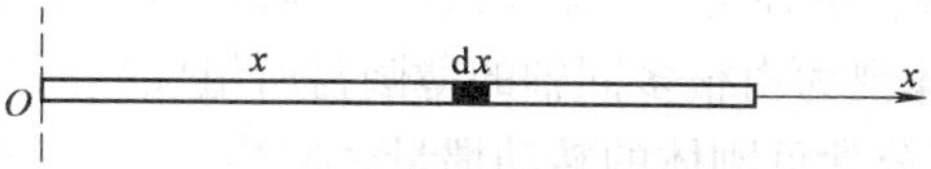

图3-8　例3-2图

【解】　(1) 取转轴处为坐标原点，沿棒向右为 x 轴正方向，在棒上任取一个质量元 $\mathrm{d}m$，所占的长度为 $\mathrm{d}x$，因为质量均匀分布，线密度(单位长度的质量) $\lambda = \dfrac{m}{L}$为一个常量，所以 $\mathrm{d}m = \lambda \mathrm{d}x$，则过细棒中点转轴的转动惯量

$$J = \int x^2 \mathrm{d}m = \int_{-\frac{L}{2}}^{\frac{L}{2}} x^2 \lambda \mathrm{d}x = \frac{1}{12}\lambda L^3 = \frac{1}{12}mL^2$$

(2) 同样取质量元 $\mathrm{d}m$，对过端点的转轴，转动惯量为

$$J = \int x^2 \mathrm{d}m = \int_0^L x^2 \lambda \mathrm{d}x = \frac{1}{3}\lambda L^3 = \frac{1}{3}mL^2$$

由此可见，同样的棒，对于不同的转轴，就有不同的转动惯量。所以，当我们说某一个刚体的转动惯量时，一定要弄清楚是对哪个转轴而言。

【例 3-3】 质量 m 均匀分布在半径为 R 的圆环上，转轴垂直于环面并通过环心，求圆环的转动惯量。

【解】 如图 3-9 所示，在半径为 R 的圆环上，取质量元 $\mathrm{d}m$，每个 $\mathrm{d}m$ 到转轴的距离都是半径 R，所以圆环的转动惯量

$$J = \int R^2 \mathrm{d}m = R^2 \int \mathrm{d}m = mR^2$$

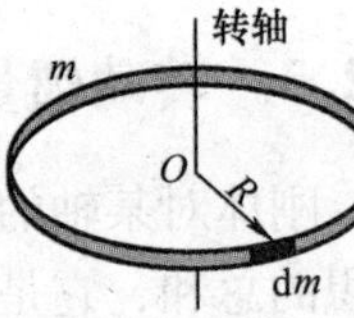

图 3-9 例 3-3 图

【例 3-4】 质量 m 均匀分布在半径为 R 的薄圆盘上，转轴垂直于盘面并通过盘心，求转动惯量。

【解】 我们可以将圆盘看成是由许多半径不同的同心圆环所组成，而每个圆环的转动惯量已由例 3-3 求得，这些圆环的转动惯量之和就等于圆盘的转动惯量。为此，我们先写出任一圆环的转动惯量，任意取一个半径为 r、宽为 $\mathrm{d}r$ 的圆环，如图 3-10 所示，此环的面积为 $2\pi r\mathrm{d}r$，质量为 $\mathrm{d}m = \sigma 2\pi r\mathrm{d}r$（因为质量是均匀分布的，$\sigma = \dfrac{m}{\pi R^2}$ 称为面密度），此环的转动惯量 $\mathrm{d}J = r^2\mathrm{d}m$，故圆盘的转动惯量

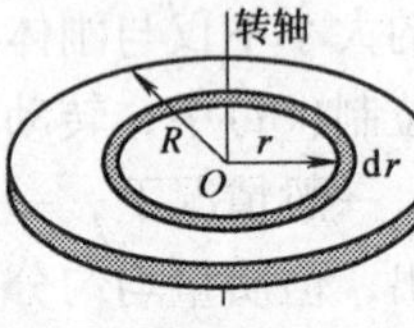

图 3-10 例 3-4 图

$$J = \int r^2 \mathrm{d}m = \int r^2 \frac{m}{\pi R^2} 2\pi r \mathrm{d}r = \frac{1}{2} mR^2$$

由这个例子可以看出，同样的质量，对于同样的转轴，质量分布不同，转动惯量不同。所以，转动惯量与刚体的质量分布有关。

同样，质量为 m、半径为 R、转轴沿中心轴的均匀圆柱体，转动惯量也是 $mR^2/2$（可以将圆柱体视为由很多同轴的薄圆盘所组成）。

表 3-1 列出了部分常见刚体的转动惯量。

表 3-1 刚体转动惯量

刚 体	转 动 惯 量	刚 体	转 动 惯 量
细棒 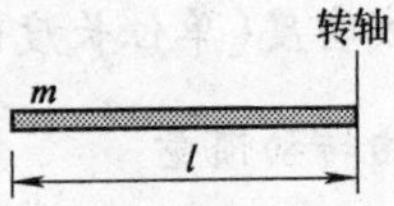	$\frac{1}{3}ml^2$	圆柱体 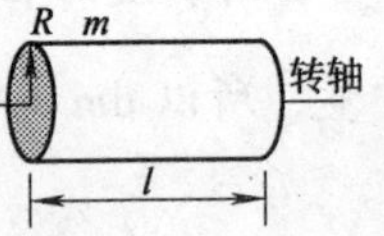	$\frac{1}{2}mR^2$
圆环 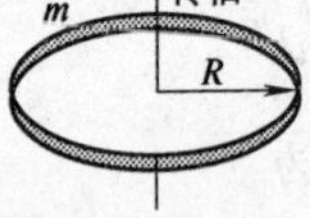	mR^2	薄球壳 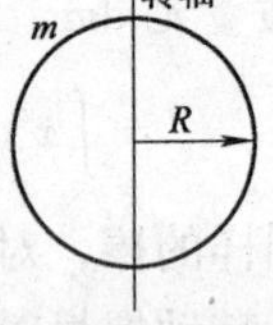	$\frac{2}{3}mR^2$
圆环 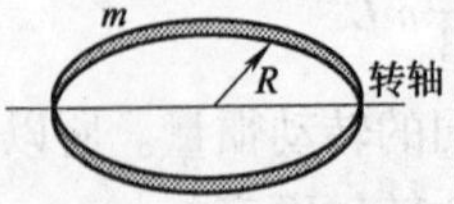	$\frac{1}{2}mR^2$		

（续）

刚　　体	转动惯量	刚　　体	转动惯量
细棒	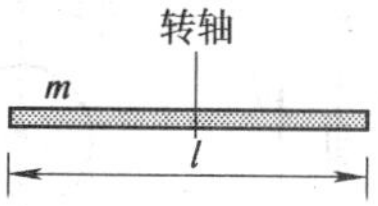 $\frac{1}{12}ml^2$	圆柱体	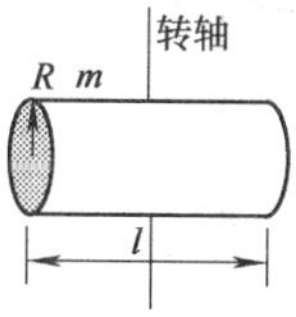 $\frac{1}{4}mR^2+\frac{1}{12}ml^2$
圆盘	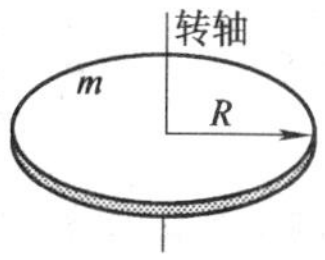 $\frac{1}{2}mR^2$	球体	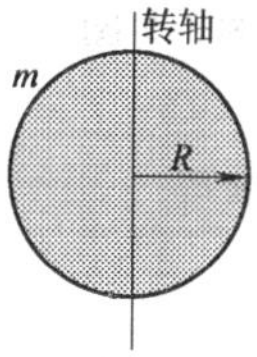 $\frac{2}{5}mR^2$
圆筒	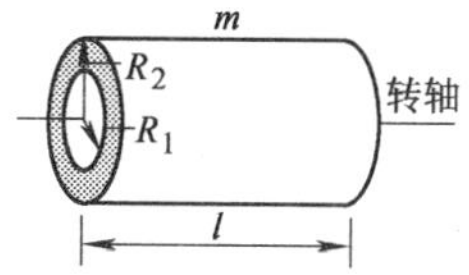 $\frac{1}{2}m(R_1^2+R_2^2)$		

3.2.4　定轴转动定律的应用

定轴转动定律在刚体转动中的地位与牛顿定律在质点动力学中的地位相当。应用转动定律解题时应特别注意转轴的位置和指向，这样有利于确定力矩、角速度和角加速度的正负。具体解题的方法和步骤大体如下：

1）确定研究对象；

2）分析受力情况，计算对转轴的力矩；

3）分析运动情况，选定转动正方向；

4）根据转动定律列方程并求解。

【例3-5】　如图3-11所示，一根不能伸长的轻绳跨过定滑轮（不打滑），其两端分别系着质量为 m_1 和 m_2 的物体，且 $m_1>m_2$，滑轮半径为 R、质量为 m 且均匀分布，绕水平轴转动，滑轮与轮轴间的摩擦阻力忽略不计。求 m_1 下降的加速度及轻绳两端的张力。

【解】　研究对象：滑轮、物体（可视为质点）m_1 和 m_2。

受力分析：物体 m_1 和 m_2 分别受到重力和绳子的拉力；滑轮受到的力和力矩：绳子与滑轮之间不打滑，绳子和滑轮视为一体，它们之间的作用力为内力，滑轮受到重力和支持力，绳子受到物体的拉力。如图3-12所示。

分析物体运动：由于绳子不能伸长，m_1 和 m_2 的加速度大小相等，设加速度为 a，m_1 的加速度方向向下，m_2 的加速度方向向上。滑轮的角加速度为 β，方向如图3-12所示。

对 m_1、m_2，应用牛顿第二定律得

$$m_1g-F_1=m_1a \qquad ①$$

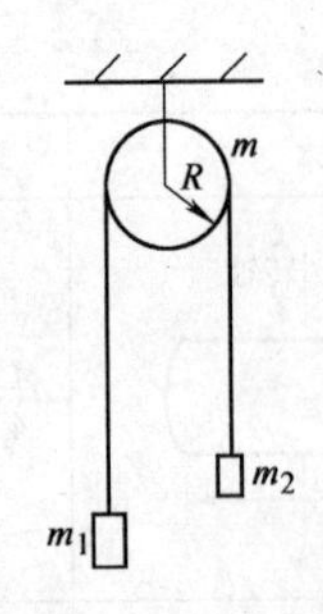

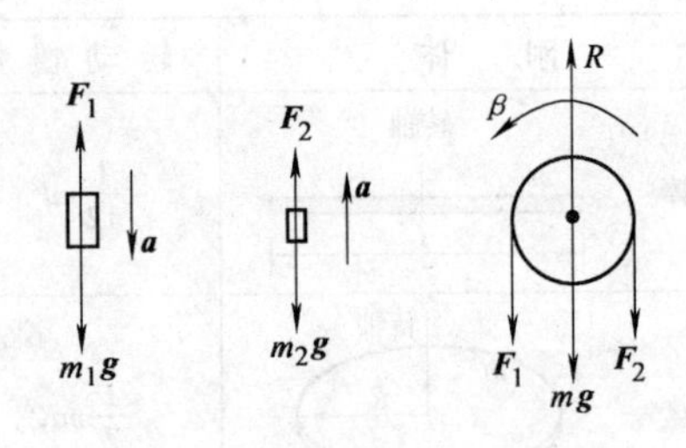

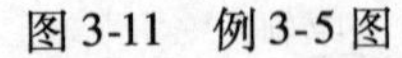
图 3-11 例 3-5 图

图 3-12 例 3-5 受力分析图

$$F_2 - m_2 g = m_2 a \qquad ②$$

对滑轮，由转动定律得

$$F_1 R - F_2 R = J\beta \qquad ③$$

其中 $J = \dfrac{1}{2}mR^2$ 是匀质圆盘的转动惯量。

加速度和角加速度之间的关系

$$a = R\beta \qquad ④$$

联立方程式①、式②、式③、式④，解得

$$a = \frac{(m_1 - m_2)g}{m_1 + m_2 + \frac{1}{2}m}$$

$$F_1 = \frac{m_1\left(2m_2 + \frac{1}{2}m\right)g}{m_1 + m_2 + \frac{1}{2}m}$$

$$F_2 = \frac{m_2\left(2m_1 + \frac{1}{2}m\right)g}{m_1 + m_2 + \frac{1}{2}m}$$

【例 3-6】 一个飞轮质量为 $m = 60\text{kg}$，半径为 $R = 0.25\text{m}$，以角速度 $\omega_0 = 1000\text{r/min}$ 转动。现在要制动飞轮，使飞轮在 5.0s 内均匀减速停止运动，如图3-13所示。求闸瓦对轮子压力的大小 F_N。设飞轮的质量全部均匀分布在轮的外边缘上，且闸瓦与飞轮之间的滑动摩擦因数为 $\mu_k = 0.8$。

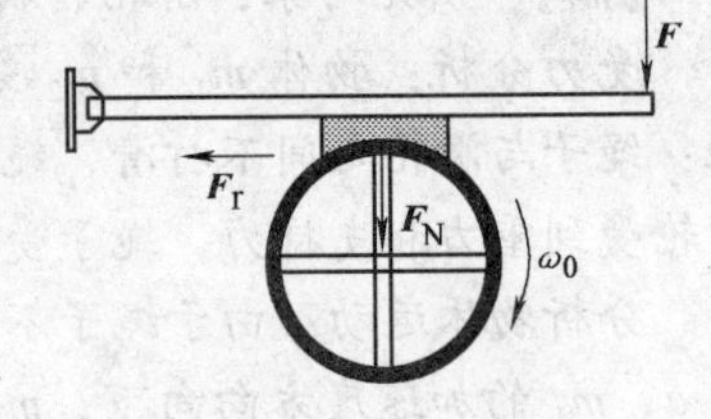

图 3-13 例 3-6 图

【解】 飞轮作匀变速运动，角加速度可由下式求出

$$\beta = \frac{\omega_t - \omega_0}{t}$$

式中，$\omega_0 = 1000\text{r/min} = 104.7\text{rad/s}$，$\omega_t = 0$，$t = 5\text{s}$，代入可得

$$\beta = \frac{0 - 104.7}{5}\text{rad/s}^2 = -20.9\text{rad/s}^2$$

负值表示角加速度与角速度方向相反，飞轮作减速运动。

飞轮的角加速度是由闸瓦紧压飞轮时，滑动摩擦力的力矩作用于飞轮产生的。以 ω_0 方向为正，则此摩擦力矩应为负值。于是，摩擦力对转轴的力矩为

$$M = -F_r R = -\mu_k F_N R$$

根据转动定律 $M = J\beta$，得

$$-\mu_k F_N R = J\beta$$

将 $J = mR^2$ 代入上式，解得闸瓦对飞轮压力的大小为

$$F_N = -\frac{mR\beta}{\mu_k} = -\frac{60 \times 0.25 \times (-20.9)}{0.8}\text{N} = 392\text{N}$$

【例3-7】 一根长为 L、质量为 m 的均质细棒，可绕通过其一端 O 的水平轴无摩擦地转动。开始时棒静止于水平位置，然后自由向下摆动，求当棒转动到与水平方向成 θ 角时，棒的角加速度 β。

【解】 在讨论细棒的摆动时，不能将细棒看成质点，应将它作为刚体转动来处理。

由转动定律 $M = J\beta$ 可求出角加速度。先作受力分析求刚体棒受的重力矩（图3－14a）。可以证明：各质元的重力对转轴 O 的力矩之和等于全部重力集中于质心所产生的力矩，即

$$M = mg \cdot \frac{L}{2}\cos\theta$$

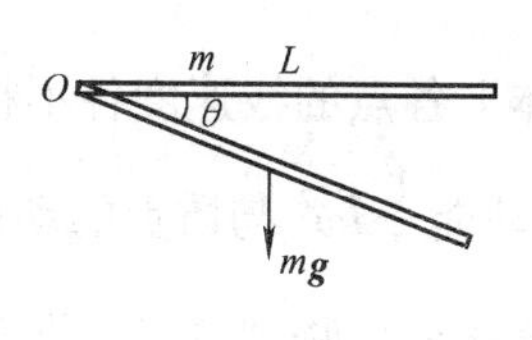

a) 重力作用

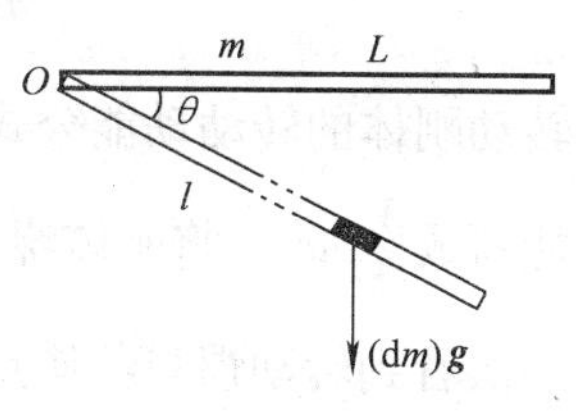

b) 重力矩

图 3-14

棒对转轴 O 的转动惯量为　$J = \frac{1}{3}mL^2$

由转动定律得

$$\beta = \frac{M}{J} = \frac{mg\frac{1}{2}L\cos\theta}{\frac{1}{3}mL^2} = \frac{3}{2}\frac{\cos\theta}{L}g$$

方向与 $\boldsymbol{M}$ 的方向相同，垂直纸面向内。

重力矩证明

如图3-14b所示，在棒上取一小段，其质量为$\mathrm{d}m$。重力对转轴O的力矩是$\mathrm{d}mgl\cos\theta$，整个棒受的重力对转轴的力矩为

$$M = \int l\cos\theta \mathrm{d}mg = \left(\int l\mathrm{d}m\right) g\cos\theta$$

$$= \int_0^L l\frac{m}{L}\mathrm{d}l \cdot g\cos\theta = mg\frac{L}{2}\cos\theta$$

其中$\frac{L}{2}$是质心到转轴的距离。

3.3 刚体转动中的功和能

3.3.1 绕定轴转动刚体的动能

当刚体以角速度ω绕定轴转动时，其内部质量为Δm_i的质量元绕转轴作圆周运动，速度大小为$v_i = r_i\omega$。整个刚体绕定轴转动的动能为各小质元的转动动能之和，所以绕定轴转动刚体的动能为

$$E_\mathrm{k} = \sum_i \frac{1}{2}\Delta m_i r_i^2\omega^2 = \frac{1}{2}\left(\sum_i \Delta m_i r_i^2\right)\omega^2$$

其中$J = \sum_i r_i^2\Delta m_i$是刚体的转动惯量。因此，上式可改写为

$$E_\mathrm{k} = \frac{1}{2}J\omega^2 \tag{3-11}$$

这就是定轴转动刚体的转动动能公式。由于刚体上各点的线速度各不相同，所以转动动能不能写成$\frac{1}{2}mv^2$。将刚体绕定轴转动的动能$\frac{1}{2}J\omega^2$与质点的动能$\frac{1}{2}mv^2$加以比较，再一次看到转动惯量与质点的质量有着相似的物理意义，即转动惯量是刚体转动惯性大小的量度。

3.3.2 力矩的功

如图3-15所示，刚体作定轴转动，设作用在刚体上的外力为$\boldsymbol{F}$(与转轴垂直)，作用点到转轴的距离为r。在力的作用下，刚体发生一小的角位移$\mathrm{d}\theta$，作用点的位移为$\mathrm{d}s$，$\boldsymbol{F}$与$\mathrm{d}s$的夹角为α，与$\boldsymbol{r}$的夹角为φ。则力$\boldsymbol{F}$所做的元功为

$$\mathrm{d}A = \boldsymbol{F}\cdot\mathrm{d}\boldsymbol{s} = F\mathrm{d}s\cos\alpha = F\mathrm{d}s\sin\varphi = (F\sin\varphi)r\mathrm{d}\theta = M\mathrm{d}\theta$$

即力对转动刚体所做的元功等于相应的力矩与角位移的乘积，也称为力矩的功。

对于有限的角位移，力矩的功为

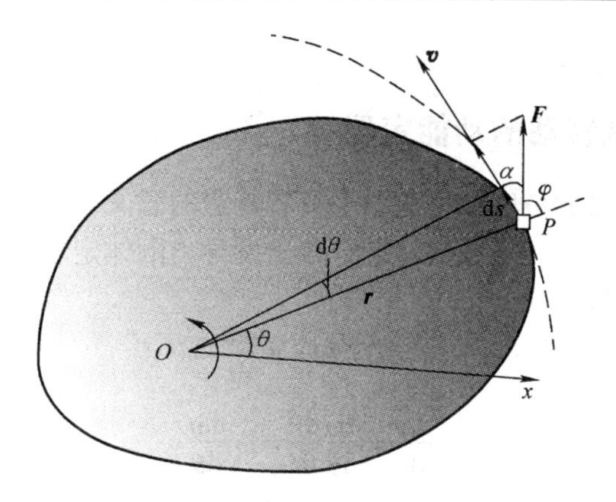

图 3-15　外力矩对刚体做功

$$A = \int_{\theta_1}^{\theta_2} M\mathrm{d}\theta \tag{3-12}$$

若刚体受到几个外力的作用，对应的外力矩分别为 M_i，则合外力矩的功为

$$\begin{aligned}\sum A_{外} &= A_1 + A_2 + \cdots = \int_{\theta_1}^{\theta_1} M_1\mathrm{d}\theta + \int_{\theta_1}^{\theta_1} M_2\mathrm{d}\theta + \cdots \\ &= \int_{\theta_1}^{\theta_2} (M_1 + M_2 + \cdots)\mathrm{d}\theta = \int_{\theta_1}^{\theta_2} (\sum M_i)\mathrm{d}\theta \\ &= \int_{\theta_1}^{\theta_2} M\mathrm{d}\theta\end{aligned}$$

式中 M 为刚体所受的合外力矩。

【例 3-8】　一根长为 L、质量为 m 的均质细棒，可绕通过其一端 O 的水平轴无摩擦地转动。开始时棒静止于水平位置，然后自由向下摆动，求棒在转到竖直位置的过程中重力(或重力矩)所做的功。

【解】　如图 3-16 所示，均质细棒的重力可视为作用在细棒的重心上，刚体在任意位置时重力对转轴的力矩为

$$M = mg\frac{L}{2}\cos\theta$$

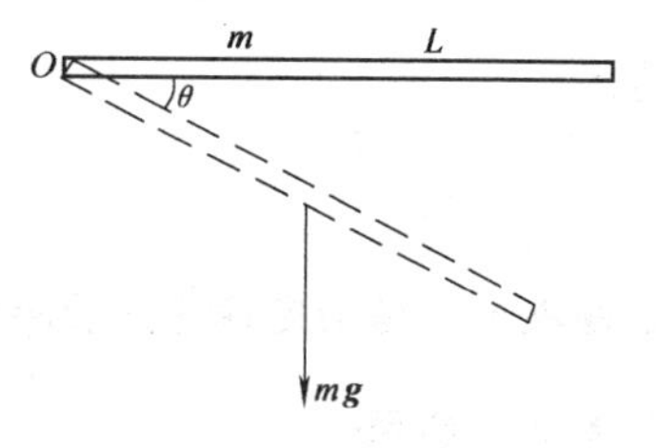

图 3-16　例 3-8 图

在细棒的转动过程中，细棒转过一个小的角位移 $\mathrm{d}\theta$ 时，重力矩的元功为

$$\mathrm{d}A = M\mathrm{d}\theta = mg\frac{L}{2}\cos\theta\mathrm{d}\theta$$

所以，重力矩的总功为

$$A = \int_0^{\pi/2} mg\frac{L}{2}\cos\theta\mathrm{d}\theta = mg\frac{L}{2}$$

这一结果显然是正确的。

3.3.3 刚体定轴转动的动能定理

能量作为运动量的量度在物理学中具有普遍的意义，用功能关系处理力学问题往往比较简洁和方便。下面从转动定律出发导出刚体定轴转动的动能定理。

由转动定律可得

$$M = J\beta = J\frac{d\omega}{dt}$$

又因

$$\frac{d\omega}{dt} = \frac{d\omega}{d\theta}\frac{d\theta}{dt} = \omega\frac{d\omega}{d\theta}$$

所以

$$M = J\omega\frac{d\omega}{d\theta}$$

上式两边同乘 $d\theta$ 并积分，得

$$Md\theta = J\omega d\omega$$

则上式两边积分得

$$A = \int_{\theta_1}^{\theta_2} Md\theta = \int_{\omega_1}^{\omega_2} J\omega d\omega = \frac{1}{2}J\omega_2^2 - \frac{1}{2}J\omega_1^2 \tag{3-13}$$

即合外力矩对绕定轴转动刚体做的功等于刚体转动动能的增量。这就是**刚体定轴转动的动能定理**。

【例 3-9】 在例题 3-8 中，求细棒转动到竖直位置时转动的角速度。

【解】 刚体在转动过程中，只有重力做功。由动能定理得

$$mg\frac{L}{2} = \frac{1}{2}J\omega^2 - 0$$

细棒的转动惯量 $J = \frac{1}{3}mL^2$，代入上式，则可解得细棒转到竖直位置时的转动角速度

$$\omega = \sqrt{\frac{3g}{L}}$$

本题也可由转动定律先求出棒的角加速度，再由角加速度求角速度。

3.3.4 势能

如果一个刚体受到保守力的作用，也可以引入势能的概念。例如刚体在重力场中，它和地球之间有重力势能。这个重力势能是刚体的各质元与地球系统重力势能之和。如图 3-17 所示，对于一个不太大的刚体（各处的重力加速度 $\boldsymbol{g}$ 相同），重力势能为

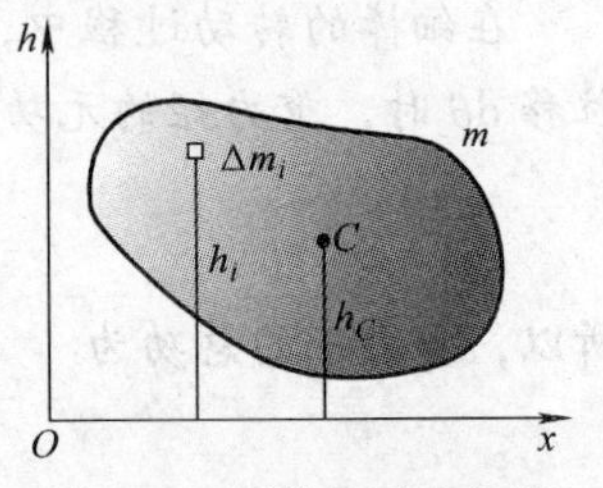

图 3-17 刚体的重力势能

$$E_p = \sum_i \Delta m_i g h_i = g \sum_i \Delta m_i h_i$$

根据质心的定义，质心的高度为

$$h_C = \frac{\sum_i \Delta m_i h_i}{\sum_i \Delta m_i} = \frac{\sum_i \Delta m_i h_i}{m}$$

所以，重力势能为

$$E_p = mgh_C \tag{3-14}$$

它说明：一个不太大的刚体的重力势能和它的全部质量集中在质心时所具有的重力势能一样。

由刚体和质点组成的系统，如果在运动过程中只有保守内力做功，则系统的机械能也应该守恒。

【例3-10】 如图3-18所示，质量为m'、半径为R的定滑轮(当作均质圆盘)上绕有细绳。绳的一端固定在滑轮边缘，另一端挂一质量为m的物体。忽略轴处的摩擦，求物体由静止下落h高度时的速度和此时滑轮的角速度。

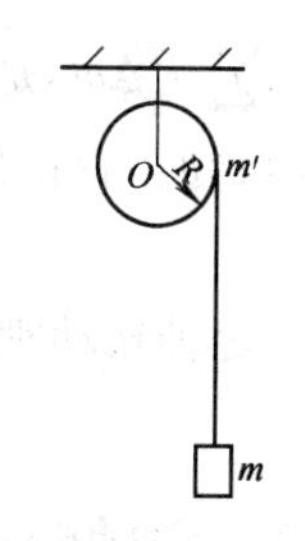

图3-18　例3-10图

【解】 以滑轮、物体和地球为研究系统，物体下落时滑轮随同转动。轮轴对滑轮的作用力(外力)不做功，而物体所受重力是保守力，所以系统机械能守恒。

设物体下落h时速度为v，滑轮的角速度为ω，由机械能守恒得

$$\frac{1}{2}mv^2 + \frac{1}{2}J\omega^2 + mg(-h) = 0$$

滑轮转动惯量$J = \frac{1}{2}m'R^2$，且$v = \omega R$，解得物体的速度

$$v = \sqrt{\frac{4mgh}{2m + m'}}$$

滑轮的角速度

$$\omega = \frac{v}{R} = \frac{1}{R}\sqrt{\frac{4mgh}{2m + m'}}$$

3.4　定轴转动刚体的角动量守恒定律

3.4.1　定轴转动刚体对轴的角动量

把刚体看成多质点体系，在定轴转动的刚体上，每个质元(除轴上的质点外)都

在绕轴做圆周运动。任一质元对转轴都有确定的角动量，整个刚体对于固定轴的角动量等于所有质元对轴的角动量之和。

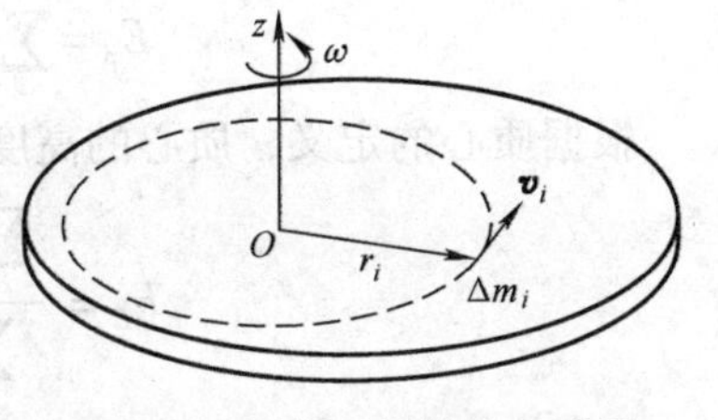

图 3-19　刚体对转轴的角动量

如图 3-19 所示，设刚体上第 i 个质元的质量为 Δm_i，到转轴的距离为 r_i，绕轴转动的角速度为 ω，线速度为 v_i，则该质元对轴的角动量为

$$L_i = r_i \Delta m_i v_i = r_i^2 \Delta m_i \omega$$

方向沿 z 轴方向。

整个刚体对 z 轴的角动量为

$$L = \sum L_i = \sum r_i^2 \Delta m_i \omega = \left(\sum r_i^2 \Delta m_i\right)\omega$$

式中，$\sum r_i^2 \Delta m_i$ 是每个质元的质量与它到轴的垂直距离的平方乘积的累加，由式(3-8)知，它正是刚体的转动惯量。于是，刚体的角动量可表示为

$$L = J\omega \tag{3-15}$$

所以，定轴转动刚体对轴的角动量等于刚体绕该轴的转动惯量与其角速度的乘积。

3.4.2　定轴转动刚体的角动量定理

质点系的角动量定理为

$$\boldsymbol{M} = \frac{\mathrm{d}\boldsymbol{L}}{\mathrm{d}t}$$

把上式等号两边物理量分别分解到 z 轴方向，得到角动量定理的分量形式

$$M_z = \frac{\mathrm{d}L_z}{\mathrm{d}t} \tag{3-16}$$

式中，M_z 是质点系所受外力矩沿 z 轴方向的力矩之和；L_z 是角动量沿 z 轴方向的分量。

角动量定理沿转轴 z 方向的分量式，对刚体这一特殊的质点系沿固定转轴(z 轴)转动亦同样成立。为了简化表示，去掉脚标 z，因此，**定轴转动刚体的角动量定理**可表示为

$$M = \frac{\mathrm{d}L}{\mathrm{d}t} = \frac{\mathrm{d}(J\omega)}{\mathrm{d}t} \tag{3-17}$$

定轴转动刚体的角动量定理式(3-17)给出了作用于刚体上所有外力对轴的力矩之和与刚体角动量的变化率之间的关系。此式说明：刚体受的外力矩等于刚体角动量的变化率。式中的力矩 M 和角动量 L 是对转轴而言的，即是角动量定理沿定轴方向的分量式。

把式(3-17)两边同乘以时间 dt 并作定积分，可得

$$\int_{t_1}^{t_2} M\mathrm{d}t = (J\omega)_2 - (J\omega)_1 \tag{3-18}$$

式中，$\int_{t_1}^{t_2} M\mathrm{d}t$ 称为 $t_1 \rightarrow t_2$ 时间内的冲量矩，冲量矩表示力矩在一段时间间隔内的累积效应。

式(3-18)是角动量定理的积分形式，它给出了力矩、作用时间与角动量增量之间的关系，常用来研究转动刚体的碰撞问题。

在国际单位制中，角动量 L 的单位是 kg · m²/s；冲量矩的单位是 m · N · s。

3.4.3　定轴转动刚体的角动量守恒定律

当作用到刚体上的所有力对转轴的力矩之代数和为零时，根据角动量定理式(3-18)可得，刚体在转动过程中角动量不随时间而改变——角动量守恒，即当 $M=0$ 时，有

$$(J\omega)_1 = (J\omega)_2 \tag{3-19}$$

这就是**刚体的角动量守恒定律**。由于刚体绕定轴转动的转动惯量为常量，故刚体的转动角速度保持不变，刚体作惯性转动。这一结论与平动物体的惯性运动相对应。

对绕定轴转动的可变形物体而言，在不同状态下系统对转轴的角动量可能不同，但当它所受到的合外力矩为零时，它的角动量 $L=J\omega$ 也将保持不变，即角动量守恒。实际上，$M=0$ 不仅是定轴转动刚体角动量守恒的条件，也是任何质点系对轴的角动量守恒的条件。所以，对于一个由质点和刚体组成的系统，只要对转轴的外力矩为零，该系统对转轴的角动量就守恒。这一结论在实际生活中有着广泛的应用。例如，花样滑冰运动员或芭蕾舞演员，为了获得绕通过重心的轴高速旋转，就把胳膊抱于胸前，两腿并拢，这样身体各部位离中心转动轴近了，转动惯量变小，转速就增加；反之，运动员伸展双臂和腿，使身体各部位离转动中心变远，增大了转动惯量，从而就可减小转动角速度。

定轴转动物体的角动量守恒定律可以通过实验演示出来，图3-20所示的是一个茹可夫斯基转盘(盘与铅直轴之间没有摩擦,可自由转动)，让一人站在转盘的铅直轴上，手持哑铃，两臂平伸。现推动转盘使盘转动起来，如图3-20a 所示。当他把两臂收回使哑铃贴在胸前时(图3-20b)，他随盘一起转动的角速度就明显增大。这个现象可以用角动量守恒定律解释如下：人、哑铃、转盘是刚体和质点共同组成的系统。人收回两臂是内力的作

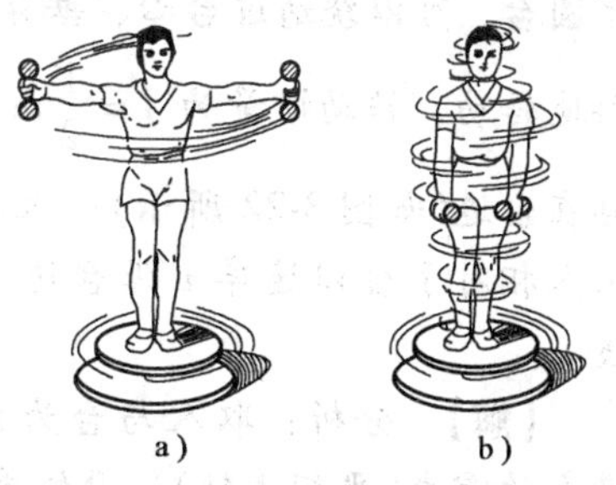

图3-20　角动量守恒演示

用，在收回的过程中，受到的外力是重力(平行于转轴)和将轴固定的力(通过转轴)，它们对于转轴都没有力矩，系统的总角动量应该守恒。由于人收回两臂后，哑铃和手臂靠近转轴，系统的转动惯量 J 变小，因此系统转动的角速度 ω 将增大。

上述结论对通过质心轴的转动仍然成立。只要物体所受的对质心轴的外力矩为零，它对该轴的角动量也保持不变。利用角动量守恒定律可以解释许多现象。例如，体操运动员在空中翻跟头时，总是先纵身离地，使自己绕通过自身质心的转轴有一缓慢的转动，在空中蜷缩四肢，减小转动惯量以增大角速度，迅速翻转，等将要落地时，又伸开四肢增大转动惯量，以减小角速度，平稳落地。

角动量守恒定律是自然界中普遍适用的定律之一。它不仅适用于包括天体在内的宏观问题，也适用于原子、原子核等微观问题。

角动量守恒定律在工程实际和日常生活中的应用非常广泛。惯性导航就是角动量守恒定律在现代技术中的应用之一，所用的装置叫回转仪，也叫“陀螺”，如图3-21所示。它的核心部分是装置在常平架上的一个质量很大的转子。常平架是套在一起、分别具有竖直轴和水平轴的两个圆环。转子装在内环上，其轴与内环的轴垂直，它是精确的对称于转轴的圆柱。各轴承高度光滑，这样的转子就具有可以绕其自由转动的三个相互垂直的轴，即转子的轴在空间可以取任何方向。因此，不管常平架如何移动或转动，转子都不受到任何力矩的作用，一旦转子高速转动起来，根据角动量守恒定律，它将保持其对称轴在空间的指向不变。这种定向特性在自动控制、惯性导航、航天技术等领域有着重要的应用。把常平架陀螺仪安装在飞机、导弹、坦克或舰船上，不论它们作何等复杂的运动，陀螺仪的自转轴的空间方位始终不变，从而起到导航的作用。

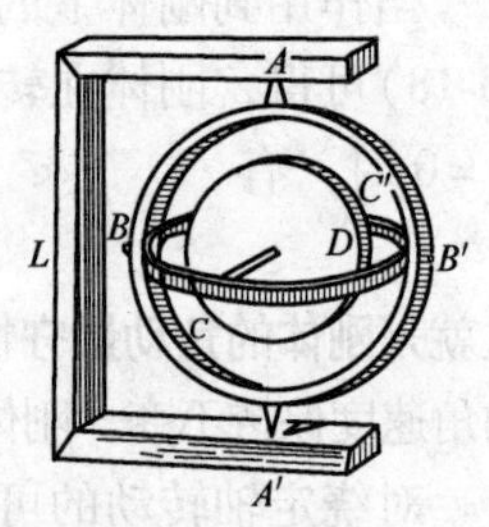

图3-21 回转仪

【例3-11】 一个质量为 m_1、半径为 R 的均质水平圆台，可以绕通过台心、垂直于台面的竖直轴无摩擦地转动，转动惯量为 $J=\frac{1}{2}m_1R^2$。质量为 m_2 的人站在台边(如图3-22所示)，人和台原来都静止。如果人相对于台以速率 v 沿台边运动，求圆台的角速度 ω。

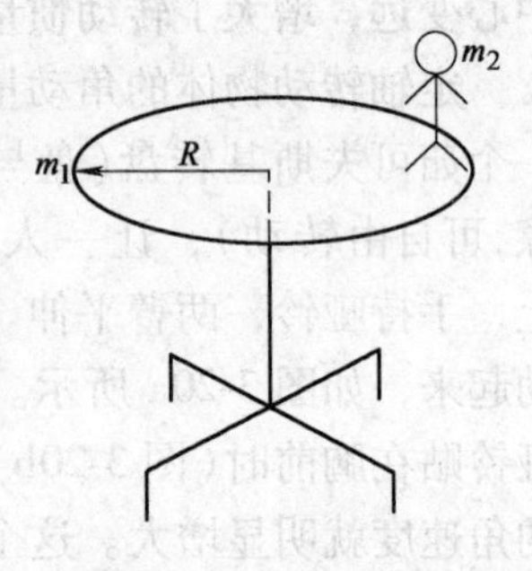

图3-22 例3-11图

【解】 分析：取人与台为系统，系统受的外力是人的重力(平行于轴)、台的重力和轴对台的力(均通过轴)，对转轴而言，系统所受外力矩为零，所以系统的角动量守恒。开始运动时，人和台都静止，系统的角动量为零。在运动过程中，人与台都有角动量，设台的角速度为 ω，则台的角动量为 $J\omega$。

由相对运动的速度公式可知，人相对于地的速度应该等于人相对于台的速度 v 加上在人的位置处台相对于地的速度 ωR，所以人对转轴的角动量为 $Rm_2(v+\omega R)$。

根据角动量守恒定律，有

$$0 = J\omega + Rm_2(v+\omega R)$$

从中可解出圆台的角速度

$$\omega = -\frac{2m_2 v}{(m_1+2m_2)R}$$

负号表示转台的转向与人相对于台的转向相反。

【例 3-12】 如图 3-23 所示，均质细棒的质量为 m_1，长为 l_1，可绕通过 O 端的水平轴自由转动。在棒自由下垂时，质量为 m_2 的子弹以水平速度 v_0 射进棒上 C 点（O、C 相距为 l_2）并留在棒中，使棒摆动。求：(1)棒开始摆动时的角速度 ω；(2)棒的最大摆角 θ。

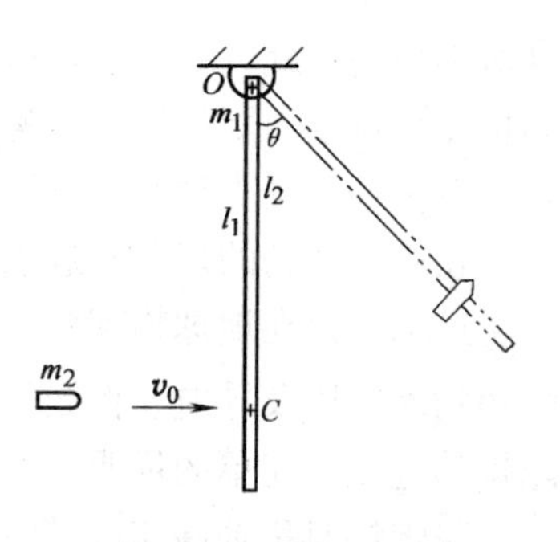

图 3-23 例 3-12 图

【解】 (1) 分析：子弹和棒组成的系统动量是否守恒？我们来看它是否满足动量守恒的条件，这就要看系统所受到的外力是否为零。子弹与棒的相互作用力是内力（水平方向），外力有重力 $m_1\boldsymbol{g}$ 和 $m_2\boldsymbol{g}$（均在铅直方向），还有轴对棒的力，为了阻止棒的平动，轴处的外力必须足够大，与内力大小有关。因此，一般说来，系统的动量不守恒。但对定轴转动系统，轴对棒的作用力通过转轴，对轴没有力矩，而其他外力（重力）的作用线也通过轴，也没有力矩，所以系统的角动量守恒。

由角动量守恒定律得

$$m_2 v_0 l_2 = \frac{1}{3}m_1 l_1^2\omega + m_2 l_2^2\omega$$

从而可解得棒开始摆动时的角速度

$$\omega = \frac{3m_2 l_2 v_0}{m_1 l_1^2 + 3m_2 l_2^2}$$

(2) 取细棒和地球为研究系统，细棒在摆动的过程中，受重力和轴对棒的作用力，而轴对棒的作用力没有位移，不做功，重力是保守力，所以棒和地球组成的系统机械能守恒，即

$$\frac{1}{2}J\omega^2 = m_1 g\frac{l_1}{2}(1-\cos\theta) + m_2 g l_2(1-\cos\theta)$$

因为棒和子弹的转动惯量之和 $J=\frac{1}{3}m_1l_1^2+m_2l_2^2$，所以可解得棒的最大摆角

$$\theta=\arccos\left[1-\frac{3m_2^2l_2^2v_0^2}{(m_1l_1+2m_2l_2)(m_1l_1^2+3m_2l_2^2)g}\right]$$

3.4.4　进动

下面简单介绍转轴不固定的情况。大家都见过或玩过的一种玩具——陀螺，如图 3-24 所示。如果陀螺不绕自身对称轴旋转，则陀螺在自身重力对 O 点的力矩的作用下会倒下。但当陀螺绕自身对称轴高速旋转时(这种旋转叫自旋)，尽管陀螺仍受自身重力矩作用，陀螺却不会翻倒，而是自身对称轴绕竖直轴转动。这种高速自旋的物体的轴在空间转动的现象叫进动。

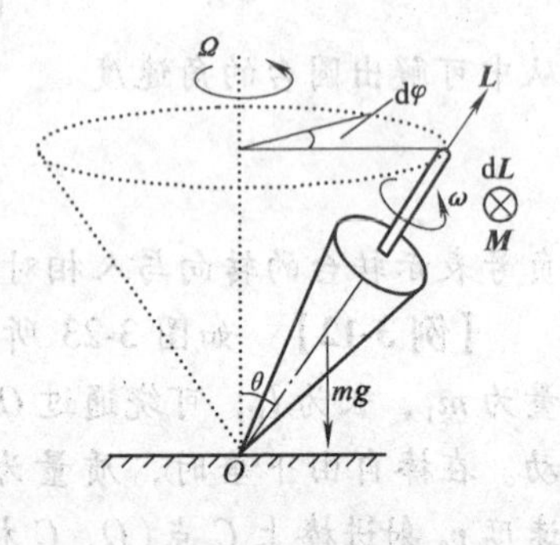

图 3-24　陀螺

进动理论在地球物理学、电磁学、原子和原子核物理，以及导航、控制等工程技术中有广泛的应用，下面利用角动量定理对陀螺的进动作简单的说明。

陀螺绕对称轴高速旋转时，设对固定点 O 的角动量为 $\boldsymbol{L}$。角动量的大小近似为

$$L=J\omega$$

式中，J 为陀螺绕其对称轴的转动惯量，ω 为绕自身轴转动的角速度。

由角动量定理得

$$\mathrm{d}\boldsymbol{L}=\boldsymbol{M}\mathrm{d}t \tag{3-20}$$

式中，$\boldsymbol{M}$ 是陀螺所受的重力对支撑点 O 的力矩。上式表明：在 $\mathrm{d}t$ 时间内角动量的改变量 $\mathrm{d}\boldsymbol{L}$ 的方向与力矩 $\boldsymbol{M}$ 的方向相同，即与自身转轴和重力方向组成的平面垂直，$\boldsymbol{L}$ 的大小不变，但 $\boldsymbol{L}$ 矢量(沿对称轴)绕竖直轴转过一微小角度 $\mathrm{d}\varphi$。由式(3-20)得

$$|\mathrm{d}\boldsymbol{L}|=M\mathrm{d}t$$

由图 3-24 可知

$$|\mathrm{d}\boldsymbol{L}|=L\sin\theta\mathrm{d}\varphi$$

陀螺进动的角速度的大小为

$$\Omega=\frac{\mathrm{d}\varphi}{\mathrm{d}t}=\frac{M}{L\sin\theta}=\frac{M}{J\omega\sin\theta}$$

在技术上利用进动的实例是炮弹或子弹在空中的飞行。炮弹在飞行时要受空气阻力的作用，为防止炮弹在飞行中翻转，就在炮筒内壁上刻出来复线。当炮弹

由于发射火药的爆炸作用被强力推出炮筒时，来复线使炮弹绕自身对称轴高速旋转。由于这种自身旋转，空气阻力将不能使它翻转，而只能使它绕质心前进的方向进动，弹头就总是大致指向前方了。

习　题

3-1　如习题3-1图所示，两个完全相同的定滑轮分别用绳绕几圈以后，在A轮绳端系一质量为m的物体，在B轮上以恒力$F=mg$拉绳，则两轮转动的角加速度β_A ________ β_B。（填"<"、"="或">"）

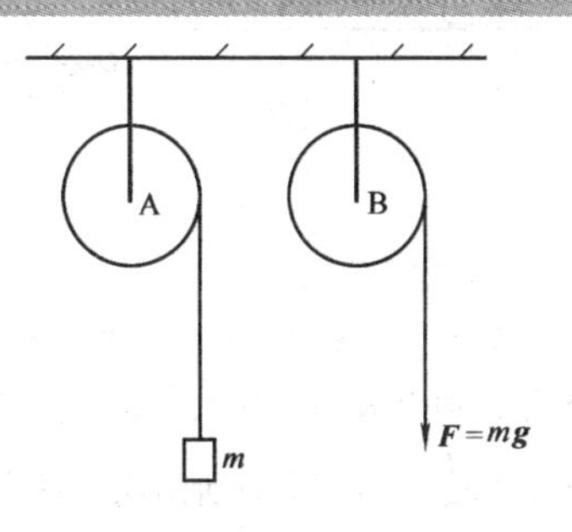

习题3-1图

3-2　一飞轮的转动惯量为J，在$t=0$时角速度为ω_0，此后轮经历制动过程，阻力矩的大小与角速度的平方成正比，比例系数$k>0$。当角速度减为$\frac{\omega_0}{3}$时，飞轮的角加速度为________。

3-3　滑轮圆盘半径为R、质量为m'，长绳的一端绕在定滑轮圆周上，另一端挂质量m的物体。若物体匀速下降，则滑轮与轴间的摩擦力矩为________。

3-4　一质量m、半径为R的薄圆盘，可绕通过其一直径的轴转动，转动惯量$J=\frac{1}{4}mR^2$。该盘从静止开始在恒力矩M的作用下转动，t秒后位于圆盘边缘上与轴垂直距离为R的点的切向加速度大小为________，法向加速度大小为________。

3-5　长为L、质量为m的细杆可绕通过其一端的水平轴O在竖直平面内无摩擦旋转，初始时刻杆处于水平位置，静止释放之后，当杆与竖直方向成30°角时，角加速度为________，角速度为________。

3-6　飞轮质量$m=60\text{kg}$，半径$R=0.2\text{m}$，绕其水平中心轴O转动，转速为900r/min。现利用一制动用的闸杆（质量忽略），在其一端加一竖直方向的制动力F（恒力）。使飞轮减速，已知闸杆的尺寸如习题3-6图所示，闸瓦与飞轮之间的摩擦因数$\mu=0.4$，飞轮的转动惯量可按匀质圆盘计算。

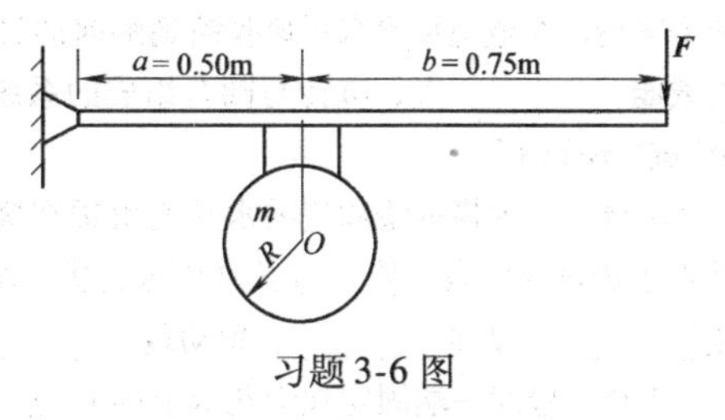

习题3-6图

（1）设$F=100\text{N}$，问飞轮经多长时间停止转动？在这时间内，飞轮转了几转？

（2）要使飞轮在2s内转速减为一半需加多大的F？

3-7　如习题3-7图所示，两物体的质量分别为m_1与m_2，滑轮的转动惯量为J、半径为r。若m_2与桌面间的摩擦因数为μ，求m_1的加速度a及绳子的张力。（设绳子与滑轮间无相对滑动，绳质量不计）

3-8　如习题3-8图所示，一刚体由匀质长棒和小球组成，棒的质量为m、长为L，小球（视为质点）的质量也是m，该刚体可绕O轴在竖直平面内作无摩擦转动，将棒拉到水平位置作无初速释放，求当棒在运动过程中与铅垂线成θ角时，刚体的角速度和小球的法向加速度。

3-9 如习题3-9图所示，匀质圆盘以角速度 ω 绕通过其中心与盘面垂直的轴转动，同时射入两个质量相同、速度大小相同方向相反，且在同一条直线上（与轴垂直）的子弹，子弹射入圆盘并留在盘内，则子弹射入后，圆盘的角速度 ω 将（　）。

（A）增大；（B）不变；（C）减小；（D）无法确定。

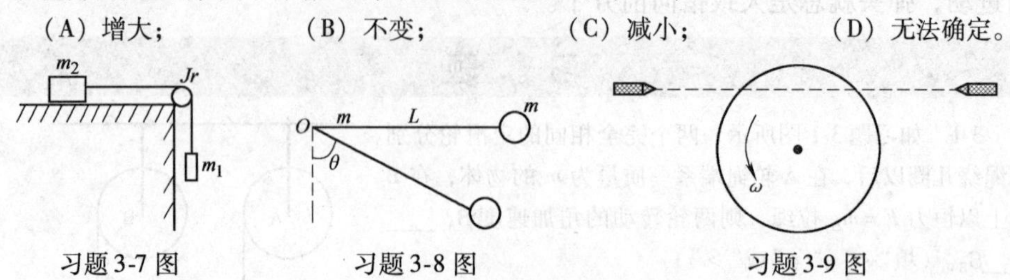

习题3-7图　　习题3-8图　　习题3-9图

3-10 一质量为 m、长度为 L 的均匀细杆水平放置在光滑桌面上，可绕过其一端且垂直杆的竖直轴 O 旋转，杆上套着一质量为 m 的套管（可作为质点），用细线和轴拉住，套管到轴的距离为 $\frac{L}{2}$。杆和套管所组成的系统以角速度 ω 绕轴转动。若在转动的过程中细线被拉断，套管将沿杆滑动，当套管到轴的距离为 $x(x<L)$ 时，该系统转动角速度 ω 为________。

3-11 宇宙间某一星球，原来以某一角速度自转，由于某种自身的原因，该星球逐渐收缩（质量不变）。经过若干年后，它的半径缩为原来的90%，则其自转角速度变为原来的________倍。$\left(\text{球的转动惯量为}\frac{2}{5}mR^2\right)$

3-12 一质量为 m、半径为 R 的均质圆形转台，可绕通过台心的铅直轴无摩擦地转动，台上有一质量也是 m 的人。当他站在转台边缘时，转台与人一起以角速度 ω 转动，当人走到 $\frac{R}{2}$ 处时，转台的角速度为________。

3-13 一水平圆台绕通过圆心的铅直轴自由转动，一人站在水平圆台的圆心上，两手平举两个哑铃，在他把哑铃水平地收缩到胸前的过程中，人与哑铃组成的系统的角动量________、机械能________，人、哑铃与圆台组成的系统的角动量________、机械能________。（填“守恒”或“不守恒”）

3-14 一木棒可绕固定的水平光滑轴在竖直平面内转动，木棒静止在竖直位置，一子弹垂直于棒射入棒内，使棒与子弹共同上摆。在子弹射入木棒的过程中，棒与子弹系统的机械能________、动量________、角动量________。（填“守恒”或“不守恒”）

3-15 轻绳一端固定在天花板上的 O 点，另一端系一质量为 m 的小球，小球在水平面内作匀速率圆周运动，则小球的动能________、动量________、对 O 点的角动量________、对转轴的角动量________。（填“守恒”或“不守恒”）

3-16 工程上，两飞轮常用摩擦啮合器使它们以相同的转速一起转动。如习题3-16图所示，A和B两飞轮的轴杆在同一中心线上，两轮绕轴的转动惯量分别为 $J_A=10\text{kg}\cdot\text{m}^2$ 和 $J_B=20\text{kg}\cdot\text{m}^2$，C为摩擦啮合器。开始时A轮的转速为600r/min、B轮转速为400r/min，方向与A轮的转向相反，求两轮啮合后的转速和转向。

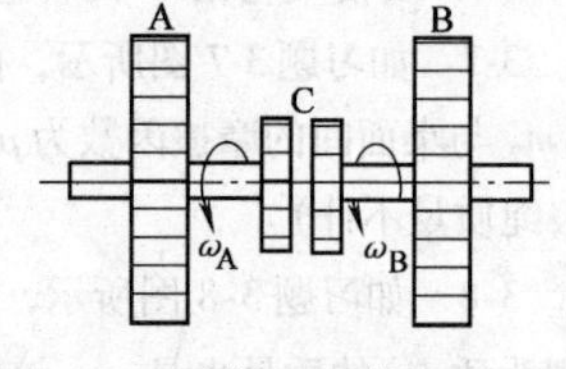

习题3-16图

3-17　一根质量为 m、长为 L 的细而均匀的棒，其下端铰接于水平地板上，并竖直立起，如让它倒下，则棒将以角速度 ω 撞击地面；若将棒截为长 $\frac{L}{2}$ 的一段，初始条件不变，则它撞击地板时的角速度为________。

3-18　绳长为 L、质量为 m 的单摆和长也是 L、质量也是 m、可绕一端自由转动的匀质细棒，把它们都拉开 θ 角由静止释放，两者运动到竖直位置时________的角速度较大。

3-19　一根长为 L、质量为 m 的均质细杆，可绕通过其一端的光滑轴在竖直平面内转动。杆从水平位置由静止自由摆到竖直位置时，则杆的转动动能 E_k = ________，杆的角速度________，杆的角加速度________。

3-20　一芭蕾舞演员两臂平伸，绕自身的铅直轴旋转，其转动动能为 E_k、转动惯量为 J。当她将手臂收回到胸前时，其转动惯量变为 $\frac{J}{2}$，则她的转动角速度将变为________，转动动能为________。转动动能为什么增大?

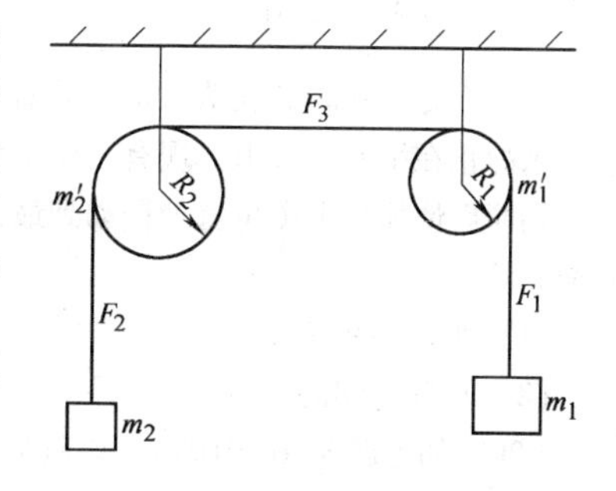

习题3-21图

3-21　在如习题3-21图所示的装置中，设质量 m_1、m_2、m'_1 和 m'_2，半径 R_1 和 R_2 均已知，且 $m_1 > m_2$，设绳长不变，质量不计，绳子与滑轮间不打滑，且滑轮的质量均匀分布，其转动惯量可按均匀圆盘计算，滑轮轴承处无摩擦阻力。

（1）用牛顿定律或转动定律写出各物的运动方程，求 m_2 的加速度和三绳的张力。

（2）利用机械能守恒定律的条件分析这一系统的机械能是否守恒？设初始状态系统静止，求 m_1 下降距离为 x 时的速度。

3-22　在如习题3-22图所示的装置中，两滑轮质量均匀分布，半径均为 R，滑轮与物体A、B的质量均为 m，弹簧的劲度系数为 k，B与桌面间的摩擦因数为 μ，开始时，用手托住A，使弹簧恰为原长，然后放手。求：

（1）A下降的最大距离。

（2）当A获得最大速度时所下降的距离。

（3）A下降过程中的最大速度。

（4）若当A下降到最大距离时，连接A、B的绳子突然断裂，求绳子断后瞬间B的加速度。

3-23　如习题3-23图所示，长为 L、质量为 m 的均匀细棒，一端悬挂在 O 点上，可绕水平轴无摩擦地转动，如图所示。在同一悬挂点，有长为 l 的轻绳悬一小球，质量也为 m，当小球悬线偏离竖直方向某一角度时，由静止释放，小球在悬点正下方与静止的细棒发生弹性碰撞，当绳的长度 l 为多少时，小球与棒碰撞后，小球刚好静止。

3-24　如习题3-24图所示，一长为 L、质量为 m' 的均质木棒，可绕光滑水平轴 O 在竖直平面内转动，开始时，棒在 $\theta=60°$ 位置由静止释放，当棒转到竖直位置时，在离轴 O 为 $\frac{3}{4}L$ 处有一质量为 m 的子弹以水平向右的速度 v_0 射入棒内，求子弹射入后棒摆动的最大角速度 ω?

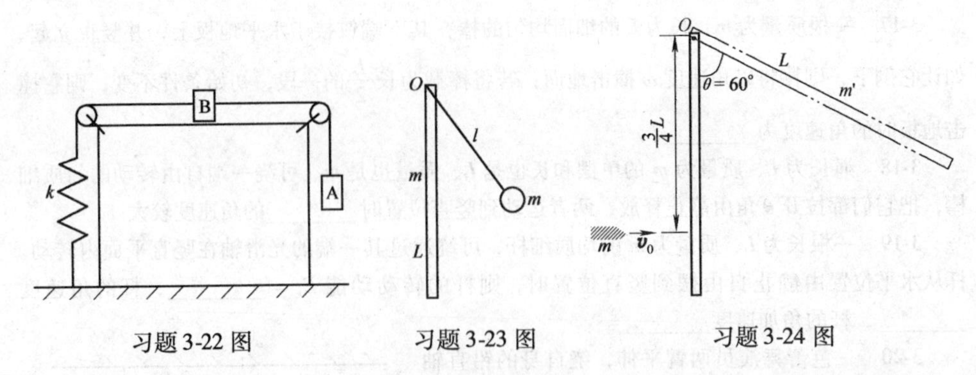

习题 3-22 图　　习题 3-23 图　　习题 3-24 图

3-25　质量为 m'、长为 L 的均质直棒，可绕垂直于棒的一端的水平轴 O 无摩擦地转动，它原来静止在平衡位置上。现有一质量为 m 的弹性小球飞来，正好在棒的下端与棒垂直地相撞，相撞后使棒从平衡位置处摆动到最大角度 $\theta=30°$处，如习题 3-25 图所示，设碰撞为弹性碰撞。求：

(1) 小球的初速度。

(2) 小球受到的冲量。

3-26　如习题 3-26 图所示，均质圆盘定滑轮 B 的质量为 m'、半径为 R，一根轻质不能伸长的绳子跨过滑轮 B，绳子一端连接在一轻质弹簧 OA 上，另一端悬挂一质量为 m 的物体。弹簧一端固定在 O 点，劲度系数为 k。将 m 托起，使弹簧 OA 没有伸长，然后放手。试求弹簧伸长量为 x 时，物体 m 的加速度和速度，以及物体 m 下降到最低点时的加速度的大小和方向。

3-27　如习题 3-27 图所示，一均质圆盘定滑轮的质量为 m'、半径为 R。一根轻质不能伸长的绳子跨过滑轮，绳子一端系着质量为 m 的香蕉，另一端悬爬着质量也为 m 的一只猴子，两者同高。猴子沿绳上爬，问两者谁先达到滑轮处？

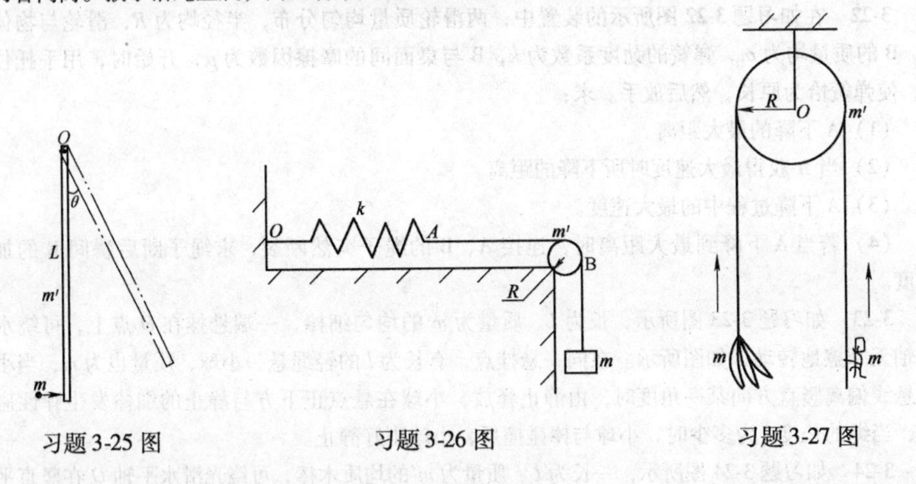

习题 3-25 图　　习题 3-26 图　　习题 3-27 图

3-28　据《宋史》记载，至和元年(即 1054 年)，有一次超新星爆发，其后果是形成了如今观察到的蟹状星云及其核心中子星 PSR0531 + 21。此中子星质量为 $m=2.5\times10^{30}$ kg，半径为 $R=15$km，自转角速度 $\omega=1.9\times10^{2}$ rad/s，并以 $\beta=-7.6\times10^{-11}$ rad/s^2 的角加速度变慢。将

此中子星按均匀球体计算，转动惯量为$\frac{2}{5}mR^2$。问：

（1）此中子星的平均密度是地球平均密度($5.5\times10^3\,\mathrm{kg/m^3}$)的多少倍？

（2）它的转动动能按什么速率(以 W 计)减少(即求每秒钟减少的动能)？这一变率是太阳的总辐射功率($4.2\times10^{26}\,\mathrm{W}$)的几倍？

（3）假设此动能变化率保持不变，该中子星再经过多长时间将停止转动？

第2篇　振动与波动

物体在平衡位置附近来回往复的运动叫做机械振动，振动是物体的一种运动形式。从日常生活到生产技术以及自然界，到处都存在着振动。例如单摆的振动、汽缸中活塞的振动、分子或晶体中原子的振动、一切发声体的振动等。从更广泛意义上讲，振动不只限于机械振动。凡一个物理量，只要在某值附近来回变化，就说这个物理量在振动，如电磁振荡是回路中的电流在作振动。因为机械振动比较直观，容易研究，而且它的很多特征和其他振动一样，所以我们主要研究机械振动。

振动状态在空间的传播称为波动。如声波、水波、电磁波和光波等都是波动，波动是物质的另一种主要运动形式。各种各样信息的传播几乎都要借助于波动传播。机械振动在介质中的传播称为机械波。尽管各种波有各自的特性，但它们都具有相似的波动方程，具有干涉和衍射等波所特有的普遍共性。

本篇主要研究机械振动和机械波。

莱昂哈德·欧拉（Leonhard Euler，1707—1783），瑞士数学家和物理学家，是刚体力学和流体力学的奠基者。欧拉将质点动力学微分方程应用于液体，奠定了理想流体的理论基础，给出了反映质量守恒的连续方程和反映动量变化规律的流体动力学方程。他还研究发展了弹性理论、振动理论和材料力学，并把振动理论应用到音乐的理论中。

第4章　简谐振动概论

简谐振动是最简单、最基本的振动形式，任何复杂振动都可视为若干个简谐振动的合成。本章主要研究简谐振动的特征及规律、简谐振动的能量和简谐振动的合成。

4.1　简谐振动

4.1.1　简谐振动的动力学特征

若物体在振动方向上所受切向合力 F_τ 与离开平衡位置（切向合力为零）的位移 y 满足

$$F_\tau = -Ky \tag{4-1}$$

则该物体作简谐振动（简称谐振动）。上式中 K 是正值常数；y 是振动物体离开平衡位置的位移；负号表示物体受到的切向合力方向与物体位移方向相反。这种力与弹性力形式相同，所以称为准弹性力。

如果物体的质量为 m，根据牛顿运动定律，式（4-1）可变形为

$$F_\tau = ma_\tau = m\frac{d^2y}{dt^2} = -Ky$$

$$\frac{d^2y}{dt^2} + \frac{K}{m}y = 0$$

令 $\frac{K}{m} = \omega^2$，则上式改写为

$$\frac{\mathrm{d}^2y}{\mathrm{d}t^2}+\omega^2y=0 \tag{4-2}$$

或

$$a_\tau+\omega^2y=0$$

式中，ω 由系统自身的固有性质所确定，常称之为固有角频率。式（4-2）是物体作简谐振动的微分方程式。广义上讲，任何物理量（如位移、速度、电流、电压等）只要满足微分方程式（4-2），该物理量就作简谐振动。

要判断一个物体是否作简谐振动，就看它是否满足式（4-1）或式（4-2）。其步骤如下：

1）画受力图。

2）找到平衡位置 O，取 O 为坐标原点，沿振动方向建立坐标；

3）假设物体有位移 $+y$，分析此时受力或加速度是否满足式（4-1）或式（4-2）。

【例 4-1】 如图 4-1 所示，在倾角为 θ 的光滑斜面上，顶端固定一个劲度系数为 k 的轻弹簧，弹簧的另一端系一个质量为 m 的物体。开始时将物体沿斜面上推，使弹簧恢复到原长，然后静止释放。试证明该物体作简谐振动。

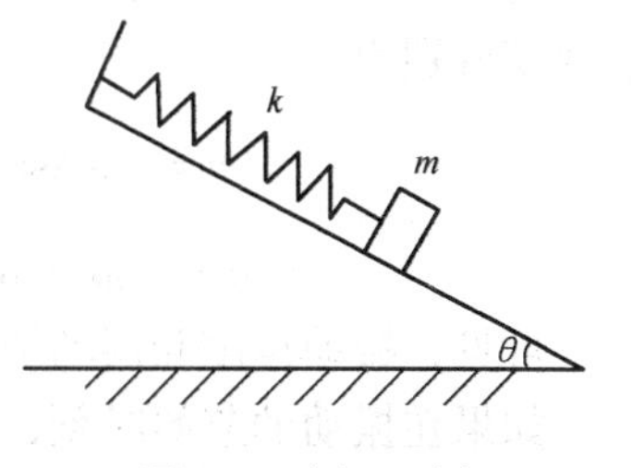

图 4-1　例 4-1 图

【解】 分析物体受力，如图 4-2a 所示。物体在运动过程中受重力 mg、斜面支持力 $\boldsymbol{F}_\mathrm{N}$ 和弹簧弹性力 $\boldsymbol{F}_\mathrm{T}$。物体在平衡位置所受合力为零，设此时弹簧伸长量为 l_0，则

$$kl_0=mg\sin\theta$$

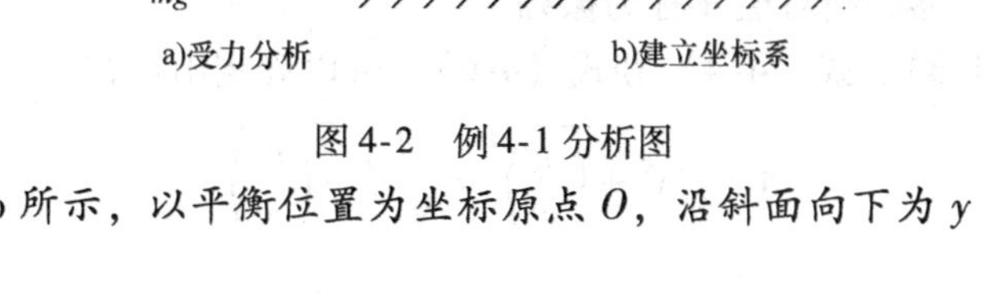

a)受力分析　　b)建立坐标系

图 4-2　例 4-1 分析图

如图 4-2b 所示，以平衡位置为坐标原点 O，沿斜面向下为 y 轴正向（沿振动方向）。

当物体离开平衡位置的位移为 y 时，弹簧伸长量为 l_0+y，物体受到的切向力为

$$F_\tau=mg\sin\theta-k(l_0+y)=-ky$$

或

$$a_\tau = \frac{F_\tau}{m} = -\frac{k}{m}y = -\omega^2 y$$

满足式（4-1）和式（4-2），所以，物体在斜面上作简谐振动，且振动的角频率 $\omega = \sqrt{k/m}$ 与斜面倾角 θ 无关。

4.1.2 简谐振动的运动方程

由微分方程理论知，式（4-2）的解具有如下形式：

$$y = A\cos(\omega t + \varphi) \tag{4-3}$$

式中，A，φ 是两个由初始条件所决定的积分常量，它们的物理意义和确定方法将在后面讨论。式（4-3）称为简谐振动的运动方程。它也可以作为简谐振动的定义式，即如果一个物理量是时间的余弦[㊀]函数，这个物理量就作简谐振动。

将式（4-3）两边分别对时间求一阶和两阶导数，得物体的振动速度和振动加速度分别为

$$v = -\omega A\sin(\omega t + \varphi) = \omega A\cos\left(\omega t + \varphi + \frac{\pi}{2}\right) \tag{4-4}$$

$$a = -\omega^2 A\cos(\omega t + \varphi) = \omega^2 A\cos(\omega t + \varphi + \pi) \tag{4-5}$$

可见，振动速度和振动加速度也都在作简谐振动。

如果在振动的起始时刻，即在 $t=0$ 时，物体的初始位移为 y_0、初始速度为 v_0，则由式（4-3）和式（4-4），得

$$\begin{cases} y_0 = A\cos\varphi \\ v_0 = -\omega A\sin\varphi \end{cases} \tag{4-6}$$

4.1.3 简谐振动的特征量

1. 振幅 A

在简谐运动方程（4-3）中，因 $\cos(\omega t + \varphi)$ 的取值在 -1 和 $+1$ 之间，所以物体离开平衡位置的位移亦在 $-A$ 和 $+A$ 之间。我们把作简谐振动的物体离开平衡位置最大位移的绝对值 A 称为振幅。

利用式（4-3）、式（4-4）和式（4-6），可以确定出振幅

$$A = \sqrt{y^2 + \left(\frac{v}{\omega}\right)^2} = \sqrt{y_0^2 + \left(\frac{v_0}{\omega}\right)^2} \tag{4-7}$$

㊀ 因为 $\cos(\omega t + \varphi) = \sin(\omega t + \varphi + \pi/2)$，若令 $\varphi' = \varphi + \pi/2$，则式（4-3）可写成

$$y = A\sin(\omega t + \varphi')$$

所以也可以说物体作简谐振动时，位移是时间的正弦函数，但为统一起见，本书采用余弦函数。

2. 周期、频率和角频率

物体作一次完整振动所经历的时间叫做振动的周期，用 T 表示，周期的单位为秒（s）。经历一个周期，物体的振动状态完全重复一次，所以物体在任意时刻 t 的位移和速度，应与物体在时刻 $t+T$ 的位移和速度相同，即

$$y=A\cos(\omega t+\varphi)=A\cos[\omega(t+T)+\varphi]$$

由于余弦函数的周期性，满足上述方程的 T 的最小值为 $\omega T=2\pi$，所以

$$T=\frac{2\pi}{\omega} \tag{4-8}$$

单位时间内物体完成完整振动的次数叫做频率，用 ν 表示，单位是赫兹（Hz）。频率与周期的关系为

$$\nu=\frac{1}{T}=\frac{\omega}{2\pi} \tag{4-9}$$

所以

$$\omega=2\pi\nu \tag{4-10}$$

ω 表示物体在 2π 秒时间内完成完整振动的次数，叫做角频率（又称圆频率），它的单位是弧度/秒（rad/s）。

弹簧振子的角频率、周期和频率分别为

$$\omega=\sqrt{\frac{k}{m}},\quad T=2\pi\sqrt{\frac{m}{k}},\quad \nu=\frac{1}{2\pi}\sqrt{\frac{k}{m}}$$

由于弹簧振子的质量 m 和劲度系数 k 是振子系统本身固有的性质，所以振动周期、频率和角频率完全取决于振动系统本身，常称之为固有周期、固有频率和固有角频率。

3. 相位和初相

力学中，物体在某时刻的运动状态，可用位置矢量和速度来描述。在振幅和角频率都已给定的简谐振动中，它的运动状态可用“相位”这一物理量来决定。由式（4-3）和式（4-4）可知，作简谐振动的物体在任意时刻 t 的运动状态（物体离开平衡位置的位移和速度）都决定于（$\omega t+\varphi$）。也就是说，（$\omega t+\varphi$）既决定了振动物体在任意时刻相对平衡位置的位移，又决定了它在该时刻的运动速度。通常把（$\omega t+\varphi$）称为振动的相位，它是决定作简谐振动物体的运动状态的物理量。

例如，作简谐振动的物体在某一时刻的相位为 $\omega t+\varphi=-\frac{\pi}{3}$，则此时物体的振动位移和振动速度分别为

$$y=\frac{A}{2},\quad v=\frac{\sqrt{3}}{2}\omega A$$

反之，若已知振动状态（y，v），也可求出相位（$\omega t+\varphi$）。

例如，某一时刻作简谐振动物体的位移为$y=\frac{A}{2}$，速度$v>0$，则

$$\frac{A}{2}=A\cos(\omega t+\varphi),\quad v=-\omega A\sin(\omega t+\varphi)>0$$

由此求得

$$\omega t+\varphi=-\frac{\pi}{3}+2n\pi\quad(n=0,\pm1,\pm2,\cdots)$$

可见，不同的相位表示不同的运动状态。振动位移和速度都相同的运动状态，它们的相位可以相差2π或2π的整数倍。这说明相位不仅表示振动状态还反映出振动在时间上的周期性特点。

$t=0$时刻的相位φ称为初相，它代表初始振动状态。由式（4-6）可知，初相φ的值可由$t=0$时刻的位移和速度共同确定，取值范围通常在$-\pi\sim\pi$之间。

例如，$t=0$时刻，作简谐振动物体的初始位移为$y_0=\frac{A}{2}$，初速度$v_0>0$，则有

$$\frac{A}{2}=A\cos\varphi,\quad v_0=-\omega A\sin\varphi>0$$

由此求得

$$\varphi=-\frac{\pi}{3}$$

【例4-2】 在例4-1中如果取释放物体的时刻开始计时，且沿斜面向下的方向为坐标轴正方向，试写出物体作简谐振动的运动方程。

【解】 取平衡位置为坐标原点，设物体作简谐振动的运动方程为$y=A\cos(\omega t+\varphi)$。因为$t=0$时刻满足

$$y_0=-\frac{mg\sin\theta}{k},\quad v_0=0$$

所以

$$A\cos\varphi=-\frac{mg\sin\theta}{k},\quad -\omega A\sin\varphi=0$$

解得

$$A=\frac{mg\sin\theta}{k},\quad \varphi=\pi$$

因为$\omega=\sqrt{\frac{k}{m}}$，所以物体的振动方程为

$$y=\frac{mg\sin\theta}{k}\cos\left(\sqrt{\frac{k}{m}}t+\pi\right)$$

【例4-3】 一根质量可以忽略并且不会伸长的细线，上端固定，下端系一可看作质点的重物就构成单摆，如图4-3所示，试证明在小角度的情况下，单摆的

振动是简谐振动，并求振动周期。

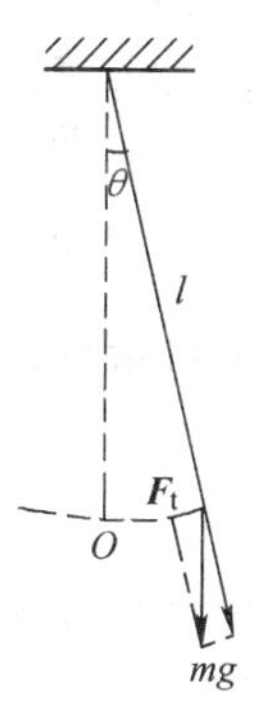

图 4-3　例 4-3 图

【解】 取平衡位置为坐标原点，向右为正方向。取摆线与竖直方向的夹角为 θ，逆时针方向的夹角为正，则摆球所受的合力在圆弧切线方向的分力为

$$F_\tau = -mg\sin\theta$$

如果摆角 θ 很小（$\theta<5°$），$\sin\theta\approx\theta$，所以

$$F_\tau = -mg\theta$$

根据牛顿第二定律，有

$$-mg\theta = ma_\tau = m\frac{\mathrm{d}^2(l\theta)}{\mathrm{d}t^2} = ml\frac{\mathrm{d}^2\theta}{\mathrm{d}t^2}$$

整理得

$$\frac{\mathrm{d}^2\theta}{\mathrm{d}t^2}+\frac{g}{l}\theta=0$$

这一方程与式（4-2）具有相同的形式，所以可以得出结论：在角位移很小的情况下，单摆的振动是简谐振动。单摆的角频率 $\omega=\sqrt{\frac{g}{l}}$。

单摆的振动周期　　$T=\frac{2\pi}{\omega}=2\pi\sqrt{\frac{l}{g}}$

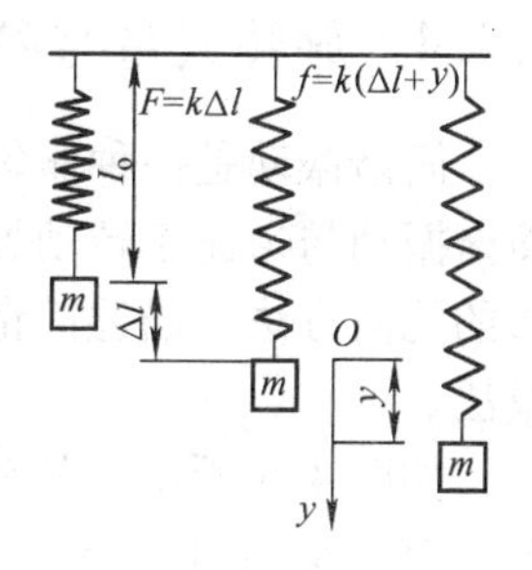

图 4-4　例 4-4 图

【例 4-4】 一轻质弹簧，劲度系数为 k，上端固定，下端悬挂质量为 m 的物体，物体静止时弹簧的伸长量为 $\Delta l = 9.8\text{cm}$。如果此时给物体一向下的打击，使之以 $v_0=1\text{m/s}$ 的速度运动，并开始计时。试证明物体作简谐振动，并写出该物体的运动方程。

【解】 首先找出平衡位置。在静止时，物体只受重力和弹力作用，处于平衡状态，该处为平衡位置。取平衡位置为坐标原点 O，向下为 y 轴正方向，建立如图 4-4 坐标系，在平衡位置时，满足 $mg=k\Delta l$，则当物体下降到 y 处时，物体所受的合力为

$$F_{合}=mg-F=mg-k(\Delta l+y)=-ky$$

因物体所受合外力与物体位移成正比而方向相反，所以物体作简谐振动。

根据牛顿第二定律，有

$$F_{合}=-ky=m\frac{\mathrm{d}^2y}{\mathrm{d}t^2}$$

于是

$$\frac{\mathrm{d}^2y}{\mathrm{d}t^2}+\frac{k}{m}y=0$$

令 $\omega^2=\dfrac{k}{m}$，则上式可写为

$$\frac{d^2y}{dt^2}+\omega^2y=0$$

此式为简谐振动的微分方程，式中 ω 为物体简谐振动的角频率，即

$$\omega=\sqrt{\frac{k}{m}}=\sqrt{\frac{g}{\Delta l}}=\sqrt{\frac{9.8}{9.8\times10^{-2}}}\text{rad/s}=10\text{rad/s}$$

设物体作简谐振动的运动方程为 $y=A\cos(\omega t+\varphi)$。$t=0$ 时刻

$$y_0=0,\quad v_0=1\text{m/s}$$

所以，振幅为

$$A=\sqrt{y_0^2+\frac{v_0^2}{\omega^2}}=0.1\text{m}$$

因为 $y_0=A\cos\varphi=0$，$v_0=-\omega A\sin\varphi=1\text{m/s}$，所以初相为

$$\varphi=-\frac{\pi}{2}$$

因此，物体的振动方程为

$$y=0.1\cos\left(10t-\frac{\pi}{2}\right)(\text{m})$$

4.1.4 旋转矢量与简谐振动

简谐振动是一种非匀变速运动，我们常常借助于旋转矢量（或参考圆）将简谐振动与匀速率转动加以类比，用来描述简谐振动。这是一种振幅矢量旋转投影的几何方法，描述简谐振动直观简洁，又称该方法为描述简谐振动的旋转矢量法。

如图4-5所示，从坐标原点 O（平衡位置）画一矢量 $\boldsymbol{A}$，使它的模等于振动的振幅 A，并使矢量 $\boldsymbol{A}$ 绕 O 点作逆时针方向的匀角速转动，其转动的角速度与振动的角频率 ω 相等，这个矢量 $\boldsymbol{A}$ 就叫做旋转矢量，其端点画出的圆为参考圆。设初始时刻（$t=0$），矢量 $\boldsymbol{A}$ 的端点在 M_0 位置，OM_0 与 y 轴正向的夹角为 φ；t 时刻，矢量 $\boldsymbol{A}$ 的端点在 M 位置，在这一过程中，矢量 $\boldsymbol{A}$ 沿逆时针方向转过了角度 ωt，OM 与 y 轴的夹角为 $\omega t+\varphi$，则矢量 $\boldsymbol{A}$ 在 y 轴上的投影 P 的坐标为

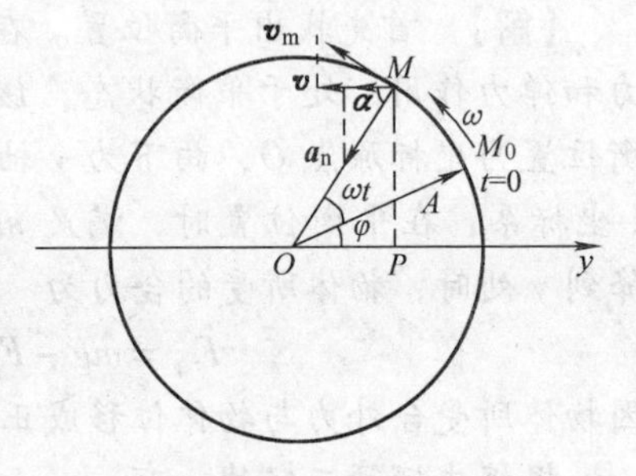

图4-5 匀速圆周运动与简谐振动

$$y=A\cos(\omega t+\varphi)$$

这一结果正与简谐振动的运动方程（4-3）相同，所以 P 点作简谐振动。而且 M

点的速度 ωA 在 y 轴上的投影等于 $-\omega A\sin(\omega t+\varphi)$，这正是 P 点的振动速度；M 点的加速度也就是向心加速度，等于 $\omega^2 A$，它在 y 轴上的投影等于 $-\omega^2 A\cos(\omega t+\varphi)$，也正是 P 点的加速度。矢量 $\boldsymbol{A}$ 以角速度 ω 旋转一周，相当于其投影点 P 处的物体在 y 轴上作一次完全振动，所以简谐振动的周期 T 即为旋转矢量旋转一周所用的时间。

必须强调指出，旋转矢量本身并不作简谐振动，我们只是利用旋转矢量的端点 M 在 y 轴上投影点的运动，来形象地展示简谐振动的运动规律。质点 M 作圆周运动的角速度 ω 和周期 T 数值上等于投影点 P 作简谐振动的角频率 ω 和周期 T，圆周的半径 A 数值上等于振动的振幅 A，OM 与 y 轴的夹角 $\omega t+\varphi$ 数值上等于 P 点作简谐振动的相位 $\omega t+\varphi$，初始时刻 OM_0 与 y 轴的夹角 φ 数值上等于 P 点作简谐振动的初相 φ。采用旋转矢量图可以形象而简洁地表示简谐振动中的特征物理量。

下面借助旋转矢量法来研究简谐振动。设一物体的振动方程为 $y=A\cos(\omega t+\varphi)$，对应的旋转矢量如图4-6a所示，当 $t=0$ 时，旋转矢量 $\boldsymbol{A}$ 位于位置1，其与 y 轴的夹角为 φ，故在 y 轴上的投影为 $A\cos\varphi$。矢量 $\boldsymbol{A}$ 以角速度 ω 逆时针旋转，经过不同的时刻 t，分别到达2，3，4，5，6，7，8各点，各时刻 $\boldsymbol{A}$ 在 y 轴上的投影的变化由箭头示出。旋转一周又回到1，在继续第二个周期……$y\sim t$ 的对应关系如图4-6b所示，振动曲线上的各点与旋转矢量端点的位置有一一对应的关系。旋转矢量图不仅为我们提供了一幅直观而清晰的简谐振动图像，而且借此能使我们一目了然地弄清相位的概念和作用，对进一步研究振动及振动合成问题十分有益。

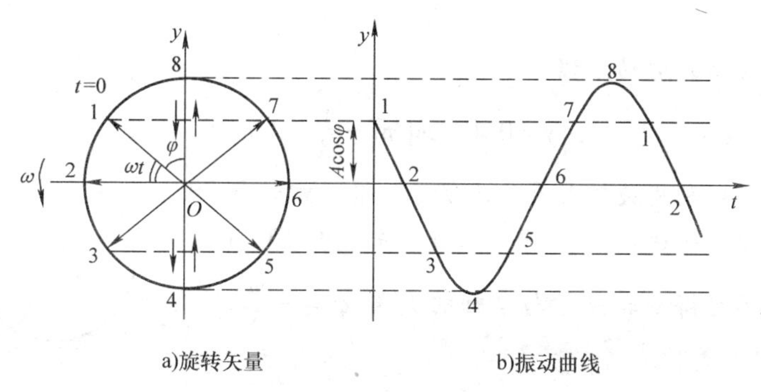

图4-6　旋转矢量图

利用旋转矢量图，还可以很容易的比较两个同频率简谐振动的相位差。设两个简谐振动的振动曲线如图4-7b中的实线①和虚线②所示，为求两简谐振动对应的相位之差，可以先画出两振动对应的旋转矢量图，如图4-7a所示，两简谐振动的初相之差正好与旋转矢量图4-7a中 A_1，A_2 对应的夹角相等，由这两个旋转矢量之间的夹角可求得振动曲线对应的相位之差。

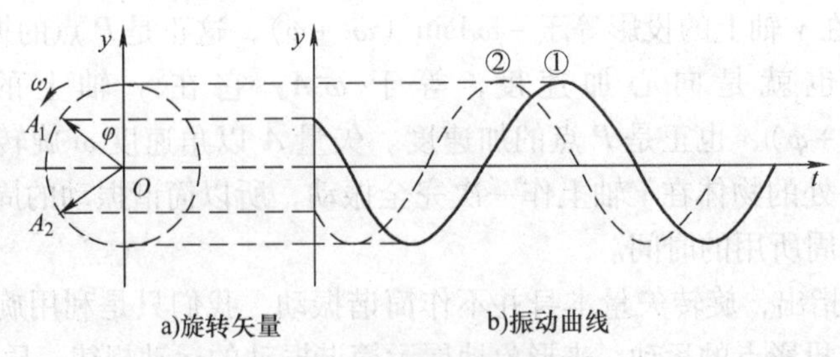

a)旋转矢量　　b)振动曲线

图 4-7　两振动的相位差

【例 4-5】　一物体沿 y 轴作简谐振动，振幅 $A=0.12\text{m}$，周期 $T=2\text{s}$，当 $t=0$ 时，物体的位移 $y_0=0.06\text{m}$，且向 y 轴正方向运动。求：(1) 此物体作简谐振动的振动方程；(2) 物体从 $y=-0.06\text{m}$ 向 y 轴负方向运动，第一次回到平衡位置所需要的时间。

【解】　(1) 设物体作简谐振动的运动方程为

$$y=A\cos\ (\omega t+\varphi)$$

由题知，振幅、周期和角频率分别为

$$A=0.12\text{m},\quad T=2\text{s},\quad \omega=\frac{2\pi}{T}=\pi\text{rad/s}$$

当 $t=0$ 时，$y_0=0.06\text{m}$，$v_0>0$，由式 (4-6) 得

$$0.06=0.12\cos\varphi,\qquad -\omega A\sin\varphi>0$$

由此得

$$\varphi=-\frac{\pi}{3}$$

因此，简谐振动的运动方程为

$$y=0.12\cos\left(\pi t-\frac{\pi}{3}\right)\ (\text{m})$$

我们也可以利用旋转矢量法求解 φ。根据初始条件 $t=0$ 时，$y_0=0.06\text{m}$，$v_0>0$，画旋转矢量如图4-8所示，由图示可得旋转矢量与 y 轴的夹角 $\varphi=-\frac{\pi}{3}$，即初相为

$$\varphi=-\frac{\pi}{3}$$

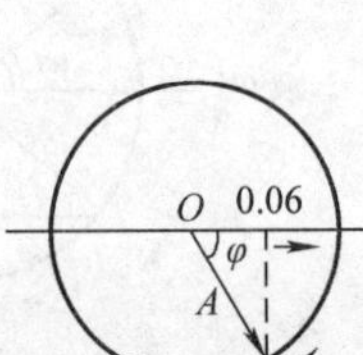

图 4-8　零时刻旋转矢量

(2) 设 t_1 时刻，$y=-0.06\text{m}$ 且向 y 轴负方向运动，则

$$-0.06=0.12\cos\left(\pi t_1-\frac{\pi}{3}\right)$$

$$v=-0.12\pi\sin\left(\pi t_1-\frac{\pi}{3}\right)<0$$

所以

$$\pi t_1 - \frac{\pi}{3} = \frac{2\pi}{3}$$

解得

$$t_1 = 1\text{s}$$

t_2 时刻，物体第一次回到平衡位置，则

$$0 = 0.12\cos\left(\pi t_2 - \frac{\pi}{3}\right), \quad v = -0.12\pi\sin\left(\pi t_2 - \frac{\pi}{3}\right) > 0$$

所以

$$\pi t_2 - \frac{\pi}{3} = \frac{3\pi}{2}$$

解得

$$t_2 = \frac{11}{6}\text{s}$$

因此，所需时间为

$$\Delta t = t_2 - t_1 = \frac{5}{6}\text{s}$$

当然，也可以利用旋转矢量法求解。t_1 时刻，物体从 $y = -0.06\text{m}$ 向 y 轴负方向运动，第一次回到平衡位置，由题意可知，振动先到达 $-A$，再沿 y 轴正方向运动到达 O 点，对应 t_2 时刻，如图 4-9 所示。由图示计算可得，振幅矢量转过的角度为

$$\frac{\pi}{3} + \frac{\pi}{2} = \frac{5\pi}{6}$$

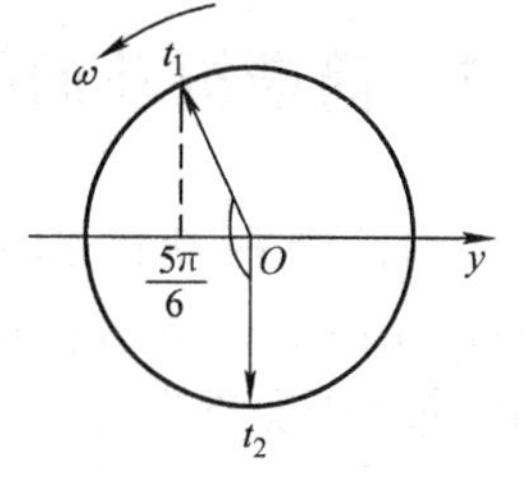

图 4-9　旋转矢量

由于振幅矢量旋转的角速度为 $\omega = \pi$，所以由 t_1 到 t_2 对应的时间间隔为

$$\Delta t = \frac{\frac{5\pi}{6}}{\pi}\text{s} = \frac{5}{6}\text{s}$$

4.1.5　相图

振动的状态可以用位移 y 和速度 v 表示。如果以 y 为横轴、以 v 为纵轴建立平面直角坐标系，振动状态可以用平面上的一点来表示。在平面上作 y 与 v 的关系图线，称为振动的相图。

由式（4-3）和式（4-4）消去 $\omega t + \varphi$，得到

$$y^2 + \left(\frac{v}{\omega}\right)^2 = A^2$$

$$\left(\frac{y}{A}\right)^2 + \left(\frac{v}{\omega A}\right)^2 = 1$$

所以，简谐振动的相图是一个椭圆，两个半轴长分别是 A 和 ωA。如图 4-10a 所示。也就是说，简谐振动时它的状态点在椭圆上变动，永不停息。

实际振动过程中，物体的运动总是受到阻力作用，对应的振动称为阻尼振动。对于阻尼振动，阻力对系统做负功，因此，振动系统的能量逐渐减少，振幅也逐渐变小，振动对应的相图就不在是闭合的曲线，而是逐渐向中心点收拢，最后静止在平衡位置（相图上的坐标原点），如图 4-10b 所示。相图的描述方法是研究非线性动力学问题的最基本方法。

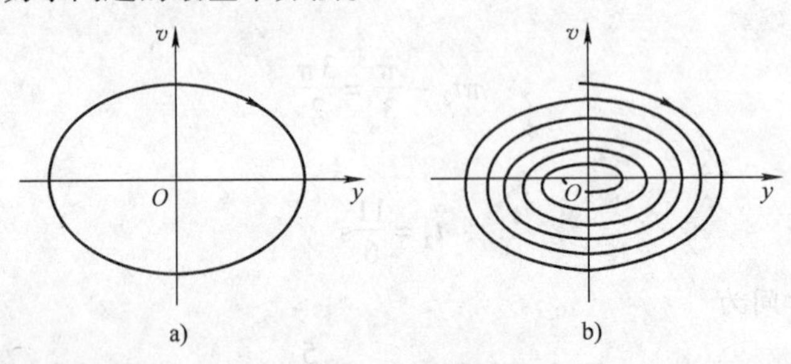

图 4-10　相图

4.2　简谐振动的能量

作简谐振动的物体，受到的回复力 $F=-ky$，物体的运动规律为 $y=A\cos(\omega t+\varphi)$，物体的运动速度为 $v=-\omega A\sin(\omega t+\varphi)$。因此，系统作简谐振动时，每一时刻都具有一定的能量。设物体的质量为 m、速度为 v，则系统的动能为

$$E_k=\frac{1}{2}mv^2=\frac{1}{2}m\omega^2A^2\sin^2(\omega t+\varphi) \tag{4-11}$$

那么，系统的势能如何？

物体所受回复力 $F=-ky$ 与第二章所讲的弹簧弹性力 $F=-kx$ 的表达形式相似，称为准弹性力。弹簧弹性力是保守力，所以回复力也是保守力。保守力做功与路径无关，仅与始末位置有关，因此可以引入与位置有关的函数——势能。就弹性势能而言，当取弹簧原长（$x=0$）处为势能零点时，势能 $E_p=kx^2/2$，其中 x 是形变量；对振动系统而言，取平衡位置（$y=0$）处为势能零点，则当物体离开平衡位置的位移为 y 时，振动系统的势能为

$$E_p=\frac{1}{2}ky^2=\frac{1}{2}kA^2\cos^2(\omega t+\varphi) \tag{4-12}$$

振动系统总能量为

$$\begin{aligned}E&=E_k+E_p=\frac{1}{2}mv^2+\frac{1}{2}ky^2\\&=\frac{1}{2}m\omega^2A^2\sin^2(\omega t+\varphi)+\frac{1}{2}kA^2\cos^2(\omega t+\varphi)\end{aligned}$$

考虑到简谐振动中 $\omega^2=\dfrac{k}{m}$，上式可简化为

$$E=\frac{1}{2}mv^2+\frac{1}{2}ky^2=\frac{1}{2}kA^2 \tag{4-13}$$

显然，总能量 E 与时间无关。这表明简谐振动系统在振动过程中动能和势能虽然都随时间而变化，但总的机械能在振动过程中保持不变。简谐振动系统的总能量和振幅的平方成正比，这是简谐振动的特点，对任一谐振系统都成立。

图 4-11 展示出了简谐振动曲线、动能和势能随时间的变化关系（图中设 $\varphi=0$）。容易得出振动系统的动能和势能的变化频率是系统振动频率的两倍，总能量不变。

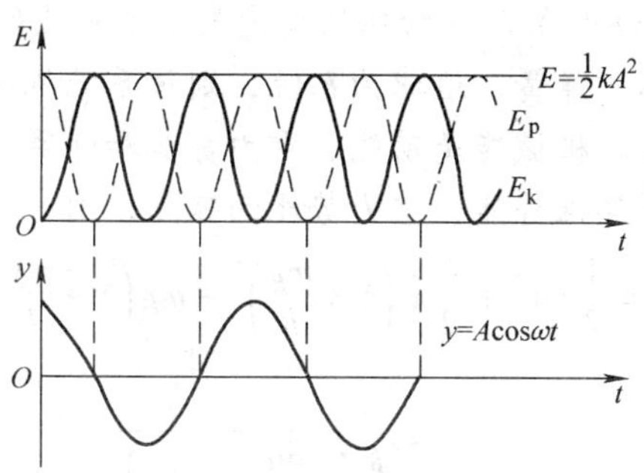

图 4-11　振动曲线与振动能

【例 4-6】　如图 4-12 所示，劲度系数为 k 的轻弹簧上端固定，下端挂质量为 m 的物体，用手托起物体使弹簧处于原长处，然后放手，使其振动。求物体运动到位于平衡位置之下 P 点（到平衡位置的距离为 y）物体的速度。

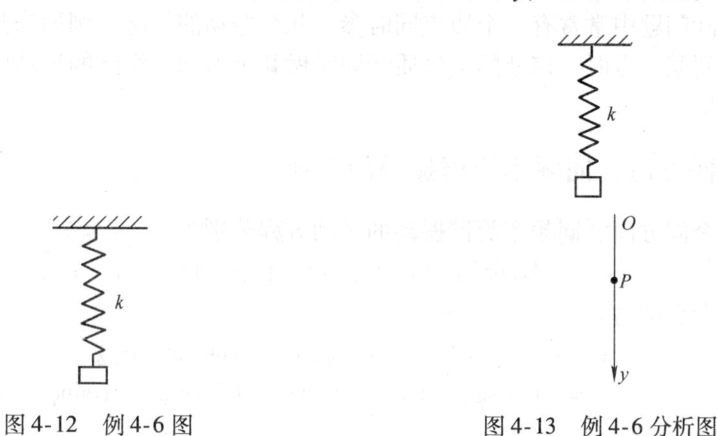

图 4-12　例 4-6 图　　图 4-13　例 4-6 分析图

【解】　取平衡位置为坐标原点，向下为正方向建立坐标系，如图 4-13 所示。物体在振动过程中受到的回复力是重力与弹簧弹性力的合力，即

$$F = mg - k\left(y + \frac{mg}{k}\right) = -ky$$

所以，物体作谐振动。

初始时刻，$y_0 = -\frac{mg}{k}$，$v_0 = 0$。由简谐振动系统机械能守恒，得

$$\frac{1}{2}mv_0^2 + \frac{1}{2}ky_0^2 = \frac{1}{2}mv^2 + \frac{1}{2}ky^2$$

解得

$$v = \pm\sqrt{\frac{k}{m}(y_0^2 - y^2)} = \pm\sqrt{\frac{k}{m}\left[\left(\frac{mg}{k}\right)^2 - y^2\right]}$$

v 有正、负两个值，反映出在 P 点物体的速度有两个可能的方向。

我们也可以取物体、弹簧、地球为系统，则该系统机械能守恒。分别计算重力势能和弹簧弹性势能。机械能是动能、重力势能和弹簧弹性势能之和。取物体在弹簧原长处作为弹簧弹性势能、重力势能的零点，则

$$0 = \frac{1}{2}mv^2 + \frac{1}{2}k\left(y + \frac{mg}{k}\right)^2 - mg\left(y + \frac{mg}{k}\right)$$

同样可解得

$$v = \pm\sqrt{\frac{k}{m}\left[\left(\frac{mg}{k}\right)^2 - y^2\right]}$$

相比之下，第一种求解方法要方便些。

4.3　简谐振动的合成

在实际问题中常常有一个质点同时参与几个振动的情况，例如当几列声波同时传到空间某一点时，该处的空气质元同时做几个振动，实际的运动就是这几个振动的合运动。

4.3.1　同方向、同频率简谐振动的合成

设两个同方向、同频率简谐振动的运动方程分别为

$$y_1 = A_1\cos(\omega t + \varphi_1),\quad y_2 = A_2\cos(\omega t + \varphi_2)$$

则它们的合振动为

$$\begin{aligned} y &= y_1 + y_2 = A_1\cos(\omega t + \varphi_1) + A_2\cos(\omega t + \varphi_2) \\ &= (A_1\cos\varphi_1 + A_2\cos\varphi_2)\cos\omega t - (A_1\sin\varphi_1 + A_2\sin\varphi_2)\sin\omega t \end{aligned}$$

令

$$\begin{cases} A\cos\varphi = A_1\cos\varphi_1 + A_2\cos\varphi_2 \\ A\sin\varphi = A_1\sin\varphi_1 + A_2\sin\varphi_2 \end{cases}$$

则

$$y = A\cos\varphi\cos\omega t - A\sin\varphi\sin\omega t = A\cos(\omega t + \varphi)$$

式中

$$A = \sqrt{A_1^2 + A_2^2 + 2A_1A_2\cos(\varphi_2 - \varphi_1)}$$

$$\tan\varphi = \frac{A_1\sin\varphi_1 + A_2\sin\varphi_2}{A_1\cos\varphi_1 + A_2\cos\varphi_2}$$

以上的合成方法称为解析法。应用此法求多个振动的合成时会相当麻烦。下面我们用旋转矢量法来讨论简谐振动的合成。

如图4-14所示，旋转矢量 $\boldsymbol{A}_1$ 和 $\boldsymbol{A}_2$ 以共同角速度 ω 绕 O 点逆时针旋转，设 $t=0$ 时，$\boldsymbol{A}_1$、$\boldsymbol{A}_2$ 与 y 轴的夹角分别为 φ_1、φ_2，则 $\boldsymbol{A}_1$ 和 $\boldsymbol{A}_2$ 以相同的角速度旋转时，以 $\boldsymbol{A}_1$、$\boldsymbol{A}_2$ 为邻边的平行四边形的对角线 OM，即合矢量 $\boldsymbol{A}$ 也以同一角速度 ω 绕 O 点旋转，且保持大小不变。设 $t=0$ 时 $\boldsymbol{A}$ 与 y 轴的夹角为 φ，则 t 时刻 $\boldsymbol{A}$ 的末端在 y 轴上的投影为

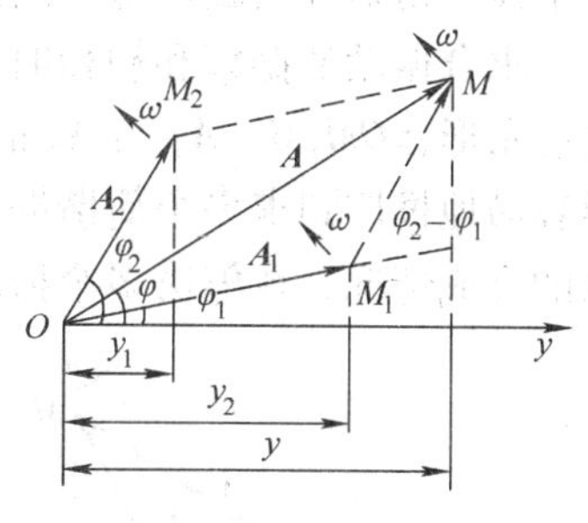

图4-14　振动合成

$$y = A\cos(\omega t + \varphi)$$

可见，合矢量 $\boldsymbol{A}$ 的末端在 y 轴上的投影代表了两个同方向同频率简谐振动的合成，合振动振幅的大小可由平行四边形法则求得，即

$$A = \sqrt{A_1^2 + A_2^2 + 2A_1A_2\cos(\varphi_2 - \varphi_1)} \tag{4-14}$$

当 $t=0$ 时，有

$$\begin{cases} A\cos\varphi = A_1\cos\varphi_1 + A_2\cos\varphi_2 \\ A\sin\varphi = A_1\sin\varphi_1 + A_2\sin\varphi_2 \end{cases} \tag{4-15}$$

得

$$\tan\varphi = \frac{A_1\sin\varphi_1 + A_2\sin\varphi_2}{A_1\cos\varphi_1 + A_2\cos\varphi_2} \tag{4-16}$$

可以看出，旋转矢量法要比解析法简单、直观。

式（4-14）表明合振动的振幅不仅与两分振动的振幅有关，还与它们的相位差 $\varphi_2 - \varphi_1$ 有关。下面讨论两个重要的特例。

1）两分振动同相，相位差 $\varphi_2 - \varphi_1 = \pm 2n\pi$（$n = 0, 1, 2, \cdots$），这时 $\cos(\varphi_2 - \varphi_1) = 1$，由式（4-14）得

$$A = \sqrt{A_1^2 + A_2^2 + 2A_1A_2} = A_1 + A_2$$

即合振动的振幅为两个分振动振幅之和，合振幅达到最大值。

2）两分振动反相，相位差 $\varphi_2 - \varphi_1 = \pm(2n+1)\pi$（$n = 0, 1, 2, \cdots$），这

时 $\cos(\varphi_2-\varphi_1)=-1$，由式（4-14）得

$$A=\sqrt{A_1^2+A_2^2-2A_1A_2}=|A_1-A_2|$$

即合振动的振幅为两个分振动振幅之差的绝对值，合振幅达到最小值。若 $A_1=A_2$，则合振动的振幅为零，两分振动相互抵消，物体处于静止状态。

当相位差 $\varphi_2-\varphi_1$ 为其他值时，由式（4-14）可得，合振动振幅 A 在 $|A_1-A_2|$ 与 A_1+A_2 之间。

以上振动的合成方法及其结果的讨论十分重要，在今后研究机械波和光波的干涉、衍射等问题时都要用到。

求合振动的振幅和初相时，也可以用三角形法则，画出如图 4-15 所示的矢量三角形$\triangle OM_1M$，$\boldsymbol{A}_1$ 与 $\boldsymbol{A}_2$ 的夹角等于两振动的初相差 $\varphi_2-\varphi_1$。这个方法可以很容易地推广到求多个简谐振动的合成问题。图 4-16 所示是三个同频率简谐振动的合成情况，在解决多个振动的合成问题时，这种方法显得尤为方便。

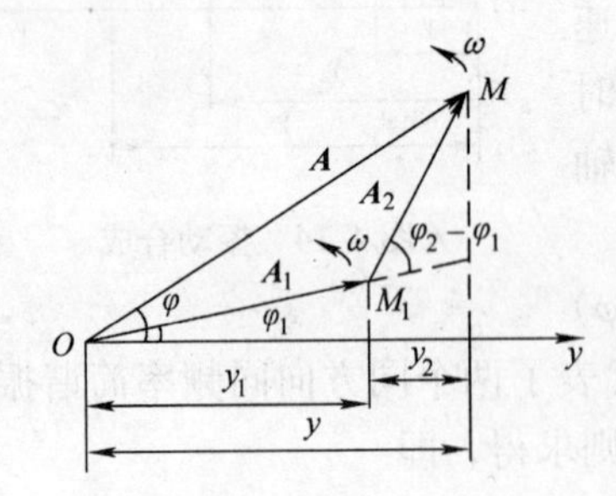

图 4-15 两振动的矢量合成

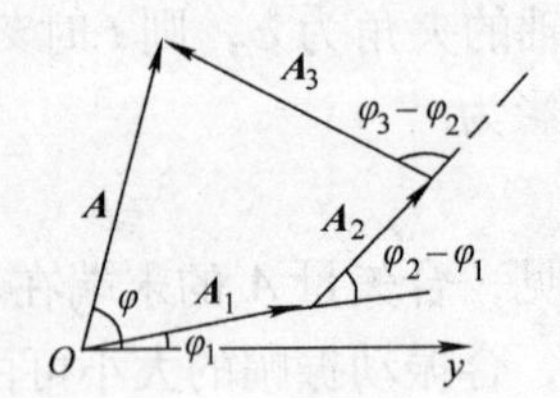

图 4-16 三振动的矢量合成

【例 4-7】 设某质点同时参与两个振动，两振动方程分别为

$$y_1=A\cos\omega t,\quad y_2=A\cos\left(\omega t+\frac{\pi}{2}\right)$$

求合振动方程。

【解】 方法一：设合振动方程为：$y=A_{合}\cos(\omega t+\varphi)$

由式（4-14）得合振动振幅

$$A_{合}=\sqrt{A^2+A^2+2A^2\cos\frac{\pi}{2}}=\sqrt{2}A$$

由式（4-15）可得

$$\begin{cases}A_{合}\sin\varphi=A\sin0+A\sin\dfrac{\pi}{2}=A\\[2ex]A_{合}\cos\varphi=A\cos0+A\cos\dfrac{\pi}{2}=A\end{cases}$$

所以，合振动的初相为

$$\varphi=\frac{\pi}{4}$$

因此，合振动方程为

$$y=\sqrt{2}A\cos\left(\omega t+\frac{\pi}{4}\right)$$

方法二：画旋转矢量图，如图4-17所示，可得

$$A_{合}=\sqrt{A^2+A^2}=\sqrt{2}A$$

$$\varphi=\frac{\pi}{4}$$

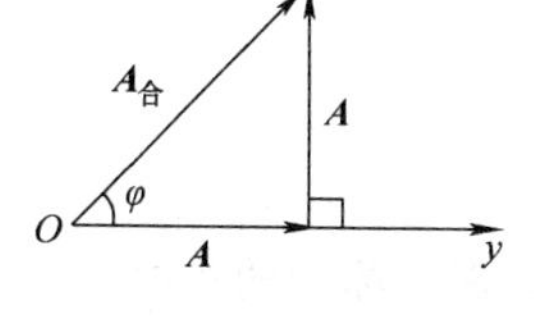

图4-17　旋转矢量图

所以，合振动方程为

$$y=\sqrt{2}A\cos\left(\omega t+\frac{\pi}{4}\right)$$

【例4-8】 已知一质点同时参与三个振动，三个振动方程分别为：$y_1=A\cos\omega t$，$y_2=A\cos\left(\omega t+\frac{\pi}{2}\right)$，$y_3=A\cos(\omega t-\pi)$，求它们合振动的振动方程。

【解】 因为 $y_1=A\cos\omega t$ 和 $y_3=A\cos(\omega t-\pi)$ 反相，合成后抵消，所以合振动方程为

$$y=A\cos\left(\omega t+\frac{\pi}{2}\right)$$

【例4-9】 若有一质点同时参与 n 个同方向、同频率、同振幅的简谐振动，它们的振幅均为 a，初相依次差一个恒量 δ，它们的振动方程分别为

$$y_1=a\cos\omega t$$
$$y_2=a\cos(\omega t+\delta)$$
$$y_3=a\cos(\omega t+2\delta)$$
$$\vdots$$
$$y_n=A\cos[\omega t+(n-1)\delta]$$

求合振动的振幅。

【解】 按照图4-18所示的方法画出这 n 个振幅矢量，它们依次相连，任何两个相邻矢量间的夹角都是 δ，因此它们组成一个正多边形的一部分。该正多边形的外接圆圆心在 C 点，半径为 R，每个振幅矢量在圆心处张开的角度都是 δ，则合振动振幅 A 所张开的圆心角为 $n\delta$。在△OCM 中，由几何关系可得合振动振幅

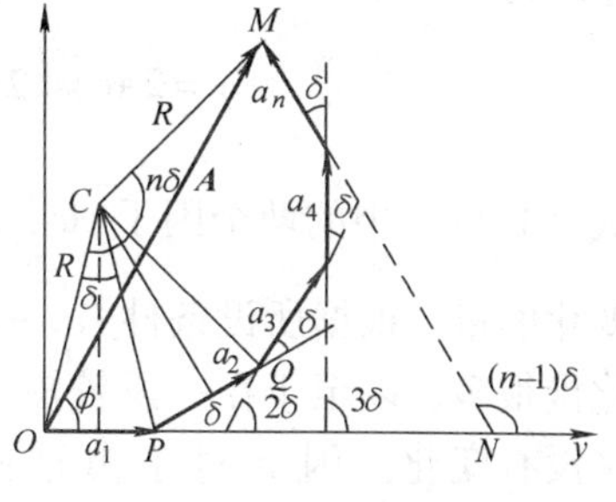

图4-18　例4-9图

$$A = 2R\sin\frac{n\delta}{2}$$

在$\triangle OCP$中

$$a = 2R\sin\frac{\delta}{2}$$

两式相除，可得

$$A = a\frac{\sin\dfrac{n\delta}{2}}{\sin\dfrac{\delta}{2}}$$

此即合振动的振幅。

下面讨论两种特殊情况：

(1) 各分振动同相，$\delta = 2k\pi$，$k = 0$，± 1，± 2，…则

$$A = na$$

这时，各分振幅矢量的方向相同，合振动振幅最大。

(2) 各分振动的初相差$\delta = 2k'\pi/n$，k'为不等于nk的整数，则

$$A = 0$$

这时，各分振幅矢量依次相连构成闭合的正多边形，合振幅为零。

4.3.2 同方向、不同频率的两简谐振动的合成　拍

如果一个质点同时参与两个同方向不同频率的简谐振动，则其合振动较为复杂。下面仅讨论两个简谐振动的频率之差不大（即$|\nu_2 - \nu_1| << \nu_1 + \nu_2$）且振幅相等的情况。

设两个分振动方程为

$$y_1 = A\cos(\omega_1 t + \varphi) = A\cos(2\pi\nu_1 t + \varphi)$$
$$y_2 = A\cos(\omega_2 t + \varphi) = A\cos(2\pi\nu_2 t + \varphi)$$

合振动方程为

$$y = y_1 + y_2 = A\cos(2\pi\nu_1 t + \varphi) + A\cos(2\pi\nu_2 t + \varphi)$$

整理得

$$y = 2A\cos\left(2\pi\frac{\nu_2 - \nu_1}{2}t\right)\cos\left(2\pi\frac{\nu_1 + \nu_2}{2}t + \varphi\right) \tag{4-17}$$

式（4-17）中的两个因子$\cos\left(2\pi\frac{\nu_2 - \nu_1}{2}t\right)$及$\cos\left(2\pi\frac{\nu_1 + \nu_2}{2}t + \varphi\right)$表示两个周期性变化的量。根据所设条件$|\nu_2 - \nu_1| << \nu_1 + \nu_2$，第一个量的变化比第二个量的变化慢很多，以至于在一段较短的时间内第二个量反复变化多次时，第一个量几乎没有变化。因此对于由这两个因子的乘积决定的运动可看成是振幅为$\left|2A\cos\left(2\pi\frac{\nu_2 - \nu_1}{2}t\right)\right|$、频率为$\frac{\nu_1 + \nu_2}{2}$的振动，但不是简谐振动。由于振幅随时

间作周期性缓慢变化，所以就出现振动忽强忽弱的现象，这种现象叫做拍。这种合振动曲线如图 4-19 所示。单位时间内振幅加强或减弱的次数叫做拍频。拍频的值可以由公式 $\left|2A\cos2\pi\dfrac{\nu_2-\nu_1}{2}t\right|$ 求出。由于这里只考虑绝对值，余弦函数的绝对值在一个周期内两次达到最大值，所以单位时间内最大振幅出现的次数应为振幅 $2A\cos\left(2\pi\dfrac{\nu_2-\nu_1}{2}t\right)$ 的频率的两倍，即拍频为 $\nu=|\nu_2-\nu_1|$，为两个分振动的频率之差。

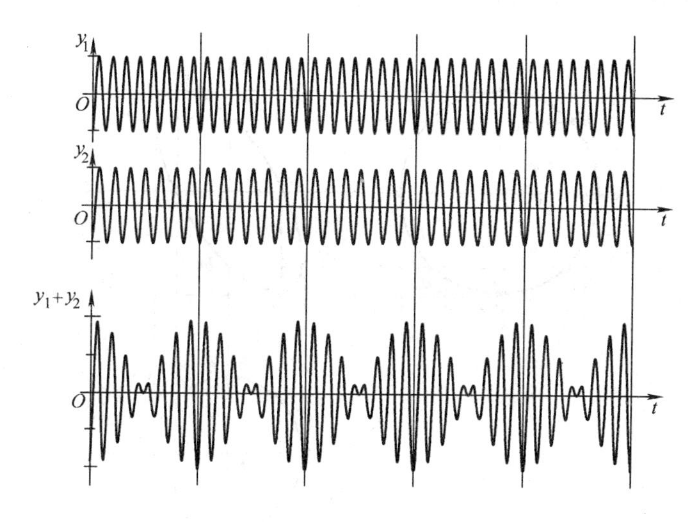

图 4-19　拍

拍是一种重要的现象，在声振动和电振动中经常遇到。例如两频率相差很小的音叉同时振动时，产生周期性的时强时弱的声音，这就是拍现象。利用标准音叉校准钢琴中发音不准的琴弦，方法是使音叉和琴弦同时发音，通过调整弦的松紧，使拍频越小，两频率越接近。无线电收音机中的超外差式收音机就利用了收音机本身振荡系统的固有频率和所接收的电磁波频率产生拍频的原理。

4.3.3　相互垂直的简谐振动的合成

如果一个质点同时参与两个不同方向的振动，例如一个谐振动沿 x 轴方向、角频率为 ω_x，另一些振动沿 y 轴方向、角频率为 ω_y。一般情况下，质点将在 xOy 平面上作曲线运动。质点的运动轨迹由两振动的角频率、振幅和相位差来决定。合振动规律比较复杂。下面讨论两个相互垂直的同频率简谐振动的合成。

设两振动方程分别为

$$x=A_1\cos(\omega t+\varphi_1)$$

$$y = A_2 \cos(\omega t + \varphi_2)$$

将上两式中的 t 消去，可得合振动的轨迹方程为

$$\frac{x^2}{A_1^2} + \frac{y^2}{A_2^2} - \frac{2xy}{A_1 A_2}\cos(\varphi_2 - \varphi_1) = \sin^2(\varphi_2 - \varphi_1) \qquad (4\text{-}18)$$

这是一个椭圆方程，它的具体形状及轨迹走向完全由两个分振动的振幅及相位差 $\varphi_2 - \varphi_1$ 的值来确定。也可以借助旋转矢量法来描绘。图 4-20 所示是 $\varphi_1 = \frac{\pi}{4}$、$\varphi_2 = \frac{\pi}{2}$情况下合振动的轨迹。

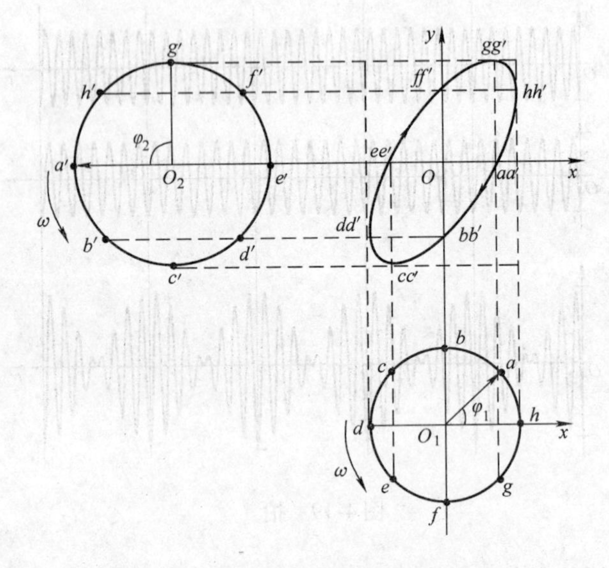

图 4-20 同频率垂直振动合成旋转矢量图

图 4-21 画出了两个相互垂直的同频率的简谐振动，在不同相位差下的合成轨迹及其走向。

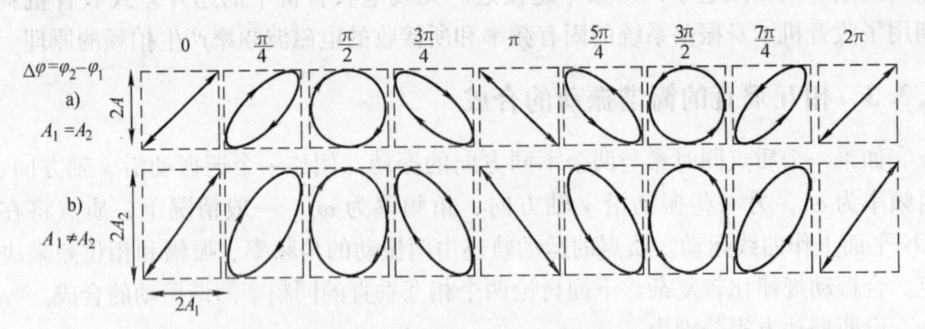

图 4-21 不同相差垂直振动的合成轨迹

如果两个相互垂直的振动的频率不相同，它们的合成运动更加复杂，而且轨迹是不稳定的。法国科学家李萨如系统地研究了这些规律，发现当两频率有简单的整数比时，合运动的轨迹为稳定、封闭的运动轨迹。这种轨迹曲线称为李萨如图（图 4-22）。如果已知一个振动的频率，就可以根据李萨如图形求出另一振动的频率。这是一种比较方便也是比较常用的测定频率的方法，在许多科技领域中都有应用。

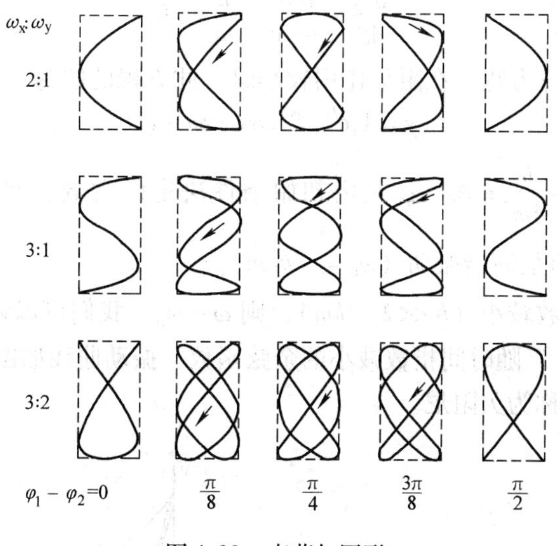

图 4-22　李萨如图形

4.4　阻尼振动　受迫振动　共振

4.4.1　阻尼振动

前面讨论的简谐振动都是在不计阻力的理想情况下的一种等幅振动，这种振动又称为无阻尼振动。实际上，任何振动系统都要受到阻力作用，这时的振动称为阻尼振动。在阻尼振动中，系统在振动中要克服阻力做功并消耗系统的能量，系统的振幅将随能量的不断消耗而逐渐减小，直至停止运动，故阻尼振动又称减幅振动。

通常的振动系统都处在空气或液体中，阻力就来自于周围的介质。实验指出，当运动速度不太大时，介质对运动物体的阻力 F 与速度 v 成正比，即

$$F=-bv=-b\frac{dy}{dt} \tag{4-19}$$

式中，b 为阻力系数，负号表示阻力与速度反向。

以质量为 m 的弹簧振子为例，在弹性力和上述阻力作用下运动时，其动力学方程为

$$m\frac{\mathrm{d}^2y}{\mathrm{d}t^2}=-ky-b\frac{\mathrm{d}y}{\mathrm{d}t}$$

上式整理可得

$$\frac{\mathrm{d}^2y}{\mathrm{d}t^2}+\frac{b}{m}\frac{\mathrm{d}y}{\mathrm{d}t}+\frac{k}{m}y=0 \tag{4-20}$$

这是一个微分方程。在阻尼作用较小时，此方程的解为

$$y=A_0\mathrm{e}^{bt/(2m)}\cos\ (\omega t+\varphi) \tag{4-21}$$

式中，$\omega=\sqrt{\frac{k}{m}-\frac{b^2}{4m^2}}$；$A_0$，$\varphi$ 是由初始条件决定的常数。如果 $b=0$（即无阻尼），振子作无阻尼简谐振动（$\omega_0=\sqrt{k/m}$）。

如果阻力系数较小（$b \ll 2\sqrt{km}$），则 $\omega\approx\omega_0$。我们可以认为式（4-21）是一个振幅 $A_0\mathrm{e}^{-bt/(2m)}$ 随时间指数减小的余弦函数，振动曲线如图 4-23 所示。这种阻尼较小的情况称为欠阻尼。

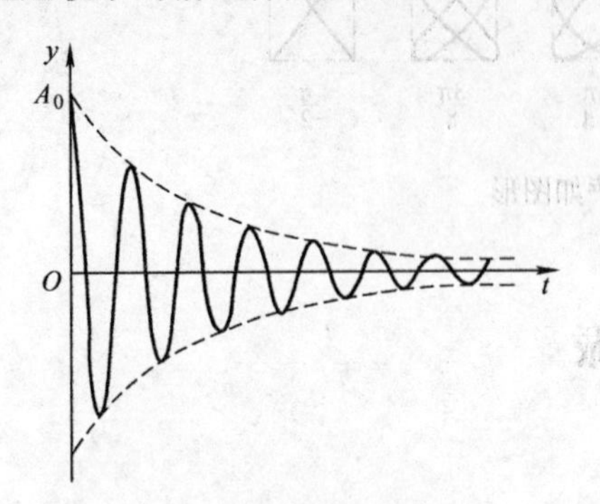

图 4-23 阻尼振动

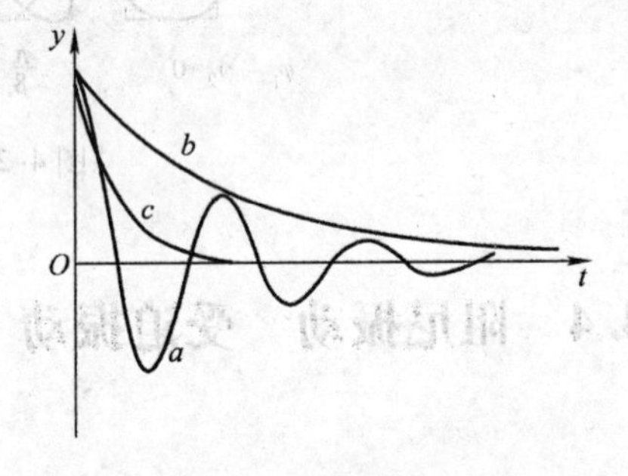

图 4-24 欠阻尼、过阻尼与临界阻尼

如果阻尼过大，以至于 $b>2\sqrt{km}$，此时振子以非周期运动方式慢慢回到平衡位置，如图 4-24 中的 b 所示。这种情况称为过阻尼。

如果阻尼刚好使得$\frac{k}{m}-\frac{b^2}{4m^2}=0$ 或 $b=2\sqrt{km}$，则振子刚刚能作非周期性运动，最后也回到平衡位置，如图 4-24 中的 c 所示。这种情况称为临界阻尼。从图中可以看出，当系统处于临界阻尼时，系统由开始振动到静止所经历的时间最短。

阻尼在工程技术中有着重要的应用。例如使精密仪器的偏转系统处在临界阻尼状态下工作，可扼制仪器的振动，减少操作时间，在最短时间内得到稳定

读数。

4.4.2　受迫振动

在实际振动中，阻尼是不可避免的，要维持系统作等幅振动，则必须对系统施加周期性的驱动力，以向系统补充能量，这种振动称为受迫振动。

设一个系统受周期性外力 $F_0\cos\omega_d t$ 作用，根据牛顿定律，可得受迫振动的微分方程

$$m\frac{\mathrm{d}^2y}{\mathrm{d}t^2}=-ky-b\frac{\mathrm{d}y}{\mathrm{d}t}+F_0\cos\omega_d t \tag{4-22}$$

令 $\omega_0^2=\frac{k}{m}$，上式可改写为

$$\frac{\mathrm{d}^2y}{\mathrm{d}t^2}+\frac{b}{m}\frac{\mathrm{d}y}{\mathrm{d}t}+\omega_0^2y=\frac{F_0}{m}\cos\omega_d \mathrm{t} \tag{4-23}$$

此方程的解为

$$y=A_0\mathrm{e}^{-bt/(2m)}\cos\left(\sqrt{\omega_0^2-\frac{b^2}{4m^2}}t+\varphi_0\right)+A\cos\ (\omega_d t+\varphi) \tag{4-24}$$

式（4-24）说明，受迫振动是由阻尼振动和等幅振动两部分组合而成。开始振动时系统的运动较为复杂，经过一段时间，阻尼振动部分衰减为零，系统的振动状态完全由驱动力来控制，振动达到稳定状态时作振幅不变的等幅振动。因此受迫振动的稳定状态可表示为

$$y=A\cos\ (\omega_d t+\varphi)$$

受迫振动的角频率 ω_d 就是驱动力的频率，而振幅为

$$A=\frac{F_0}{\sqrt{(k-m\omega_d^2)^2+b^2\omega_d^2}} \tag{4-25}$$

稳态受迫振动与驱动力的相差为

$$\varphi=\arctan\frac{-2\beta\omega_d}{\omega_0^2-\omega_d^2}$$

这些都与初始条件有关。

进一步研究表明，振幅 A 的大小与周期性外力的角频率 ω_d、阻力系数 b 及振动系统的固有角频率 ω_0 有关。如图 4-25 所示，当外力的角频率 ω_d 与系统的固有角频率 ω_0 相差很大时（即：$\omega_d\gg\omega_0$ 或 $\omega_d\ll\omega_0$），受迫振动的振幅较小；当外力的角频率 ω_d 接近系统的固有频率 ω_0 时，受迫振动的振幅变大；当 $\omega_d=\sqrt{\omega_0^2-b^2/(2m^2)}$时，振幅具有极大值。

我们把振动振幅达到极大值的现象称为（位移）共振，引起共振的角频率 ω_d 称为共振角频率。

共振是一个既有利又有弊的物理现象。在声学、光学、无线电以及工程技术中有很重要的应用。例如，许多仪器就是利用共振原理设计的：收音机利用电磁共振选台，乐器利用共振提高音响效果；核磁共振被用来进行物质结构研究及医疗诊断等。共振也有不利的一面，由于共振时振幅过大会造成机器设备的损坏等。1904 年，俄国一队骑兵以整齐的步伐通过彼得堡的一座桥时，引起桥身共振而桥毁人亡。1940 年，著名的美国塔科马海峡大桥断裂的部分原因就是阵阵大风引起桥的共振（如图 4-26）。

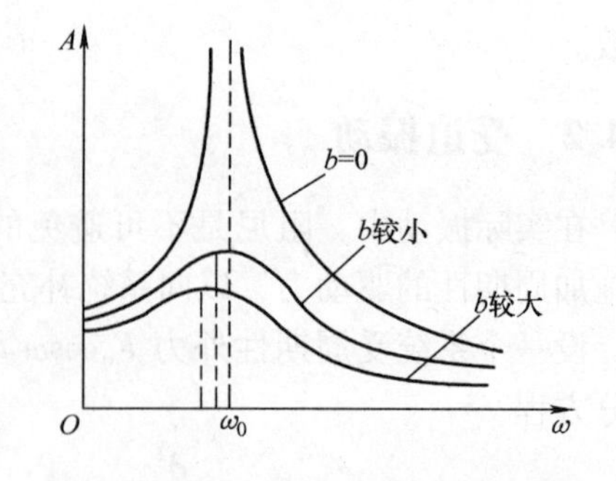

图 4-25 驱动力角频率 ω 对振幅的影响

图 4-26 塔科马海峡大桥

习 题

4-1 劲度系数为 k 的轻弹簧，两边分别系着质量为 m' 和 m 的物体，放在光滑水平面上，压缩弹簧，然后放手，让物体振动，则该系统的振动周期是（ ）。

(A) $2\pi\left(\sqrt{\frac{m'}{k}}+\sqrt{\frac{m}{k}}\right)$； (B) $2\pi\sqrt{\frac{m'm}{(m'-m)\ k}}$；

(C) $2\pi\sqrt{\frac{m'+m}{k}}$； (D) $2\pi\sqrt{\frac{m'm}{(m'+m)\ k}}$。

4-2 一质量为 m 的物体在光滑平面上作简谐振动，当运动到位移最大处时一块粘土正好自其竖直上方落在物体上，则其周期将（ ），振幅将（ ）。

(A) 变大； (B) 变小； (C) 不变。

4-3 将劲度系数分别为 k_1 和 k_2 的两弹簧串接在一起，上端固定，下端悬挂一个质量为 m 的小球，如习题 4-3 图所示，试求该系统的振动周期。

4-4　如习题4-4图所示，一半径为R的均匀带正电荷的细圆环，总电荷为Q。沿圆环轴线（取为x轴，原点在环心O）放一根拉紧的光滑细线，线上套着一颗质量为m、带负电荷$-q$的小珠。今将小珠放在偏离环心O很小距离b处，由静止释放，试分析小珠的运动情况并写出其运动方程。

4-5　一半径为R的圆形线圈，通有电流I，平面线圈处在均匀磁场$\boldsymbol{B}$中，$\boldsymbol{B}$的方向垂直纸面向里，如习题4-5图所示。线圈可绕通过它的直径的轴OO'自由转动，线圈对该轴的转动惯量为J。试求线圈在其平衡位置附近做微小振动的周期。

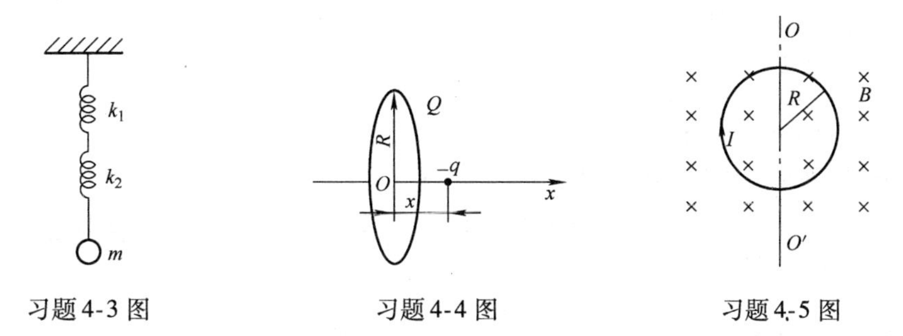

习题4-3图　　习题4-4图　　习题4-5图

4-6　一质点的简谐振动曲线如习题4-6图所示，周期为T，振幅为A，求：

（1）该质点的振动方程。

（2）该点从状态a回到平衡位置的最短时间。

4-7　一简谐振动的振动曲线如习题4-7图所示。

（1）写出振动方程；

（2）求a、b两点的相位；

（3）求a状态所对应的时刻。

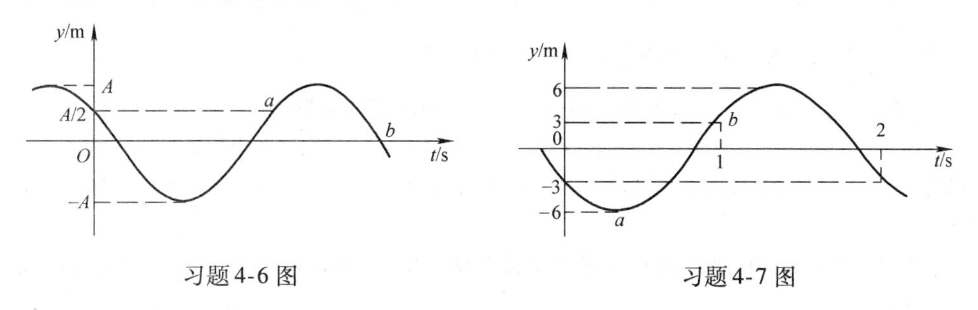

习题4-6图　　习题4-7图

4-8　如习题4-8图所示，一轻弹簧的劲度系数为k，上端固定，下端悬挂质量为m'的盘子。质量为m的物体从离盘底高h处自由下落到盘中并和盘子粘在一起，于是盘子开始振动。

（1）求系统振动到平衡位置时弹簧的伸长量及振动的周期。

（2）若取该系统平衡位置为原点，向下为正，以盘子（与物体）开始振动时作为计时起点（$t=0$），求盘子（与物体）的振动方程。

4-9　有一装置如习题4-9图所示。劲度系数为$k=50\text{N}\cdot\text{m}$的轻弹簧一端固定，另一端与细绳连接，细绳跨过在桌边的定滑轮与质量为$m=1.5\text{kg}$的物体连接。定滑轮对轴的转动惯量

$J=0.02\text{kg}\cdot\text{m}^2$，半径 $R=0.2\text{m}$，取 $g=10\text{m/s}^2$。如果将物体从平衡位置往上托 0.2m，再突然放手（此时 $t=0$），物体开始振动。设绳长一定，绳与滑轮间不打滑，滑轮轴承处无摩擦。

（1）证明物体作简谐振动；

（2）确定物体的振动周期，并写出其振动方程（取向下为正）。

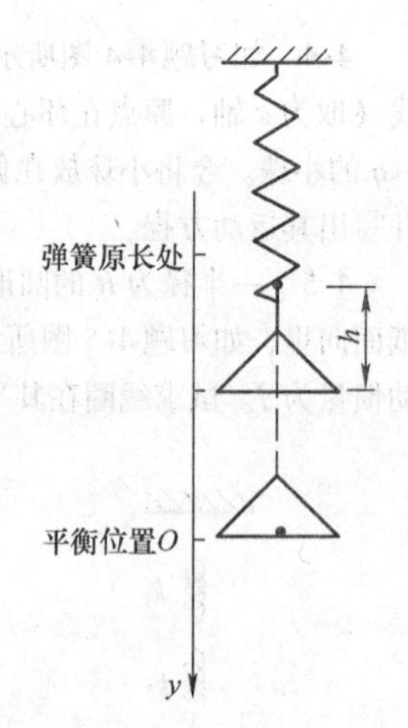

习题 4-8 图

4-10　a、b 是两个同方向、同振幅、同频率的简谐振动，$y-t$曲线如习题 4-10 图所示，则

（1）它们的角频率为______________；

（2）初相差 $\varphi_b-\varphi_a=$________；

（3）在参考圆上画出 $t=0$ 时刻 a、b 两振动在圆上所对应的点；此时两振幅矢量之间的夹角为__________；

（4）a 的初相为______，振动方程为__________；b 的初相为______，振动方程为____________。

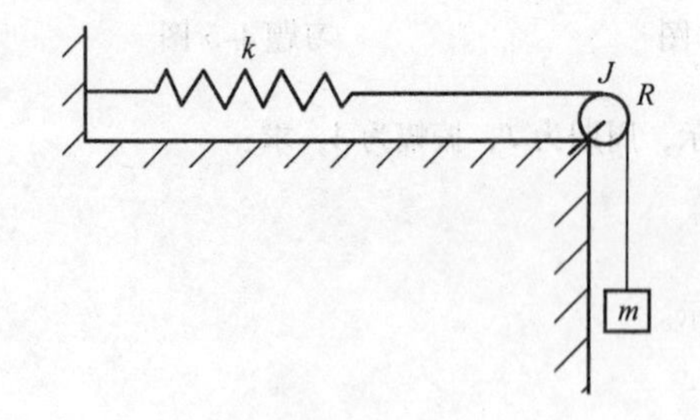

习题 4-9 图

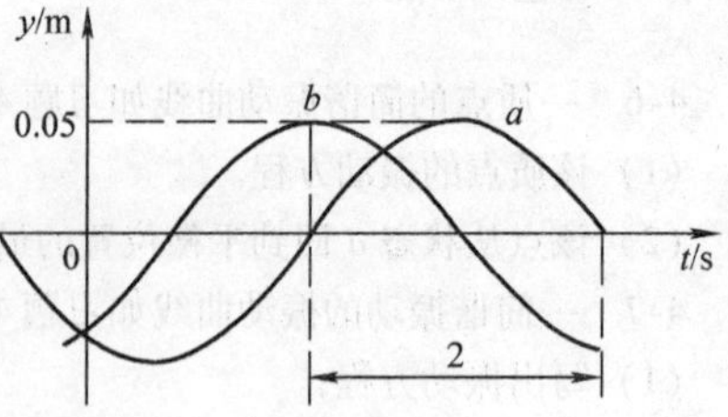

习题 4-10 图

4-11　轻弹簧一端固定，另一端挂一物体自由下垂。此谐振动系统机械能守恒式写成 $\frac{1}{2}mv^2+\frac{1}{2}ky^2=$ 恒量，其中势能 $\frac{1}{2}ky^2$ 的参考零点应选在（　　）

（A）任意位置；　　（B）弹簧原长；　　（C）平衡位置。

4-12　一物体作谐振动，其振动方程为 $y=A\cos(\omega t+\varphi)$，当速率为其最大值一半时，位移是______；当加速度大小为其最大值一半时，位移为______；当动能和势能相等时，位移为________。

4-13　质量为 10g 的小球与轻弹簧组成系统，按 $y=0.1\cos(8\pi t+3\pi/2)$ 的规律振动，求：

（1）振动的能量、一周期内的平均动能和平均势能；

（2）振动动能和振动势能相等时小球的位移；

（3）小球在最大位移一半处，且向 y 轴正向运动时，它所受的力、加速度和速度；

（4）画出这个振动的 $y-t$ 图。

4-14　一弹簧振子在光滑水平面上作简谐振动，轻弹簧劲度系数为 k，所系物的质量为 m'，振幅为 A。

（1）当物体通过平衡位置时，有一质量为 m 的泥团竖直落下，正粘在物体上。求系统的振动周期和振幅；振动总能量损失了多少？

（2）如果当物体达到最大振幅 A 时，泥团竖直落在物体上，求：系统的周期和振幅；振动总能量的损失；物体系统通过平衡位置时的速度。

4-15　两个同方向、同频率的谐振动，振动方程分别为

$$y_1 = 5\cos(10t + 0.75\pi) \qquad y_2 = 6\cos(10t + \varphi) \qquad (\mathrm{SI})$$

要使合振动的振幅最大，则 φ 应为______，最大振幅为________。

4-16　若一质点同时参与习题 4-10 所示的两个简谐振动，则其合振动的振幅为______，初相为______。

4-17　一质点同时参与三个谐振动，振动方程分别为

$$y_1 = A\cos\omega t \qquad y_2 = A\cos(\omega t + \pi/2) \qquad y_3 = 2A\cos(\omega t - \pi)$$

求该质点的合振动方程。

克里斯蒂安·惠更斯（Christiaan Huygens，1629—1695），荷兰物理学家、天文学家、数学家，是历史上最著名的物理学家之一，他对力学的发展和光学的研究都有杰出的贡献，在数学和天文学方面也有卓越的成就，他善于把科学实践和理论研究结合起来，透彻地解决问题，在摆钟的发明、天文仪器的设计、弹性体碰撞和光的波动理论等方面都有突出成就。惠更斯是近代自然科学的一位重要开拓者。

第5章　波动概论

波动是自然界中常见的现象，是物质的运动形式之一。机械振动在介质中的传播称为机械波，如水波、声波、地震波等；变化的电场和变化的磁场在空间的传播形成电磁波，如无线电波、光波等；近代物理中还有表示实物粒子波动性的概率波，在量子力学中用来描述电子、原子等微观粒子的运动。这些波动产生的机制各不相同，性质上也有本质的区别，但它们有着许多共同的特征和规律，比如都能产生反射、折射、干涉和衍射等物理现象。

本章主要讨论机械波的基本概念及规律。

5.1　机械波的产生和传播

5.1.1　机械波的形成条件

如果在弹性介质中有一个质点（波源）离开了平衡位置，周围质点就要对它施加弹性力，企图使它回到平衡位置，因而使它振动起来。同时，周围质点也要受到弹性力（反作用力），从而也离开平衡位置振动起来，这又导致它们周围的质点离开平衡位置。如此下去，一个质点的振动将会引起周围很多质点的振动，振动状态就由近及远逐渐向外传播出去，引起了波动。所以机械波产生的条件有两个：波源和弹性介质。

5.1.2 横波和纵波

如果在波的传播过程中，介质中各质点的振动方向与波的传播方向相互垂直，这种波称为横波。如图5-1所示，绳的一端固定，手持绳的另一端作垂直于绳的振动，可以看到一个接一个的振动状态、沿着绳向固定端传播，形成的波即横波。

波动的传播过程中，介质中的各质点有弹性力相联系。开始时，各质点都静止，随着质点1的振动，在弹性力作用下质点2、质点3、质点4……各质点都依次开始振动，总体上呈现出波形在传播。当质点1振动一个周期后，正好传出一个波形，即每一个质点完成一次全振动，都向后传出一个完整的波形。

从图5-1可看到，在波动传播过程中，波形沿着波的传播方向向右运动，但各质点只是在自己的平衡位置附近作上下振动，它们不随波动过程传播。因此，在波动过程中，传播的只是质点的振动状态，而不是质点本身。

沿波的传播方向，后一个质点的振动相位总是落后于相邻的前一质点，即相位要落后。如果振动时间上落后半个周期，相位就落后 π；振动时间落后一个周期，相位就落后 2π，这是波动的一个重要特征。

如图5-2所示，如果在波的传播过程中，介质中各质点的振动方向与波动的传播方向相互平行，这种波称为纵波。声波是空气中传播的纵波。

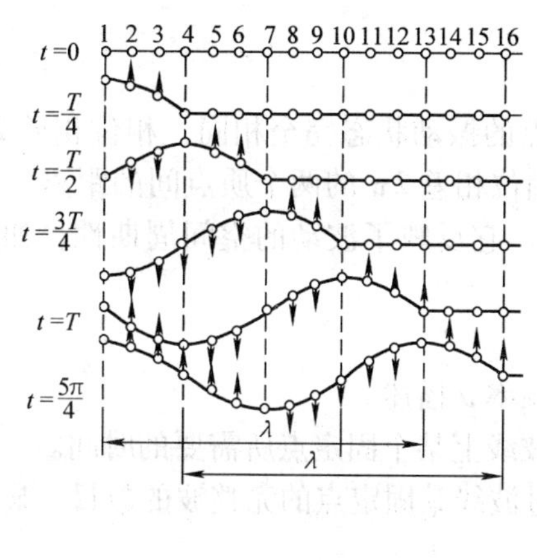

图5-1 横波

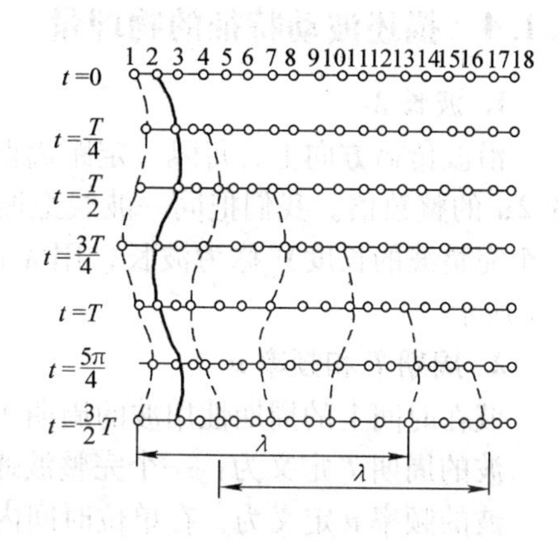

图5-2 纵波

5.1.3 波的几何描述

波在介质中传播时，每个质点都在平衡位置附近来回振动，离波源较远的质点的相位比离波源较近的质点的相位落后，振动相位相同的点连成的面（同相面）叫波阵面或波面。离波源最远也就是最前面的波面叫波前。表示波传播方向的线叫波线或波射线。在均匀各向同性介质中，波线与波面垂直。波面是平面的波动叫平面波，波面是球面的波动叫球面波。在各向同性介质中，球面波的波线是沿半径方向的直线，平面波的波线是垂直于波面的平行直线，如图 5-3 所示。

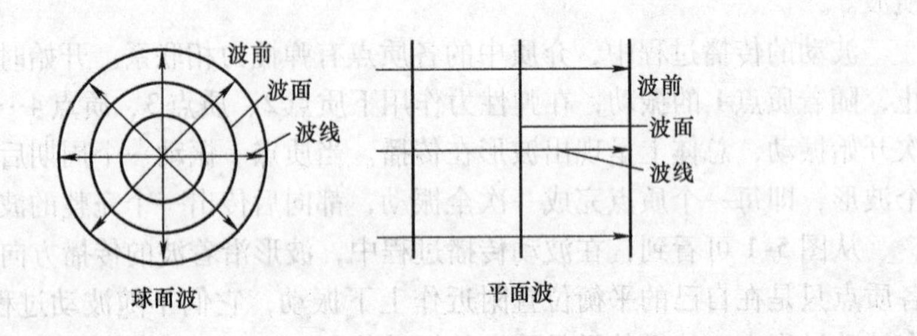

图 5-3 波面与波线

当球面波的半径很大时，球面在小范围内可视为平面，因此，在局部范围内可视为平面波。如太阳在宇宙空间中发出的光波是球面波，在地球表面局部区域，可视光波为平面波。球面波和平面波是最基本的两种波动形式。

5.1.4 描述波动特征的物理量

1. 波长 λ

沿波传播方向上，每隔一定距离两质点的振动状态完全相同，相位相差 2π 或 2π 的整数倍。我们把同一波线上振动相位相差 2π 的两个质点间的距离（即一个完整波的长度）称为波长，用 λ 表示。它反映了波动的空间周期性，如图 5-1 所示。

2. 周期 T 和频率 ν

波在时间上的周期性用波的周期 T 或频率 ν 描述。

波的周期 T 定义为：一个完整波通过波线上某个固定点所需要的时间。

波的频率 ν 定义为：在单位时间内通过波线某固定点的完整波的数目。显然频率 ν 是周期 T 的倒数，$\nu=\frac{1}{T}$。

3. 波速 u

波速是单位时间振动状态传播的距离。波的传播实际上是相位的传播，所以波速也叫相速，用 u 表示。波速 u、波长 λ、周期 T 和频率 ν 的关系为

$$u=\frac{\lambda}{T}=\nu\lambda \tag{5-1}$$

通常，波的传播速度仅由传播波的介质的性质决定。由上式可知，频率越高波长越短，频率越低波长越长。

理论和实验都证明，波的传播速度决定于介质的弹性和惯性，而与振源运动状态无关。在固体内纵波和横波的传播速度分别为

$$u=\sqrt{\frac{E}{\rho}}\qquad（纵波）$$

$$u=\sqrt{\frac{G}{\rho}}\qquad（横波）$$

式中，G，E 和 ρ 分别为固体的切变模量、弹性模量和密度。同种材料的切变模量 G 总是小于其弹性模量 E（见表 5-1），因此，在同一种介质中横波速度要比纵波速度小些。

在液体和气体内，纵波的传播速度为

$$u=\sqrt{\frac{K}{\rho}}\ （纵波）$$

式中，K 为体积模量。

对于理想气体，若将波的传播过程视为绝热过程，则由气体动理论和热力学方程可导出理想气体中的声波波速公式为

$$u=\sqrt{\frac{\gamma p}{\rho}}=\sqrt{\frac{\gamma RT}{M}}\qquad（纵波）$$

式中，γ 为气体的比热容比；p 为气体的压强；ρ 为气体的密度；T 为气体的热力学温度；R 是摩尔气体常数；M 是气体的摩尔质量。

在绳（或弦）上横波的波速

$$u=\sqrt{\frac{F}{\mu}}\ （横波）$$

式中，F 是绳（或弦）中的张力；μ 是绳（或弦）的线密度。

下面简单介绍物体的弹性形变。

固体、液体或气体在外力作用下，形状或体积会发生或大或小的改变，通称为形变。若撤掉外力后物体形变消失，这种形变称为弹性形变。在弹性限度内，外力与形变具有简单的关系。

（1）长变　一段固体棒，在两端沿棒长方向施加大小相等、方向相反的外力 $\boldsymbol{F}$ 和 $\boldsymbol{F}'$ 时，其长度 l 会发生改变 Δl，如图 5-4 所示。以 S 表示棒的横截面积，F/S 称为应力，$\Delta l/l$ 称为应变。实验表明：在弹性限度内，应力与应变成正比，即

$$\frac{F}{S}=E\frac{\Delta l}{l}$$

式中，E 称为弹性模量，其数值与材料有关。所以

$$E=\frac{F/S}{\Delta l/l}$$

（2）切变　固体的两个对应面受到与这两个面平行、大小相等、方向相反的外力 $\boldsymbol{F}$ 和 $\boldsymbol{F}'$ 时，它的形状会发生切变（也称剪切）形变。如图 5-5 所示，设施力面积为 S，固体宽度为 D，切变为 Δd，则 F/S 称为切应力，$\Delta d/D$ 称为切应变。实验表明：在弹性限度内，切应力与切应变成正比，即

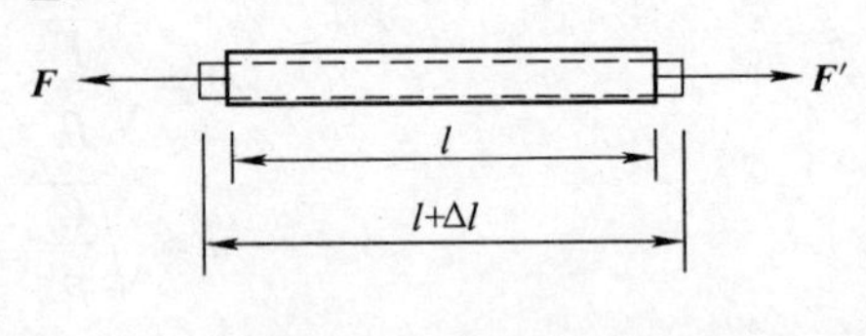

图 5-4　固体长变

$$\frac{F}{S}=G\frac{\Delta d}{D}$$

式中，G 称为切变模量，其数值与材料有关。所以

$$G=\frac{F/S}{\Delta d/D}$$

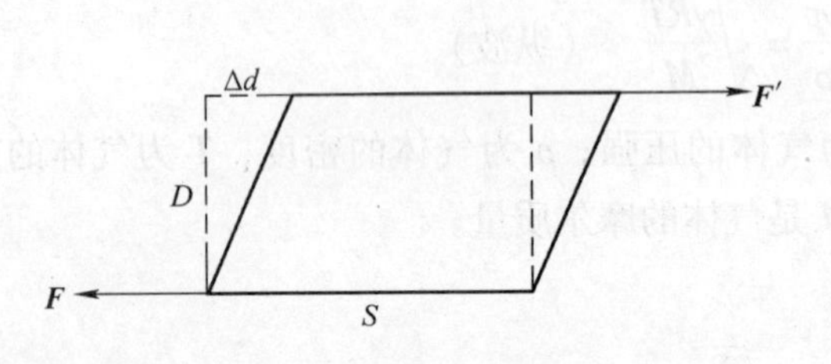

图 5-5　固体切变

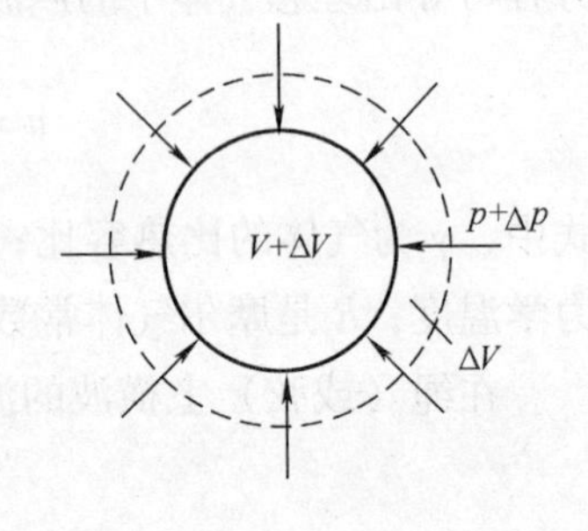

图 5-6　体变

（3）体变　无论固体、液体还是气体，当周围压强改变时，其体积也会发生改变如图 5-6 所示。设压强改变量为 Δp 时，体积改变量为 ΔV，$\Delta V/V$ 称为体应变。实验表明：在弹性限度内，压强增量与体应变成正比，即

$$\Delta p=-K\frac{\Delta V}{V}$$

式中，K 称为体积模量，其数值与材料有关。所以

$$K=-\frac{\Delta p}{\Delta V/V}$$

表 5-1 给出几种常见材料的弹性模量。

表 5-1 几种常见材料的弹性模量

材料	弹性模量 $E/(10^{11}\,Pa)$	切变模量 $G/(10^{11}\,Pa)$	体变模量 $K/(10^{11}\,Pa)$
玻璃	0.55	0.23	0.37
铝	0.7	0.30	0.70
铜	1.1	0.42	1.4
铁	1.9	0.70	1.0
钢	2.0	0.84	1.6
水			0.02
酒精			0.0091

5.2 平面简谐波的波函数

当波动在介质中传播时，如果介质中的各点都做简谐振动，则这样的波叫做简谐波。简谐波是最简单、最基本的波动，它是一般波动的基础，任何复杂的波动都可以视为由若干个不同频率的简谐波叠加而成，因此研究简谐波具有特别重要的意义。若简谐波的波面是平面，则称为平面简谐波。

怎样定量描述一个波动？我们先来回忆一下怎样描述一个质点的振动。所谓描述一个质点的振动，就是给出该质点的位移 y 是如何随时间 t 变化的，即具体写出 y 与 t 的函数关系。对于简谐振动来说，这个函数关系就是 $y=A\cos(\omega t+\varphi)$。波动是振动状态的传播过程，不仅仅是一个质点的振动，而是大量质点的振动。要描述一个波动，就要具体给出介质中坐标为 x 的质点离开平衡位置的位移 y 随时间 t 的变化关系，也就是要给出函数式 $y=f(x,t)$，这个函数式叫做波函数(或波动表达式)。对于一般的波动来说，波函数较为复杂，下面我们只讨论平面简谐波在均匀各向同性介质中的传播情况。

5.2.1 平面简谐波的波函数

设有一平面余弦行波，在无吸收的、均匀无限大介质中沿 x 轴正方向传播，波速为 u。取任意一条波线为 x 轴，在 x 轴上任取一点 O 为坐标原点，如图 5-7 所示，为了清楚地描述波线上各点的振动，用 x 表示各个质点在波线上的平衡位置，用 y 表示它们的振动位移，注意每个质点的振动位移都是相对自己的平衡

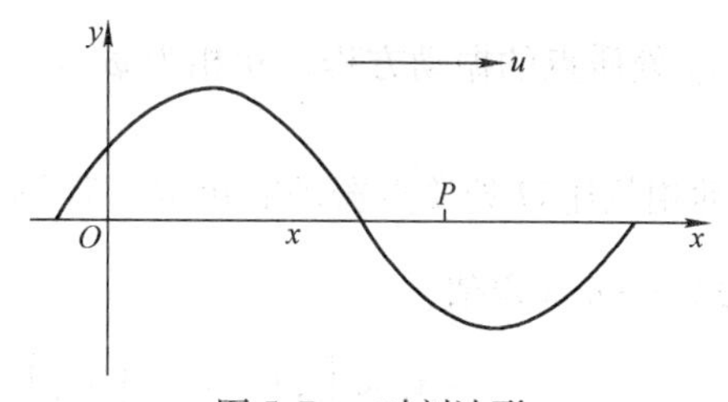

图 5-7 t 时刻波形

位置而言。假设 O 点处（即 $x=0$ 处）质点的振动方程为

$$y_0 = A\cos(\omega t + \varphi) \tag{5-2}$$

式中，A 是振幅；ω 是角频率；y_0 是 O 点处质点在 t 时刻离开平衡位置的位移（横波的位移方向与 x 轴垂直；纵波的位移方向与 x 轴平行）。设 P 为波线上的任一点，距 O 点的距离为 x（即 P 点的平衡位置坐标为 x）。那么，位于 P 点的质点在 t 时刻的位移 y 是多少?

因波沿 x 轴正向传播，由 O 点传播到P点，所以 P 点的振动相位将落后于 O 点，落后的时间就是振动状态从 O 点传播到 P 点所需要的时间 x/u。即 t 时刻 P 点的振动状态，与 $t-x/u$ 时刻 O 点的振动状态相同，O 点在 $t-x/u$ 时刻的相位为 $\omega\left(t-\dfrac{x}{u}\right)+\varphi$，因此，$P$ 点的振动方程为

$$y = A\cos\left[\omega\left(t-\frac{x}{u}\right)+\varphi\right] \tag{5-3}$$

上式中 y 是坐标 x 和时间 t 的函数，反映了波线上各点的运动规律，称为沿 x 轴正向传播的波函数或波动表达式。因为 $\omega=2\pi\nu=2\pi/T$，$u=\nu\lambda$，所以上式还可改写为

$$y = A\cos\left[2\pi\left(\nu t-\frac{x}{\lambda}\right)+\varphi\right] \tag{5-4}$$

或

$$y = A\cos\left[2\pi\left(\frac{t}{T}-\frac{x}{\lambda}\right)+\varphi\right] \tag{5-5}$$

5.2.2　波函数的物理意义

式（5-3）沿 x 轴正向传播的波函数含有 x 和 t 两个自变量。

1）$x=x_0=$ 定值，即观察某一个质点，有

$$y = A\cos\left[\omega\left(t-\frac{x_0}{u}\right)+\varphi\right] = A\cos\left(\omega t-\frac{\omega}{u}x_0+\varphi\right)$$

表示 x_0 处质点的振动方程，初相为 $\varphi' = -\dfrac{\omega}{u}x_0+\varphi = \varphi-2\pi\dfrac{x_0}{\lambda}$。显然 x_0 处质点的振动相位比 O 处质点振动的相位落后 $2\pi\dfrac{x_0}{\lambda}$。

2）$t=t_0=$ 定值，有

$$y = A\cos\left[\omega\left(t_0-\frac{x}{u}\right)+\varphi\right] = A\cos\left(\frac{\omega}{u}x-\omega t_0-\varphi\right)$$

给出了 t_0 时刻不同质点离开各自平衡位置的位移，即 t_0 时刻的波形（如同在 t_0 时刻给波动拍照）。对应的 $y-x$ 曲线称为波动在 t_0 时刻的波形曲线。波形曲线

上位移正向最大的位置称为波峰；位移负向最大的位置称为波谷。

3）x，t 都变，表示不同时刻各质点的位移。或更形象地说，波函数反映了波形的传播。

由式（5-3）可见，在 t 时刻，x 处质点的振动相位是 $\omega\left(t-\frac{x}{u}\right)+\varphi$，经过时间 Δt，传到 $x+\Delta x$ 处，相位是 $\omega\left(t+\Delta t-\frac{x+\Delta x}{u}\right)+\varphi$。根据波的传播就是振动相位传播的思想，这两个相位应当相等，所以

$$\omega\left(t-\frac{x}{u}\right)+\varphi=\omega\left(t+\Delta t-\frac{x+\Delta x}{u}\right)+\varphi$$

化简得 $u=\frac{\Delta x}{\Delta t}$，说明 u 既是波传播的相速度，也是波形沿波动传播方向移动的速度。

如图5-8所示，实线是 t 时刻的波形，虚线是 $t+\Delta t$ 时刻的波形。经过时间 Δt 相位沿波传播方向移动 $\Delta x=u\Delta t$ 距离，亦即整个波形以波速 u 向前运动 $\Delta x=u\Delta t$ 距离。

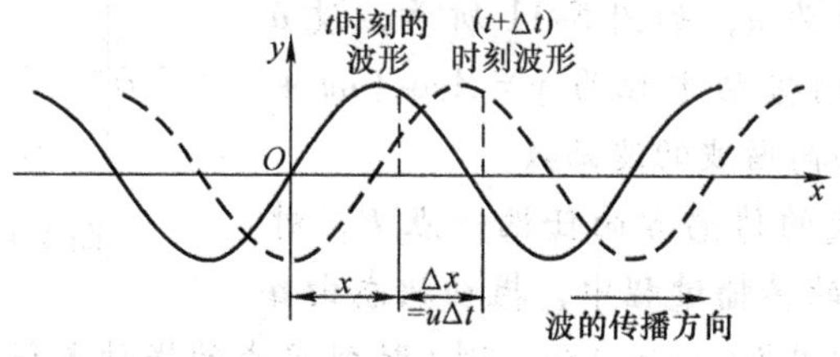

图5-8 波形曲线

如果知道波的传播方向，就可以分别作出 t 时刻和 $t+\Delta t$ 时刻的波形曲线，可以得到各个质点的位置变化情况，从而得到各个质点振动速度的方向，如图5-9所示。

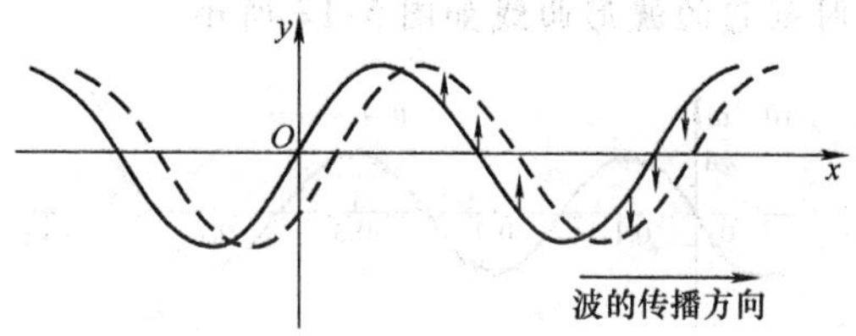

图5-9 质点的振动与波传播

5.2.3 沿 x 轴负向传播的平面简谐波的波函数

式（5-3）描述的是沿 x 轴正向传播的平面简谐波，如果原点的振动方程是

$y_0 = A\cos(\omega t+\varphi)$，沿 x 轴负向传播的平面简谐波应如何表述？在图 5-10 中，某一振动状态（相位）到达 P 点要比到达 O 点早，时间间隔为 $\Delta t = x/u$，所以 P 点 t 时刻的振动相位与 O 点在 $t+\Delta t$ 时刻的振动相位相同，这样，波函数应当写为

$$y = A\cos\left[\omega\left(t+\frac{x}{u}\right)+\varphi\right]$$

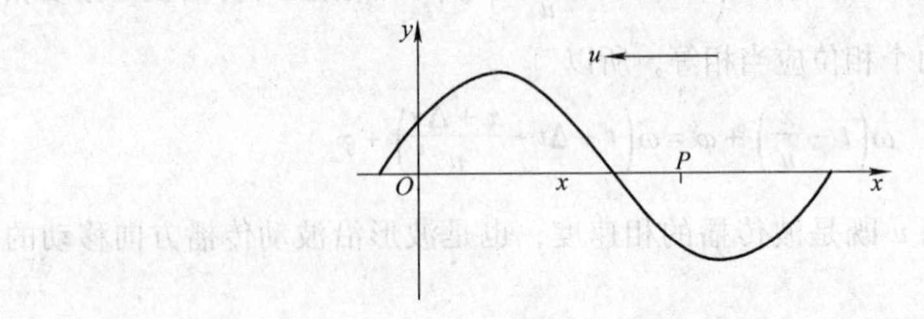

图 5-10 沿 x 轴负向传播的平面简谐波

【例 5-1】 一列平面简谐波沿 x 轴正向传播，波的传播波速为 u，如图 5-11 所示，设 a 点（坐标为 x_a）的振动方程为 $y = A\cos(\omega t+\varphi)$，试求该列平面简谐波的波函数。

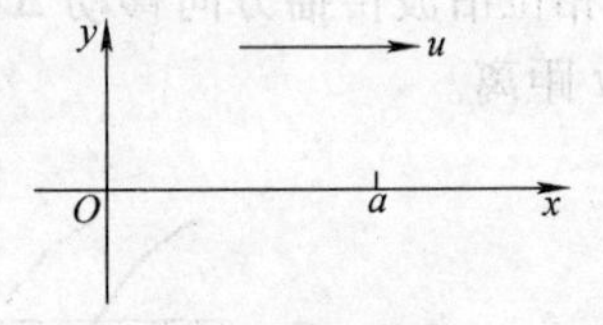

图 5-11 例 5-1 图

【解】 设在波的传播方向任选一点 P，对应坐标为 x，则波的传播过程中，振动状态由 a 点传到 P 点所需时间为 $(x-x_a)/u$，则 t 时刻 P 点的振动方程为

$$y = A\cos\left[\omega\left(t-\frac{x-x_a}{u}\right)+\varphi\right]$$

此方程就是该列平面简谐波的波函数。

【例 5-2】 一条长线用水平力张紧，其上激起一列简谐横波向左传播，波速为 20m/s，在 $t=0$ 时刻它的波形曲线如图 5-12 所示。

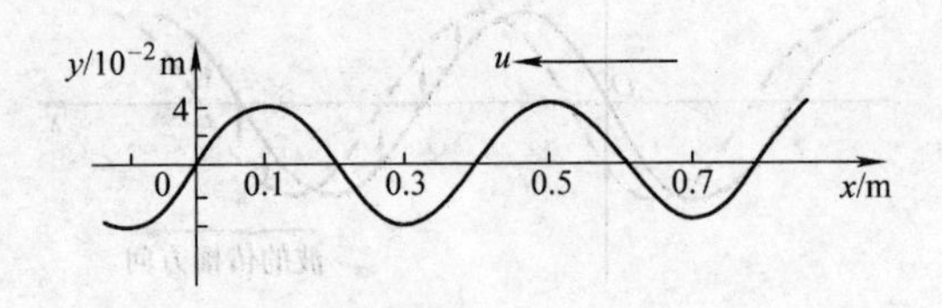

图 5-12 例 5-2 图

(1) 求波的振幅、波长和周期。

(2) 按图示坐标写出该列波的波函数。

(3) 写出 x 处质元的振动速度表达式。

【解】 (1) 由图可得，振幅$A=4.0\times10^{-2}$m，波长$\lambda=0.4$m。周期和角频率分别为

$$T=\frac{\lambda}{u}=\frac{0.4}{20}\text{s}=\frac{1}{50}\text{s}$$

$$\omega=\frac{2\pi}{T}=100\pi\ \text{rad/s}$$

(2) 在波传播的过程中，整个波形图向左平移，可得知原点O处的质元$t=0$时刻沿y轴正向运动，所以其初相为$\varphi=-\pi/2$，振动方程为

$$y_0=4\times10^{-2}\cos\left(100\pi t-\frac{\pi}{2}\right)$$

波函数为

$$y=4\times10^{-2}\cos\left[100\pi\left(t+\frac{x}{20}\right)-\frac{\pi}{2}\right]\ (\text{m})$$

(3) 位于x处介质质元的振动速度为

$$v=\frac{\partial y}{\partial t}=-4\pi\sin\left(100\pi\left(t+\frac{x}{20}\right)-\frac{\pi}{2}\right)=4\pi\cos100\pi\left(t+\frac{x}{20}\right)\ (\text{m/s})$$

【例5-3】 已知平面余弦波在$t=0$时刻的波形如图5-13所示，波线上P点的振动曲线如图5-14所示。

(1) 问：波是沿x轴正向传播还是沿负向传播？

(2) 画出$x=0$处质点的振动曲线，并求其初相。

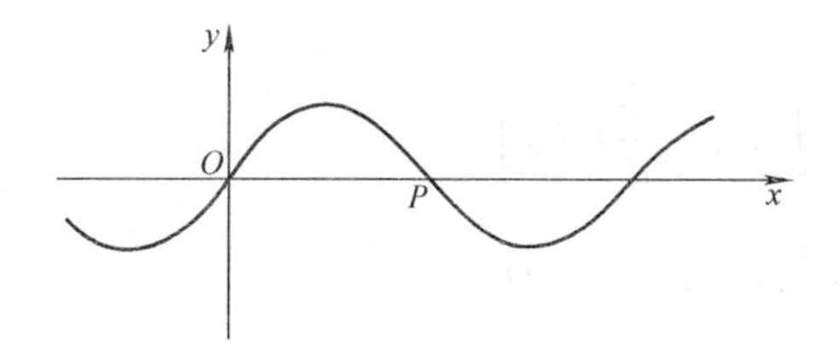

图5-13 零时刻波形

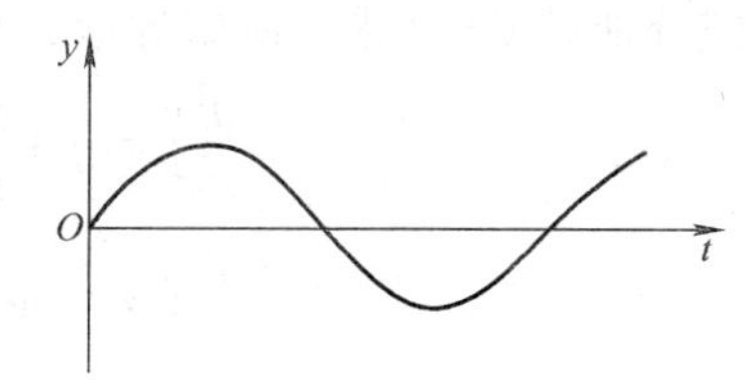

图5-14 P点振动曲线

【解】 由P点振动曲线（见图5-14）可知，$t=0$时刻波线上P点的振动方向为正，即沿y轴正方向运动。在波形曲线中可画出P点的振动速度方向，如图5-15中箭头所示。由波动传播的特点得知，波沿x轴正方向传播。

由于波动沿x轴正方向传播，则该时刻$x=0$处的质点沿y轴负方向运动，如图5-15所示，且$t=0$时刻$y=0$，由此可画出$x=0$处质点的振动曲线，如图5-16所示。由旋转矢量图得出，$x=0$点的振动初相位$\varphi=\pi/2$。

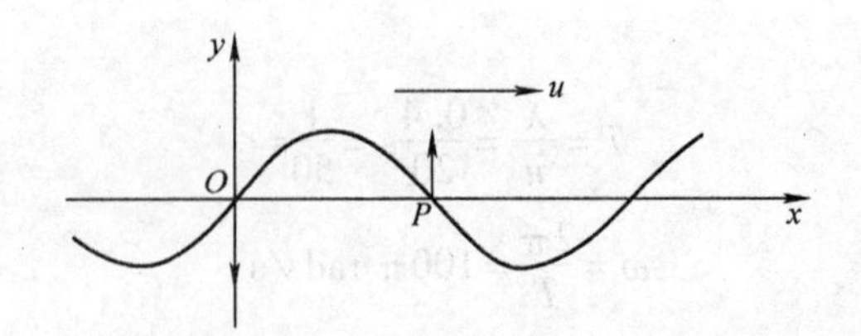

图 5-15

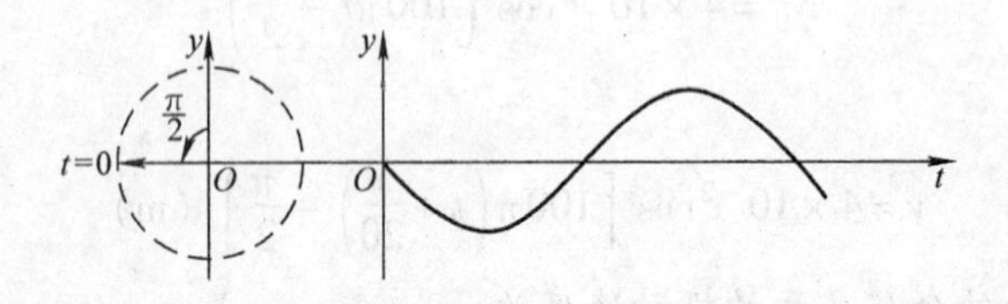

图 5-16

5.2.4 平面波的波动微分方程

沿 x 轴传播的平面波的波函数为

$$y = A\cos\left[\omega\left(t \pm \frac{x}{u}\right) + \varphi\right] \tag{5-6}$$

上式分别对 x 和 t 求二阶偏导数，有

$$\frac{\partial^2 y}{\partial x^2} = -A\frac{\omega^2}{u^2}\cos\left[\omega\left(t \pm \frac{x}{u}\right) + \varphi\right]$$

$$\frac{\partial^2 y}{\partial t^2} = -A\omega^2\cos\left[\omega\left(t \pm \frac{x}{u}\right) + \varphi\right]$$

比较可得

$$\frac{\partial^2 y}{\partial x^2} = \frac{1}{u^2}\frac{\partial^2 y}{\partial t^2} \tag{5-7}$$

这就是沿 x 轴传播的平面波的波动微分方程，式（5-6）是这一方程的解。

波动微分方程式（5-7）不仅适用于机械波，也适用于电磁波，它是物理学中的一个具有普遍意义的方程。也就是说，如果一个物理量 y 对坐标 x 的二阶偏导数等于一个常量乘以物理量 y 对时间 t 的二阶偏导数，那么这个物理量 y 的振动在空间沿 x 方向按波的形式传播，而且偏导数$\frac{\partial^2 y}{\partial t^2}$的系数$\frac{1}{u^2}$中的 u，即波的传播速度。

5.3 波动过程中的能量传播

波在弹性介质中传播时，介质中各质元都在自己的平衡位置附近振动，由于各质元具有振动速度，所以它具有振动动能。同时，振动的质元也产生形变，因而该质元也具有形变势能。随着振动由近及远传播开来，能量（动能和势能）显然也由近及远向外传播，所以波的传播过程也就是能量的传播过程。这是波动的重要特征。

5.3.1 波的能量

以棒中的纵波为例来讨论波的能量。设棒的密度为ρ，横截面积为S。在棒上任取一小质元，质元平衡位置的坐标为x、质元长度为$\mathrm{d}x$（图5-17），体积为$\mathrm{d}V=S\mathrm{d}x$，质量为$\mathrm{d}m$，离开平衡位置的位移为y。如果沿细棒传播的平面简谐波波函数为

$$y(x,t)=A\cos\omega\left(t-\frac{x}{u}\right)$$

则质元的振动速度

$$v=\frac{\partial y}{\partial t}=-\omega A\sin\omega\left(t-\frac{x}{u}\right)$$

质元的动能为

$$\mathrm{d}E_{\mathrm{k}}=\frac{1}{2}(\mathrm{d}m)v^2=\frac{1}{2}\rho\mathrm{d}V\omega^2A^2\sin^2\omega\left(t-\frac{x}{u}\right) \tag{5-8}$$

现在讨论质元的势能。要考虑质元的形变，就不能将质元当做质点来处理。从图5-17中可以看出，质元左端x点的振动位移是y，右端$x+\mathrm{d}x$点的振动位移是$y+\mathrm{d}y$，其形变量为$\mathrm{d}y$，势能是

$$\mathrm{d}E_{\mathrm{p}}=\frac{1}{2}k(\mathrm{d}y)^2$$

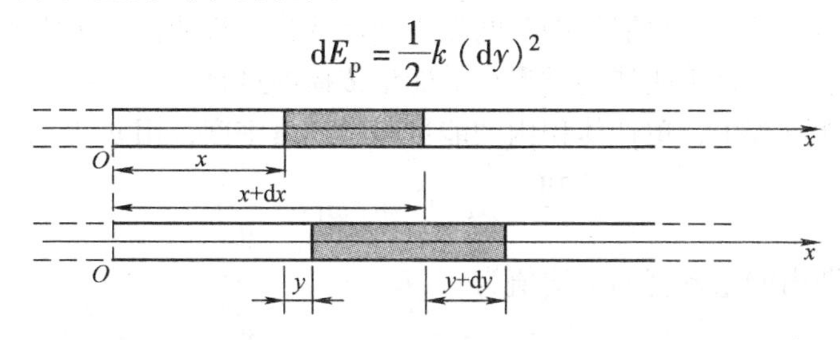

图5-17 波传播中质元的形变

对棒状固体介质，弹性模量为

$$E=\frac{F/S}{\mathrm{d}y/\mathrm{d}x}$$

所以

$$F = ES\frac{\mathrm{d}y}{\mathrm{d}x} = k\mathrm{d}y$$

式中，$k = ES/\mathrm{d}x$。因此弹性势能为

$$\mathrm{d}E_{\mathrm{p}} = \frac{1}{2}ES\frac{1}{\mathrm{d}x}(\mathrm{d}y)^2 = \frac{1}{2}ES\mathrm{d}x\left(\frac{\mathrm{d}y}{\mathrm{d}x}\right)^2$$

考虑到 y 是 x 和 t 的函数，故上式中的 $\mathrm{d}y/\mathrm{d}x$ 应是 y 对 x 的偏导数，于是有

$$\mathrm{d}E_{\mathrm{p}} = \frac{1}{2}ES\mathrm{d}x\left(\frac{\partial y}{\partial x}\right)^2$$

因为 $u = \sqrt{\frac{E}{\rho}}$，所以 $E = \rho u^2$，且 $\frac{\partial y}{\partial x} = \frac{\omega}{u}A\sin\omega\left(t - \frac{x}{u}\right)$，所以

$$\mathrm{d}E_{\mathrm{p}} = \frac{1}{2}\rho u^2\mathrm{d}V\left[\frac{\omega}{u}A\sin\omega\left(t - \frac{x}{u}\right)\right]^2 = \frac{1}{2}\rho\omega^2A^2\mathrm{d}V\sin^2\omega\left(t - \frac{x}{u}\right) \quad (5\text{-}9)$$

可以看出

$$\mathrm{d}E_{\mathrm{k}} = \mathrm{d}E_{\mathrm{p}}$$

该体积元总能量为

$$\mathrm{d}W = \mathrm{d}E_{\mathrm{k}} + \mathrm{d}E_{\mathrm{p}} = \rho\mathrm{d}V\omega^2A^2\sin^2\omega\left(t - \frac{x}{u}\right) \quad (5\text{-}10)$$

在行波的传播过程中，质元的动能和势能均随时间作周期性性变化，且等值同相。当动能达到最大值时，势能也达最大值；当动能为零时，势能也为零。这一点是很自然的，因为当质元达到平衡位置时，质元的振动速度最大，质元之间相对位移也最大（质元的应变 $|\partial y/\partial x|$ 最大），所以质元具有最大的动能和最大的势能。当质元达到最大位移处时，质元的振动速度为零，质点之间的相对位移也为零（质元的应变 $\partial y/\partial x$ 为零），所以质元的动能和势能皆为零。因此，波的能量集中在处于平衡位置的质元附近。

对于某质元而言，总能量随时间作周期性变化，说明任一小质元都在不断地接收和放出能量，这表明波动过程也是能量传播的过程。

波动传播过程中，单位体积内的能量叫做能量密度，用 w 表示，则

$$w = \frac{\mathrm{d}W}{\mathrm{d}V} = \rho\omega^2A^2\sin^2\omega\left(t - \frac{x}{u}\right)$$

在一周期内能量密度的平均值为

$$\overline{w} = \frac{1}{T}\int_0^T w\mathrm{d}t = \frac{1}{T}\int_0^T\rho\omega^2A^2\sin^2\omega\left(t - \frac{x}{u}\right)\mathrm{d}t = \frac{1}{2}\rho A^2\omega^2 \quad (5\text{-}11)$$

可见，平均能量密度 $\overline{w}$ 只与介质密度 ρ、振幅 A、角频率 ω 有关，与位置无关。这一公式虽然是从平面余弦弹性纵波的特殊情况推导得出，但是波的能量与振幅的平方成正比、与频率的平方成正比的结论却适用于所有的弹性波。

5.3.2 能流密度

波在介质中传播时伴随着能量的传播，为了描述这一特征，现引入能流的概念。波的传播过程中，单位时间内通过介质中某一面积的能量，称为通过该面积的能流。能流是周期性变化的，在实际应用中通常取在一个周期内的平均值，称为平均能流。

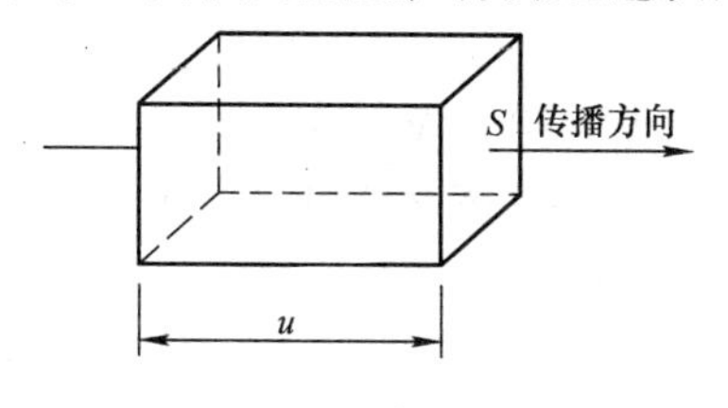

图5-18 平均能流

设在介质中垂直于波速 u 方向有一平面，面积为 S，则单位时间通过 S 面的能量等于体积 uS 中的能量，如图5-18所示，单位时间内通过面积 S 的平均能流为

$$\overline{P}=\overline{w}uS$$

通过垂直于波的传播方向单位面积的平均能流叫能流密度或波的强度，用 I 表示，即

$$I=\frac{\overline{P}}{S}=\overline{uw}=\frac{1}{2}\rho u\omega^2A^2 \tag{5-12}$$

式（5-12）表明：波的强度与波的振幅平方成正比。这一结论不仅对简谐波适用，而且具有普遍意义。在国际单位制中，波的强度 I 的单位是瓦特/米^2（W /m^2）。

若平面简谐波在各向同性、均匀无吸收的理想介质中传播，其波的振幅在传播过程中保持不变。若球面波在各向同性、均匀无吸收的理想介质中传播，各处的振幅 A 与该处离开波源的距离 r 成反比。类比平面简谐波的波方程，则球面简谐波的波函数可表示为

$$y=\frac{A_0}{r}\cos\left[\omega\left(t-\frac{r}{x}\right)+\varphi\right] \tag{5-13}$$

实际上，波在介质中传播时，介质总要吸收波的一部分能量，因而波的强度沿波的传播方向逐渐减弱，所吸收的能量通常转化成介质的内能，这种现象称为波的吸收。

5.3.3 声波

声波是机械纵波，频率在20Hz到20000Hz的声波能引起人的听觉，称为可闻声波，简称声波。频率低于20Hz的叫做次声波，频率高于20000Hz的叫做超声波。

声波的强度简称声强。能引起听觉的声波不仅有一定的频率范围，还有一定的声强范围。声波频率在1000Hz左右时，能引起人的听觉的声强范围大约在

$10^{-12} \sim 1\mathrm{W/m^2}$ 之间。声强太小，不能引起听觉；声强太大，将引起痛觉。由于可闻声波的声强数量级相差悬殊，通常用声强级来描述声波的强弱。用 L 表示声强级，其定义为

$$L = \lg \frac{I}{I_0} \tag{5-14}$$

式中，$I_0 = 10^{-12}\mathrm{W/m^2}$ 是人耳听到的最小声强。声强级 L 的单位为贝［尔］，用 B 表示。另外还有分贝（dB），1B = 10dB。这样

$$L = 10\lg \frac{I}{I_0} \ (\mathrm{dB}) \tag{5-15}$$

例如声波的强度 $I = 1\mathrm{W/m^2}$，对应的声强级是 $L = 10\lg \frac{1}{10^{-12}} = 120$（dB），这是人能承受的最大声强级。声音过大对人有很大的伤害，表 5-2 列出了几种声音的声强、声强级和响度。

表 5-2　几种声音的声强、声强级和响度

声源	声强/（$\mathrm{W/m^2}$）	声强级/dB	响度
聚焦超声波	10^9	210	
炮声	1	120	
铆钉机	10^{-2}	100	震耳
闹市车声	10^{-5}	70	响
通常谈话	10^{-6}	60	正常
轻声	10^{-8}	40	较轻
耳语	10^{-10}	20	轻
树叶沙沙声	10^{-11}	10	极轻
听觉	10^{-12}	0	

5.4　惠更斯原理　波的干涉

5.4.1　惠更斯原理

在观察水波的传播时可以看到，若没有障碍，波前的形状在传播过程中不变。但是，若用一块带有小孔的隔板挡在波的前面，将会看到，不论原来的波形是什么形状，只要小孔的孔径小于波长，通过小孔的波前都变成以小孔为中心的球面波，好像这个小孔是个点波源一样，如图 5-19 所示。1678 年荷兰物理学家惠更斯从实验事实总结出波的传播规律：在波的传播中，波阵面（波前）上的每一点都可以视为发射子波的波源，在其后的任一时刻，这些子波的包迹就成为

新的波阵面。这就是惠更斯原理。

惠更斯原理对任何波动过程都是适用的，不论是机械波还是电磁波，只要知道某一时刻的波阵面，就可根据这一原理用几何作图法来决定任一时刻的波阵面。因而在广泛的范围内解决了波的传播问题。图 5-20 中用惠更斯原理描绘出在各向同性介质中的球面波和平面波波的传播。

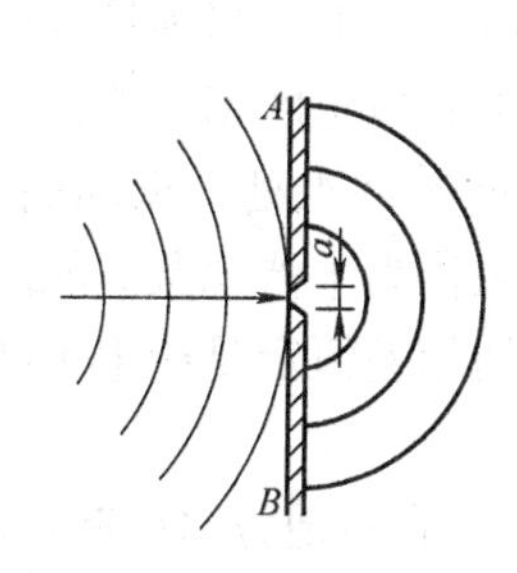

图 5-19　障碍的小孔成为新波源

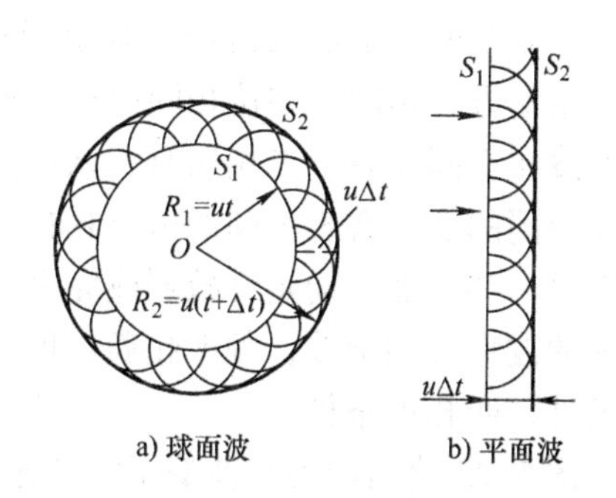

图 5-20　作图法求新波阵面

当波遇到障碍物时，会绕过障碍物而改变其传播方向，这种现象叫做波的衍射现象。根据惠更斯原理，可以用作图方法说明波在传播中发生的反射、折射、衍射等现象，如图 5-21a 描绘出了波的折射，图 5-21b 描绘出了波的衍射现象。

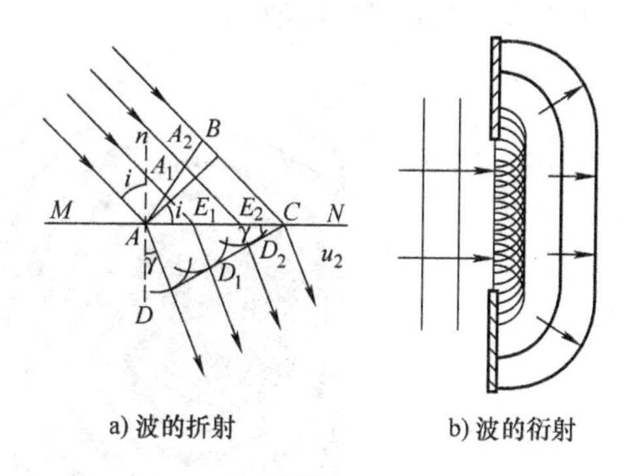

图 5-21　作图法求新波阵面

波的衍射现象显著与否，与障碍物的线度及波长有关。若障碍物的线度远大于波长，则衍射现象不明显；若障碍物的线度与波长相差不多，则衍射现象比较明显；若障碍物的线度小于波长，则衍射现象特别明显。如在室内能听到室外的声音就是声波能绕过障碍物的缘故。

5.4.2　波的干涉

1. 波的叠加

几列波同时在某一介质中传播时，如果它们在空间某点相遇，之后每一列波都将独立地保持自己原有的特性（频率、波长、振动方向等）传播，就像在各自的路程中没有遇到其他波一样，这就是波传播的独立性。我们可以同时听到几个人的讲话，可以分辨交响乐队中任何一种乐器的旋律，这就是波的独立性的例子。在相遇的区域内，任一点处质点的振动为各列波单独在该点引起的振动的合振动，即在任一时刻，该点处质点的位移是各列波在该点处引起的位移的矢量和，这一规律称为波的叠加原理。

2. 波的干涉

一般地说，频率、相位、振动方向等都不相同的几列波在某一点叠加时，情形是很复杂的。下面只讨论一种最简单最重要的两列波的叠加，即两列频率相同、振动方向相同、相位相同或相位差恒定的简谐波的叠加。当满足这些条件的两列波在空间任意一点相遇时，该点的两个分振动也有恒定的相位差，而且对于空间不同的点，有着不同的恒定相位差。因而在空间某些点处，振动始终加强，而在另一些点处振动始终减弱或完全抵消，这种现象称为干涉现象。能产生干涉现象的波称为相干波，频率相通、振动方向相同和初相差恒定是产生干涉所满足的条件，叫相干条件。

图 5-22 给出两列水波的干涉图像。由图可以看出有些地方水面起伏很厉害，即这些地方振动加强；有些地方水面只有微弱的起伏，甚至平静不动，即这些地方振动减弱，甚至完全抵消。

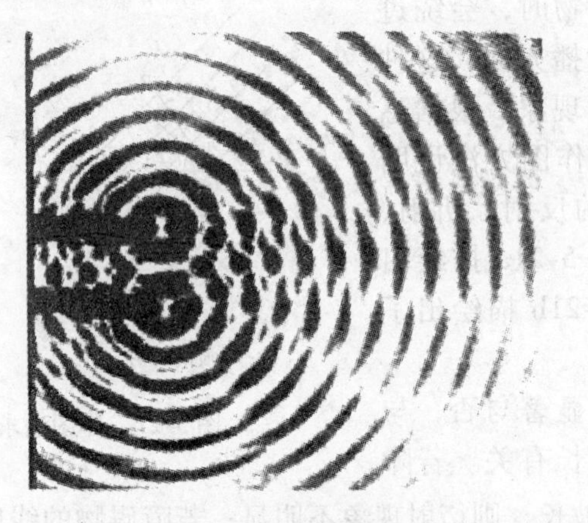

图 5-22 水波干涉实验

如图 5-23 所示，设在均匀、各向同性介质中有两个相干波源 S_1 和 S_2，它们的振动方程分别为

$$y_1 = A_{10}\cos\ (\omega t + \varphi_1) \qquad y_2 = A_{20}\cos\ (\omega t + \varphi_2)$$

激起的两列波在某处 P 点相遇并叠加，设 P 点到两波源的距离分别为 r_1 和 r_2，则两列波在 P 点引起的振动分别为

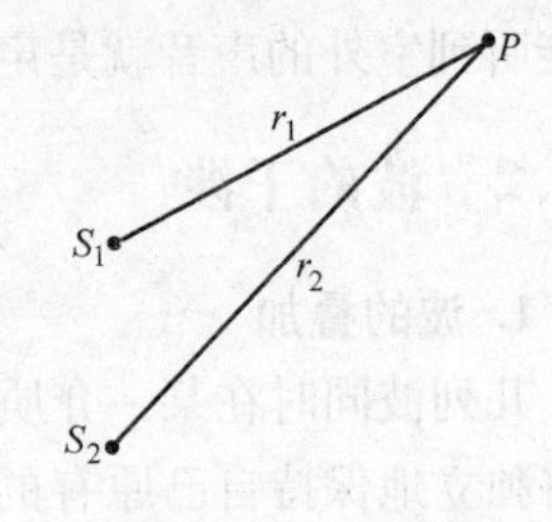

图 5-23 波的叠加

$$y_1 = A_1\cos\left[\omega\left(t - \frac{r_1}{u}\right) + \varphi_1\right]$$

$$y_2 = A_2\cos\left[\omega\left(t - \frac{r_2}{u}\right) + \varphi_2\right]$$

式中，A_1，A_2 分别为两列波在 P 点引起振动的振幅。由于 y_1，y_2 的振动方向相同，根据叠加原理，则 P 点的合振动为

$$y = y_1 + y_2 = A\cos(\omega t + \varphi)$$

式中，φ 为合振动的初相。由式（4-16）可知

$$\tan\varphi = \frac{A_1\sin\left(\varphi_1 - \frac{\omega r_1}{u}\right) + A_2\sin\left(\varphi_2 - \frac{\omega r_2}{u}\right)}{A_1\cos\left(\varphi_1 - \frac{\omega r_1}{u}\right) + A_2\cos\left(\varphi_2 - \frac{\omega r_2}{u}\right)}$$

合振动的振幅 A 为

$$A = \sqrt{A_1^2 + A_2^2 + 2A_1A_2\cos\Delta\varphi} \tag{5-16}$$

式中，$\Delta\varphi$ 两振动的相位差

$$\Delta\varphi = \left(\varphi_2 - \frac{\omega}{u}r_2\right) - \left(\varphi_1 - \frac{\omega}{u}r_1\right) = (\varphi_2 - \varphi_1) - 2\pi\frac{r_2 - r_1}{\lambda} \tag{5-17}$$

两列波在空间任一点 P 引起的合振动振幅 A，取决于两个振动的相位差。相位差由两项组成，第一项是两波源的初相之差，第二项中的（$r_2 - r_1$）代表两列波传播的路程之差，称为波程差，记为 $\delta = r_2 - r_1$。

当相位差满足

$$\Delta\varphi = 2k\pi \quad (k = 0, \pm 1, \pm 2, \cdots) \tag{5-18}$$

P 点的合振动振幅最大，等于两分振动振幅之和，即 $A = A_1 + A_2$，称为干涉加强。

当相位差满足

$$\Delta\varphi = (2k + 1)\pi \quad (k = 0, \pm 1, \pm 2, \cdots) \tag{5-19}$$

P 点的合振动振幅最小，等于两分振动振幅之差，即 $A = |A_2 - A_1|$，称为干涉减弱。

在特殊情况下，若 $\varphi_2 - \varphi_1 = 0$，即两波源的初相相同，则

$$\Delta\varphi = 2\pi\frac{r_2 - r_1}{\lambda} = 2\pi\frac{\delta}{\lambda}$$

当

$$\delta = r_2 - r_1 = k\lambda \quad (k = 0, \pm 1, \pm 2, \cdots) \tag{5-20}$$

即波程差等于零或波长的整数倍时，合振动振幅最大，干涉加强。

当

$$\delta = r_2 - r_1 = \frac{2k + 1}{2}\lambda \quad (k = 0, \pm 1, \pm 2, \cdots) \tag{5-21}$$

即波程差等于半波长的奇数倍时，合振动振幅最小，干涉减弱。

由于波的强度正比于振幅的平方，所以两列波叠加后的强度正比于振幅的平方，即

$$I \propto A^2 = A_1^2 + A_2^2 + 2A_1A_2\cos\Delta\varphi$$

所以

$$I = I_1 + I_2 + 2\sqrt{I_1 I_2}\cos\Delta\varphi$$

由此可见，叠加后波的强度 I 随空间各点的位置的不同而不同，空间各点的能量重新分布，有些地方加强，有些地方减弱，这是波的干涉的基本特点。

应该指出，干涉现象是波动形式所独有的重要特征之一，只有波动的合成，才能产生干涉现象。干涉现象对于光学、声学等的研究都非常重要，对于现代物理学的发展起着重大的作用。

【例5-4】 a，b 为同一介质中的两个相干波源，两点相距10m，它们激发的波频率为 $\nu = 100\text{Hz}$，波速为 $u = 400\text{m/s}$，设两列波在 ab 连线上各点的振幅相同。已知 a 处波源比 b 处波源相位落后 π。求 ab 连线上因干涉而静止的各点位置。

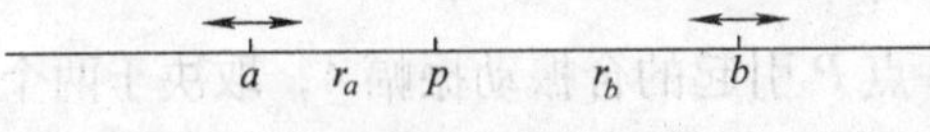

图5-24　例5-4图

【解】 由题意知，两波源的初相差 $\varphi_b - \varphi_a = \pi$，波长 $\lambda = \dfrac{u}{\nu} = 4\text{m}$，在 ab 连线上任取一点 p，p 点到两波源的距离分别为 $\overline{ap} = r_a$，$\overline{bp} = r_b$，则两列波传到 p 点的相位差为

$$\Delta\varphi = (\varphi_b - \varphi_a) - 2\pi\frac{r_b - r_a}{\lambda} = \pi - 2\pi\frac{r_b - r_a}{\lambda} \qquad ①$$

要使 P 点因干涉而静止，必须满足：

$$\Delta\varphi = (2k+1)\pi \qquad ②$$

讨论：

(1) p 点在 ab 之间，$r_b - r_a = (\overline{ab} - r_a) - r_a = 10 - 2r_a$，代入式①得

$$\Delta\varphi = \pi - 2\pi\frac{10 - 2r_a}{\lambda} = -4\pi + r_a\pi$$

与式②联立求解得 $r_a = 2k + 5$，$k = 0$，±1，±2，…

因为 $0 \leqslant r_a \leqslant 10$，所以在 ab 之间与波源 a 相距 $r_a = 1\text{m}$，3m，5m，7m，9m 的各点会因干涉而静止。

(2) p 点在 b 点外侧，$r_b - r_a = -10\text{m}$，代入式①得 $\Delta\varphi = \pi - 2\pi\dfrac{(-10)}{\lambda} =$

6π，不满足②式，故在 b 点外侧不存在因干涉而静止的点。

（3）p 点在 a 点外侧，$r_b - r_a = 10\text{m}$，代入式①同理可得，在 a 点外侧也不存在因干涉而静止的点。

5.5 驻波

驻波是一种特殊的干涉现象。当两列振幅相等、传播方向相反的相干波在空间相遇时会形成驻波。

5.5.1 驻波实验

如图5-25所示，细弦的一端 A 系于音叉上，另一端通过滑轮系着砝码使弦张紧，当音叉振动时，调节劈尖至适当位置，可以看到 AB 段弦线被分成几段长度相等的振动部分，如图5-25所示。其特点如下：

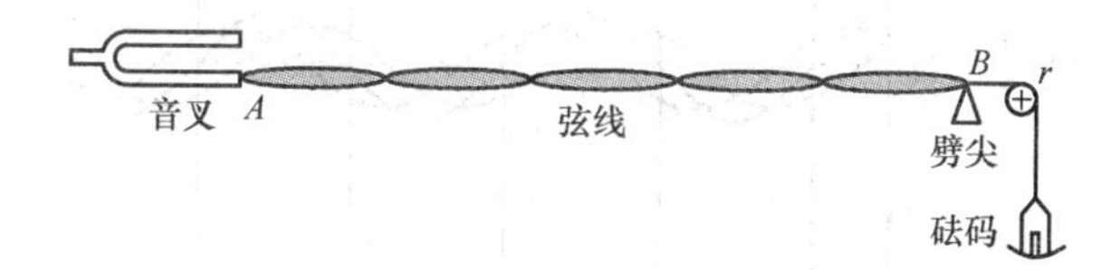

图5-25 驻波

1）没有波形移动，弦线上各点基本在其平衡位置附近上下振动，但某些点始终静止不动，称为波节。

2）各点振动时振幅固定但不同，两相邻节点中间的点振幅始终最大，称为波腹。

3）相邻两波节（或相邻两波腹）之间的距离都是 $\lambda/2$。

这种波称为驻波。显然驻波是由 A 点振动引起的向右的入射波和它在 B 点反射回来的向左的反射波的叠加的结果。

5.5.2 驻波的形成

设有两列振幅相等、传播方向相反的相干波沿 x 轴传播，为简单起见，设沿 x 轴正方向传播的波函数为

$$y_1 = A\cos\omega\left(t - \frac{x}{u}\right) = A\cos\left[2\pi\left(\nu t - \frac{x}{\lambda}\right)\right]$$

沿 x 轴负方向传播的波函数为

$$y_1 = A\cos\omega\left(t + \frac{x}{u}\right) = A\cos\left[2\pi\left(\nu t + \frac{x}{\lambda}\right)\right]$$

则它们的合成波为

$$y=y_1+y_2=A\cos\left[2\pi\left(\nu t-\frac{x}{\lambda}\right)\right]+A\cos\left[2\pi\left(\nu t+\frac{x}{\lambda}\right)\right]$$

运用三角函数公式展开并化简，可得

$$y=\left[2A\cos\left(2\pi\frac{x}{\lambda}\right)\right]\cos\omega t \tag{5-22}$$

上式为驻波的运动方程，不难看出，此式不含有（$t\pm x/u$），没有波形的行进，即合成波"驻立不动"，所以称为驻波，它实质上是一种特殊的振动。图 5-26 给出两列相干波叠加形成驻波的过程。

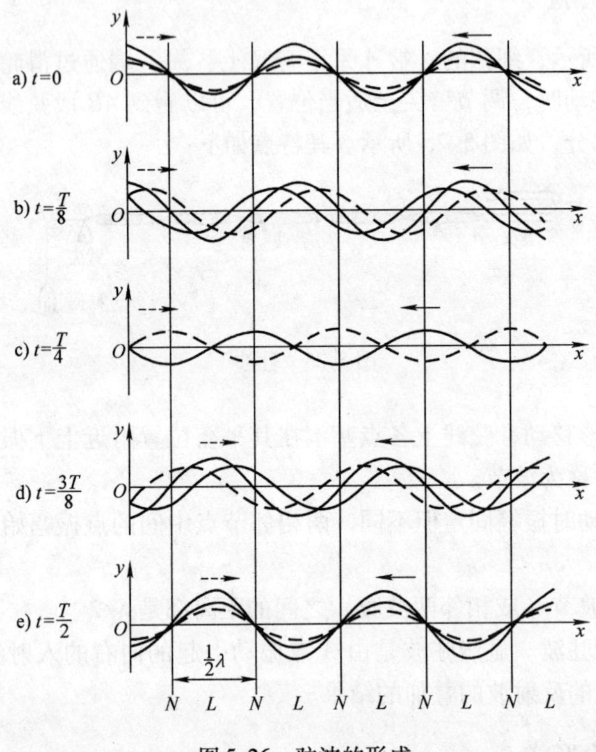

图 5-26 驻波的形成

5.5.3 驻波的特点

1. 波腹和波节

由式（5-22）可以看出，驻波上各点都在作同频率的简谐振动，振幅为 $\left|2A\cos\left(2\pi\frac{x}{\lambda}\right)\right|$，即驻波的振幅与位置 x 有关而与时间无关。

振幅最大的位置发生在$\left|\cos\left(2\pi\frac{x}{\lambda}\right)\right|=1$的点，因此波腹的位置可由

$$2\pi\frac{x}{\lambda}=\pm k\pi(k=0,1,2,\cdots)$$

来决定，即

$$x=\pm\frac{k}{2}\lambda \quad (k=0,1,2,\cdots)$$

这就是波腹的位置。相邻两个波腹间的距离为

$$\Delta x=x_{k+1}-x_k=\frac{\lambda}{2} \tag{5-23}$$

同样，振幅最小值发生在$\left|\cos\left(2\pi\frac{x}{\lambda}\right)\right|=0$的点，因此波节的位置可由

$$2\pi\frac{x}{\lambda}=\pm(2k+1)\frac{\pi}{2} \quad (k=0,1,2,\cdots)$$

来决定，即

$$x=\pm(2k+1)\frac{\lambda}{4} \quad (k=0,1,2,\cdots)$$

这就是波节的位置。可见相邻两个波节间的距离也是$\frac{\lambda}{2}$。

2. 相位特征

由式（5-22）知，波线上各点都作简谐振动，各点振动的相位取决于$\cos\left(2\pi\frac{x}{\lambda}\right)$的正负。在两相邻波节之间，$\cos\left(2\pi\frac{x}{\lambda}\right)$具有相同的符号，各点的振动相位相同；在一波节两侧的各点，$\cos\left(2\pi\frac{x}{\lambda}\right)$具有相反的符号，因此波节两侧的点振动相位相反。也就是说，驻波是分段的振动，相邻两波节之间的各点划分为一段，则同一分段上的各点振动步调一致，相位相同；波节两侧相邻两分段上的各点，振动步调相反，相位差为π。因此，和行波不同，在驻波进行过程中没有振动状态和波形的定向传播。

3. 驻波的能量

两列强度相同、方向相反的行波的叠加形成驻波，两列行波携带能量沿相反方向传播，所以总能流密度为零，宏观上看，驻波中没有能量的定向传播。当介质中各点都达到最大位移处时，各质元动能为零，波节附近介质的相对形变量最大，对应弹性势能最大，势能集中在波节附近；当介质中各点都达到平衡位置时，各质元的相对形变量为零，弹性势能为零，波腹处的质元的速度最大，对应动能最大，动能集中在波腹附近。驻波的动能和势能不断地在波腹与波节之间转移。

驻波是一种极其重要的振动过程，在声学、无线电和光学中都有重要应用，

可用它来测定波长，也可用它测定振动系统所激发的振动频率。

5.5.4 相位突变

在图 5-25 所示的实验中，反射点 B 静止不动，在该点处形成驻波的一个节点。这一结果说明，当反射点固定不动时，入射波与反射波在 B 点处引起的振动反相，即相位差为 π，这个相位的突变一般叫做“半波损失”。也就是说，反射波并不是入射波的反向延伸，而是有“半个波长的损失”。这个结论可由弹性理论推导出来，并为实验所证实。如图 5-27 所示，设某 t 时刻的入射波形如实线所示，在同一时刻的反射波如虚线所示。如图 5-28 所示，如果反射点是自由的，那么反射波与入射波在端点处的振动同相，合成的驻波在反射点形成波腹。那么反射波就是入射波的反向延伸，无半波损失。

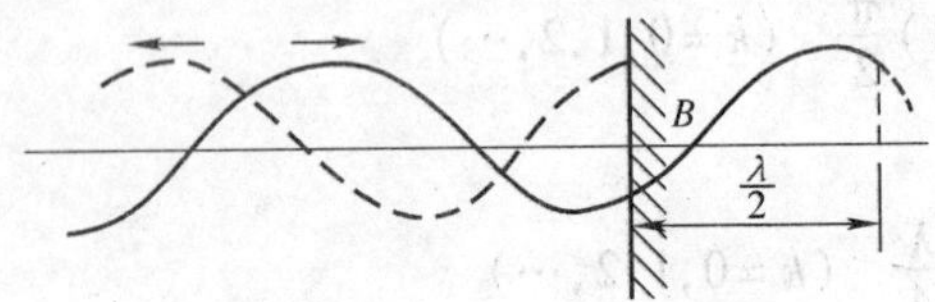

图 5-27 有半波损失的反射　　图 5-28 无半波损失的反射

进一步研究表明，当波在空间传播时，如果波垂直入射到两种介质的分界面时，界面处出现波节还是波腹，将决定于波的种类和两介质的有关性质。对于弹性波，我们按 ρu（ρ 为介质密度，u 为波速）的相对大小，可把介质分为两类：ρu 相对较大的介质称为波密介质；ρu 相对较小的介质称为波疏介质。那么，当波从波疏介质垂直入射到波密介质时，在介质的分界面上反射的波有 π 相位的突变，也即“半波损失”，如图 5-27 所示，反射点形成波节。反之，在反射点形成波腹，如图 5-28 所示。例如声波由空气中传播到水面反射时就有“半波损失”。“半波损失”是一个重要概念，它不仅适用于机械波的反射，同样也适用于包括光波在内的电磁波的反射。

【例 5-5】 在如图 5-29 所示的演示实验中，设入射波在 O 点引起的振动方程为 $y_0 = A\cos\omega t$，绳子中波的传播速度为 u，固定点 B 到 O 点的距离为 L。求：(1) 反射波的波函数；(2) 形成的驻波表达式。

【解】 (1) 取如图 5-29 所示的坐标，则 O 点的振动方程为

$$y_0 = A\cos\omega t$$

由波的传播特性可得入射波的波函数为

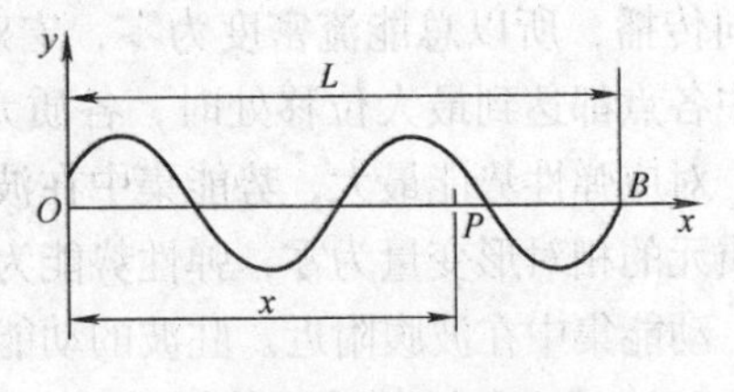

图 5-29 例 5-5 图

$$y_{入} = A\cos\omega\left(t - \frac{x}{u}\right)$$

入射波在 B 点引起的振动为

$$y_{入B} = A\cos\omega\left(t - \frac{L}{u}\right)$$

因为 B 点是固定点，所以反射波在该点的振动有 π 相位突变。

反射波在 B 点的振动为

$$y_{入B} = A\cos\left[\omega\left(t - \frac{L}{u}\right) + \pi\right]$$

所以，反射波的波函数为

$$y_{反} = A\cos\left[\omega\left(t - \frac{L-x}{u} - \frac{L}{u}\right) + \pi\right] = A\cos\left[\omega\left(t - \frac{2L-x}{u}\right) + \pi\right]$$

（2）合成的驻波为

$$y = y_{入} + y_{反} = 2A\cos\left[\frac{\omega(L-x)}{u} - \frac{\pi}{2}\right]\cos\left[\omega\left(t - \frac{L}{u}\right) + \frac{\pi}{2}\right]$$

【例5-6】 设驻波方程为 $y = 10\cos\frac{\pi x}{4}\cos\frac{\pi t}{4}$，问 $x=1$ 点和 $x=3$ 两点的相位差为多少?

【解】 将 $x=1$ 代入驻波表达式，得

$$y|_{x=1} = 5\sqrt{2}\cos\frac{\pi}{4}t$$

将 $x=3$ 代入驻波表达式得

$$y|_{x=3} = -5\sqrt{2}\cos\frac{\pi}{4}t$$

在同一时刻两点的位移相反，所以振动反相，相位差为 π。

5.6 多普勒效应

当一列飞驶的火车从我们身边开过去时，火车汽笛的声调（即频率）与车静止时的声调（即频率）不同，也就是说，我们所听到的声音的频率 ν_R 与汽笛发出的声音的频率 ν_S 不同。当车迎面而来时，频率变高；当车背离我们而去时，频率变低。观察者运动时也有类似的情况。这种由于观察者或波源的运动而使观察者接收到的波的频率与波源的频率不同的现象称为多普勒效应。

在定量讨论多普勒效应前，首先区分三个频率：

1）波的频率 ν：单位时间内通过介质中某点的完整波的数目。

2）波源频率 ν_S：单位时间内由波源发出的完整波数目。

3）接收频率 ν_R：观察者在单位时间内接收到的完整波的数目。

当波源和观察者相对于介质静止时，以上三个频率是相等的。当波源和观察者相对于介质运动时，观察者所接收到的频率与波源的频率不同。

为了简单起见，我们只讨论波源和观察者沿着它们的连线相对于介质运动的情况。

因为声波（或机械波）的波速是相对于介质的，所以我们以介质为参考系来讨论。设波源 S 相对于介质运动的速度为 v_S，观察者 R 相对于介质运动的速度为 v_R。现分几种情况讨论：

1）波源不动，观察者相对于介质运动（$v_S=0$，$v_R\neq0$）

如图 5-30 所示，假设观察者向波源运动，则接收的频率为

$$\nu_R=\frac{v_R+u}{\lambda}=\frac{v_R+u}{uT}=\left(1+\frac{v_R}{u}\right)\nu$$

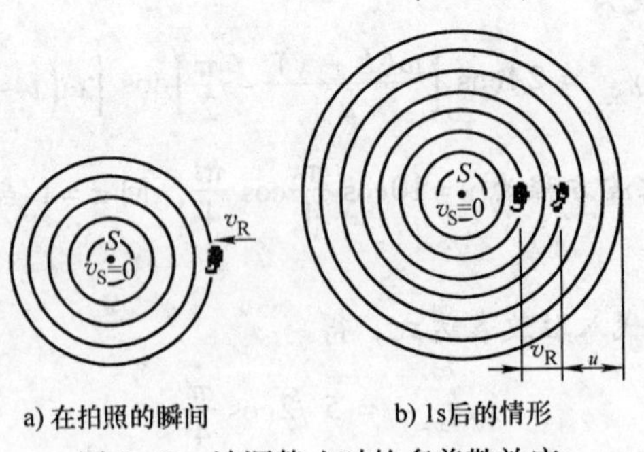

图 5-30 波源静止时的多普勒效应

由于波源相对于介质静止，所以波的频率等于波源的频率，即 $\nu=\nu_S$，因而有

$$\nu_R=\left(1+\frac{v_R}{u}\right)\nu_S \tag{5-24}$$

即观察者接收到的频率为波源频率的 $1+\frac{v_R}{u}$倍。

若观察者背离波源运动，则接收频率为波源频率的 $1-\frac{v_R}{u}$。

2）波源运动，观察者静止（$v_S\neq0$，$v_R=0$）

如图 5-31 所示，若波源向着观察者运动，则观察者接收到的波长为

$$\lambda_R=uT_S-v_ST_S$$

接收频率为

$$\nu_R=\frac{u}{\lambda_R}=\frac{u}{uT_S-v_ST_S}$$

$$=\frac{u}{(u-v_S)\ T_S}=\frac{u}{u-v_S}\nu_S \tag{5-25}$$

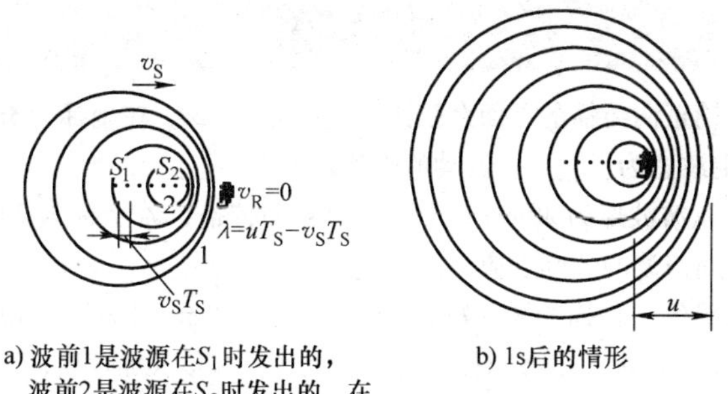

图 5-31 波源运动时的多普勒效应

若波源背离观察者运动，则

$$\nu_R=\frac{u}{\lambda_{R'}}=\frac{u}{uT_S+v_ST_S}=\frac{u}{u+v_S}\nu_S$$

3）若观察者和波源都运动（$v_S\neq0$，$v_R\neq0$）

根据以上讨论有如下结果：

$$\nu_R=\frac{u+v_R}{u-v_S}\nu_S \tag{5-26}$$

上式中，当观察者向着波源运动时 $v_R>0$；当观察者背离波源运动时，$v_R<0$；波源向着观察者运动时，$v_S>0$；当波源背离观察者运动时，$v_S<0$。

多普勒效应在实践中有许多应用，利用多普勒效应的原理制成的流量计，可以测量人体血管中血液的流速，也可以测量工矿企业管道中污水或有悬浮物的液体的流速；利用声波的多普勒效应制成的“多普勒声呐”，可以测定鱼群或潜水艇的速度等。

如果波源的运动速度大于波速，那么式（5-25）将失去意义。实际上，在这种情况下，急速运动的波源的前方不可能有任何波动产生，所有的波将被挤压而聚集在一圆锥面上，如图5-32所示，在这个圆锥面上，波的能量已被高度集中，容易造成极大的破坏，这种波称为冲击波或激波。飞机、炮弹等以超音速飞行时，或火药爆炸、核爆炸时，都会在空气中激起冲击波。冲击波到达的地方，空气的压强突然增大，足以损伤耳膜和内脏，甚至摧毁建筑物。

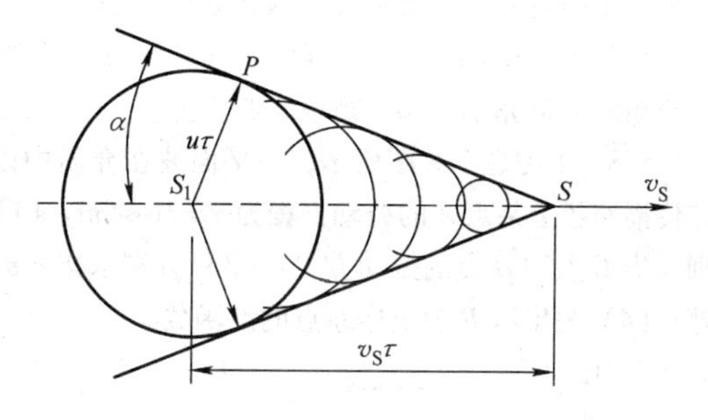

图 5-32 冲击波的产生

习　题

5-1　一列沿 x 轴正向传播的平面余弦波的波长为 0.1m，在坐标为 3m 的点的振动表达式为 $y=0.06\cos\pi t$，则波速为______，波动的表达式为________。

5-2　一平面余弦波波速为 20m/s，沿 x 轴负方向传播，若坐标为 20cm 的点的振动方程为 $y=0.1\cos 50\pi t$，则该波的波函数应写为________。

5-3　一列横波沿绳子传播的波函数为 $y=0.05\cos(10\pi t-4\pi x)$。(1) 求此波的振幅、波速、频率和波长；(2) 求绳子上各点振动时的最大速度和最大加速度；(3) 求 $x=0.2$m 处的质点在 $t=1$s 时的相位。它是原点处质点在哪一时刻的相位?

5-4　已知平面余弦波的周期 $T=0.5$s，波长 $\lambda=10$m，振幅为 0.1m。当 $t=0$ 时，原点处质点振动的位移恰为正方向的最大值，波沿 x 轴正方向传播。求：(1) 波函数；(2) 坐标为 $\lambda/2$ 处质点的振动方程；(3) 当 $t=T/4$ 时，坐标为 $2\lambda/3$ 处质点的位移；(4) 当 $t=T/2$ 时，坐标为 $\lambda/4$ 处质点的振动速度。

5-5　已知平面余弦波在时刻 $t=0$ 的波形如习题 5-5 图 a 所示，波线上 O 点的振动曲线如习题 5-5 图 b，则波沿 x 轴______向传播，P 点的振动初相等于______。

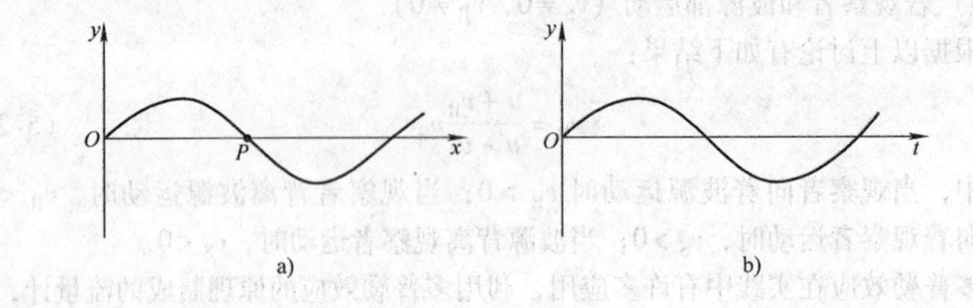

习题 5-5 图

5-6　一平面简谐波某时刻的波形如习题 5-6 图所示，取该时刻为 $t=0$，作出 P 点在接下去的一个周期内的振动曲线（示意图）。

5-7　一平面简谐波的周期为 2.0s，在波的传播路径上有相距为 2.0cm 的 M、N 两点，若 N 的相位比 M 落后 $\pi/6$，则该波波长为________，波速为________。

5-8　如习题 5-8 图所示，一平面波在介质中以速度 $u=20$m/s 沿 x 轴正方向传播，已知在传播路径上某点 A 的振动方程为 $y=3\cos 4\pi t$。(1) 写出以 A 为坐标原点的波函数；(2) 分别写出 C 点和 D 点的振动方程；(3) 分别求出 C、B 两点间的相位差和 C、D 两点间的相位差；(4) 写出以 B 为坐标原点的波函数。

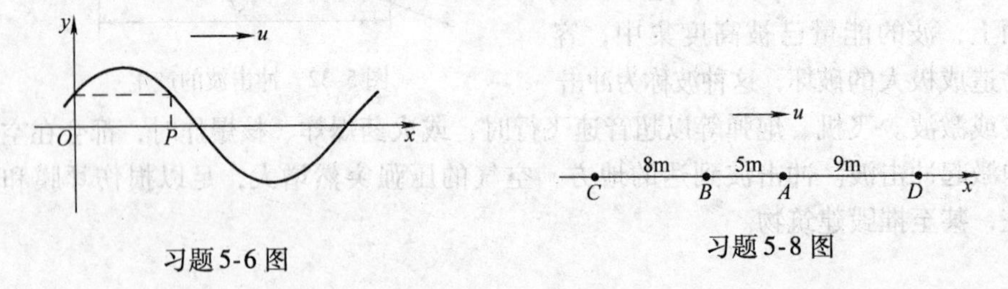

习题 5-6 图　　习题 5-8 图

5-9 振幅为10cm、波长为200cm的余弦波以100cm/s的速率沿一条绷紧了的弦从左向右传播，坐标原点取在弦静止时的左端，坐标轴向上为正。$t=0$时，弦左端的质点在平衡位置并向下运动。(1)求前进波的频率和角频率；(2)写出这列前进横波的表达式；(3)写出原点右方150cm处质点的振动方程（不考虑反射波）。

5-10 一列沿x轴正方向传播的余弦波，波长为λ，周期为T，振幅为A，且$t=0$时原点O的振动位移为正向最大。试作出$x=\lambda/2$处质点的振动图线。

5-11 习题5-11图所示为一平面余弦波在$t=0$时刻的波形曲线。求：(1) O点的振动方程；(2)波函数；(3) $t=0$时a、b和P点的运动方向；(4) P点的振动方程；(5) P点的振动图线；(6) $t=3T/4$时刻的波形曲线。

5-12 简谐波沿直径为$d=0.14$m的圆柱管行进，波的强度为$I=9\times10^{-3}$J/(s·m^2)，频率为$\nu=300$Hz，波速为$u=300$m/s。求：(1)波的平均能量密度和最大能量密度。(2)圆柱管内长度为一个波长内的能量。

5-13 如习题5-13图所示，两相干波源S_1和S_2相距1/4波长，S_1较S_2的相位超前$\pi/2$（S_1的相位比S_2的相位大$\pi/2$），振幅分别为A_1和A_2，不随距离而变，则在S_1外侧P点的合振幅为________。

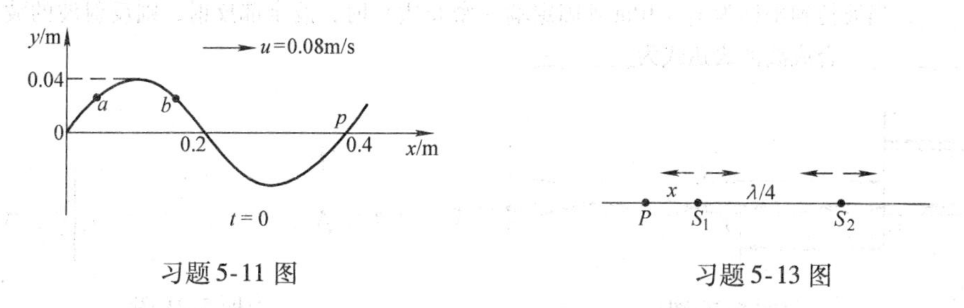

习题5-11图　　习题5-13图

5-14 习题5-14图是干涉型消音器结构原理图，利用这一结构可以消除噪声。当发动机排气噪声声波经过管道到达A点时，分成两路，而后在B点相遇，声波因干涉而相消。如果要消除频率为300Hz的发动机排气噪声，求图中弯道与直管道的长度之差至少应为多少？（设声波波速为340m/s）

5-15 同一介质中的两个平面简谐波波源位于A、B两点，其振幅相等，频率均为100Hz，相位相差π（波源B振动比波源A振动相位超前π）。若A、B两点相距30m（如习题5-15图），波在介质中的传播速度为400m/s，试求A、B连线上因干涉而静止的各点的位置。

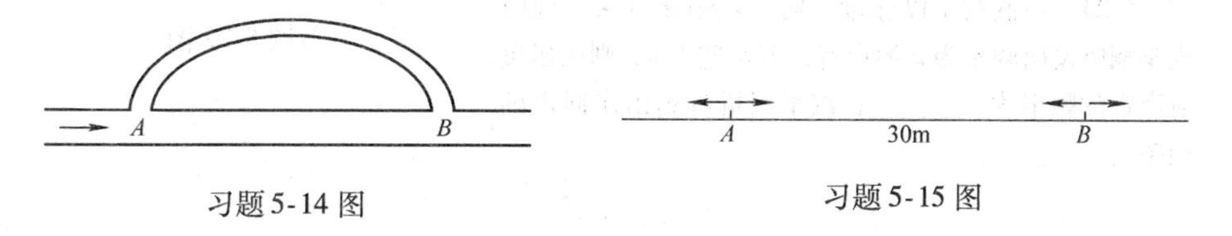

习题5-14图　　习题5-15图

5-16 若入射波与反射波的表达式分别为

$$y_1=2\cos2\pi\ (50t-x/2)\qquad y_2=2\cos2\pi\ (50t+x/2)$$

画出它们叠加后，在$t=1/3$ (s)时的波形图。

5-17　表达式为 $y_1=0.01\cos(100\pi t-x)$ 和 $y_2=0.01\cos(100\pi t+x)$ 的两列波叠加后，相邻两波节之间的距离为________。

5-18　设驻波表达式为 $y=-0.12\cos\pi x\cos4\pi t$，则波节的位置为 $x=$________，波腹的位置为 $x=$________，波腹处振幅为________；位于 $x=0.25\text{m}$ 与 $x=1.25\text{m}$ 的两点的相位差为______。

5-19　两列波在一根很长的细线上传播，它们的表达式为 $y_1=0.06\cos\pi(x-4t)$ 和 $y_2=0.06\cos\pi(x+4t)$ (SI)。(1) 试证明这细线在作驻波式的振动；(2) 求波节和波腹的位置；(3) 求波腹处的振幅和 $x=1.2\text{m}$ 处的振幅。

5-20　如习题5-20图所示，在音叉产生驻波的实验中，细绳 OB 长为 L，取音叉 O 点为坐标原点，x 轴水平向右。音叉振动时，绳上产生的入射波向右传播，在 B 点反射产生反射波向左传播。设音叉的振动规律为 $y=A\cos(\omega t+\varphi)$，产生的波的波长为 λ。(1) 分别写出入射波和反射波的表达式；(2) 求 O、B 间波节的位置。

5-21　如习题5-21图，沿 x 轴正向传播的平面简谐横波，波速为100m/s，频率为50Hz，振幅为0.04m，已知坐标为 $x_1=-2.0\text{m}$ 处的质点在 $t=0$ 时刻的位移为 $+A/2$，且沿 y 轴负向运动，则 x_1 处质点的振动方程为________；它所激发的、向右传播的波的波函数为________；当波传到坐标为 $x_2=10\text{m}$ 处固定端（密介质）时，波全部反射，则反射波的波函数为________。合成波的表达式为________。

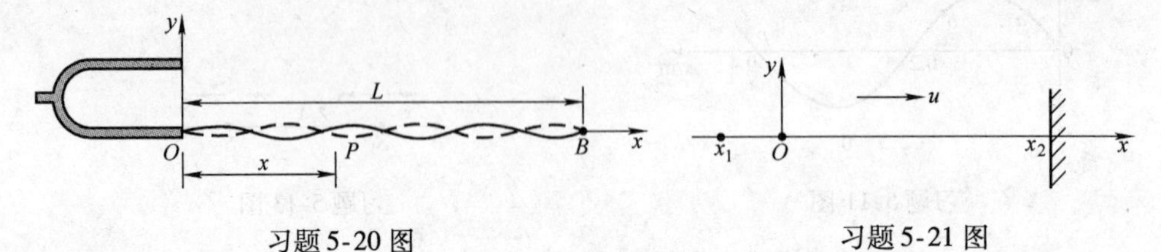

习题5-20图　　习题5-21图

5-22　如习题5-22图所示，波长为 λ 的高频波的波源 S 与一检波器 D 在地面上的距离为 d。现测得由 S 发出、直接传到 D 处的波和由 S 发出、从高 H 处的水平层反射再到 D 处的波同相。如果反射层逐渐升高，求：当检波器中第二次检测不到讯号时，反射层升高的距离为 h。设大气的吸收忽略不计。

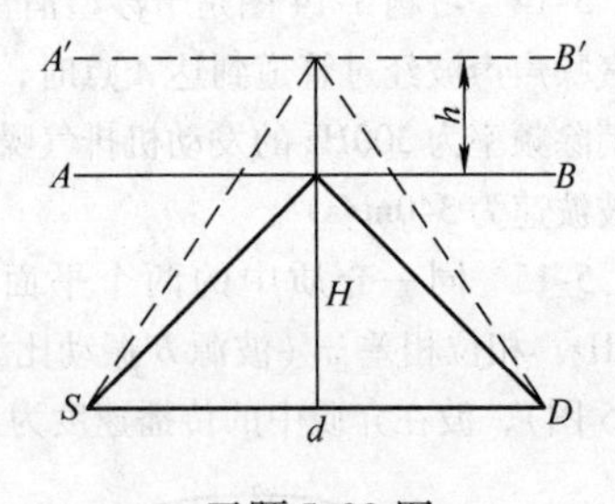

习题5-22图

5-23　一辆汽车以速度 v 向一座山崖开去，同时汽车喇叭发出频率为 ν 的声音，若声速为 u，则山崖反射声音的频率为________；汽车司机听到山崖回声的频率为________。

第3篇　热　　学

自然界中物质的运动形式是多种多样的。前面学习了物质的机械运动，下面我们学习物质的另一种运动形式——热运动。热运动是指物体中分子或原子的无规则运动，大量分子热运动的整体效应在宏观上表现为物体的热现象及热性质。研究热现象有两种方法和理论：热力学和统计物理学。热力学从大量的实验规律出发，应用数学演绎和推理研究热现象的宏观规律，它是以热力学第一、第二、第三定律为基础的。统计物理学则是从物质内部的微观结构出发，即从组成物质的分子、原子的运动和它们之间的相互作用出发，依据每个粒子所遵循的力学规律，用统计的方法阐明热现象的微观理论。热力学的结论来自实验，可靠性好，但对问题的本质缺乏深入了解。统计物理学则深入到热现象的本质，从分子运动出发求出宏观观测量的微观决定因素，弥补了热力学的缺陷；但是，由于统计物理学对物质的微观结构所作的假设往往是简化了的模型假设（例如分子的刚球模型等），因此所得的理论结果往往是近似的。总之，热力学和统计物理学在对热现象的研究上各具特色、相辅相成，使问题的研究从表观到实质。

本篇先介绍统计物理学中的气体分子运动论，简称气体动理论，然后介绍热力学的基本概念和定律。

玻耳兹曼（Ludwig Boltzmann，1844—1906），奥地利理论物理学家，热力学和统计物理学的奠基人之一。他提出的玻耳兹曼能量分布律是经典统计的基础，他给予热力学第二定律以统计解释，提出著名的玻耳兹曼关系式 $S = k\ln\Omega$。他用热力学定律从理论上导出黑体的辐射能量密度与其温度的四次方成正比的斯忒藩－玻耳兹曼定律。他还注重自然科学哲学问题的研究，著有《物质的动理论》等。他反对实证论和现象论，并在原子论遭到严重攻击的时刻坚决地捍卫原子论。

第6章　气体动理论

本章我们将从物质的微观结构出发，用统计的方法研究物质最简单的聚集态——气体(主要是理想气体)的热学性质，从而阐明气体的压强、温度、摩尔热容、热力学能等这些宏观量的微观本质，并用气体动理论的观点解释和推导气体的一些实验定律。通过这些问题的研究，我们会对用微观观点研究宏观热现象的基本方法有一个概略的了解。

6.1　气体动理论的基本观点

6.1.1　物质的微观模型

1. 宏观物体是由大量微观粒子——分子或原子组成

自然界中有很多现象说明宏观物质(气体、液体、固体)是不连续的，它们都是由大量的微粒——分子或原子构成，微粒间有间隙。例如：气体很容易被压缩，使人们很容易想象气体分子之间的空隙很大；水在 40 000atm[⊖] 的压强下，体积减小为原来的1/3，说明液体分子之间也有空隙；以20 000atm 的高压压缩钢

⊖　atm 为非法定计量单位，1atm = 101 325Pa。后同。

筒中的油，发现油可通过钢筒壁渗出，这说明致密的固体分子之间也是有空隙的。

1811年意大利人阿伏伽德罗提出1mol物质中的分子数有6.02×10^{23}个。我们把6.02×10^{23}/mol称为阿伏伽德罗常数，用符号N_A表示。例如，$1cm^3$水中有$N=6.02\times10^{23}/18=3.34\times10^{22}$个水分子，那么$1\mu m^3$水中就有334亿个水分子，约是目前世界人口的5倍。由此可见，我们所研究的宏观热力学系统包含的分子数量非常之大。

2. 分子在不停地作无规则的热运动，运动的剧烈程度与物体的温度有关

扩散运动可充分地说明这个结论。在室内打开一瓶乙醚的瓶盖，很快就会在整个房间内闻到乙醚的气味。这种由于分子无规则运动而产生物质迁移的现象称为扩散。液体也有扩散现象，一杯清水中滴入一滴红墨水，隔一段时间后，就会发现整杯清水都染上了红色。固体也可以进行扩散。例如使一块铅和一块金相互接触，经过一段足够长的时间之后，就会在很薄的一层接触面上发现铅里面有少量的金，金里面也有少量的铅。扩散现象充分说明组成物质的分子在不停地作无规则的热运动。如果提高温度，无论是气体、液体还是固体中的扩散都会加强。

3. 分子间存在相互作用力

要把一个固体棒拉断，需要施以很大的拉力；要把液体分离所需施加的力就小得多。这些现象都表现出分子之间存在着引力，而且此力随分子间距离的减小而显著地增大。正是这种引力的作用使物体中的大量分子凝聚在一起保持一定的体积和形状。

固体和液体是很难被压缩的，即使是气体，当压缩到一定程度后也很难再继续压缩。这些现象说明分子之间除吸引力外还存在着斥力。研究结果表明，斥力发生作用的距离比引力发生作用的距离小。

分子间相互作用力随分子间距离变化的关系可用图6-1表示。两条虚线分别表示引力和斥力随距离变化的情况，实线表示合力F随距离变化的情况。从图中可以看出：当两个分子中心相距某一距离r_0时，$F=0$，表明分子之间的引力与斥力互相抵消，这个距离叫分子间的平衡距离。对于不同种物质的分子，r_0的数值略有不同，一般在10^{-10}m左右。当分子中心间距离大于r_0时，$F<0$，表明分子间是引力起主要作用。引力的数值随距离的

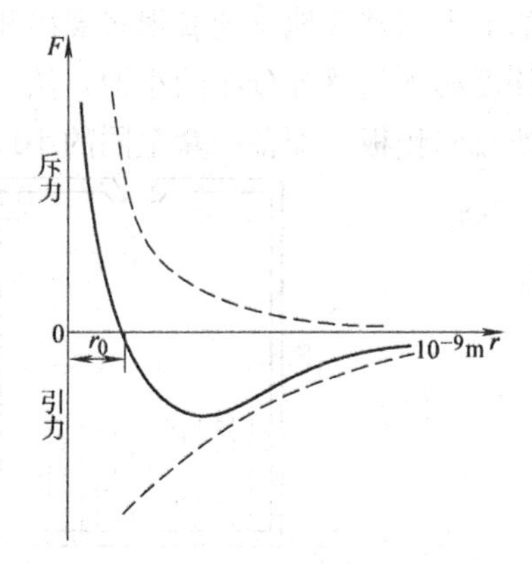

图6-1　分子间相互作用力与分子间距离的关系

增大而迅速减小，当距离大于 10^{-9}m 时，引力就可以忽略不计了。当分子中心间距离小于 r_0 时，$F>0$，表明分子间是斥力起主要作用。随着距离减小，斥力急剧增大。

分子间的相互作用力有使分子聚在一起并在空间形成某种有序排列的趋向，但分子热运动却力图破坏这种趋向，使分子尽量相互散开。物质三种不同聚集态的基本差别，就在于分子力和分子热运动这两个因素在物质中所处的地位不同。气体分子间的距离很大，相互作用力十分微弱，因此在气体中，分子的无规则热运动处于主导地位；固体分子间的距离很小，相互作用力很大，所以在固体中分子间的相互作用处于主要地位；液体的情况则介于二者之间。

综上所述，一切宏观物体都是由大量分子(或原子)组成的；所有分子都处在不停的、无规则的热运动中；分子之间有相互作用力。这就是关于物质微观结构的三个基本观点。

6.1.2 统计规律性

1. 统计规律与涨落现象

热现象是构成物体的大量分子无规则热运动的宏观表现，每一个分子的运动服从力学规律。根据牛顿动力学方程，只要知道分子的初始条件就可确定以后任一时刻分子的运动状态。但是物体所包含的分子数量非常大，而且由于分子间频繁碰撞的无规则性，使得每个分子如何运动完全是偶然的，我们实际上无法对每个分子列出牛顿方程进行求解。那么，怎样来解释宏观热现象呢？分子动理论指出，尽管每个分子的运动是无规则的，但在一定条件下，这些作无规则运动的大量分子在总体上的行为却存在着某种必然性，服从统计规律。

有关统计规律最直观的演示是伽尔顿板实验。如图 6-2a 所示，在一块竖直平板的上半部整齐地排列着很多裸出相同长度的钉子，板的下半部有很多宽度相同、深度相等的整齐分布的小槽，然后在其上覆盖一块透明玻璃板，这样就制成了一块伽尔顿板。配备一盒全同的小球，从伽尔顿板顶部中央的入口可以投入小

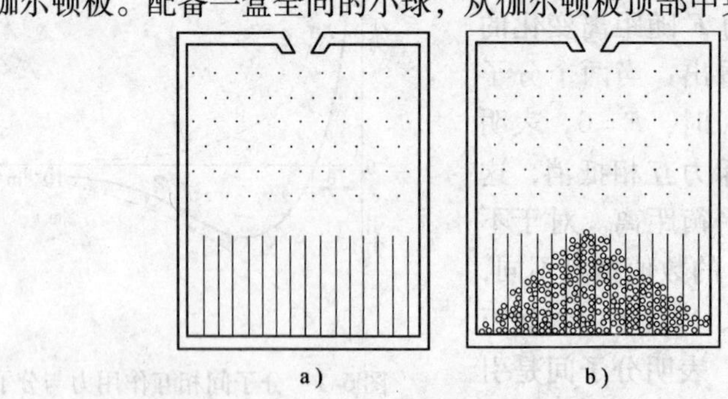

图 6-2 伽尔顿板实验

球。实验时，每次投入一个小球，我们看到，小球经过与钉子的多次碰撞最后落进哪一个槽中完全是偶然的。但是，当把大量小球倒进伽尔顿板时，小球在各槽中的分布就出现图6-2b中的情况。这一实验事实说明，虽然各小球在与任一钉子碰撞后的运动都是随机的，但大量小球总体在各槽内的分布却有一定的分布规律。

统计规律性是支配大量随机事件的整体行为的规律性，但也存在**涨落现象**。涨落现象就是实际观测量与按统计规律求出的平均量之间出现偏离的现象，这种现象是统计规律所特有的。若事件的平均数量为N，实际观测数量与之相差ΔN，则相对涨落为$\frac{\Delta N}{N}=\frac{1}{\sqrt{N}}$，即事件数量愈大涨落现象就愈不显著，事件数量愈小涨落现象越明显。

2. 概率和概率的基本性质

（1）概率 **概率**就是用来表示在一定条件下，在一系列随机事件中，发生某一事件的可能性大小的量。它定义为：大量随机事件中，某一随机事件A出现的概率等于该事件出现的次数N_A与事件总数N之比，即

$$P_A=\lim_{N\to\infty}\frac{N_A}{N} \tag{6-1}$$

（2）等概率性原理 统计物理学中有一个基本假设——**等概率性原理**。表述为：在相互独立的随机事件中，若没有理由说明哪一事件出现的概率更大(或更小)些，则每一事件出现的概率都相等。

任何一种物理理论都包含着若干基本假定，这些假定只能最后由实验检验其推论是否正确而得到证明。在这种意义上，可以说统计物理学是十分简单而优美的理论，因为它只包含等概率性原理这一个基本假定。统计物理学如此成功的根本原因，在于系统由大数粒子所组成，因而有大量的微观状态，而统计的对象越多，其涨落越小，统计规律越准确。

（3）概率的基本性质

1）**概率的加法法则**：N个相互排斥的事件发生的总概率是每个事件发生的概率之和。例如，投掷一个骰子，骰子出现1，2，3的总概率是$\frac{1}{6}+\frac{1}{6}+\frac{1}{6}=\frac{3}{6}$。

2）**概率的乘法法则**：同时或依次发生的相互独立的事件发生的概率等于各个事件发生的概率之积。例如，同时投掷两个相同的骰子，两个骰子都出现1的概率是$\frac{1}{6}\times\frac{1}{6}=\frac{1}{36}$。

3）**归一化条件**：若N个事件中出现任一随机事件的次数为N_i，出现该随机

事件的概率为 P_i，则有 $\sum_i P_i = \lim_{N\to\infty}\sum_i \frac{N_i}{N} = \lim_{N\to\infty}\frac{\sum_i N_i}{N} = 1$，即出现所有事件的总概率为 100%。

3. 统计平均值

在统计物理中，常常需要求某一物理量的**统计平均值**。

设对某物理量 x 测量了 N 次，出现 x_1，x_2，x_3，…，x_n 的次数分别为 N_1，N_2，N_3，…，N_n，则 x 的算术平均值为

$$\bar{x} = \frac{1}{N}\sum_{i=1}^{n} N_i x_i = \sum_{i=1}^{n}\frac{N_i}{N}x_i$$

我们把 $N\to\infty$ 时 $\bar{x}$ 的极限叫做 x 的统计平均值，此时

$$\bar{x} = \lim_{N\to\infty}\frac{\sum_{i=1}^{n} N_i x_i}{N} = \lim_{N\to\infty}\sum_{i=1}^{n}\frac{N_i}{N}x_i = \sum_i P_i x_i \tag{6-2}$$

如果 x 值是连续的，测量值出现在 $x \sim x + \mathrm{d}x$ 区间的次数为 $\mathrm{d}N$，则以上求和可用积分式表示为

$$\bar{x} = \frac{\int x\mathrm{d}N}{N} = \int x\frac{\mathrm{d}N}{N} = \int x\mathrm{d}P \tag{6-3}$$

有了上述有关统计物理的基本概念，我们就可以从物质结构的分子动理论的物理图像出发，并考虑大量粒子无规则运动所遵从的统计规律，解释宏观物体的一系列性质和热现象。

6.2 热力学系统的状态及其描述

6.2.1 热力学系统

热力学的研究对象是由大量微观粒子组成的宏观物体，我们称之为热力学系统，简称系统。系统与外界之间既可以有能量交换（例如做功、热传递），也可以有物质交换（例如蒸发、凝结、泄漏）。

根据系统与外界交换的特点，通常把系统分为三种：**开放系统**、**封闭系统**和**孤立系统**。开放系统是与外界有物质交换的系统；封闭系统与外界无物质交换，可以有能量交换；孤立系统是与外界没有任何相互作用的系统。孤立系统与外界既无物质交换，又无能量交换，它是一个理想模型。当系统与外界的相互作用十分微弱时，就可以把它近似地视为孤立系统。

6.2.2　平衡态

实验事实表明：在没有外界影响的条件下，如果系统最初各部分的宏观性质不均匀，则经过足够长的时间以后，将逐步趋于均匀一致，最后保持一个宏观性质不再变化的状态。这种在没有外界影响的条件下，系统的宏观性质不随时间变化的状态称为**平衡态**。

注意：

（1）平衡态仅指系统的宏观性质不随时间变化，从微观的角度来说，组成系统的大量粒子仍在不停地、无规则地运动着，只是大量粒子运动的平均效果不变，从而在宏观上表现为系统达到平衡，因此这种平衡又称**热动平衡**。

（2）平衡态的条件是系统不受外界影响。若系统受到外界的影响，如把一金属棒的一端置入沸水中，另一端放入冰水中，在这样的两个恒定热源之间，经过长时间后，金属棒也能达到一个稳定的状态，这种状态称为定态，不是平衡态。因为在外界影响下，不断地有热量从金属棒高温热源端传递到低温热源端。

（3）热平衡态是一种理想状态。实际中并不存在孤立系统，但当系统受到外界的影响可以略去，宏观性质只有很小变化时，系统的状态就可以近似地视为平衡态。

（4）平衡态不是孤立系统所特有的。对于封闭系统和开放系统，同样可以出现平衡态，但一旦达到平衡态，系统和外界之间必定停止能量和质量的交换。处在恒定外力场中的系统，平衡态时粒子数的空间分布、压强分布等虽然不随时间发生变化，但并不是均匀分布的。如在重力场中，处于平衡态时，地面附近空气分子的分子数密度及压强较高空处都要大。

6.2.3　状态参量

当系统达到平衡态时，系统的一系列宏观性质都不随时间改变，因而可以用某些确定的物理量来表征。表征系统宏观性质或状态的量叫做**状态参量**。

无外力场时，对于一定质量的化学纯气体系统，可以用体积 V 和压强 p 两个参量描写其状态。当系统达到了平衡态时，它的体积和压强确定不变。我们把只需要 p，V 两个状态参量就足以确定其平衡态的系统称为**简单系统**。我们只研究简单系统。

热力学系统的平衡态可以用 $p-V$ 图上的一个点来表示，同样 $p-T$ 图和 $V-T$ 图上的一点也代表着系统的一个平衡态。当系统处于非平衡态时，不能用状态图上的点来表示。

状态参量中，V 是指气体分子所能达到的空间的体积。国际单位制中的单位是立方米（$\mathrm{m^3}$），其他的常用单位还有升(L)，$1\mathrm{L}=10^{-3}\mathrm{m^3}$。

压强 p 是气体作用于容器壁单位面积上的垂直压力，来源于气体分子对器壁的碰撞。国际单位制中压强的单位是帕斯卡(Pa)，$1\text{Pa}=1\text{N/m}^2$，其他的常用单位还有毫米汞柱(mmHg)、标准大气压(atm)等，其单位换算关系为：$1\text{atm}=760\text{mmHg}=1.013\times10^5\text{Pa}$。

温度的概念是建立在**热力学第零定律**的基础上的。设有三个热力学系统 A，B，C，若 A 与 B 同时与 C 处于热平衡，则即使 A 和 B 没有接触，它们也处于热平衡状态。这就是热力学第零定律。

热力学第零定律告诉我们，处于热平衡的系统必然具有某种共同的宏观性质，我们用温度来描述。一切互为热平衡的系统都具有相同的温度，这是温度的基本特征。本质上温度的高低反映了组成系统的大量微观粒子热运动的剧烈程度。

热力学第零定律为温度计的发明提供了依据。由第零定律可知，要比较两个系统的温度，不需要将两个系统直接接触，只要将两个系统分别与标准物体比较就可以了，这个标准物体就是温度计。

温度的数值表示法叫**温标**。常用的有热力学温标 T(单位是开[尔文]，用符号 K 表示)和摄氏温标 t(单位是摄氏度，用符号℃表示)。

热力学温度和摄氏温度的关系为

$$t/℃ = T/\text{K} - 273.15 \tag{6-4}$$

6.2.4 理想气体的状态方程

处于平衡状态下的热力学系统，温度和状态参量之间存在着确定的函数关系，这就是状态方程。对简单系统即 $T=f(p,V)$ 或 $f(p,V,T)=0$，应用统计物理学理论，原则上可以根据物质的微观结构导出状态方程。然而，实际系统的状态方程却往往要由实验来测定。

1. 理想气体的状态方程

理想气体是一个重要的理论模型，它反映了各种气体在密度趋于零时的共同的极限性质。一般气体在压强不太大和温度不太低的条件下，都可以看作理想气体。

对理想气体，其状态方程为

$$pV=\nu RT \quad 或 \quad pV=\frac{m}{M}RT \tag{6-5}$$

式中，m 是系统的质量；M 是气体的摩尔质量；ν 是气体物质的量，单位是 mol；R 是**摩尔气体常数**，其值可由标准状态下的大气压 p_0(1.013×10^5Pa)、温度 T_0(273.15K)和摩尔体积 v_0($22.4138\times10^{-3}\text{m}^3/\text{mol}$)求得，即

$$R=\frac{p_0 v_0}{T_0}=\frac{1.013\times10^5\times22.4138\times10^{-3}}{273.15}\text{J/(mol·K)}=8.3144\text{J/(mol·K)}$$

在式(6-5)中，若分别令 T、p 和 V 保持不变，则该状态方程就成为玻意耳-马略特定律、盖-吕萨克定律和查理定理。

理想气体也可以定义为：在任何情况下都绝对遵守理想气体状态方程的气体。

我们常常把理想气体的状态方程改写为另一种形式。我们用 N 表示气体的分子数，由 $p=\frac{1}{V}\frac{m}{M}RT$ 及 $\nu=\frac{m}{M}=\frac{N}{N_A}$ 可以得到

$$p=\frac{1}{V}\frac{N}{N_A}RT=\frac{N}{V}\frac{R}{N_A}T$$

式中，$\frac{N}{V}$ 表示单位体积内的分子数，用 n 表示，称为分子数密度；N_A 为阿伏伽德罗常数；$\frac{R}{N_A}$ 亦为一个常数，1892 年由奥地利物理学家玻耳兹曼引入，称之为玻耳兹曼常数，其值为 $k=1.38\times10^{-23}$ J/K。这样，理想气体状态方程又可表示为

$$p=nkT \tag{6-6}$$

该式表明，处于平衡态的理想气体在相同的温度和压强下，单位体积内的分子数相同。

2. 混合理想气体的状态方程

英国科学家道尔顿于 1802 年在实验中发现：稀薄混合气体的压强等于各组分的分压强之和，即

$$p=p_1+p_2+\cdots+p_n \tag{6-7}$$

该式称为**道尔顿分压定律**。

混合理想气体内部，对每一组分都有

$$p_iV=\nu_iRT \quad (i=1,2,3,\cdots,n)$$

对所有组分求和，则有 $\sum_{i=1}^{n}p_iV=\sum_{i=1}^{n}\nu_iRT$

应用 $p=\sum_{i=1}^{n}p_i$ 和 $\nu=\sum_{i=1}^{n}\nu_i$，则有

$$pV=\nu RT$$

这就是混合理想气体的状态方程。

6.2.5 实际气体的状态方程

理想气体仅是 $p\to0$ 时的极限结果，当 p 较大时，气体会偏离理想气体的行

为。对于实际气体，人们导出了各种类型的状态方程，最有代表性的是**范德瓦耳斯方程**。表述如下：

对1mol实际气体，其状态方程为

$$\left(p+\frac{a}{v^2}\right)(v-b)=RT \tag{6-8}$$

式中，v 为气体的摩尔体积；a 为来自分子间相互作用力引起的修正；b 为来自分子的固有体积(分子不是一个理想的几何点，本身具有一定的大小)引起的修正。对于给定气体，a 和 b 都是常量，可由实验测定。表6-1给出了几种气体的 a 和 b 的实验值，表6-2给出了1mol氢气在0℃环境中不同压强下，分别按理想气体状态方程和范德瓦尔斯方程计算结果的比较。

表6-1 范德瓦尔斯修正系数 a 和 b 的实验值

气　体	$a/(\mathrm{Pa\cdot m^6\cdot mol^{-2}})$	$b/(\mathrm{m^3\cdot mol^{-1}})$
H_2	0.0194	2.180×10^{-5}
O_2	0.138	3.183×10^{-5}
Ar	0.136	3.219×10^{-5}
CO_2	0.364	4.267×10^{-5}
N_2	0.141	3.913×10^{-5}

表6-2 理想气体状态方程和范德瓦尔斯方程计算结果的比较

(1mol氢气在0℃时 $RT=2.271\times10^3\,\mathrm{Pa\cdot m^3}$)

压强 p/Pa	体积 $V/\mathrm{m^3}$	$pV/(\mathrm{Pa\cdot m^3})$	$(p+a/V^2)(V-b)/(\mathrm{Pa\cdot m^3})$
1.013×10^5	2.241×10^{-2}	2.271×10^3	2.271×10^3
1.013×10^7	2.400×10^{-4}	2.431×10^3	2.289×10^3
1.013×10^8	3.855×10^{-5}	3.905×10^3	1.915×10^3

由表6-2可见，范德瓦尔斯方程比理想气体状态方程更好地反映了客观实际。同时，从表中还可以看出，压强越低，范德瓦尔斯方程的计算值越接近理想气体状态方程的计算值，也就是说，真实气体越接近于理想气体。这是因为压强越低，单位体积的分子数越少，分子间距越大，分子本身的体积和分子间引力的影响就越小，所以在压强不太高的情况下，真实气体可以近似地视为理想气体。

6.3 理想气体压强与温度的微观解释

6.3.1 理想气体的基本假设

理想气体是一种理想模型，是 $p\to0$ 的极限情况。我们在物质结构的三个基本观点的基础上，进一步提出以下几个基本假设，作为理想气体的模型。

1. 关于单个理想气体分子的假设

1）分子本身的线度与分子间的平均距离相比可以忽略不计，分子可以视为质点。

2）除碰撞的一瞬间外，气体分子之间以及气体分子与器壁分子之间无相互作用力，分子在两次碰撞间作匀速直线运动。

3）分子之间以及分子与器壁之间的碰撞都是完全弹性的，分子运动遵从力学规律。

第一条假设的根据是理想气体极其稀薄，分子之间的平均距离很大。第二条假设的根据是分子间的作用力是短程力，既然分子间的平均距离很大，所以分子之间的作用力除碰撞瞬间外，一般可以忽略。第三条假设的根据是在平衡态下气体的状态参量不随时间改变，因此可以认为分子在碰撞时无动能损失。

以上三条形成了理想气体的微观模型，即理想气体是大量不停地无规则运动着的无相互作用力的弹性质点的组合。

2. 关于大量理想气体分子的统计性假设

1）在无外力场的情况下，分子按位置的分布是均匀的，即各处的分子数密度相等。

2）在平衡态时，气体分子沿任何方向运动的机会是均等的，没有特殊的方向，分子速度沿各个方向分量的各种平均值都相等。如$\bar{v}_x=\bar{v}_y=\bar{v}_z=0$；又如$\overline{v_x^2}=\overline{v_y^2}=\overline{v_z^2}$，因为$v^2=v_x^2+v_y^2+v_z^2$，所以$\overline{v^2}=\overline{v_x^2}+\overline{v_y^2}+\overline{v_z^2}$，于是$\overline{v_x^2}=\overline{v_y^2}=\overline{v_z^2}=\frac{1}{3}\overline{v^2}$。

这里的统计性假设与前面的假设有着本质的区别。这种假设只有对大量作无规则热运动的分子才成立。

这些统计性假设与真实情况之间是有差别的，即存在涨落现象。如分子数密度$n=\frac{\mathrm{d}N}{\mathrm{d}V}$是常量，$\mathrm{d}V$是体积元，$\mathrm{d}N$是$\mathrm{d}V$内的分子数。为了使$n$能代表某一点处的分子数密度，$\mathrm{d}V$不能太大；但它又要能表达分子的疏密程度，又不能太小，即$\mathrm{d}V$中还应包含大量的分子。$\mathrm{d}V$在宏观看来无穷小，而在微观看来又无穷大，这样的无限小叫“**物理无限小**”。例如，标准状态下(0℃，1atm)$10^{-9}\mathrm{cm}^3$的空气中仍有2.7×10^{10}个分子，这里必然存在涨落现象，因为$\mathrm{d}V$选定后，分子不断地进进出出，因而n在不断地变化。

在上述假设下，我们可以通过统计理论将微观量与宏观量联系起来。

6.3.2 理想气体压强公式的推导

容器器壁所受到的压力来自分子与器壁碰撞时对器壁的作用力。尽管单个分子或少量分子给器壁的作用力是断断续续且大小位置都不确定，但大量分子对器壁作用的总效果却产生了一个稳定持续的压力，这就与雨点打在伞上的情况相似。雨中打伞的经验表明，当稀疏的雨点打到伞上时，我们感到伞上各处受力是不均匀而且是断续的；但当密集的雨点打到伞上时，就会感到雨伞受到一个均匀持续的压力。气体的压强就是作无规则运动的大量分子碰撞器壁时，作用于器壁单位面积上的平均冲力，或者说是单位时间内作用于器壁单位面积上的平均冲量。

假定长方形容器中盛有一定量的理想气体，如图 6-3 所示。我们考察右侧面器壁所受的压强，设右侧面器壁面积为 A，则压强 $p=\frac{\overline{F}}{A}$，式中$\overline{F}$为该面器壁受到的大量气体分子碰撞的平均冲力。我们取与右侧面垂直的方向为 x 轴。因为分子与器壁的碰撞是弹性碰撞，碰后速度大小不变、方向沿反射方向，所以我们可以很容易地求出一个速度为$\boldsymbol{v}$ 的分子与器壁面碰撞一次后动量的增量。

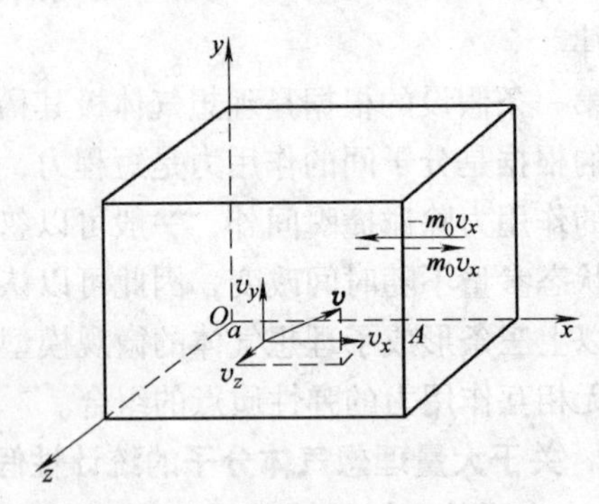

图 6-3　理想气体压强推导示意图

该分子与器壁右侧面相碰后它的水平速度分量由 v_x 变为 $-v_x$，y、z 方向速度分量不变。设每个分子的质量为 m_0，则其动量的增量为 $-m_0v_x-m_0v_x=-2m_0v_x$，所以该分子对器壁的冲量为 $2m_0v_x$，方向垂直于器壁沿 x 轴正向。由此可以看出，每个分子每与器壁碰撞一次给器壁的冲量仅仅与该分子的 v_x 有关。因此，我们把气体分子按 v_x 分成若干区间，设水平速度区间 $v_x \sim v_x+\mathrm{d}v_x$ 内的分子数为 $\mathrm{d}N_x$，则该组分子的分子数密度为$\frac{\mathrm{d}N_x}{V}$。

$v_x \sim v_x+\mathrm{d}v_x$ 区间内的任一个分子与器壁碰撞时对器壁的冲量为 $2m_0v_x$，方向垂直于器壁沿 x 轴正向。该组分子中能够在 $\mathrm{d}t$ 时间内碰到 A 面上的分子一定在底面积为 A、高为 $v_x\mathrm{d}t$ 的柱体内。这组分子在该柱体内的总分子数为$\frac{\mathrm{d}N_x}{V}v_x\mathrm{d}tA$。在 $\mathrm{d}t$ 时间内这组分子对器壁的冲量为

$$2m_0v_x\ \frac{\mathrm{d}N_x}{V}v_x\mathrm{d}tA=2m_0v_x^2A\mathrm{d}t\,\frac{\mathrm{d}N_x}{V}$$

在 $\mathrm{d}t$ 时间内所有分子对 A 面的总冲量为

$$\mathrm{d}I=\int_{v_x>0}2m_0v_x^2A\mathrm{d}t\,\frac{\mathrm{d}N_x}{V}=\frac{1}{2}\int_{v_x}2m_0v_x^2A\mathrm{d}t\,\frac{\mathrm{d}N_x}{V}=\int_{v_x}m_0v_x^2A\mathrm{d}t\,\frac{\mathrm{d}N_x}{V}$$

所以气体对器壁的压强为

$$p = \frac{\overline{F}}{A} = \frac{\mathrm{d}I}{A\mathrm{d}t} = \int_{v_x} m_0 v_x^2 \frac{\mathrm{d}N_x}{V} = \int_{v_x} m_0 v_x^2 \frac{N}{V}\frac{\mathrm{d}N_x}{N}$$

$$= \frac{m_0 N}{V}\int_{v_x} v_x^2 \frac{\mathrm{d}N_x}{N} = m_0 n \overline{v_x^2} = \frac{1}{3} m_0 n \overline{v^2} = \frac{2}{3} n\left(\frac{1}{2} m_0 \overline{v^2}\right)$$

式中，$\frac{1}{2}m_0\overline{v^2}$是气体分子平动动能的平均值，称为分子的**平均平动动能**，用$\overline{w}$表示。至此，我们得到了理想气体的压强公式

$$p = \frac{2}{3} n \overline{w} \tag{6-9}$$

我们在计算中所用到的 $\mathrm{d}t$ 也是宏观小微观大的量。例如，在标准状态下，气体分子在 $\mathrm{d}t = 10^{-3}\,\mathrm{s}$ 的短时间内对 $A = 10^{-2}\,\mathrm{cm}^2$ 的小面元上的碰撞次数仍有 10^{18}次之多，因此，在 $\mathrm{d}t$ 时间内气体分子对器壁某一面积的碰撞次数是大量的。对于少量的气体分子而言，它们对器壁的碰撞是断续的，给予器壁的冲量的大小也是偶然的，没有确定的数值，只有对大量的气体分子而言，器壁获得的冲量才可能具有确定的统计平均值。

关于理想气体的压强公式需要说明以下几点：

1）压强的微观意义：压强是大量气体分子对器壁碰撞的平均效果，是单位时间内器壁单位面积上受到的大量分子碰撞的平均冲量。

2）气体分子的平均平动动能是描述热运动的微观量，而压强是描述热现象的宏观量。所以，压强公式把宏观量和微观量联系在一起，揭示了压强这一宏观量的微观本质。

3）压强是统计平均的结果，因此，压强公式和气体分子的平均平动动能都只有统计平均的意义，对少量气体分子不适用。式(6-9)所表示的是一个统计规律而不是力学规律。

4）在推导式(6-9)时，没有考虑分子之间的碰撞，这是因为分子间的碰撞是弹性的，结果不过是交换速度而已，并不影响公式的成立。

6.3.3　温度的微观意义

对于处于平衡状态下的理想气体，其压强同时满足 $p = nkT$ 和 $p = \frac{2}{3}n\overline{w}$，所以 $nkT = \frac{2}{3}n\overline{w}$，整理可得

$$\overline{w} = \frac{3}{2}kT \tag{6-10}$$

式(6-10)称为**气体分子运动论的能量公式**，也叫做温度公式。该式说明，

理想气体分子的平均平动动能与热力学温度成正比，且只与温度有关。

关于理想气体的温度公式需要说明以下几点：

1）式(6-10)从分子动理论的观点揭示了温度的微观本质。气体的温度是气体内部作无规则热运动的大量分子平均平动动能的“量度”。气体温度愈高，说明气体分子的平均平动动能愈大，分子无规则运动愈剧烈。

2）由式(6-10)，我们可以看到两个热力学系统间(或一个系统的各部分间)热平衡的微观实质是由于分子碰撞使两系统间发生能量交换，进而重新分配能量的结果。所谓达到热平衡，实际上是两个系统各自的分子平均平动动能达到相等。只要这两个量相等，二者就达到热平衡，而不论两个系统内分子的种类是否相同，也不论两个系统各自的分子总数是多少(分子数多少只影响系统的总能量)。

3）$\overline{w}$是统计平均值，所以温度也是一个统计的概念，它只适用于大量分子组成的集体，对单个分子或少量分子温度的概念是没有意义的。

4）由式(6-10)似乎可以得出，当$T=0\text{K}$时，$\overline{w}=0$，即温度达到热力学温度零开时，分子热运动会停止。实际上，当物体温度很低时，已经不是气体了，式(6-10)不再适用。**热力学第三定律**告诉我们：0K是不可能达到的。

由$\overline{w}=\frac{1}{2}m_0\overline{v^2}$及式(6-10)可以得到一个重要的统计平均值——气体分子的**方均根速率**$\sqrt{\overline{v^2}}$

$$\sqrt{\overline{v^2}}=\sqrt{\frac{3kT}{m_0}}=\sqrt{\frac{3RT}{M}} \tag{6-11}$$

$\sqrt{\overline{v^2}}$叫做气体分子的方均根速率，它是分子速率的一种统计平均值，反映了分子平均平动动能的大小。

【例6-1】 求27℃时氢气和氧气的方均根速率$\sqrt{\overline{v^2_{H_2}}}$，$\sqrt{\overline{v^2_{O_2}}}$。

【解】 将氢气和氧气看做理想气体，应用式(6-11)可得

$$\sqrt{\overline{v^2_{H_2}}}=\sqrt{\frac{3RT}{M}}=\sqrt{\frac{3\times8.31\times300}{2\times10^{-3}}}\text{m/s}=1.93\times10^3\text{m/s}$$

$$\sqrt{\overline{v^2_{O_2}}}=\sqrt{\frac{3RT}{M}}=\sqrt{\frac{3\times8.31\times300}{32\times10^{-3}}}\text{m/s}=483\text{m/s}$$

6.4 能量按自由度均分定理

前面我们把理想气体分子视为质点，所讨论的各种问题(理想气体的压强、温度等)中，就分子本身的情况而论，都只需研究分子的平动而不必考虑分子的

内部结构。下面，我们要讨论理想气体的热力学能，因而需要研究每个分子各种运动形式的总能量，就必须进一步考虑分子的内部结构。从分子内部结构来看，气体分子可以是单原子、双原子和多原子的，它们不仅有平动，还有转动和分子内部原子的振动。气体分子无规则运动的能量应包括所有这些运动形式的能量。本节就来研究分子无规则热运动的能量所遵从的统计规律——能量按自由度均分定理，从而得出理想气体的热力学能。为此，先介绍自由度的概念。

6.4.1　自由度

描述一个物体在空间的位置和形状所需要的独立坐标数称为该物体的**自由度数**，简称自由度，用符号 i 表示。

对一个在空间可以自由运动的质点，要确定其位置，需要三个独立坐标(x, y, z)，所以它有三个自由度。如果该质点的运动被局限在一个曲面 $f(x, y, z) = 0$ 上，确定其位置只需两个独立坐标，所以它有两个自由度。如果质点只能在一条曲线上运动，确定其位置只需要一个独立坐标，所以它有一个自由度。比如，在天空自由飞翔的飞机有 3 个自由度，在大海里自由航行的轮船有 2 个自由度，在铁轨上行驶的火车只有 1 个自由度。

以上所述是把飞机等物体当成质点来处理的，如果要考虑飞机在空中的翻滚运动，就要考虑其形状，将它视为刚体，于是需要研究刚体的自由度。由刚体运动学可知，刚体的运动可以视为是由两部分运动合成的——质心的平动和绕质心的转动。由此，刚体在空间的位置和状态可确定如下：

1）确定刚体质心需要 3 个独立坐标(x, y, z)。

2）确定任一条通过质心的转轴需要 2 个独立坐标(α, β)［该质心轴可绕 x、y、z 轴转动，其方位角(α, β, γ)中只有两个独立，我们取该转轴与 x 轴和 y 轴的夹角 α 和 β］。

3）确定刚体绕该轴转动需要 1 个独立坐标 φ。

如果这 6 个量都已确定，则刚体在空间的位形就被确定（如图 6-4 所示）。所以，自由刚体有 6 个自由度，其中 3 个为平动自由度，3 个为转动自由度。

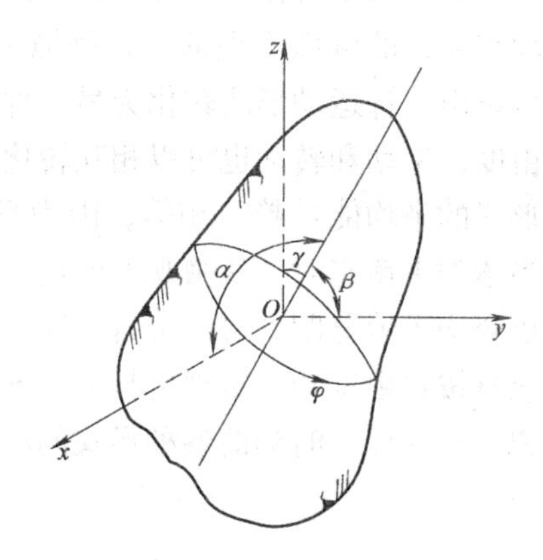

图 6-4　刚体的自由度

分子多由双原子或多原子组成，常温下组成分子的原子之间的距离是不变的，因此常温下的分子可以视为刚性分子。根据前面的分析，很容易确定刚性理想气体分子的自由度数。对单原子分子，可认为是质点，其自由度数为3，全部为平动自由度；双原子分子可认为是一根棒，自由度数为5，其中3个平动自由度，2个转动自由度（其实，双原子分子中的两个原子还可以沿它们的连线方向振动，即存在1个振动自由度。但是，实验表明，在常温下，分子的振动自由度一般没有被激发出来，即可以认为是刚性分子）；刚性多原子分子可认为是刚体，自由度数为6，其中3个平动自由度，3个转动自由度（同样，这里略去了振动自由度）。本教材我们只讨论常温下的刚性理想气体分子。

6.4.2 能量按自由度均分定理

根据式(6-10)可得气体分子的平均平动动能和温度的关系为$\frac{1}{2}m_0\overline{v^2}=\frac{3}{2}kT$，分子的平均平动动能可表示为$\frac{1}{2}m_0\overline{v^2}=\frac{1}{2}m_0\overline{v_x^2}+\frac{1}{2}m_0\overline{v_y^2}+\frac{1}{2}m_0\overline{v_z^2}$，由理想气体的统计性假设知$\overline{v_x^2}=\overline{v_y^2}=\overline{v_z^2}=\frac{1}{3}\overline{v^2}$，所以有

$$\frac{1}{2}m_0\overline{v_x^2}=\frac{1}{2}m_0\overline{v_y^2}=\frac{1}{2}m_0\overline{v_z^2}=\frac{1}{3}\frac{1}{2}m_0\overline{v^2}=\frac{1}{3}\frac{3}{2}kT=\frac{1}{2}kT$$

即理想气体分子的3个平动自由度上具有相等的平均动能，都是$\frac{1}{2}kT$。分子的平均平动动能均匀地分布在3个平动自由度上。

应用经典统计力学理论可以证明：在温度为T的平衡态下，每个自由度上物质分子热运动的平均动能都相等，大小为$\frac{1}{2}kT$。这个结论叫做**能量按自由度均分定理**。

对于这一结果可作如下理解：气体平衡态的建立和维持，是靠分子的无规则热运动和频繁的碰撞实现的。在碰撞中，能量可以由一个分子传递给另一个分子，可以由一种运动形式转化为另一种运动形式，也可由一个自由度转移到另一个自由度，平动和转动也可以相互转化。这些转变都是无规则的，但总的趋势是各种形式的平均能量趋于相等，因为没有任何理由使得哪一种运动形式更占优势。当达到平衡态时，从微观上说这些转变仍在不断进行，但总能量却是通过碰撞而机会均等地分配到每一个自由度上。

能量按自由度均分定理也是一条统计规律，只对大量分子成立。对于单个分子来说，它在任一时刻的各种形式的动能不一定按自由度均分，其值甚至还可以相差很大。

综上所述，一个自由度数为i的分子，分子热运动的平均动能就是$\frac{i}{2}kT$，但

不论是单原子分子还是多原子分子，其平均平动动能都是$\frac{3}{2}kT$。表6-3列出了刚性理想气体分子的自由度数和平均动能的详细信息。

表6-3　刚性理想气体分子的自由度和平均动能

分子类型	平动自由度数	转动自由度数	自由度数 i	分子热运动的平均动能$\frac{i}{2}kT$
单原子分子	3	0	3	$\frac{3}{2}kT$
刚性双原子分子	3	2	5	$\frac{5}{2}kT$
刚性多原子分子	3	3	6	$\frac{6}{2}kT$

6.4.3　理想气体的热力学能

一般说来，实际气体除了分子具有平动动能、转动动能、组成分子的原子的振动动能和振动势能外，分子间还具有相互作用势能。气体分子热运动的各种动能、振动势能以及分子间的相互作用势能之和叫做气体的**热力学能**（也称为内能）。对理想气体分子，分子间没有相互作用力，分子间相互作用势能为零，因此，一定量理想气体的热力学能为各分子热运动能量之和。对刚性理想气体分子，热力学能为各分子的平动动能和转动动能之和。

以N表示一定量刚性理想气体分子的分子数，则物质的量为ν的理想气体的热力学能为$U=N\frac{i}{2}kT=\nu N_A\frac{i}{2}kT$，又$N_Ak=R$，则

$$U=\nu\frac{i}{2}RT \tag{6-12}$$

可以看出，一定量的理想气体的热力学能仅取决于分子的自由度数i和温度T。对于一定量的某种理想气体，只要温度确定了，热力学能就确定了。因此理想气体的热力学能是温度的单值函数，是状态量。

一定量理想气体从一个平衡态（温度为T_1）变化到另一个平衡态（温度为T_2）后，热力学能的增量与系统所经历的过程无关，而只取决于始末状态。热力学能的增量可表示为

$$\Delta U=\nu\frac{i}{2}R\ (T_2-T_1) \tag{6-13}$$

从上面可以看到：玻耳兹曼常数k与一个分子的情况对应；摩尔气体常数R与1mol分子的情况对应。例如，一个自由度上分子热运动的平均动能是$\frac{1}{2}kT$，

分子热运动的平均平动动能是$\frac{3}{2}kT$，自由度为i的刚性分子热运动的平均动能是$\frac{i}{2}kT$；1mol 理想气体的热力学能是$\frac{i}{2}RT$，质量为m、摩尔质量为M的理想气体的热力学能是$\frac{m}{M}\frac{i}{2}RT$。

6.5 麦克斯韦速率分布律

6.5.1 速率分布律和速率分布函数

当热力学系统达到平衡态时，分子按速率的分布情况是怎样的呢？就某一个分子而言，由于不断受到碰撞，它的速率是千变万化的，这个时刻是v_1，下一时刻就可能是v_2或v_3。分子的速率可取0 ~ ∞（严格来讲是$0 \sim 3\times10^8$m/s）之间的任何值，某时刻的速率完全是偶然的，下一时刻的速率也是不可预知的。但对于大量分子的总体而言，在一定的宏观条件下，气体分子按速率的分布遵从一定的统计规律。

设系统的总分子数为N，速率在$v \sim v+\Delta v$内的分子数为ΔN，则$\frac{\Delta N}{N}$表示在速率区间$v \sim v+\Delta v$内的分子数占总分子数的比率（也是任一分子速率位于该区间的概率）。如果我们掌握了各速率区间内的分子数占总分子数的比率，也就大致掌握了分子按速率的分布情况。表6-4 给出了0℃时O_2分子按速率的分布情况。

表 6-4 0℃时 O_2 分子按速率的分布情况

$v \sim v+\Delta v$/(m/s)	$\frac{\Delta N}{N}$(%)	$v \sim v+\Delta v$/(m/s)	$\frac{\Delta N}{N}$(%)
100 以下	1.4	500 ~ 600	15.1
100 ~ 200	8.1	600 ~ 700	9.2
200 ~ 300	16.5	700 ~ 800	4.8
300 ~ 400	21.4	800 ~ 900	2.0
400 ~ 500	20.6	900 以上	0.9

由表6-4 可以看出，速率取中等值的氧气分子较多，而速率很大或很小的分子较少。表6-4 可大致反映0℃时氧气分子按速率分布的情况。为了更直观地表示氧气分子按速率分布的情况，我们可以采用条形统计图（图6-5a）。

为了描述得更精确些，可以把速率区间取得再小些（如图6-5b、c 所示），但区间小了，区间内的分子数就要减少，相对来说，涨落就比较大了，所以区间又不能太小，更不能是零。所以这里的速率区间是一个物理无限小模型。谈到速率分布时，只能说某个速率区间内的分子数占总分子数的比率，不能说速率为某值的分子占总分子数的比率，严格地说速率取该值的分子一个也没有。一般说来，在不同的速率 v 附近相等的区间 Δv 内，分子数比率$\frac{\Delta N}{N}$是不相等的，即$\frac{\Delta N}{N}$与 v 有关。另一方面，在指定的速率 v 附近，区间 Δv 越大，区间内的分子数越多，$\frac{\Delta N}{N}$越大，所以$\frac{\Delta N}{N}$与 Δv 有关。如果我们把速率区间取得足够小，则速率区间可以表示为 $\mathrm{d}v$，其内分子数为 $\mathrm{d}N$，由图 6-5 可以推断出，这时$\frac{\mathrm{d}N}{N}\to 0$，条形统计图已无意义。我们将纵坐标换为$\frac{\mathrm{d}N}{N\mathrm{d}v}$，它是 v 的连续函数，用 $f(v)$ 表示，称为**速率分布函数**，即

$$f(v)=\frac{\mathrm{d}N}{N\mathrm{d}v} \tag{6-14}$$

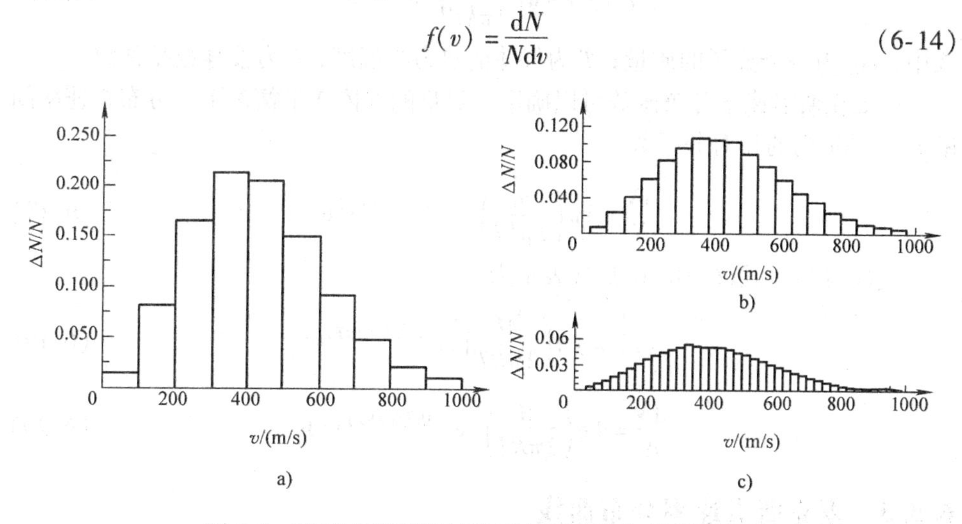

图 6-5　不同速率间隔时氧气分子速率分布条形统计图

$f(v)$ 表示 v 附近单位速率区间内的分子数占总分子数的比率，或大量分子中任一分子速率位于 v 附近单位速率区间的概率(即概率密度)。要想搞清分子按速率的分布情况，关键是确定 $f(v)$。

由式(6-14)变形可得

$$\frac{\mathrm{d}N}{N}=f(v)\,\mathrm{d}v \tag{6-15}$$

式(6-15)确定了分子按速率分布的统计规律，称为**速率分布律**。

$\frac{\mathrm{d}N}{N}=f(v)\,\mathrm{d}v$ 表示速率在 v 附近 $\mathrm{d}v$ 区间(或速率在 $v\sim v+\mathrm{d}v$ 区间)内的分子数

占总分子数的比率，即大量分子中任一分子的速率在 v 附近 $\mathrm{d}v$ 区间内的概率。

式(6-15)对所有速率间隔进行积分，将得到速率在 $0\sim\infty$ 区间内的分子数占总分子数比率的总和，这显然等于 1，即

$$\int_0^\infty f(v)\,\mathrm{d}v = 1 \tag{6-16}$$

这是速率分布函数必须满足的条件，称为**归一化条件**。

6.5.2 麦克斯韦速率分布律

实验和理论证明，分子速率分布函数 $f(v)$ 的具体形式依赖于系统的性质和宏观条件。1859 年，麦克斯韦首先从理论上导出了在平衡状态下气体速率分布函数 $f(v)$ 的数学表达式为

$$f(v) = 4\pi\left(\frac{m_0}{2\pi kT}\right)^{\frac{3}{2}} \mathrm{e}^{-\frac{m_0v^2}{2kT}} v^2 \tag{6-17}$$

式中，m_0 为一个分子的质量；T 为气体的热力学温度；k 为玻耳兹曼常数。

由麦克斯韦速率分布函数可以确定一定量的气体在平衡态下，分布在速率间隔 $v\sim v+\mathrm{d}v$ 内的相对分子数

$$\frac{\mathrm{d}N}{N} = 4\pi\left(\frac{m_0}{2\pi kT}\right)^{\frac{3}{2}} \mathrm{e}^{-m_0v^2/2kT} v^2\,\mathrm{d}v \tag{6-18}$$

式(6-17)、式(6-18)还常常表示为

$$f(v) = 4\pi\left(\frac{M}{2\pi RT}\right)^{\frac{3}{2}} \mathrm{e}^{-Mv^2/(2RT)} v^2 \tag{6-19}$$

$$\frac{\mathrm{d}N}{N} = 4\pi\left(\frac{M}{2\pi RT}\right)^{\frac{3}{2}} \mathrm{e}^{-Mv^2/(2RT)} v^2\,\mathrm{d}v \tag{6-20}$$

6.5.3 麦克斯韦速率分布曲线

$f(v)$-v 曲线直观地描述了气体分子按速率分布的情况，如图 6-6 所示。由麦克斯韦速率分布曲线可以得到以下信息：

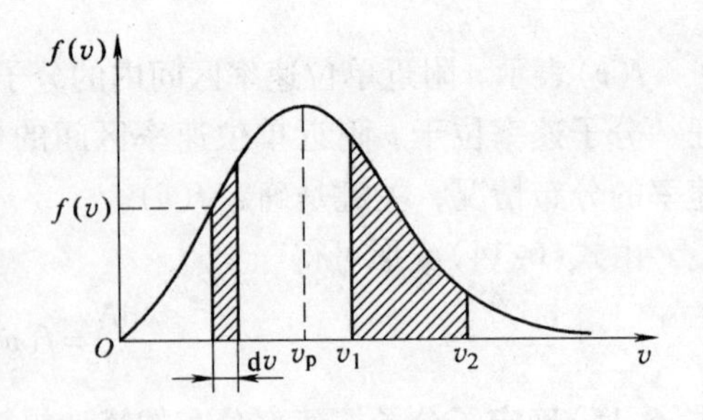

图 6-6 麦克斯韦速率分布曲线

1）该曲线由原点出发，经一极大值后，逐渐趋近于 v 轴。这说明分子速率可取 $0\sim\infty$ 内的一切值，但速率很大和很小的分子数很少，大部分分子具有中等速率。

2）如图6-6所示，在区间 $v \sim v+\mathrm{d}v$ 内曲线下面积为 $f(v)\mathrm{d}v$，表示速率在该区间内的分子数占总分子数的比率，或表示任一分子速率分布在该速率间隔内的概率。

3）在有限区间 $v_1 \sim v_2$ 内曲线下面积 $\int_{v_1}^{v_2} f(v)\mathrm{d}v$ 表示速率在该区间内的分子数占总分子数的比率，或表示任一分子速率分布在 $v_1 \sim v_2$ 区间内的概率。

4）整个曲线下面积 $\int_0^{\infty} f(v)\mathrm{d}v = 1$。

5）$f(v)$ v 曲线有个极大值，这个极大值所对应的速率叫**最概然速率**，用 v_p 表示。最概然速率的物理意义是：速率在 v_p 附近单位速率区间的气体分子数占总分子数的比率最大或任一气体分子速率分布在 v_p 附近单位速率区间内的概率最大。

令 $\dfrac{\mathrm{d}f(v)}{\mathrm{d}v}=0$，解方程得

$$v_p = \sqrt{\frac{2kT}{m_0}} = \sqrt{\frac{2RT}{M}} = 1.41\sqrt{\frac{RT}{M}} \tag{6-21}$$

由式（6-21）可得到如下推论：

① 温度对速率分布的影响：给定气体时，若温度升高，分子热运动加剧，速率较大的分子所占比率增高，最概然速率 v_p 增大，分布曲线的峰值向速率大的方向移动。由于分布曲线下的总面积不变（恒等于1），所以随着温度的升高分布曲线向高速区域扩展，峰值变低。这意味着温度越高，速率较大的分子数越多，分子运动越剧烈，如图6-7a所示。

② 分子质量对速率分布的影响：在同一温度下，因气体分子最概然速率 v_p 与 $\sqrt{m_0}$ 成反比，所以质量越小的气体分子 v_p 越大，即速率较大的分子所占比率越高，曲线向高速区域扩展，曲线变宽变平坦，如图6-7b所示。

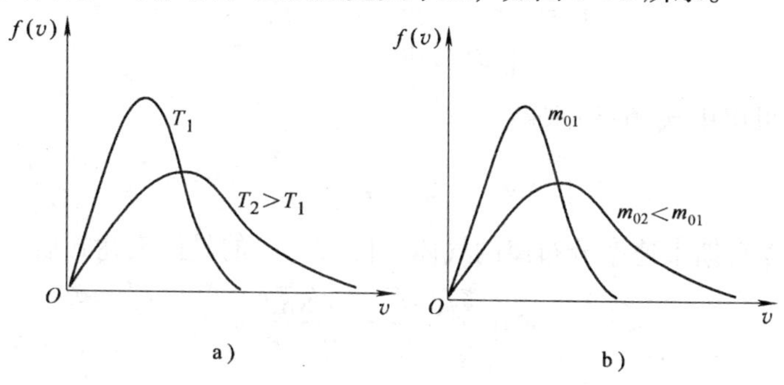

图6-7 温度和分子质量对麦克斯韦速率分布曲线的影响

值得说明的是，以上2）~4）与速率分布函数的具体形式无关，即使粒子不遵从麦克斯韦速率分布也成立。

6.5.4 速率分布函数$f(v)$的应用

知道了$f(v)$，可以求许多有关的物理量及平均值。

1）求各种概率。如大量微观粒子中任一粒子速率位于$v \sim v+\mathrm{d}v$速率区间的概率$f(v)\mathrm{d}v$；位于$v_1 \sim v_2$速率区间内的概率$\int_{v_1}^{v_2} f(v)\mathrm{d}v$。

2）求各速率区间的粒子数。如速率在$v \sim v+\mathrm{d}v$内的粒子数$\mathrm{d}N = Nf(v)\mathrm{d}v$；速率在$v_1 \sim v_2$区间内的粒子数$\Delta N = \int_{v_1}^{v_2}\mathrm{d}N = \int_{v_1}^{v_2} Nf(v)\mathrm{d}v = N\int_{v_1}^{v_2} f(v)\mathrm{d}v$。

3）求速率的各种平均值。

【例6-2】 求速率在$v_1 \sim v_2$区间内粒子速率的平均值。

【解】 先求速率在$v_1 \sim v_2$区间内所有粒子速率之和。

在$v \sim v+\mathrm{d}v$内有$\mathrm{d}N$个粒子，它们的速率均为v，则该区间内粒子速率之和为$v\mathrm{d}N$，所以在$v_1 \sim v_2$区间内所有粒子速率之和

$$\int_{v_1}^{v_2} v\mathrm{d}N = \int_{v_1}^{v_2} vNf(v)\mathrm{d}v = N\int_{v_1}^{v_2} vf(v)\mathrm{d}v$$

于是，速率在$v_1 \sim v_2$区间内粒子速率的平均值

$$\bar{v}_{v_1 \to v_2} = \frac{N\int_{v_1}^{v_2} vf(v)\mathrm{d}v}{N\int_{v_1}^{v_2} f(v)\mathrm{d}v} = \frac{\int_{v_1}^{v_2} vf(v)\mathrm{d}v}{\int_{v_1}^{v_2} f(v)\mathrm{d}v}$$

应用上述方法可以求得速率的各种平均值。常用的平均值有以下两种：

1）所有粒子的平均速率

$$\bar{v} = \frac{\int_0^{\infty} vf(v)\mathrm{d}v}{\int_0^{\infty} f(v)\mathrm{d}v} = \int_0^{\infty} vf(v)\mathrm{d}v \tag{6-22}$$

式(6-22)也可以由式(6-3)求得

$$\bar{v} = \int_0^{\infty} v\mathrm{d}P = \int_0^{\infty} v\frac{\mathrm{d}N}{N} = \int_0^{\infty} vf(v)\mathrm{d}v$$

对遵循麦克斯韦速率分布律的气体，代入$f(v)$的具体表达式后，可得

$$\bar{v} = \sqrt{\frac{8kT}{\pi m_0}} = \sqrt{\frac{8RT}{\pi M}} \tag{6-23}$$

2）所有粒子的方均根速率

$$\overline{v^2}=\frac{\int_0^\infty v^2\mathrm{d}N}{N}=\frac{\int_0^\infty v^2Nf(v)\mathrm{d}v}{N}=\int_0^\infty v^2f(v)\mathrm{d}v \tag{6-24}$$

对遵循麦克斯韦速率分布律的气体，代入$f(v)$的具体表达式后，可得

$$\sqrt{\overline{v^2}}=\sqrt{\frac{3kT}{m_0}}=\sqrt{\frac{3RT}{M}}$$

与前面得出的式(6-11)一致。

注意：式(6-22)、式(6-24)对遵循任何速率分布的粒子都成立，而式(6-23)、式(6-11)只对遵循麦克斯韦速率分布律的分子成立。

v_p，$\bar{v}$，$\sqrt{\overline{v^2}}$三种统计速率都反映了大量分子作热运动的统计规律，对遵循麦克斯韦速率分布律的分子，它们都与$\sqrt{T}$成正比，与$\sqrt{m_0}$(或$\sqrt{M}$)成反比，且$v_p<\bar{v}<\sqrt{\overline{v^2}}$。在室温下，对中等质量的分子来说，三种速率数量级一般为每秒几百米。这三种统计速率就不同的问题有不同的应用。在讨论速率分布时，要用到最概然速率；在研究分子的输运过程时，要用到平均速率；在气体的压强、热力学能和摩尔热容中计算分子的平均动能时，要用到方均根速率。

【例6-3】 计算下列气体在大气中的逃逸速率和方均根速率之比：H_2(2)，He(4)，H_2O(18)，N_2(28)，O_2(32)，Ar(40)，CO_2(44)，括号内的数字是相对分子质量。设大气温度为290K，已知地球质量$m_e=5.98\times10^{24}$kg、地球半径$R_e=6378$km。

【解】 逃逸速率满足$\frac{1}{2}m_0v^2=\frac{Gm_em_0}{R_e}$，所以$v=\sqrt{\frac{2Gm_e}{R_e}}$(第二宇宙速度)，而$\sqrt{\overline{v^2}}=\sqrt{\frac{3RT}{M}}$，所以二者的比值为

$$K=\frac{v}{\sqrt{\overline{v^2}}}=\sqrt{\frac{2Gm_eM}{3R_eRT}}$$

将$G=6.67\times10^{-11}\mathrm{m^3/(kg\cdot s^2)}$和其他数据代入，所得计算结果见表6-5。

表6-5 气体在大气中的逃逸速率和方均根速率之比

气体	H_2	He	H_2O	N_2	O_2	Ar	CO_2
K	5.88	8.32	17.65	22.0	23.53	26.31	27.59

当代宇宙学告诉我们，宇宙中原始的化学成分绝大多数是氢(占3/4)和氦(占1/4)。任何行星形成之初，原始大气中都应有大量的氢和氦。但现在地球大气里几乎没有氢和氦，主要成分却是氮和氧。为什么？在一个星球上，大气分子

的热运动促使它们逃逸，万有引力阻止它们逃逸。方均根速率标志着前者动能的大小，逃逸速率标志着后者势能的大小，K 值标志着二者抗衡中谁占先的问题。K 越大，表示引力势能越大，分子越不易逃脱。$K\geqslant1$ 显然不足以有效地阻止气体分子的逃逸，因为这仅仅是具有热运动平均动能的分子被引力拉住，气体分子中还有大量分子速率大于方均根速率，它们仍然可以逃逸。对于某种气体需要多大的 K 值才能将它拉住？上题表明，$K\approx6\sim8$ 还不够大，还不能把地球大气中的氢和氦保住，$K\geqslant22$ 是足够了，因为这个数值没让氮和氧散失(实际上,高空中温度较低,K 值将更大)。月球上的逃逸速率为 $2.4\times10^3\,\mathrm{m/s}$，比地球上的逃逸速率小得多，故月球上的气体分子逃逸得比地球上快，以至于已经不存在大气了。

6.5.5 麦克斯韦速率分布律的实验验证

1859 年麦克斯韦首先从理论上导出了气体分子速率分布定律。1920 年斯特恩第一次对该分布律进行了实验验证。后来有许多人对此实验作了改进，我国物理学家葛正权也在这方面有过贡献。但是直到 1955 年才由密勒与库士对麦克斯韦速率分布律作出高度精确的实验证明。这里仅介绍朗缪尔实验，其装置如图 6-8 所示。全部装置放于高真空的容器中。图中 A 是一个恒温箱，箱中为待测的金属(比如汞、锡等)蒸气，即分子源。分子从 A 上小孔射出，经定向狭缝 S 形成一束定向的分子射线。D 和 D′是两个可以转动的共轴圆盘，盘上各开一条狭缝，两缝错开一个小的角度 θ(约 2°)。P 是接受分子的屏。当圆盘转动时，圆盘每转一周就有分子射线通过 D 盘上的狭缝一次。但是由于分子速率的大小不同，自 D 到 D′所需的时间也不同，所以并非任意速率的分子都能通过 D′上的狭缝而到达 P。设圆盘的转动角速度为 ω，两盘间的距离为 l，分子速率为 v，自 D 到 D′所需

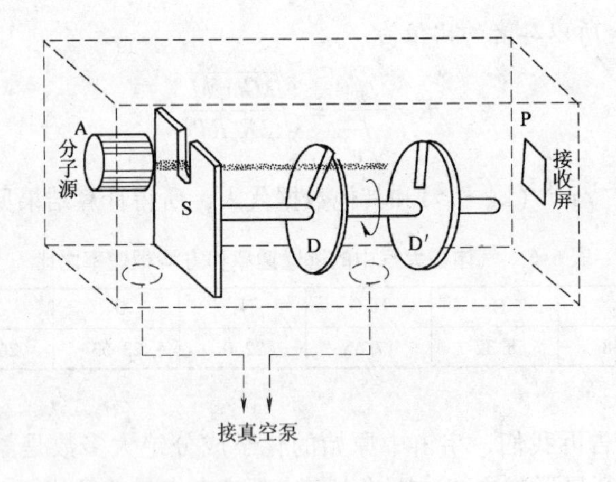

图 6-8 朗缪尔实验

的时间为 t，则只有满足$v=\omega l/\theta$的分子才能达到 P(因此这种装置可用作微观粒子的速率选择器)。这样，只要改变旋转角速度 ω，就可以从分子束中选择出不同速率的分子来。更确切地说，因为凹槽有一定宽度，故所选择的不是恰好为某一确切速率的分子数，而是某一速率范围 $v\sim v+\Delta v$ 内的分子数。在接收屏上安上能测出单位时间内接收到的分子数 ΔN 的探测器，就可利用这种实验装置测出分子束中速率从零到无穷大范围内分子按速率的分布情况。实验结果如图 6-9 所示，与麦克斯韦速率分布律吻合很好。

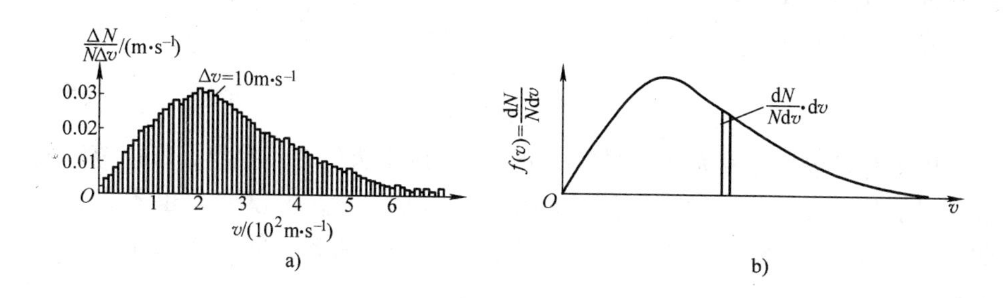

图 6-9　朗缪尔实验结果

*6.6　玻耳兹曼分布律

6.6.1　等温气压公式

在上节里忽略外场(譬如重力场)的作用，认为气体的密度在空间是均匀分布的。若存在外力场，则气体的分子数密度 $n=n(\boldsymbol{r})$是空间位置 $\boldsymbol{r}$ 的函数。作为一个特例，我们先看平衡气体在重力场中密度随高度的变化。

设平衡气体的压强随高度变化的函数关系为 $p=p(h)$。如图 6-10 所示，在气体中取一柱体，其上下端面水平，底面积为 dS，柱体的高为 dh。此气柱上下端面所受的压力分别为$(p+\mathrm{d}p)\mathrm{d}S$ 和 $p\mathrm{d}S$，二者之差与气柱所受重力 dmg 平衡。由$(p+\mathrm{d}p)\mathrm{d}S+\mathrm{d}mg=p\mathrm{d}S$，则有 $\mathrm{d}p\mathrm{d}S=-g\mathrm{d}m$。由 $\mathrm{d}m=\rho\mathrm{d}S\mathrm{d}h$($\rho$ 为气体的密度)、$\rho=nm_0$ 及 $p=nkT$，可得

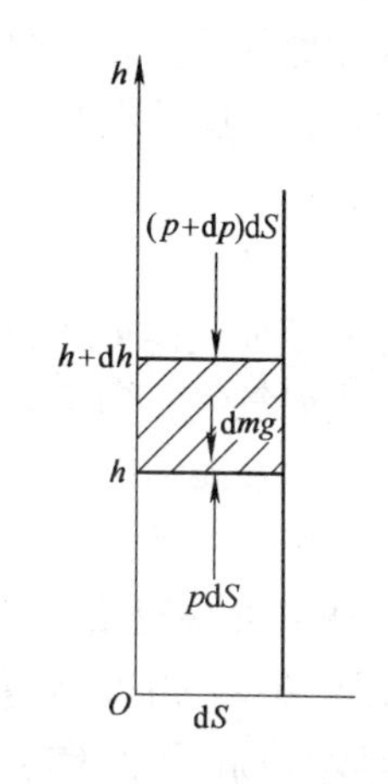

图 6-10　大气薄层受力图

$$\mathrm{d}p=-g\frac{m_0p}{kT}\mathrm{d}h$$

取某个地点(譬如地面)的高度为 $h=0$，令该处的 $p=p_0$，对上式积分，则

$$\int_{p_0}^{p}\frac{\mathrm{d}p}{p}=-\int_0^h\frac{m_0g}{kT}\mathrm{d}h$$

设 g 为常量，当 T 不变时，有

$$p=p_0\mathrm{e}^{-m_0gh/(kT)}=p_0\mathrm{e}^{-Mgh/(RT)}\tag{6-25}$$

此式称为**等温气压公式**。

等温气压公式还可改写成

$$h=\frac{RT}{Mg}\ln\frac{p_0}{p}\tag{6-26}$$

以上都是根据等温大气模型来讨论的，实际上大气并不等温，所以等温气压公式只能是近似的。在地面附近，g 可以认为是常量，温度变化也不太大。因此，在登山运动和航空驾驶中，往往根据式(6-26)从测出的压强变化估算上升的高度。

6.6.2　玻耳兹曼密度分布律(分子按势能的分布规律)

1. 重力场中分子按高度的分布

应用 $p=nkT$ 及 $p_0=n_0kT$，由式（6-25）可得

$$n(h)=n_0\mathrm{e}^{-m_0gh/(kT)}\quad(n_0\text{ 为 }h=0\text{ 处的分子数密度})\tag{6-27}$$

式(6-27)为重力场中气体分子数密度按高度的分布，它表明重力加速度 g 一定时，在温度不变的情况下，分子数密度随着高度的上升按指数衰减。如果有质量不同的几种分子，则它们的分子数密度随着高度的上升，将有不同的衰减，较重的分子随着高度的衰减比较轻的分子来得快，因而可以预期，由于氧比氮重，在含有氧和氮的大气层中，越往上氮所占的比例越大。但在实际的大气层中，这种情况并没有真正发生，至少在相当的高度上没有发生。这是因为空气中有很多搅动，它使各种气体重新混合在一起，而且大气层并不是等温的。然而对于很轻的物质，比如氢气，确实有一种在大气层极高的地方占统治地位的趋势，因为当其他的物质都衰减完时，质量最小的物质却依然存在。这与上节讨论大气逃逸问题的物理图像是一致的。

2. 玻耳兹曼密度分布律

在式(6-27)中的 m_0gh 是气体分子在重力场中的势能，将 m_0gh 代之以粒子在任意保守场中的势能 ε_p，就可将该式推广到任意势场。在任意势场中

$$n(\boldsymbol{r})=n_0\mathrm{e}^{-\varepsilon_{\mathrm{p}(r)}/(kT)}\quad(n_0\text{ 为 }\varepsilon_\mathrm{p}=0\text{ 处的分子数密度})\tag{6-28}$$

式(6-28)称为玻耳兹曼密度分布律，它反映了热平衡态下分子数密度在任意外

场中的分布情况。

作为式(6-28)除重力场以外的例子，我们来看回转体中微粒的径向分布情况。在回转体中质元受到一惯性离心力，其作用可用离心势能来描述

$$\varepsilon_{\mathrm{p}}(r) = -\int_0^r f_{\text{惯离}}\mathrm{d}r = -\int_0^r m_0\omega^2 r\mathrm{d}r = -\frac{1}{2}m_0\omega^2 r^2$$

式中，m_0 是微粒的质量；ω 是旋转的角速度。将此式代入式(6-28)，即得粒子数的径向分布

$$n(r) = n_0 \mathrm{e}^{m_0\omega^2 r^2/2(kT)} \quad (n_0\ 为\ r=0\ 处的粒子数密度) \tag{6-29}$$

式6-29可应用于分离大分子或微粒的超速离心机，它们的转速可高达 $10^3\mathrm{r/s}$，产生的离心加速度可达 $10^6 g$(g 为重力加速度)。

台风是由气体回转运动形成的热带风暴。在处于热带的北太平洋西部洋面上局部积聚的湿热空气大规模上升至高空的过程中，周围低层空气乘势向中心流动，在科里奥利力的作用下形成了空气旋涡。为了说明旋转大气内压强的分布，我们把式(6-29)改用压强来表示。仍采用等温大气模型，则式(6-29)可化为

$$p(r) = p_0 \mathrm{e}^{m_0\omega^2 r^2/2kT} \tag{6-30}$$

按式(6-30)，气流的旋转使台风中心(称台风眼)的气压 p_0 比周围的低很多，低气压使云层裂开变薄，有时还可看到日月星光。惯性离心力将云层推向四周，形成高耸的壁，狂风暴雨均发生在台风眼之外，在台风眼内往往风和日丽，一片宁静。

6.6.3 玻耳兹曼能量分布律

麦克斯韦分布律考虑的是系统处于平衡态时分子按动能的分布，没有考虑空间的影响，即麦克斯韦分布律与空间无关；玻耳兹曼密度分布律只考虑了物质微粒按势能的分布，因而与空间有关。玻耳兹曼将两种分布律相结合，得出了在外力场中处于平衡态的系统粒子按状态区间$(x,y,z,v_x,v_y,v_z)\sim(x+\mathrm{d}x,y+\mathrm{d}y,z+\mathrm{d}z,v_x+\mathrm{d}v_x,v_y+\mathrm{d}v_y,v_z+\mathrm{d}v_z)$的分布规律

$$\mathrm{d}N = n_0\left(\frac{m_0}{2\pi kT}\right)^{\frac{3}{2}}\mathrm{e}^{-\frac{\varepsilon}{kT}}\mathrm{d}x\mathrm{d}y\mathrm{d}z\mathrm{d}v_x\mathrm{d}v_y\mathrm{d}v_z \tag{6-31}$$

式中，n_0 为 $\varepsilon_{\mathrm{p}}=0$ 处，单位体积内具有各种速度粒子的总数；$\varepsilon=\varepsilon_{\mathrm{k}}+\varepsilon_{\mathrm{p}}$。式(6-31)称为**玻耳兹曼能量分布律**。

玻耳兹曼能量分布律是统计物理的一条基本规律，它说明在能量 ε 越大的状态附近，粒子的数目越少。这个规律不限于气体的分布，在一般情况下，粒子(原子、分子等)总是趋向于处在能量最低的状态，即使在量子力学中，它也是正确的。在量子力学中粒子的能量状态是按能级分布的，玻耳兹曼分布律表述为：如果分子(或原子)状态的能级为 E_1，E_2，…，E_i，…，则在热平衡下，在能量

为 E_i 的特定状态中找到一个分子(或原子)的概率与 $e^{-E_i/kT}$ 成正比。

【例 6-4】 处于第一激发态的氢原子数 N_2 与处于基态的氢原子数 N_1 之比约是多少?(设 $T=300K$)

【解】 氢原子基态能量 $E_1=-13.6eV$,第一激发态能量 $E_2=E_1/4=-3.4eV$,因原子数与 $e^{-E_i/kT}$ 成正比,得

$$\frac{N_2}{N_1}=e^{-(E_2-E_1)/kT}=e^{-[(-3.4)-(-13.6)]eV/kT}$$

$T=300K$ 时,$kT=0.0259eV$,代入上式可得

$$\frac{N_2}{N_1}=e^{-394}\approx10^{-171}$$

这是一个极为微小的量,由于热运动,实际值要比 10^{-171} 大些,但确实 N_2 要比 N_1 小得多。

6.7 分子平均碰撞频率和平均自由程

室温下分子的平均速率一般约为每秒几百米,声速约为 340m/s,两者是同数量级的。早在 1858 年克劳修斯就提出一个有趣的问题:若摔破一瓶汽油,声音和气味是否差不多同时传到同一地点?事实上总是先听到声音,而气味的扩散要慢得多。克劳修斯认为分子具有一定的体积,它们在飞行的过程中不断碰撞,妨碍了它们的直线行进,如图 6-11 所示。

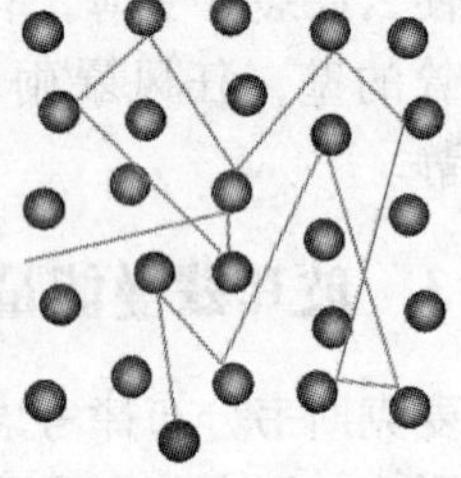
图 6-11 分子碰撞

在气体动理论中,研究分子的碰撞问题是非常重要的,气体的扩散、热传导等过程都是通过分子的碰撞实现的。为了描述热运动中分子间相互碰撞的频繁程度,引入平均碰撞频率和平均自由程。

分子之间的碰撞是短程的排斥力在起作用,若不考虑碰撞的细节,可把分子看成具有一定直径的弹性球,认为只有当两球接触时才有相互作用。这样,分子在相继两次碰撞之间依惯性作匀速直线运动。一个分子在连续两次碰撞之间自由运动的路程叫做分子自由程,记作 λ。一个分子在单位时间内与其他分子碰撞的次数叫做分子碰撞频率,用 z 表示。对于不同的分子来说,λ 和 z 都是不同的。对于同一个分子来说,它们也是随时间而变化的。我们不可能也没有必要去研究每一个分子的自由程和碰撞频率,但是对于大量的分子来说,讨论它们的平均值还是有意义的。

平均自由程是指分子在连续两次碰撞之间自由运动的平均路程,用 $\overline{\lambda}$ 表示。

平均碰撞频率是指每个分子在单位时间内与其他分子碰撞的平均次数，用$\bar{z}$表示。

为了确定平均碰撞频率，我们设想跟踪一个分子，比如说分子 A，数一数在单位时间内它与其他分子碰撞的平均次数。对于碰撞过程来说，重要的是分子间的相对运动，所以为了简单起见，我们认为其他分子都静止不动，分子 A 以平均相对速率 $\bar{u}$ 运动。在分子 A 行进的过程中，显然，只有中心与 A 的中心之间相距小于或等于两分子半径之和(即具有一个分子直径)的那些分子才可能与 A 相碰。因此可设想以分子 A 中心运动的轨迹为轴线，以分子直径 d 为半径作一个曲折的圆柱体(如图 6-12 所示)，凡是中心在此圆柱体内的分子都会与 A 相碰，其余分子都不与 A 相碰。圆柱体的截面积 $\sigma=\pi d^2$，称为分子的**碰撞截面**。在单位时间内分子 A 走过的路程为$\bar{u}$，圆柱体的体积为$\sigma\bar{u}$。以n表示分子数密度，则在此圆柱体内的分子数，就是单位时间内 A 与其他分子的平均碰撞次数 $n\sigma\bar{u}$，于是平均碰撞频率 $\bar{z}=n\sigma\bar{u}$。

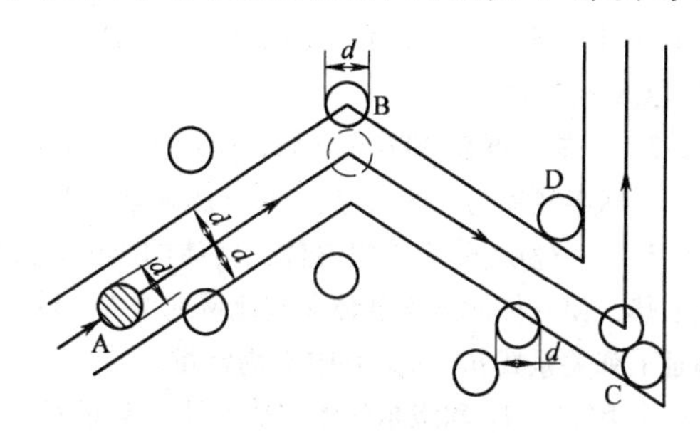

图 6-12　平均碰撞频率计算图

可以证明，对化学纯气体 $\bar{u}=\sqrt{2}\,\bar{v}$，$\bar{v}$为气体分子的平均速率。因而对处于平衡态的化学纯理想气体，分子的平均碰撞频率为

$$\bar{z}=\sqrt{2}n\sigma\,\bar{v}=\sqrt{2}\pi d^2 n\,\bar{v}\tag{6-32}$$

又 $p=nkT$、$\bar{v}=\sqrt{\dfrac{8kT}{\pi m_0}}$，故

$$\bar{z}=\frac{4\pi d^2 p}{\sqrt{\pi m_0 kT}}\tag{6-33}$$

式(6-33)说明：在温度不变时，系统压强越大分子间碰撞越频繁；在压强不变时，系统温度越低分子间碰撞越频繁。

下面，我们求平均自由程。在单位时间内分子走过的路程为 $\bar{v}$，而单位时间里的碰撞次数为 $\bar{z}$，则平均自由程为 $\bar{\lambda}=\dfrac{\bar{v}}{\bar{z}}$，将式(6-32)代入，则有

$$\bar{\lambda}=\frac{1}{\sqrt{2}n\sigma}=\frac{1}{\sqrt{2}\pi d^2 n}=\frac{kT}{\sqrt{2}\pi d^2 p}\tag{6-34}$$

式(6-34)说明：温度一定时，$\bar{\lambda}$与压强成反比；压强一定时，$\bar{\lambda}$与温度成正比。

注意：这里的 d 并不是分子的几何直径，因为当分子相互靠近时，分子力就

不能忽略，而且表现为很强的斥力，以致不能再互相靠拢，这时两个分子之间的距离最近，它们中心间的距离就是 d，称为**分子的有效直径**，其数量级约为 10^{-10}m。在标准状态下，$p\approx1\times10^5$Pa，$T=273$K，若取 $d=10^{-10}$m，则 $\overline{\lambda}\approx8\times10^{-7}$m，约为分子直径的几千倍，确实可以认为气体足够稀薄。$\overline{z}=\overline{v}/\overline{\lambda}\approx10^9\text{s}^{-1}$，即十亿次每秒。这些数值都只给出数量级，并不精确，但是可以大致了解分子运动的概况。

习　题

6-1　某柴油机的气缸充满空气，其中空气的温度为47℃，压强为 8.61×10^4Pa。当活塞急剧上升时，把空气压缩到原体积的1/17，此时压强增大到 4.25×10^6Pa，求这时空气的温度(分别以K和℃表示)。

6-2　一氢气球在20℃充气后，压强为 1.2×10^5Pa，半径为1.5m。到夜晚时，温度降为10℃，气球半径缩为1.4m，其中氢气压强减为 1.1×10^5Pa。问漏掉了多少氢气？

6-3　一气缸内储有理想气体，气体的压强、温度和摩尔体积分别为 p_1、T_1 和 v_1。现将气缸加热，使气体的压强和体积同比例地增大，即在初态和末态，气体的压强 p 和摩尔体积 v 都满足下列关系式 $p=Cv$，其中 C 为常量。

(1) 用 p_1、T_1 和摩尔气体常数 R 表示常量 C。

(2) 设 $T_1=200$K，当摩尔体积增大到 $2v_1$ 时，气体的温度是多少？

6-4　求在标准状态下1cm³ 气体中的分子数。目前可获得的极限真空度为 1.33×10^{-11}Pa，求在此真空度下1cm³ 空气内有多少个分子？已知温度为27℃。

6-5　一定量理想气体经历一个准静态过程，在 p-T 图上表示为 ab 直线(如习题6-5图所示)，则 $\dfrac{\tan\alpha}{k}$ 表示________。(k 为玻耳兹曼常数)

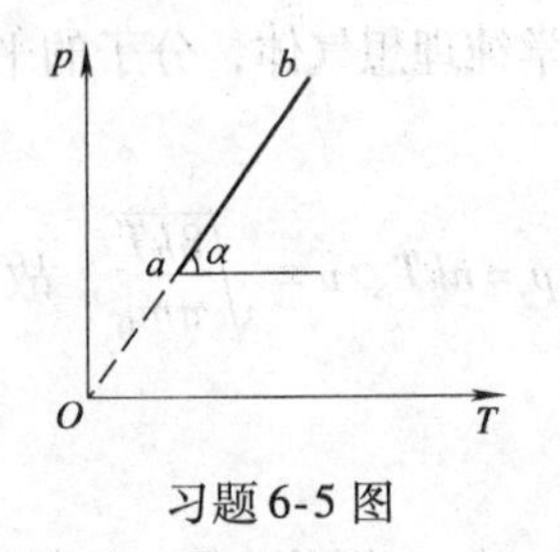

习题6-5图

6-6　设想一束分子连续不断地以速度 v 垂直射向真空中的一静止平板，分子束内单位体积分子数为 n，每个分子的质量为 m_0，则分子与平板弹性碰撞产生的压强为______。

6-7　有 $2\times10^{-3}\text{m}^3$ 刚性双原子分子理想气体，其热力学能为 6.75×10^2J。

(1) 试求气体的压强；

(2) 设分子总数为 5.4×10^{22}个，求分子的平均平动动能及气体的温度。(玻耳兹曼常数 $k=1.38\times10^{-23}$J/K)

6-8　一个能量为 10^{12}eV 的宇宙射线粒子，射入氖管中，氖管中含有氖气0.01mol。如果宇宙射线粒子的能量全部被氖气分子所吸收而变为热运动能量，氖气温度能升高多少度？

6-9　某些恒星的温度达到 10^8K 的数量级，在这个温度下原子已不存在，只有质子存在。试问：

(1) 质子的平均速率为多大？

(2) 质子的平均动能是多少电子伏特？

6-10　日冕的温度为2×10^6K，求其中电子的方均根速率；宇宙空间温度为-2.7K，求其中氢原子的方均根速率；1994年曾用激光冷却的方法使一群Na原子达到2.4×10^{-11}K的低温，求这些Na原子的方均根速率。

6-11　一块隔板将一个容器分成两部分，分别盛有温度为T_1的1mol氢气和温度为T_2的1mol氦气。今将隔板抽去，气体混合，设在混合过程中与外界不发生任何能量交换，并将这两种气体均视为理想气体，则达到平衡后，混合气体的温度为________。

6-12　密闭理想气体的温度从27℃起缓慢地增加到它的分子的方均根速率为27℃时的两倍，则气体的温度为________。

6-13　设$f(v)$为速率分布函数，n为分子数密度，N为总分子数，则

（1）在速率v附近dv速率区间内的分子数与总分子数之比为________。

（2）在速率v附近单位速率区间内的分子数占总分子数之比为________。

（3）速率在区间$v\sim v+dv$内的分子数为________。

（4）单位体积内速率在区间$v\sim v+dv$内的分子数为________。

（5）一个分子速率在区间$v_1\sim v_2$内的概率为________。

（6）速率不超过v_1的分子数为______，这些分子的平均速率为________。

6-14　习题6-14图中的两条曲线分别表示在相同温度下氢气和氧气的分子速率分布曲线，图中a表示______气分子速率分布曲线，氧气分子和氢气分子最概然速率之比为______。

6-15　某气体分子的速率分布曲线如习题6-15图所示。若v_0两侧曲线下包围的面积相等，则v_0的物理意义为（　　）。

（A）算术平均速率；（B）方均根速率；（C）最概然速率；（D）分子速率大于和小于v_0的概率相等。

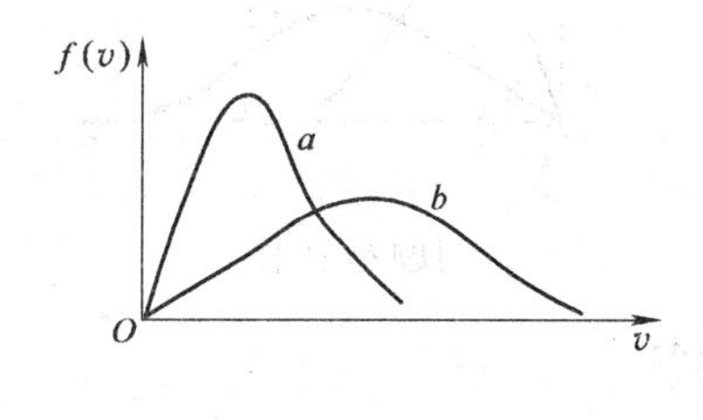

习题6-14图

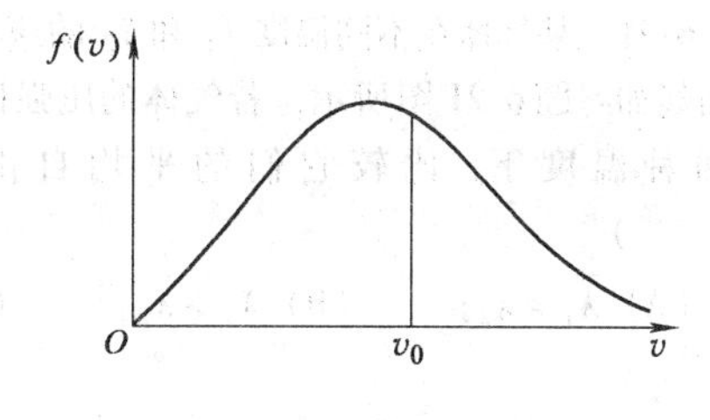

习题6-15图

6-16　有N个同种分子组成的理想气体，在温度T_2和T_1（$T_1>T_2$）时的麦克斯韦速率分布曲线如习题6-16图所示。若阴影部分的面积为A，则在两种温度下，气体中分子运动速率小于v的分子数之差为________。

6-17　导体中自由电子的运动可以看做类似于气体分子的运动（故称电子气），设导体中共有N个自由电子，电子的质量为m_0，运动的最大速率为v_F，其速率分布函数为

$$f(v)=\begin{cases}\dfrac{4\pi A}{N}v^2 & (v_F \geqslant v>0)\\ 0 & (v>v_F)\end{cases}$$

（1）求常量 A；

（2）证明电子的平均动能 $\bar{\varepsilon}=\frac{3}{5}\varepsilon_F=\frac{3}{5}\left(\frac{1}{2}m_0v_F^2\right)$。

6-18　一定量的某种理想气体，由状态Ⅰ(p,V,T_1)经等压过程变化到状态Ⅱ$\left(p,\frac{V}{2},T_2\right)$。若习题6-18图中实线表示气体分子在状态Ⅰ的速率曲线，则在状态Ⅱ的速率分布曲线为虚线________。

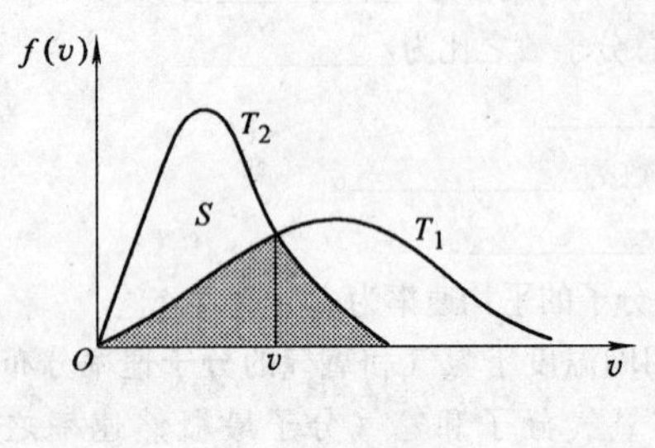

习题6-16图

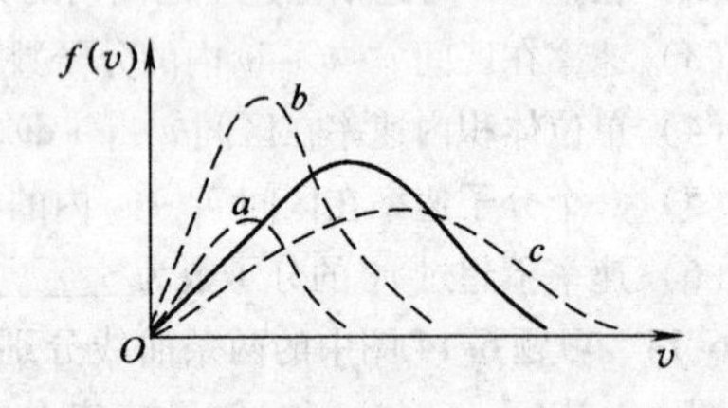

习题6-18图

6-19　问上升到什么高度时大气压强减至地面大气压的75%。设空气的温度恒为0℃，空气的摩尔质量为0.028 9kg/mol。

6-20　设空气分子的有效直径为10^{-10}m。求在标准状态下空气分子的平均碰撞频率和平均自由程。

6-21　某气体在不同温度 T_1 和 T_2 的速率分布曲线如习题6-21图所示，若气体的压强恒定，在两种温度下，比较它们的平均自由程，有(　　)。

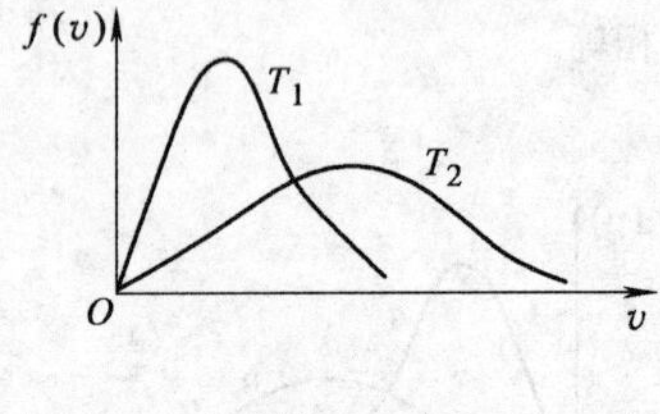

习题6-21图

（A）$\bar{\lambda}_1=\bar{\lambda}_2$；　　（B）$\bar{\lambda}_1>\bar{\lambda}_2$；　　（C）$\bar{\lambda}_1<\bar{\lambda}_2$。

焦耳（James Joule，1818—1889），英国物理学家。他提出了著名的焦耳定律；精确地测出了热功当量 1cal = 4.184J，为能量守恒与转换定律的建立奠定了坚实的实验基础；和 W. 汤姆孙（即开尔文）一起发现了气体节流膨胀时温度下降的现象，被称为焦耳 - 汤姆孙效应。1866 年由于他在热学、热力学和电学方面的贡献，英国皇家学会授予他最高荣誉的科普利奖章。十八世纪，人们对热的本质的研究走上了一条弯路，“热质说”在物理学史上统治了一百多年，人们一直没有办法解决热和功的关系问题，是英国自学成才的物理学家焦耳为最终解决这一问题指出了道路。

第 7 章　热力学基础

热力学是研究热现象的宏观理论，它的主要理论基础是热力学的三条定律。本章的主要内容是热力学第一定律和热力学第二定律。热力学第一定律是包括热现象在内的能量守恒与转换定律，热力学第二定律讨论热力学过程的方向性问题。

7.1　准静态过程

当系统的状态发生变化时，我们就说系统经历了一个过程。如果系统在过程中的任一状态都是平衡态，则称该过程为平衡过程。实际上平衡过程是不存在的。例如图 7-1a 所示的气缸 - 活塞系统，当一下子去掉活塞上的砝码时，系统的状态由（p_1，V_1）过渡到（p_2，V_2），这个过程的始末状态为平衡态，可以在 $p-V$ 图上表示为 1、2 两点（图 7-2a），但整个过程却不能在 $p-V$ 图上描绘出来。这是因为起初靠近活塞的地方气体局部变稀，压强比其他地方小，这时的状态是一个非平衡态，随后通过分子的运动和频繁的碰撞，减压的影响以声速在物质中向远处传播，这期间系统中各处没有统一的压强，皆为非平衡态，我们无法在 $p-V$ 图上把它们表示出来。不过，最后气体总会自动地过渡到新的平衡态（p_2，V_2）。这种系统受到扰动后，由非平衡态达到新的平衡态所经历的过程称为**弛豫过程**，过程所经历的时间称为**弛豫时间**。

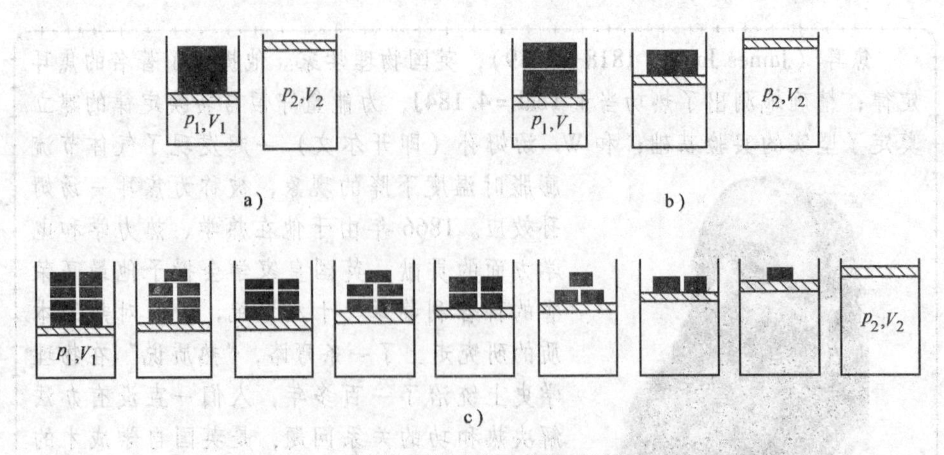

图 7-1　从非平衡过程向准静态过程逼近

如图 7-1b 所示，若把大砝码分为两个，先去掉一个，待系统恢复平衡后再去掉另一个，则我们在 $p-V$ 图上除了始末态外还可标出一个中间点（图 7-2b）。若把砝码分成很多小份，如图 7-1c 所示，每次去掉一小份，待系统恢复平衡后再去掉下一小份，则我们在 $p-V$ 图上可以得到一系列中间点（图 7-2c）。设想把砝码无限地分下去，且足够缓慢地减少它们的个数，则我们可在 $p-V$ 图上得到一条连续的曲线（图 7-2d），从而将系统经历的中间过程详细地描绘出来。这种进行得足够缓慢，以至于系统在过程中的任一状态都可近似地看成平衡态的过程叫做**准静态过程**。只有准静态过程才能在 $p-V$ 图上用曲线表示出来。

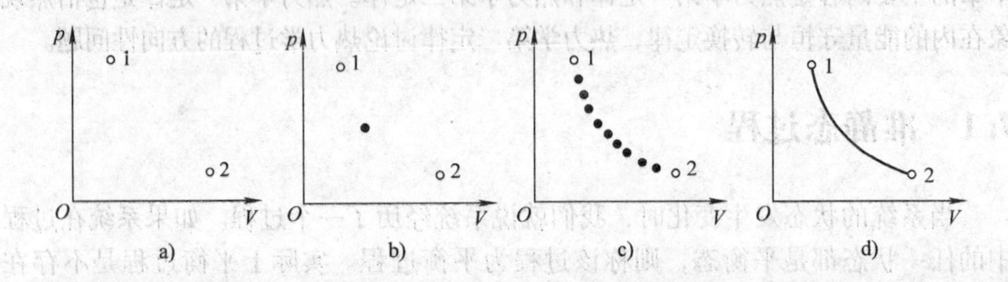

图 7-2　从非平衡过程向准静态过程逼近时的 $p-V$ 图

准静态过程是一个理想的概念，只要实际过程进行得“足够缓慢”，就可视为准静态过程。若过程所经历的时间 Δt 与弛豫时间 τ 比较，始终满足 $\Delta t \gg \tau$ 的条件，就能保证系统在过程中的任一中间状态总能十分接近平衡态。例如，常温下空气中的声速为 340m/s，若气缸的长度 $L=0.3\text{m}$，则弛豫时间 $\tau \sim 10^{-3}\text{s}$，如果以 10m/s 的速率将气缸压缩 0.1m，则整个压缩过程经历的时间 $\Delta t=0.01\text{s}$，与 10^{-3}s 相比尚大一个量级。由此可见，若把活塞在气缸中的压缩过程近似看成准静态过程来分析，不会产生大的误差。

7.2　热力学能　功　热量

7.2.1　热力学能

如果一个过程中系统和外界没有热量交换，则称此过程为绝热过程。在图 7-3a 所示的实验中，水盛在由绝热壁包围着的容器中，重物下降带动叶片在水中搅动而使水温升高。如果把水和叶片看成一个热力学系统，其温度的升高完全是重物下降做功的结果，所经历的过程就是绝热过程。在图 7-3b 所示的实验中，如果把水和电阻器视为一个热力学系统，其温度升高完全是电源做功的结果，所经历的也是一个绝热过程。英国物理学家焦耳反复做了大量的这类实验，结果发现：用各种不同的绝热过程使物体升高一定的温度，所需要的功是相等的。这个事实表明，可以定义一个态函数 U，称之为**热力学能**，它在终态 2 和初态 1 之间的差值，等于绝热过程中外界对系统所做的功 $A_{外}$，即

$$U_2 - U_1 = A_{外} \tag{7-1}$$

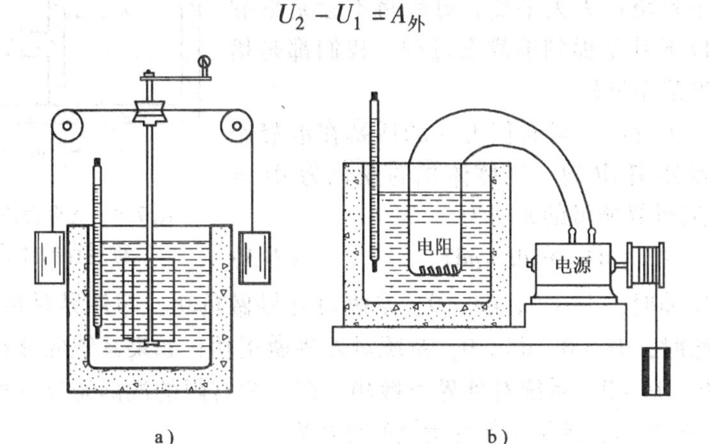

图 7-3　焦耳实验

根据热力学能的定义，我们并不能确定系统处在某一状态时热力学能的绝对值，而只能确定两个平衡态的热力学能差。可以任意选择某一状态为标准状态，规定其热力学能为某个值或零，这样，系统在任一状态的热力学能也就随之完全确定下来了。因此，系统的热力学能是状态的单值函数，是状态量。例如，若选取 $T=0\text{K}$ 时理想气体的热力学能为零（即选取分子相距无穷远时分子间相互作用势能为零、$T=0\text{K}$ 时分子热运动动能为零）时，则理想气体的热力学能为 $U=\nu\frac{i}{2}RT$。在实际问题中，要确定的往往是系统两个平衡态之间的热力学能之差，

而不必知道系统热力学能的绝对值。

若初状态系统的热力学能为 U_1、末状态的热力学能为 U_2，则热力学能的增量

$$\Delta U = U_2 - U_1 \tag{7-2}$$

与系统由初态变化到末态所经历的过程无关（例如，理想气体热力学能的增量 $\Delta U = \nu \frac{i}{2} R \Delta T$）。$\Delta U > 0$ 表示系统的热力学能增加，$\Delta U < 0$ 表示系统的热力学能减少。

7.2.2 功

准静态过程的一个重要性质是，如果没有摩擦阻力，外界在准静态过程中对系统的作用力，可以用描述系统平衡态的参量来表示。如图 7-4 所示，在带有活塞的气缸中，当气体作无摩擦的准静态膨胀或压缩时，为了维持气体的平衡态，外界的压强必须等于气体的压强，否则在有限压差的作用下系统将失去平衡，过程将不会是准静态过程。以下凡是提到准静态过程，我们都是指无摩擦的准静态过程。

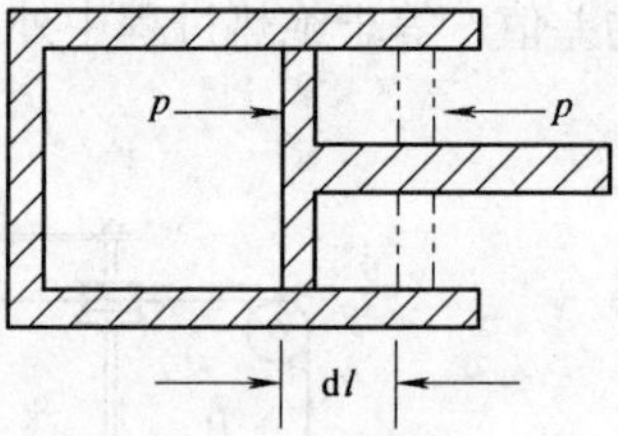

图 7-4 无摩擦准静态过程过程的体积功

如图 7-4 所示，当面积为 S 的活塞在准静态过程中移动距离 dl 时，气体体积的变化为 $dV = Sdl$，系统对外界所做的元功为

$$dA = pSdl = pdV \tag{7-3}$$

当系统被压缩时，$dV < 0$，$dA < 0$，系统对外界做负功，即外界对系统做正功；当系统膨胀时，$dV > 0$，$dA > 0$，系统对外界做正功；如果系统的体积不发生变化，$dV = 0$，$dA = 0$，系统对外界不做功。在一个有限的准静态过程中，系统的体积由 V_1 变为 V_2，系统对外界所做的总功为

$$A = \int_{V_1}^{V_2} p dV \tag{7-4}$$

关于式（7-4）需要说明以下几点：

1）对任意形状的容器，只要在无摩擦的准静态过程中所做的功是通过体积变化而实现的，式（7-4）就适用。

2）体积功的大小可以在 $p-V$ 图上表示出来。如图 7-5 所示，曲线下画斜线的小长方形面积为元功 dA 的大小，而曲线下总面积就等于在这过程中气体对外界所做总功 A 的大小。

3）功是过程量。如图 7-6 所示，我们用 $p-V$ 图上的 1 和 2 两点分别代表一系统的初态和末态，如果系统从初态 1 分别经过不同的过程 a 和 b 到达终态 2，

在过程中系统对外界所做的功就分别等于 $p-V$ 图中曲线 $1a2$ 和 $1b2$ 下方的面积，两者显然是不相等的，它们的差值就是图 7-6 中阴影部分的面积。因此，**功是过程量**。换言之，功不是由系统的状态唯一地确定的，功不是态函数，在无限小过程中的元功不是态函数的全微分，以后我们将元功记为 $\text{đ}A$。

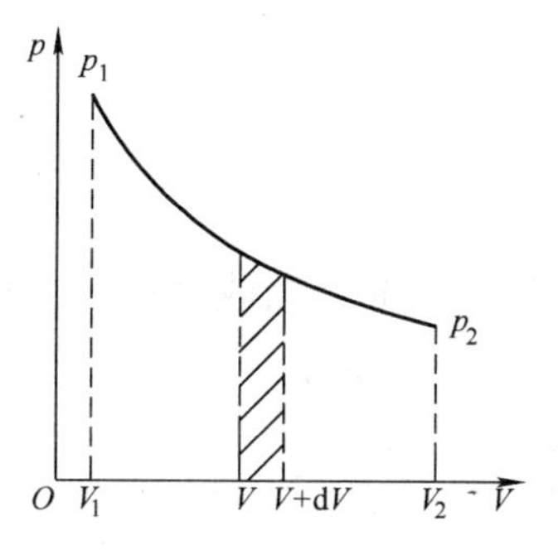

图 7-5　$p-V$ 图表示体积功

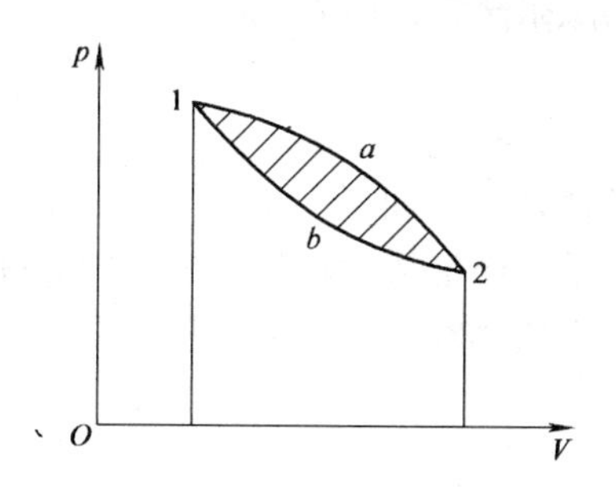

图 7-6　体积功是过程量

4）要用式（7-4）计算体积功，需先知道 p 和 V 的函数关系，这正体现出功与具体过程进行的方式有关，所以计算体积功必须知道准静态过程的过程方程。

5）式（7-4）对固体和液体也成立。只要知道固体或液体的 $p-V$ 关系，就可以用式（7-4）计算压缩固体和液体时外界所做的功。

7.2.3　热量　摩尔热容

1. 热量

做功是一种传递能量的形式，还有另一种传递能量的基本方式——热传递。在图 7-3 所示的实验装置中，将容器底壁换成导热材料，通过加热同样可以使系统由状态 1 变到状态 2。由于热力学能是系统状态的函数，因而热力学能也发生相应的改变，这说明通过传热的方式也可以改变系统的热力学能，传热也是传递能量的一种方式。为了量度被传递能量的多少，我们引入热量的概念，用符号 Q 表示。热量的单位和功的单位都是焦耳。

焦耳在 1842 年第一次从实验上发现功和热可互相转换，并测出了热功当量。现在的热功当量的公认值为 1cal = 4.1858J。

焦耳的实验告诉我们：**做功与传热是传递能量的两种基本方式**，在这一点上做功和传热是等效的，且数量上也可以相等。但它们又是有区别的，即做功是将物体有规则的宏观运动能量转化成系统内分子的无规则热运动能量，从而改变系统的热力学能；热传递是将系统外物体分子的无规则热运动能量转化成系统内分子的无规则热运动能量，从而改变系统的热力学能。

和功一样，**热量也是过程量**，即在系统状态变化的过程中，所传递的热量不仅与始末状态有关，而且与所经历的具体过程有关。以后我们用$đQ$来表示无限小过程中系统所吸收的热量。

2. 准静态过程中的热量 摩尔热容

1mol 物质在某一过程中温度升高（或降低）1K 所吸收（或放出）的热量，称为**摩尔热容**，用 C_{m} 来表示

$$C_{\mathrm{m}} = \frac{1}{\nu}\frac{đQ}{\mathrm{d}T} \tag{7-5}$$

其单位是 $\mathrm{J \cdot mol^{-1} \cdot K^{-1}}$。

单位质量物质在某一过程中温度升高（或降低）1K 所吸收（或放出）的热量称为**比热容**，用小写字母 c 表示

$$c = \frac{C_{\mathrm{m}}}{M} = \frac{1}{m}\frac{đQ}{\mathrm{d}T} \tag{7-6}$$

其单位是 $\mathrm{J \cdot kg^{-1} \cdot K^{-1}}$。

由于系统所吸收的热量 Q 与其经历的过程有关，所以任一物体的摩尔热容和比热容也是与过程有关的物理量。即同一物体升高相同的温度，若经历的过程不同，吸收的热量则不同。等容过程中的摩尔热容称为**摩尔定容热容**，用 $C_{V,\mathrm{m}}$ 表示，有

$$C_{V,\mathrm{m}} = \frac{1}{\nu}\left(\frac{đQ}{\mathrm{d}T}\right)_V \tag{7-7}$$

等压过程中的摩尔热容称为**摩尔定压热容**，用 $C_{p,\mathrm{m}}$ 表示，有

$$C_{p,\mathrm{m}} = \frac{1}{\nu}\left(\frac{đQ}{\mathrm{d}T}\right)_p \tag{7-8}$$

当系统经历一个准静态等容过程，系统温度由 T_1 升高到 T_2 时，由式(7-7)可得系统在该过程中从外界吸收的热量为

$$Q_V = \int đQ_V = \int_{T_1}^{T_2} \nu C_{V,\mathrm{m}} \mathrm{d}T$$

如果温度变化范围 $\Delta T = T_2 - T_1$ 不太大，则 $C_{V,\mathrm{m}}$ 与 $C_{p,\mathrm{m}}$ 为常量（以后若不作说明，则认为都满足该条件），则有

$$Q_V = \nu C_{V,\mathrm{m}}(T_2 - T_1) = \nu C_{V,\mathrm{m}}\Delta T \tag{7-9}$$

同理，如果系统经历一个准静态等压过程，系统温度由 T_1 升高到 T_2，则系统在该过程中从外界吸收的热量为

$$Q_p = \nu C_{p,\mathrm{m}}(T_2 - T_1) = \nu C_{p,\mathrm{m}}\Delta T \tag{7-10}$$

7.3 热力学第一定律

设一个热力学系统在某一变化过程中吸收的热量为 Q，热力学能增量为 ΔU，

同时对外做功 A，则

$$Q=\Delta U+A \tag{7-11}$$

这就是**热力学第一定律**。它表明：系统所吸收的热量一部分用来增加自身的热力学能，一部分用来对外做功。

关于热力学第一定律需要作以下几点说明：

1）定律中的 Q、A 和 ΔU 都是代数量，可正可负。$\Delta U>0$ 表明系统热力学能增加，$\Delta U<0$ 表明系统热力学能减少；$Q>0$ 表示系统从外界吸热，$Q<0$ 表示系统向外界放热；$A>0$ 表示系统对外做正功，$A<0$ 表示系统对外界做负功（或外界对系统做正功）。

2）热力学第一定律实质上就是包含热现象在内的能量守恒与转换定律，它适用于一切系统、一切过程。它是大量实验结果的总结，是一个经验定律。在实际计算中，由于非平衡态很难用少数几个状态参量表示，所以定律中只是要求初态和终态必须是平衡态。

3）若热力学系统经历一个无穷小的准静态过程，则热力学第一定律可写为

$$đQ=\mathrm{d}U+đA \tag{7-12}$$

若系统所经历的无摩擦准静态过程中只有体积功，则$đA=p\mathrm{d}V$，上式可改写为

$$đQ=\mathrm{d}U+p\mathrm{d}V \tag{7-13}$$

4）如果系统经过一系列变化又回到初始状态，这样的过程称为**循环过程**（简称循环）。对循环过程，系统的末了状态和初始状态一样，所以热力学能增量为零，因此有 $Q=A$，即循环过程中系统对外界所做的净功等于它从外界吸收的净热量。不吸热而对外做功的循环过程是不存在的。历史上，曾有人企图制成一种机器，工作物质经过循环过程不需吸热而对外做功，这种机器叫做第一类永动机。制造第一类永动机的所有尝试当然都以失败而告终，原因是它违背了热力学第一定律。所以，热力学第一定律又可以表述为“**第一类永动机不可能制成**”。

7.4 热力学第一定律对理想气体准静态过程的应用

在本节里，我们把热力学第一定律运用到理想气体这个模型上，推导出各种准静态热力学过程的过程方程、热力学能的增量 ΔU、气体对外界的功 A 和气体从外界吸收的热量 Q 等。常见的过程有等容过程、等压过程、等温过程和绝热过程。

7.4.1 等容过程 摩尔定容热容

等容过程的过程特点是气体的体积保持不变，即 $\mathrm{d}V=0$ 或 $V=$ 恒量。

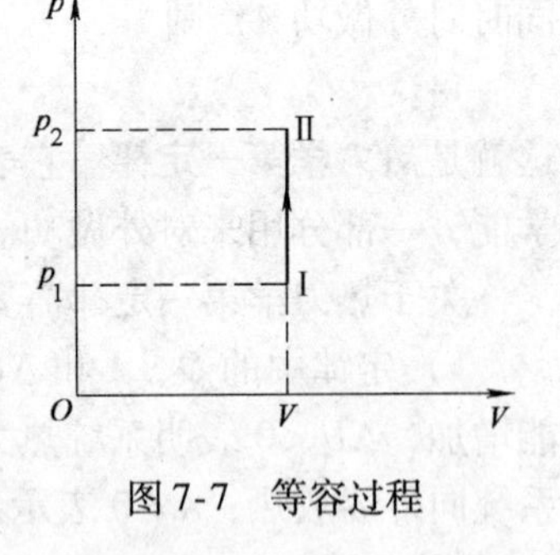

图 7-7 等容过程

等容过程的过程方程为$\frac{p}{T}$ = 恒量。其过程曲线为平行于 p 轴的直线，如图 7-7 所示。

等容过程 $dV=0$，因此 $A=0$，又 $\Delta U=\nu\frac{i}{2}R\Delta T$，应用热力学第一定律有

$$Q=\Delta U+A=\Delta U=\nu\frac{i}{2}R\Delta T=\frac{i}{2}V\Delta p \qquad (7\text{-}14)$$

因此，在等容过程中，压强增大时，系统从外界吸收的热量完全转化为系统的热力学能，使系统热力学能增加；压强减小时，系统热力学能减少，所减少的热力学能全部以热量的形式向外界放出。

结合式（7-14）和式（7-9），可得

$$Q=\Delta U=\nu C_{V,\mathrm{m}}\Delta T=\nu\frac{i}{2}R\Delta T \qquad (7\text{-}15)$$

由式（7-15）知，等容过程的摩尔定容热容为

$$C_{V,\mathrm{m}}=\frac{i}{2}R \qquad (7\text{-}16)$$

7.4.2 等压过程 摩尔定压热容

等压过程的过程特点是气体的压强保持不变，$dp=0$ 或 p = 恒量。

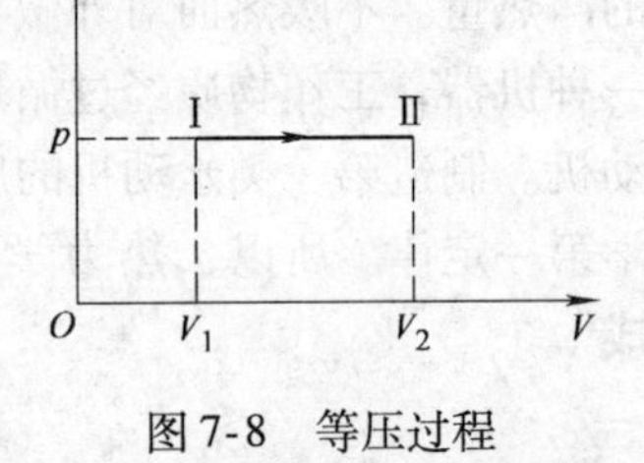

图 7-8 等压过程

等压过程的过程方程为$\frac{V}{T}$ = 恒量。其过程曲线为平行于 V 轴的直线，如图 7-8 所示。

等压过程中的热力学能增量为

$$\Delta U=\nu C_{V,\mathrm{m}}\Delta T=\nu\frac{i}{2}R(T_2-T_1)=\frac{i}{2}p(V_2-V_1) \qquad (7\text{-}17)$$

系统对外界做功

$$A=p(V_2-V_1)=\nu R(T_2-T_1) \qquad (7\text{-}18)$$

则由热力学第一定律知，系统从外界吸热为

$$Q=A+\Delta U=\nu\frac{i+2}{2}R(T_2-T_1)=\nu\frac{i+2}{2}R\Delta T=\frac{i+2}{2}p\Delta V \qquad (7\text{-}19)$$

因此，等压膨胀时，系统从外界吸收热量 Q，其中一部分用于增加系统的热力学能 ΔU，另一部分转化为系统对外所做的功 A。气体等压压缩时，外界对系统所做的功和系统所减少的热力学能一起以热量的形式向外界放出。

结合式（7-19）和式（7-10），可得

$$Q = \nu C_{p,\mathrm{m}} \Delta T = \nu \frac{i+2}{2} R \Delta T \tag{7-20}$$

由式（7-20）知，等压过程的摩尔定容热容为

$$C_{p,\mathrm{m}} = \frac{i+2}{2} R \tag{7-21}$$

由式（7-16）及式（7-21）得

$$C_{p,\mathrm{m}} = C_{V,\mathrm{m}} + R \tag{7-22}$$

式（7-22）称为**迈耶公式**，它给出了理想气体摩尔定容热容与摩尔定压热容的关系。迈耶公式指出：摩尔定压热容比摩尔定容热容大 R。也就是说，使 1mol 理想气体温度升高 1K 经过等压过程要比等容过程多吸收 8.31J 的热量，这一部分热量转化为等压过程中气体对外界所做的功。

理想气体的 $C_{p,\mathrm{m}}$ 与 $C_{V,\mathrm{m}}$ 的比值，叫做理想气体的**比热容比**（简称**比热比**），用 γ 表示。对刚性理想气体分子有

$$\gamma = \frac{C_{p,\mathrm{m}}}{C_{V,\mathrm{m}}} = \frac{i+2}{i} \tag{7-23}$$

对单原子分子，$\gamma = \frac{5}{3}$；对刚性双原子分子，$\gamma = \frac{7}{5}$；对刚性多原子分子，$\gamma = \frac{8}{6} = \frac{4}{3}$。

经典理论指出，理想气体的摩尔热容是不随温度变化的。但实验结论却告诉我们，摩尔热容是温度的函数，随着温度的改变而改变。问题的关键在于，经典理论认为粒子的能量是连续的，而实际上粒子的运动遵从量子力学规律，只有用量子的观点才能完满解释热容随温度的变化。

7.4.3　等温过程

等温过程的特征是系统的温度保持不变，即 $\mathrm{d}T = 0$ 或 $T =$ 恒量。

等温过程的过程方程为 $pV =$ 恒量。其过程曲线是双曲线的一个分支，如图 7-9 所示。

因为理想气体的热力学能只与温度有关，所以在等温过程中理想气体的热力学能不变，即 $\Delta U = 0$，根据热力学第一定律知 $Q = A$。

在等温过程中，气体对外界所做的功为

$$A = \int_{V_1}^{V_2} p \mathrm{d}V = \int_{V_1}^{V_2} \frac{\nu RT}{V} \mathrm{d}V = \nu RT \ln \frac{V_2}{V_1}$$

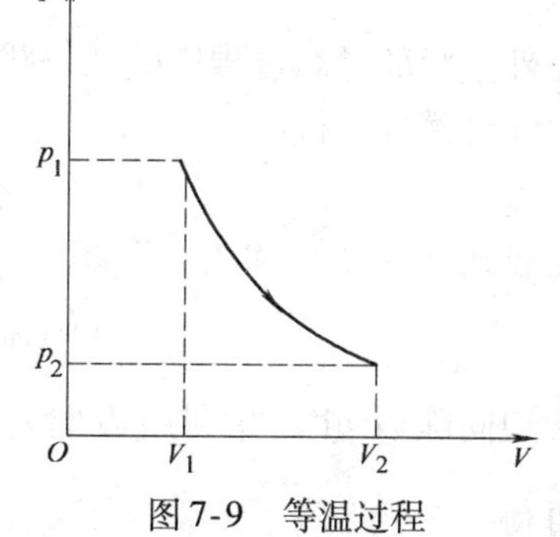

图 7-9　等温过程

因此

$$Q = A = \nu RT\ln\frac{V_2}{V_1} = \nu RT\ln\frac{p_1}{p_2} \tag{7-24}$$

在等温过程中，系统的热力学能保持不变。等温膨胀时，系统从外界吸收的热量全部用来对外做功；等温压缩时，外界对系统所做的功全部以热量的形式向外界放出。

等温过程中，无论吸收多少热量，系统的温度都不会升高，由 $C_{T,\mathrm{m}} = \frac{1}{\nu}\left(\frac{đQ}{\mathrm{d}T}\right)_T$ 知等温过程的摩尔热容 $C_{T,\mathrm{m}} = \infty$。

7.4.4 绝热过程

热力学中另一个重要的过程是绝热过程，在绝热过程中系统不与外界交换热量。

绝热过程是一个理想过程。如果实际过程与外界热交换很慢，则可近似为绝热过程。例如用绝热材料将容器与外界隔离，在容器内所进行的任何过程就可看做是绝热过程。另外，当实际过程进行得很快，系统来不及和外界交换热量时，系统内发生的过程也可近似为绝热过程。例如内燃机中气体点火后迅速膨胀的过程，声波传播时引起空气压缩和膨胀的过程等，都可认为是绝热过程。

绝热过程分为一般绝热过程和准静态绝热过程。注意过程进行的快慢是相对的。例如，内燃机中活塞压缩气缸的过程很快，系统来不及和外界交换热量，因此可认为是绝热过程；但是过程所经历的时间 Δt 远大于弛豫时间 τ，因此又可以认为是准静态过程。若不作说明，我们一般研究**准静态绝热过程**，简称绝热过程。

1. 绝热过程的过程方程

由于绝热过程中系统始终不与外界交换热量，因此 $đQ = 0$。应用热力学第一定律有 $đQ = \mathrm{d}U + đA = 0$，又 $\mathrm{d}U = \nu C_{V,\mathrm{m}}\mathrm{d}T$、$đA = p\mathrm{d}V$，所以

$$\nu C_{V,\mathrm{m}}\mathrm{d}T + p\mathrm{d}V = 0 \tag{7-25}$$

此外，对准静态过程中的任一状态，理想气体始终满足 $pV = \nu RT$，对状态方程两边同时微分，得

$$p\mathrm{d}V + V\mathrm{d}p = \nu R\mathrm{d}T \tag{7-26}$$

比较式（7-25）和式（7-26），消去 $\mathrm{d}T$ 得

$$(C_{V,\mathrm{m}} + R)p\mathrm{d}V + C_{V,\mathrm{m}}V\mathrm{d}p = 0$$

两边同除以 pV，并利用迈耶公式 $C_{V,\mathrm{m}} + R = C_{p,\mathrm{m}}$ 及比热容比定义式 $\gamma = \frac{C_{p,\mathrm{m}}}{C_{V,\mathrm{m}}}$，可得

$$\gamma\frac{\mathrm{d}V}{V}+\frac{\mathrm{d}p}{p}=0$$

因 $\gamma=\frac{C_{p,\mathrm{m}}}{C_{V,\mathrm{m}}}=\frac{i+2}{i}$为常量，对上式进行积分，则有 $\gamma\ln V+\ln p=\ln C_1$，即

$$pV^{\gamma}=C_1 \tag{7-27}$$

该式称为**泊松方程**，与理想气体的状态方程 $pV=\nu RT$ 相结合，容易推得

$$TV^{\gamma-1}=C_2 \tag{7-28}$$

$$p^{\gamma-1}T^{-\gamma}=C_3 \tag{7-29}$$

式中，C_1，C_2，C_3 均为常量。式（7-27）、式（7-28）和式（7-29）就是绝热过程的过程方程。

2. 绝热过程的过程曲线

根据式（7-27）可画出绝热过程的过程曲线。过程曲线上任一点的切线斜率为

$$\left(\frac{\mathrm{d}p}{\mathrm{d}V}\right)_Q=-\frac{\gamma p}{V}$$

由等温过程的过程方程 $pV=C$ 可以得到等温线上任一点的切线斜率为

$$\left(\frac{\mathrm{d}p}{\mathrm{d}V}\right)_T=-\frac{p}{V}$$

因为 $\gamma>1$，显然，在等温线与绝热线的交点处 $\left|\frac{\mathrm{d}p}{\mathrm{d}V}\right|_T<\left|\frac{\mathrm{d}p}{\mathrm{d}V}\right|_Q$，所以绝热线比等温线更陡些，如图 7-10 所示。

由热力学第一定律也可以解释这一结论：绝热膨胀过程中系统不吸热，系统对外做功必然以降低自身的热力学能为代价，所以温度要降低。如图 7-10 所示，由相同的初态 A 分别经历等温过程和绝热过程膨胀到相同的体积 V_2，绝热过程末态的温度要比等温过程末态的温度低，因此，绝热线要比等温线更陡。

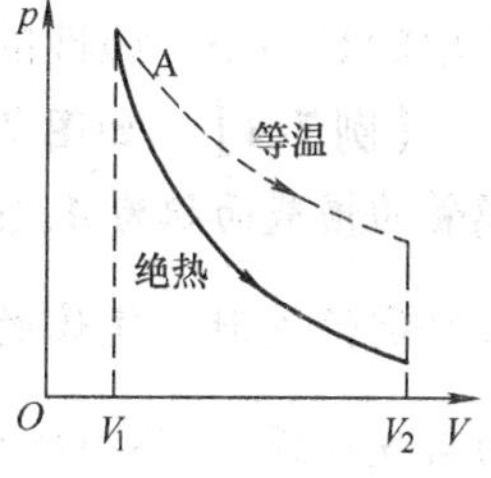

图 7-10　绝热线与等温线斜率比较

3. 热力学第一定律在绝热过程中的应用

绝热过程中，$Q=0$，则由热力学第一定律知 $A=-\Delta U$，且

$$\Delta U=\nu C_{V,\mathrm{m}}\Delta T=\nu\frac{i}{2}R\Delta T=\frac{i}{2}\Delta(pV) \tag{7-30}$$

所以

$$A=-\nu C_{V,\mathrm{m}}\Delta T=-\nu\frac{i}{2}R\Delta T=-\frac{i}{2}\Delta(pV) \tag{7-31}$$

绝热过程系统与外界没有热交换，因此绝热过程的摩尔热容 $C_{Q,\mathrm{m}}=0$。

我们还可以用准静态过程功的定义式求绝热过程中系统对外做的功，即

$$A=\int_{V_1}^{V_2}p\mathrm{d}V=\int_{V_1}^{V_2}\frac{C}{V^{\gamma}}\mathrm{d}V=C\left.\frac{V^{1-\gamma}}{1-\gamma}\right|_{V_1}^{V_2}=\frac{C}{1-\gamma}(V_2^{1-\gamma}-V_1^{1-\gamma})$$

将 $C=p_1V_1^{\gamma}=p_2V_2^{\gamma}$ 代入上式，则有

$$A=\frac{1}{1-\gamma}(p_2V_2^{\gamma}V_2^{1-\gamma}-p_1V_1^{\gamma}V_1^{1-\gamma})=\frac{1}{1-\gamma}(p_2V_2-p_1V_1)$$

应用理想气体的状态方程后可得

$$A=\frac{1}{1-\gamma}(p_2V_2-p_1V_1)=\frac{1}{1-\gamma}\nu R(T_2-T_1) \tag{7-32}$$

将 $\gamma=\frac{i+2}{i}$ 代入式（7-32），则

$$A=\frac{1}{1-\frac{i+2}{i}}\nu R(T_2-T_1)=-\frac{i}{2}\nu R\Delta T$$

与前面计算的结果相同。将式（7-32）与式（7-31）比较可得

$$C_{V,\mathrm{m}}=\frac{R}{\gamma-1} \tag{7-33}$$

从而

$$C_{p,\mathrm{m}}=\gamma C_{V,\mathrm{m}}=\gamma\frac{R}{\gamma-1} \tag{7-34}$$

式（7-33）和式（7-34）虽然是由刚性理想气体分子模型得出的，但它们给出的是一个一般性的结论。我们通过测量 γ，就可以求出气体的 $C_{V,\mathrm{m}}$ 和 $C_{p,\mathrm{m}}$。

【例 7-1】 如图 7-11 所示，瓶内盛有一定量气体，玻璃管的横截面积为 A，管内放有一质量为 m 的小球。设小球在平衡位置时，气体的体积为 V_1、压强为 $p_1=p_0+\frac{mg}{A}$（p_0 为大气压强）。将小球稍向下移，然后放手，则小球以周期 T 在平衡位置附近作简谐振动。假定在小球的振动过程中，瓶内气体进行的过程可以看作准静态绝热过程，试证明：

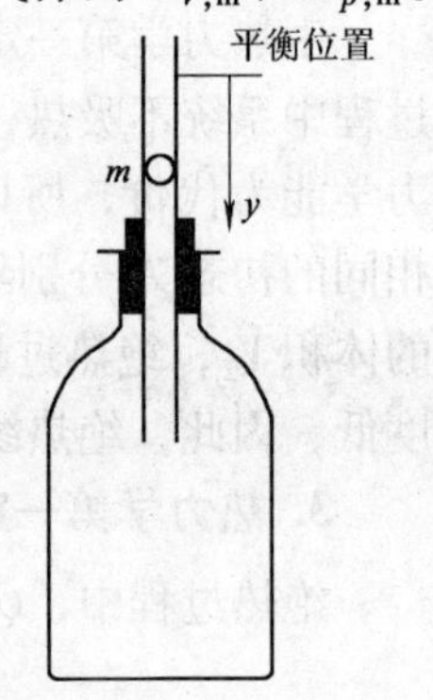

图 7-11 例 7-1 图

（1）使小球进行简谐振动的准弹性力为

$$F=-\frac{\gamma p_1A^2}{V_1}y$$

（2）小球进行简谐振动的周期为

$$T=2\pi\sqrt{\frac{mV_1}{\gamma p_1A^2}}$$

（3）由此说明如何利用该现象测定 γ。

【解】 (1) 平衡位置处

$$p_1A = p_0A + mg$$

设小球位于任意位置时气体的压强 $p = p_1 + dp$、体积为 V，则小球所受合力为

$$F = (p_0A + mg) - pA = p_1A - (p_1 + dp)A = -Adp$$

因为 $pV^{\gamma} = C$，所以

$$\ln p + \gamma \ln V = \ln C$$

两边微分，得

$$\frac{dp}{p} + \gamma \frac{dV}{V} = 0$$

又 $dV = -Ay$，则有

$$dp = -\frac{\gamma p}{V}dV \approx \frac{A\gamma p_1}{V_1}y$$

所以，使小球进行简谐振动的准弹性力

$$F = -Adp \approx -\frac{\gamma p_1 A^2}{V_1}y$$

(2) 因为 $F = -\frac{\gamma p_1 A^2}{V_1}y = -ky$，所以

$$T = 2\pi\sqrt{\frac{m}{k}} = 2\pi\sqrt{\frac{mV_1}{\gamma p_1 A^2}}$$

(3) 由上式可得

$$\gamma = \frac{4\pi^2 mV_1}{A^2 p_1 T^2}$$

因此，由实验测得周期 T 即可求出 γ。

【例7-2】 1mol 氮气，压强为 1atm，体积为 10l。将气体在定压下加热，直到体积增大一倍，然后在定容下加热，使压强增大一倍，最后做绝热膨胀，使其温度降至初始时的温度为止。试求整个过程中气体热力学能的增量、气体对外做的功及系统从外界吸收的热量。

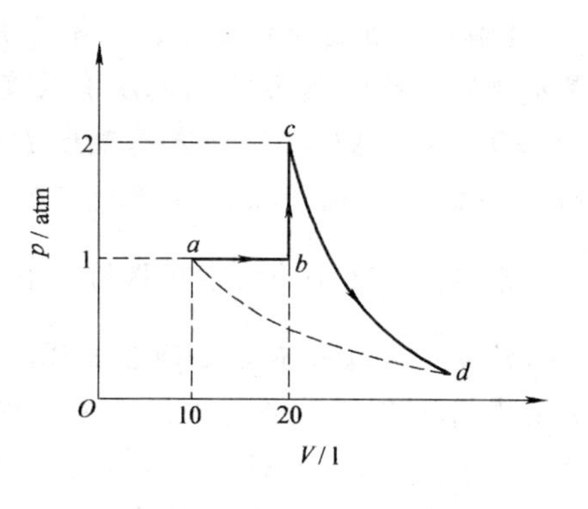

图7-12 例7-2图

【解】 过程的 $p-V$ 图如图7-12所示。由于始末状态的温度相等，所以整个过程的热力学能增量为零，即 $\Delta U = 0$。

设 ab，bc 和 cd 各过程中系统吸收的热量分别为 Q_{ab}、Q_{bc} 和 Q_{cd}，则

$$Q_{ab}=\nu C_{p,\mathrm{m}}(T_b-T_a)=\nu\frac{i+2}{2}R(T_b-T_a)=\frac{i+2}{2}(p_bV_b-p_aV_a)=35\mathrm{atm}\cdot\mathrm{l}$$

$$Q_{bc}=\nu C_{V,\mathrm{m}}(T_c-T_b)=\nu\frac{i}{2}R(T_c-T_b)=\frac{i}{2}(p_cV_c-p_bV_b)=50\mathrm{atm}\cdot\mathrm{l}$$

$$Q_{cd}=0$$

所以整个过程系统从外界吸收的热量为

$$Q=Q_{ab}+Q_{bc}+Q_{cd}=85\mathrm{atm}\cdot\mathrm{l}$$

由热力学第一定律知，整个过程气体对外做的功为

$$A=Q-\Delta U=85\mathrm{atm}\cdot\mathrm{l}$$

本题也可先求出 ab、bc 和 cd 各过程中系统对外界所做的功 A_{ab}，A_{bc} 和 A_{cd}，即

$$A_{ab}=p_a(V_b-V_a)=1\times(20-10)\mathrm{atm}\cdot\mathrm{l}=10\mathrm{atm}\cdot\mathrm{l}$$

$$A_{bc}=0$$

$$A_{cd}=-\frac{i}{2}(p_dV_d-p_cV_c)=-\frac{i}{2}(p_aV_a-p_cV_c)$$

$$=-\frac{5}{2}(1\times10-2\times20)\mathrm{atm}\cdot\mathrm{l}=75\mathrm{atm}\cdot\mathrm{l}$$

所以整个过程气体对外做的功为

$$A=A_{ab}+A_{bc}+A_{cd}=85\mathrm{atm}\cdot\mathrm{l}$$

系统从外界吸收的热量为

$$Q=A+\Delta U=85\mathrm{atm}\cdot\mathrm{l}$$

【例7-3】 如图7-13所示，把一绝热容器分成相同的两部分，一边装有压强为 p 的气体，另一边抽成真空。若将隔板突然抽去，气体将充满整个容器，并很快达到新的平衡态，这个过程称为**理想气体的绝热自由膨胀过程**。求末态气体压强。

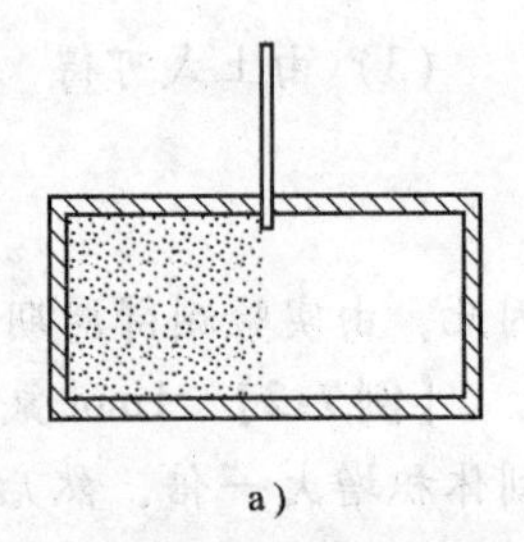

a）

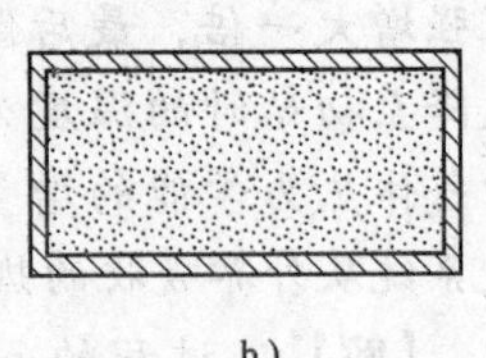

b）

图7-13 例7-3图

【解】 在这个过程中，气体没有对外做功，且过程是绝热的，所以热力学能也没有改变，即 $A=0$，$Q=0$，$\Delta U=0$，从而 $\Delta T=0$，即末态温度 T' 与初态温度 T 相等。由 $P=nkT$ 知，因为末态分子数密度比初态减小了一倍，因此末态压强减小为初态压强的一半，$p'=\frac{1}{2}p$。

注意：此过程不是准静态过程。尽管 $Q=0$，因为过程的中间状态不是平衡态，绝热过程的过程方程不再成立。尽管 $T'=T$，该过程也不是等温过程，等温过程的过程方程也不成立。

表7-1列出了理想气体准静态过程中的各种公式以备查用。由于热力学能是

状态量，与具体过程无关，所以在任何过程中热力学能的变化均可用

$$\Delta U=\nu C_{V,\mathrm{m}}\ (T_2-T_1)\ =\nu\frac{i}{2}R\ (T_2-T_1)$$

求出，表中不再列出。

表7-1　理想气体准静态过程的主要公式

过程	过程方程	系统对外界做功 A	系统吸收热量 Q	摩尔热容量
等容	$p/T=$常量	0	$\nu C_{V,\mathrm{m}}(T_2-T_1)$	$\frac{i}{2}R$
等压	$V/T=$常量	$P(V_2-V_1)=\nu R(T_2-T_1)$	$\nu C_{p,\mathrm{m}}(T_2-T_1)$	$\frac{i+2}{2}R$
等温	$pV=$常量	$\nu RT\ln\frac{V_2}{V_1}=\nu RT\ln\frac{p_1}{p_2}$	$\nu RT\ln\frac{V_2}{V_1}=\nu RT\ln\frac{p_1}{p_2}$	∞
绝热	$pV^{\gamma}=$常量 $TV^{\gamma-1}=$常量 $p^{\gamma-1}T^{-\gamma}=$常量	$-\frac{i}{2}\nu R(T_2-T_1)$ $=-\frac{i}{2}(p_2V_2-p_2V_1)$	0	0

7.5　循环过程

人们研究热力学的目的之一，就是利用它的基本原理，制造一种能对外做功的机器——热机。热力学系统对外做功是通过气体体积的膨胀来实现的，但实际上体积的膨胀是有限的，因此利用单调的体积膨胀不可能达到持续做功的目的，于是人们就利用了循环过程。热机的发明和使用，就是与循环过程紧密相关的。对循环过程的研究，既是热力学第一定律的应用，又为热力学第二定律的建立提供了依据，具有重要的意义。

7.5.1　循环过程及热机效率

系统从某一初态出发，经过一系列状态变化，最后又回到原来出发时的状态，这样的过程叫**循环过程**，简称循环。循环工作的物质系统叫工作物质，简称工质。

由于工质的热力学能是状态函数，工质经历一个循环过程回到原始状态时，热力学能没有改变，所以循环过程的重要特征是 $\Delta U=0$。准静态循环过程在 $p-V$ 图上对应一条闭合曲线，图7-14就表示了一个循环过程，其中箭头表示过程进行的方向。在 $p-V$ 图上，按顺时针方向进行的循环过程称为**正循环**；按逆时针方向进行的循环过程

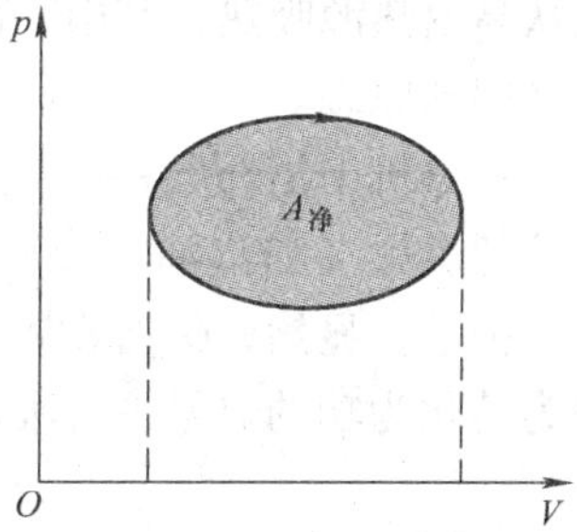

图7-14　循环过程

称为**逆循环**。对正循环，系统对外界所做的净功 $A_{净}$ 大于零，其大小等于曲线所包围的面积，如图 7-14 所示。这样就从理论上给出了制造热机的可能。

热机就是利用热能做功的机械。17 世纪末发明了巴本锅和蒸汽泵，18 世纪末瓦特完善了蒸汽机，使之真正成为动力。

在实际热机中，传给工质的能量大多数是燃料在燃烧过程中释放出来的化学能，按燃烧过程所在的部位，热机基本可分为两类：燃料的燃烧过程和对工质的加热过程都是在汽缸外进行的热机称为外燃机，如蒸汽机和汽轮机；燃料的燃烧过程直接在气缸内进行的热机称为内燃机（其燃烧气体的温度较蒸汽高，所以效率较高），如汽油机和柴油机。我们以汽轮机为例说明一部热机的组成，如图 7-15 所示：

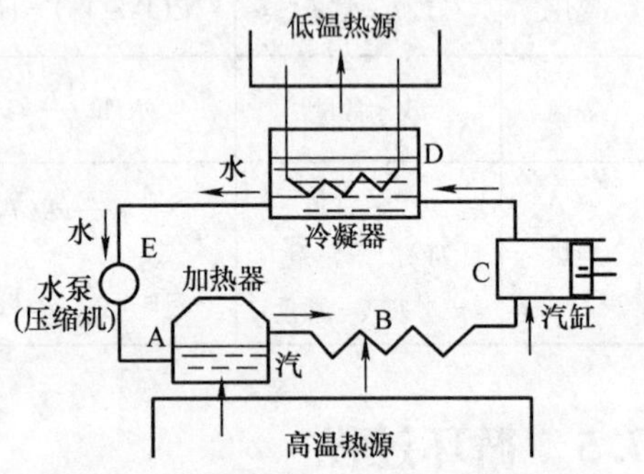

图 7-15 汽轮机工作过程示意图

1）加热器，也叫锅炉。其中装水或其他流体，由燃料燃烧、其他供热装置或原子核反应堆从外部加热。

2）汽缸就是膨胀做功的部分，在汽轮机里蒸汽冲击轮机叶片带动机轴对外做功。

3）冷凝器，使流体在其中冷却向外界放热。在汽轮机的冷凝器中，蒸汽将凝结为水。冷凝器从外部冷却，一般用循环水带去废热。

4）压缩机，在汽轮机里就是馈水装置（水泵）。它将冷却后的流体重新送入加热器。

综上所述，热机由以下几个部分组成：工质、两个以上温度不同的热源和做功机械。

由 $Q=A+\Delta U=A$ 知，系统经过正循环过程后，总体上是吸热的。这并不是说，对循环过程的每一分过程都吸热，而是有时吸热，有时放热，总的吸热大于放热。用 $Q_{吸}$ 表示总吸热，用 $Q_{放}$ 表示总共放出热量的多少，则循环过程中净吸热为 $Q_{净}=Q_{吸}-Q_{放}$，所以有 $A_{净}=Q_{吸}-Q_{放}$。由此可见，对一个正循环过程，工质从高温热源吸热，其中一部分用来对外做功，一部分释放到低温热源，最后工质又回到原态。

在热机中消耗燃料使工质吸收热量，从而对外做功。工质吸收的热量 $Q_{吸}$ 是靠消耗燃料（如汽油、柴油以及固体燃料等）获得的，而放出的热量 $Q_{放}$ 一般散失掉了。显然，$Q_{吸}$ 越少、$A_{净}$ 越多，热机的性能就越好。定义**热机的循环效率**为转化为功的热量占总吸热的百分比，即热机效率

$$\eta=\frac{A_{净}}{Q_{吸}}=1-\frac{Q_{放}}{Q_{吸}} \tag{7-35}$$

7.5.2　卡诺循环及其效率

19 世纪初，热机的效率还很低，不足 5%。许多人认识到为了提高热机效率，除了要对热机的结构进行改进（如减少漏热、漏气、摩擦等）外，还必须从理论上进行研究，其中的代表人物是法国工程师卡诺。卡诺在 1824 年发表了《论火的动力》一文，其中研究了一种理想热机（卡诺热机），并证明它具有最高的效率，从而为提高热机的效率指明了方向，同时为热力学第二定律的建立打下了基础。

卡诺循环是由两个等温过程和两个绝热过程组成的循环，如图 7-16 所示。卡诺热机进行的循环为正循环，工作物质工作于两个恒定的热源之间，它从高温热源（温度为 T_1）吸热，向低温热源（温度为 T_2）放热。现在我们来研究以理想气体为工作物质的卡诺热机的效率。

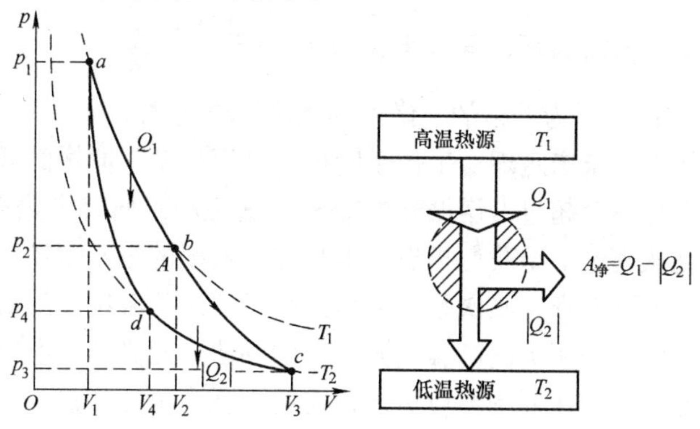

图 7-16　卡诺循环的 $p-V$ 图及工作示意图

利用式（7-35）求卡诺循环的效率，首先应判断哪些过程是吸热过程，哪些过程是放热过程，求出 $Q_{吸}$ 和 $Q_{放}$，然后利用过程方程进行状态参量的变换，将结果化简为最简形式。

对 ab 过程，工作物质从外界吸热

$$Q_{吸} = Q_1 = \nu R T_1 \ln \frac{V_2}{V_1}$$

对 cd 过程，工作物质向外放热

$$Q_{放} = |Q_2| = \nu R T_2 \ln \frac{V_3}{V_4}$$

所以卡诺循环的效率

$$\eta_c = 1 - \frac{Q_{放}}{Q_{吸}} = 1 - \frac{T_2}{T_1} \frac{\ln \frac{V_3}{V_4}}{\ln \frac{V_2}{V_1}} \tag{7-36}$$

因为 bc，da 过程是绝热过程，由式（7-28）有

$$T_1V_2^{\gamma-1}=T_2V_3^{\gamma-1}, \quad T_1V_1^{\gamma-1}=T_2V_4^{\gamma-1}$$

两式相除，得

$$\frac{V_2}{V_1}=\frac{V_3}{V_4}$$

代入式（7-36），得

$$\eta_c=1-\frac{T_2}{T_1} \tag{7-37}$$

由此可见，卡诺循环的效率与 $p-V$ 图上循环所包围的面积无关，只与两个热源温度之比有关。T_2 与 T_1 之比越小，η_c 就越大，但是它总小于 1。现在热电厂中，高温热源是水蒸气，温度高达 580℃，低温热源是冷凝水，温度大约为 30℃。若该循环为卡诺循环，其效率为 $\eta=1-\frac{273+30}{273+580}\approx 64.5\%$，但实际效率只有 25% 左右，这是因为严格的卡诺循环是不可能实现的。

可以证明如下的**卡诺定理**：工作于同样的高温热源与同样的低温热源之间的一切热机的效率都不会超过卡诺循环的效率。这说明了研究卡诺循环的重要性，卡诺循环的研究从理论上给我们指出了提高热机效率的根本途径：首先是使循环尽可能地接近于卡诺循环，其次是尽量提高高温热源的温度、降低低温热源的温度。实际中，人们是采用提高高温热源温度的办法来提高热机的效率，因为若将低温热源的温度降低到比周围环境更低，需要消耗大量的能量。

7.5.3 内燃机的效率

1. 汽油机的效率

德国工程师奥托于 1876 年设计了一种四冲程火花点燃式内燃机，整个循环可以分为四个冲程。它实际上进行的过程如下：先将空气和汽油的混合气吸入气缸，然后急速压缩气缸（该过程可以视为绝热压缩过程）；压缩至混合气的体积最小时用电火花点火引燃，气体迅速燃烧，其压强和温度骤然上升，由于燃烧非常迅速，活塞移动的距离极小，所以这一瞬间的变化可以看成是等容吸热过程；接着高压气体推动活塞对外做功，气体膨胀而降压降温，这一过程可近似认为是绝热膨胀过程。做功后的废气被排出气缸，然后再吸入新的混合气（可视为等容过程）进行下一个循环。

如上所述，内燃机的工作过程并不是严格的闭合循环，因为在吸气、排气过程中，工作物质不是定量气体，而且由于在燃烧过程中工作物质的化学成分也发生了变化，系统不能完全回到初始状态。为了便于理论上的分析，可以近似地假定气缸中工作物质的成分不变（工作物质的 80% 左右是氮，它不参加燃烧，因

而化学成分不变)，而将气缸内部工作物质的燃烧过程看做是从气缸外部向工作物质加热的过程。同时，由于进气、排气过程的功互相抵消，所以可认为工作循环既不进气也不排气，而是封闭在气缸中的定量气体不断地进行循环。这就是汽油机的循环理论，也叫定体加热循环或**奥托循环**。

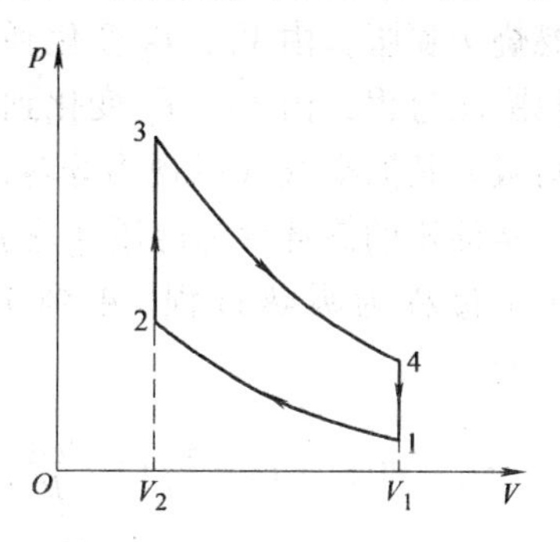

图7-17 奥托循环

综上所述，奥托循环是由两个绝热过程和两个等容过程组成的循环，如图7-17所示。系统在2到3过程吸热，在4到1过程放热。设状态1、2、3、4的温度分别为T_1、T_2、T_3、T_4，则

$Q_{吸}=\nu C_{V,\mathrm{m}}(T_3-T_2)$，$Q_{放}=\nu C_{V,\mathrm{m}}(T_4-T_1)$

汽油机效率为

$$\eta=1-\frac{Q_{放}}{Q_{吸}}=1-\frac{T_4-T_1}{T_3-T_2}$$

因为$T_3V_2^{\gamma-1}=T_4V_1^{\gamma-1}$，$T_2V_2^{\gamma-1}=T_1V_1^{\gamma-1}$，所以

$$(T_3-T_2)V_2^{\gamma-1}=(T_4-T_1)V_1^{\gamma-1}$$

从而

$$\frac{T_4-T_1}{T_3-T_2}=\left(\frac{V_2}{V_1}\right)^{\gamma-1}$$

故有

$$\eta=1-\left(\frac{V_2}{V_1}\right)^{\gamma-1}$$

我们将$r=\dfrac{V_1}{V_2}$称为绝热压缩比，则

$$\eta=1-\frac{1}{r^{\gamma-1}} \tag{7-38}$$

由此可见，这种循环的效率完全由绝热压缩比r决定，并随着r的增大而增大。因此，提高汽油机效率的重要途径之一是提高绝热压缩比。但压缩比增加得太大就会使汽油与空气的混合物密度过大，燃烧会过于猛烈，从而对气缸和活塞施以极大的冲击力，产生爆燃现象。这就不能保证热机平稳地燃烧，并会增大机件的磨损，并且随着爆燃的产生，功率也显著降低。因此，普通汽油机采用的绝热压缩比一般为5~7，最大不超过10。

2. 柴油机的效率

柴油机与汽油机不同，它吸入的不是混合气而是空气，燃料的燃烧也不是靠电火花点燃而是靠压燃。现将各分过程说明如下：先将空气吸入气缸，然后空气

被绝热压缩，体积由 V_1 变到 V_2，温度由 T_1 升到足够高的 T_2。这时高压柴油从喷油嘴以雾状射入气缸，由于压缩气体的温度足够高，喷入的柴油便自行燃烧，边燃烧边膨胀，由 V_2、T_2 变化到 V_3、T_3，近似于一个等压膨胀过程。然后经历绝热膨胀过程，由 V_3、T_3 变化到 V_1、T_4。最后打开排气阀将废气排出气缸，然后再吸入新的空气（可视为等容过程），进行下一个循环。

柴油机的循环称为定压加热循环或**狄塞尔循环**，其循环过程如图 7-18 所示。2 到 3 过程为吸热过程，4 到 1 过程为放热过程，有

$$Q_{吸}=\nu C_{p,\mathrm{m}}(T_3-T_2)=\frac{C_{p,\mathrm{m}}}{R}p_2(V_3-V_2)$$

$$Q_{放}=\nu C_{V,\mathrm{m}}(T_4-T_1)=\frac{C_{V,\mathrm{m}}}{R}(p_4-p_1)V_1$$

于是

$$\eta=1-\frac{Q_{放}}{Q_{吸}}=1-\frac{C_{V,\mathrm{m}}}{C_{p,\mathrm{m}}}\frac{p_4-p_1}{p_2}\frac{V_1}{V_3-V_2} \quad (7\text{-}39)$$

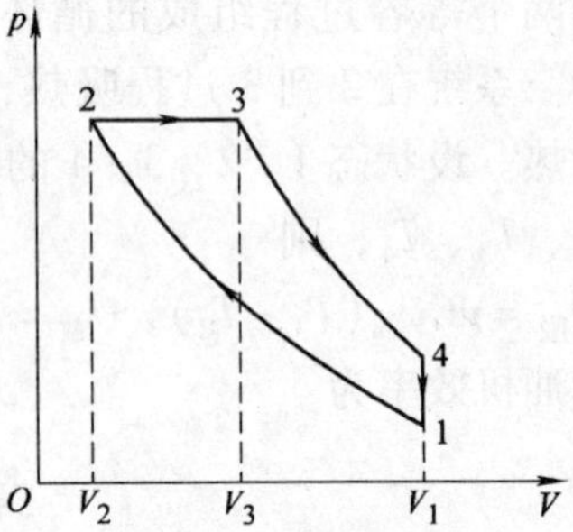

图 7-18 狄塞尔循环

因为 $p_2V_2^{\gamma}=p_1V_1^{\gamma}$，$p_2V_3^{\gamma}=p_4V_1^{\gamma}$，两式相减有

$$p_2(V_3^{\gamma}-V_2^{\gamma})=(p_4-p_1)V_1^{\gamma}$$

从而

$$\frac{p_4-p_1}{p_2}=\frac{V_3^{\gamma}-V_2^{\gamma}}{V_1^{\gamma}} \quad (7\text{-}40)$$

将式（7-40）代入式（7-39），得

$$\eta=1-\frac{1}{\gamma}\frac{V_3^{\gamma}-V_2^{\gamma}}{V_1^{\gamma}}\frac{V_1}{V_3-V_2}=1-\frac{1}{\gamma}\frac{1}{\left(\frac{V_1}{V_2}\right)^{\gamma-1}}\frac{\left(\frac{V_3}{V_2}\right)^{\gamma}-1}{\frac{V_3}{V_2}-1} \quad (7\text{-}41)$$

令 $\rho=\frac{V_3}{V_2}$，称为等压膨胀比；$\varepsilon=\frac{V_1}{V_2}$，称为绝热压缩比。则

$$\eta=1-\frac{1}{\gamma}\cdot\frac{1}{\varepsilon^{\gamma-1}}\cdot\frac{\rho^{\gamma}-1}{\rho-1} \quad (7\text{-}42)$$

由这个结果可知，柴油机的绝热压缩比 ε 越大，效率越高。由于柴油机中没有爆燃现象，所以压缩比可以充分提高，但 ε 也不宜太大，不然就要把机件做得很粗重才能承受压缩终了时的压强，使机器十分笨重。通常柴油机的绝热压缩比限制在 12 ~20，这已使它的效率比汽油机高了。

汽油机和柴油机各有其特点。柴油机可获得大功率（常应用于拖拉机、坦克、船舶等），但噪声大；汽油机功率小，但气缸运动平稳，噪声小（常应用于

汽车、飞机等)。

7.5.4　逆循环　制冷机

1. 制冷循环和制冷系数

逆循环的功能转换关系和正循环刚好相反。对逆循环来说，外界对系统做功，工作物质从低温热源吸热，向高温热源放热，这就是制冷机的原理，其工作示意图如图7-19所示。

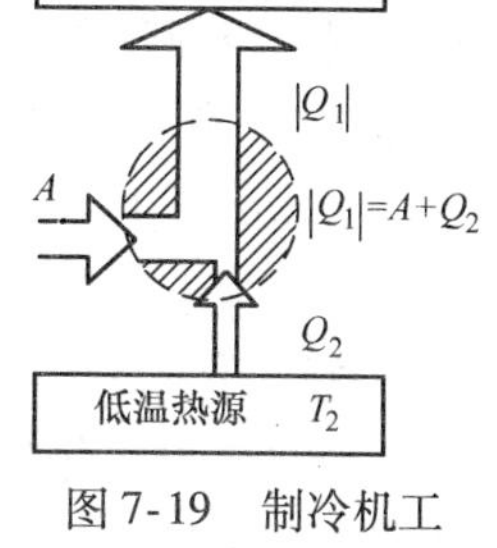

图7-19　制冷机工作示意图

对制冷机，我们希望它从低温热源吸收的热量 Q_2 多一些，消耗外界的功 A 少一些，这样，制冷机的性能就好一些。定义制冷机的**制冷系数**为

$$w=\frac{Q_2}{A}=\frac{Q_2}{|Q_1|-Q_2} \tag{7-43}$$

式中，$|Q_1|$为放出热量的绝对值。

2. 卡诺制冷机的制冷系数

逆时针的卡诺循环就是卡诺制冷机的循环。对卡诺制冷机有

$$w=\frac{Q_2}{|Q_1|-Q_2}=\frac{T_2}{T_1-T_2} \tag{7-44}$$

式中，T_1 和 T_2 分别为高、低温热源的热力学温度。

热机的效率总是小于1，而制冷机的制冷系数往往大于1。如将家用电冰箱视为卡诺制冷机，保持冰箱内温度为270K，假定冰箱外温度为300K，则 $w=9$。这就是说，消耗1J的功可以从低温热源中吸取9J的热量，实际制冷机的制冷系数远远小于这个结果。

3. 蒸汽压缩式制冷机

制冷循环中的工作物质叫做制冷剂，蒸汽压缩式制冷机是通过制冷剂物理状态的变化来传递能量的。理想的制冷剂应当是沸点低、汽化热大、蒸汽比容（单位质量物质的体积）小、不易燃、不易爆、无毒、无腐蚀性。但样样如意的制冷剂很难找到，只能是根据不同情况在主要方面符合需要。冷库用的制冷机应用最广的制冷剂是氨（NH_3，沸点为 -33.5℃，汽化热1366kJ/kg，有毒）；在冰箱与空调中氟里昂曾几乎一统天下，尤以氟里昂12(CF_2Cl_2，沸点为 -29.8℃，汽化热165kJ/kg）及氟里昂22(CHF_2Cl，沸点为 -40.8℃，汽化热234kJ/kg）为传统制冷剂。氟里昂这类氯氟烃化合物虽在大气的对流层中极为稳定，可以存在百年之上，但扩散到平流层便会在太阳紫外线辐射的作用下光致离解，放出氯自由基，是破坏大气臭氧层的元凶。臭氧层能强烈吸收紫外线，使来自太阳的紫外辐射只有不足1%到达地面，这就保护了地球上的人类和其他生物不被太阳紫外辐射所伤害，所以臭氧层有地球“保护伞”之称。然而人类近代的一些活动严重地破坏了这一

“保护伞”，因此，要从根本上限制氟氯烃化合物的生产和使用。1987 年 23 个国家在加拿大蒙特利尔签订了《蒙特利尔议定书》，还将议定书签字日（9 月 16 日）定为“国际保护臭氧层日”。《蒙特利尔议定书》要求发达国家从 1996 年起停止使用氟里昂，而发展中国家禁止使用氟里昂的时限是 2010 年。目前，国际上公认的氟里昂最佳替代物以 R134a（CH_2FCF_3）为主，还有 R600a（C_4H_{10}，异丁烷）。我们时常听到厂家和商家推销“无氟”冰箱，但除非是用碳氢化合物（如 R600a）做制冷剂，否则所谓“无氟”，其实并没有做到不含氟元素。

图 7-20 所示是氨蒸气压缩制冷冰箱的工作原理示意图。经压缩机压缩的氨蒸气压强可达 8.74atm，通入冷凝器。冷凝器与作为高温热源的大气相接触，温度为室温，这已低于高压氨的沸点，所以高压氨蒸气在冷凝器中冷凝并放出汽化热，也就是氨气向高温热源放热成为液态氨，然后流经储液器通过节流阀降压到 3atm、降温到 -10℃左右再进入蒸发器。蒸发器与低温热源（即冷冻室）相接触，低压的液氨在蒸发器中汽化，并从冷冻室中吸收大量汽化热，从而使冷冻室的温度降低。

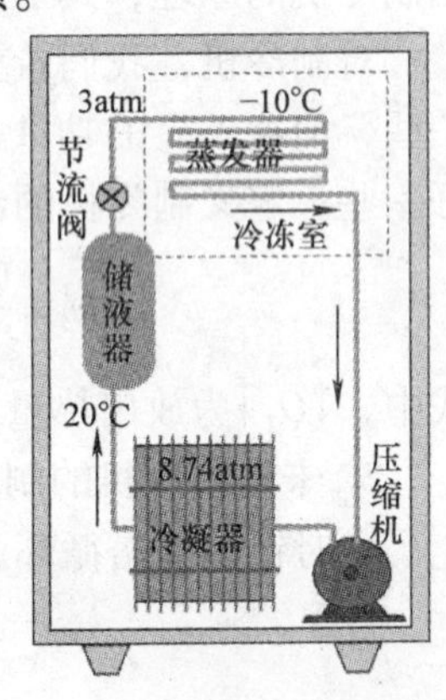

图 7-20 电冰箱工作示意图

制冷机实质上就是热泵，它的作用就是把热量由低温物体抽到高温物体。因此，制冷机不仅可用来降低温度，也可用来升高温度。例如空调机就是一台制冷机，借助一只四通阀控制热量的传递方向。夏天，室内就是它的低温热源，室外是它的高温热源，空调不断地将热量由室内抽向室外；冬天则反过来，室内就是空调机的高温热源，而室外则是它的低温热源，空调不断地将热量由室外抽向室内。热泵的取暖效率比电加热器高得多，因为电加热器取暖是电功直接转变为热，而热泵同样用这些电功输给一台制冷机，除了电功转变为热以外，还从低温热源吸取一部分热量来供热。设制冷机在每一循环中从低温热源吸取的热量为 Q_2，外界对制冷机所做的功为 A，若制冷机的制冷系数为 ω，则室内得到的热量 $|Q_1| = Q_2 + A = (\omega+1)A$，它表示室内获得的热量是外界所做功 A 的 $(\omega+1)$ 倍。因此，用一台冷暖空调比夏季用单冷空调，冬季用电取暖器经济得多。目前市场上备受青睐的空气能热水器也是利用热泵原理从周围环境中吸取热量并把它传递给被加热的对象（高温水箱），空气能热水器一年 365 天全天候运转，是不受天气影响的安全节能环保型热水器。

7.6 热力学第二定律

热力学第一定律给出各种形式的能量在相互转化过程中必须满足能量守恒，

对过程进行的方向并没有给出任何限制。那么满足热力学第一定律的过程都能实现吗？这一问题的解决推动了热力学第二定律的建立。热力学第二定律是独立于热力学第一定律的另一条反映自然界热现象规律的基本定律。

7.6.1　可逆过程与不可逆过程

1. 自然过程的方向性

自然过程是指在不受外来干预的条件下所进行的过程。在热力学中，所谓过程的方向，总是指自然过程的方向。下面我们看几个例子。

（1）功热转换：首先来看焦耳实验，如图7-3a所示。在该实验中，重物可以自动下落，使叶片在水中转动，叶片和水相互摩擦而使水温上升，这是功变热的过程。与此相反的过程，即水温自动降低，产生水流，推动叶片转动，带动重物上升的过程，是不可能发生的。这个事实说明功可以自动地完全地转化为热，而热不可能自动地完全地转为功，即功热转换具有方向性。

（2）热传导：两个温度不同的物体相互接触时，热量总是自动地从高温物体传到低温物体，而不会自动地从低温物体传到高温物体，使高温物体的温度越来越高，低温物体温度越来越低，虽然热量从低温物体传到高温物体的过程也不违反热力学第一定律。这说明热传导过程也具有方向性。

这里“自动地”几个字是一个关键词，意思是不需要消耗外界能量，热量可直接从低温物体传向高温物体，这是不可能的。热量从低温物体传向高温物体的过程在实际中是有的，如制冷机，但制冷机是要通过外界做功才能把热量从低温热源传向高温热源。

（3）气体的绝热自由膨胀：如图7-13所示，当绝热容器中的隔板被抽去的瞬间，气体都聚集在容器的左半部，这是一种非平衡态。此后气体将自动地迅速膨胀充满整个容器，最后达到新的平衡。而相反的过程，充满容器的气体自动地收缩到只占原体积的一半，而另一半变为真空，这样的过程是不可能实现的。这说明气体的绝热自由膨胀也具有方向性。

尽管以上过程都不违反热力学第一定律，但都不能沿相反的方向自发地完成。实践表明，在自然界中，**任何与热现象有关的宏观自发过程都具有方向性**。对于孤立系统，过程自发进行的方向总是从非平衡态到平衡态，而不可能在没有外来作用的条件下，自发地从平衡态过渡到非平衡态。

2. 可逆过程与不可逆过程

为了把过程的方向性明确化，我们引进可逆过程与不可逆过程的概念。我们定义：一个过程，如果每一步都可沿相反的方向进行而不引起外界的其他任何变化，则称此过程为可逆过程；反之，如果用任何方法都不可能使系统和外界完全复原，则称此过程为不可逆过程。

所谓一个过程不可逆，并不是说该过程的逆过程一定不能进行，而是说当过程逆向进行时，逆过程在外界留下的痕迹不能将原来正过程的痕迹完全消除掉。所谓可逆过程，也并不是说该过程一定可以自发地逆向进行，而是说如果它进行的话，则其逆过程与正过程合起来可以使系统和外界完全复原；或者说，对于可逆过程来说，存在着另一过程，它能使系统回到原来的状态，同时消除了原来过程对外界引起的一切影响。因此，为使过程成为可逆过程，必须使过程在反向进行时，其每一步都是正过程相应的每一步的重复，必须使正过程和逆过程中相应的态具有相同的参量，这只有在准静态和无摩擦的条件下才可能。因此我们说，**无摩擦的准静态过程为可逆过程**。显然，可逆过程只是一个理想的过程，在实际中只能与此接近，而不可能真正达到。

前面所举的三个典型的实际过程（功热转换、热传导、气体的绝热自由膨胀）都是按一定的方向进行的，是不可逆的。落叶永离，覆水难收，死灰不可复燃，破镜不能重圆，返老还童只是幻想……大量事实表明，**一切与热现象有关的宏观实际过程都是不可逆的**。

7.6.2 热力学第二定律的两种常见表述

1. 开尔文表述

热力学第一定律表明，违背能量守恒定律的第一类永动机不可能制成。那么如何在不违背热力学第一定律的条件下，尽可能地提高热机效率呢？现在分析热机循环效率公式 $\eta = 1 - \dfrac{Q_{放}}{Q_{吸}}$，如果向低温热源放出的热量 $Q_{放}$ 越少，效率就越大，当 $Q_{放} = 0$ 时，即不需要低温热源，只存在一个单一温度的热源，其效率就可以达到 100%。这就是说，如果在一个循环中，只从单一热源吸收热量使之全部变为功（这不违反能量守恒定律），循环效率就可达到 100%，这个结论是非常引人关注的。有人曾作过估算，如果这种单一热源热机可以实现，则只要使海水温度降低 0.01℃，它所放出的热量可供全世界所有机器连续工作 1000 年。然而长期实践表明，循环效率达 100% 的热机是无法实现的。

在这个基础上，开尔文在 1851 年提出了热力学第二定律的一种表述：**不可能从单一热源吸热，使之完全变成有用的功而不产生其他影响**。

在开尔文表述中，“单一热源”、“不产生其他影响”是关键条件。

从单一热源吸热，使之完全变成有用功的过程也是有的，如理想气体的等温膨胀过程。但在这一过程中除了气体把从热源吸的热全部转变为对外做的功以外，还产生其他影响，表现在过程结束时，理想气体的体积增大了，系统并未回到初始状态。

开尔文表述中的“单一热源”是指温度均匀并且恒定不变的系统。若一系统各部分温度不相同或者温度不稳定，则热机中的工质可以在不同温度的两部分之间工作，从而可以对外做功。据报道，有些国家已在研究利用海水上下温度不同而制造发电机。

从单一热源吸热并全部变为功的热机称为**第二类永动机**，所以开尔文表述又可表述为：**第二类永动机不可能制成**。

根据热力学第二定律的开尔文表述，各个工作热机必然会排出余热，伴随着排出废水、废气，形成所谓的热污染，这给环境保护带来威胁。因此，怎样在热力学第二定律允许范围内提高热机效率，减少热机释放的余热，不仅使有限的能源得到更充分的利用，同时对环保也具有重大的意义。目前热机的效率最高只能达到近 50%，离热力学第二定律规定的极限相差甚远。为此，在热能工程领域工作的现代科技人员，仍十分关注提高热机效率问题，这已形成一门独立学科分支——热力经济学。

2. 克劳修斯表述

开尔文表述是从热机效率极限问题出发，总结出热力学第二定律。我们还可以从制冷机制冷系数的极限，给出热力学第二定律的另一种等价表述。由制冷系数 $\omega=\frac{Q_2}{A}=\frac{Q_2}{|Q_1|-Q_2}$ 可以看出，在 Q_2 一定情况下，外界对系统做功 A 越少，制冷系数 ω 越高。$A\to 0$ 时，$\omega\to\infty$，即不需外界对系统做功，热量就可以不断地从低温热源传到高温热源，得到无穷大的制冷系数。制冷系数达到无穷大并不违反热力学第一定律，然而热传导的方向性告诉我们这样的制冷机也不可能制成。

1850 年德国物理学家克劳修斯提出了热力学第二定律的另一种表述：**不可能把热量从低温物体传到高温物体而不引起其他变化**。

其中“其他变化”是指除了从低温物体吸热和向高温物体放热以外的任何变化。制冷机是通过外界做功才迫使热量从低温物体流向高温物体的，消耗外界的功当然也属于“其他变化”。克劳修斯表述的另一种说法是：**热量不可能自动地由低温物体传到高温物体**。

3. 两种表述的等价性

可以证明，开尔文表述和克劳修斯表述是等价的。违背了开尔文表述，也必定违背克劳修斯表述；反之，违背了克劳修斯表述，也必定违背开尔文表述。

我们采用反证法来证明。

首先，如果克劳修斯表述不成立，则热量可以从低温物体自动传到高温物体。因此可以设计一卡诺热机，工作于这两个热源之间，其工作情况如图 7-21a 所示，从高温热源吸取热量 Q_1，向低温热源放出热量 Q_2，同时对外做功 A。我们使 Q_2 自动传到高温热源，经一个循环后，总的效果是从高温热源 T_1 吸取热量 Q_1-Q_2，对外做功 $A=Q_1-Q_2$，而低温热源状态不变。这相当于一部从单一热源吸取热量对外做功的机器，因而违背了开尔文表述。所以克劳修斯表述若不成立，则开尔文表述也不成立。

同样可以证明，如果开尔文表述不成立，则克劳修斯表述也不成立，如图7-21b所示，这里不再赘述。

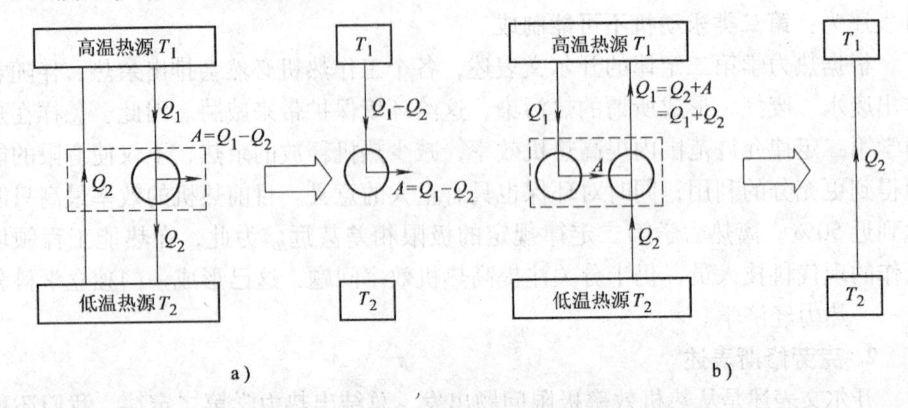

图7-21　开尔文表述和克劳修斯表述等价性证明

各种实际自然过程的不可逆性是相互沟通的，任何不可逆过程都可作为第二定律的描述，也就是说热力学第二定律有多种表述，但各种表述都是等价的。

7.6.3　热力学第二定律的微观意义

以上是从宏观的观察、实验和论证得出了热力学第二定律。如何从微观上理解这一定律的意义呢？我们再来看前面所举的三个典型例子。

先说功热转换。功转变为热是机械能（或电能）转变为热力学能的过程。从微观上看，是大量分子从有序运动向无序运动转化的过程，这是可能的。而相反的过程，即大量分子从无序运动自动地转变为有序运动是不可能的。因此，从微观上看，在功热转换现象中，自然过程总是沿着使大量分子的运动从有序状态向无序状态进行。

再看热传导。初态温度高的物体分子平均平动动能大，温度低的物体分子平均平动动能小。这意味着虽然两物体的分子运动都是无序的，但还能按分子的平均平动动能的大小区分两个物体。到了末态，两物体的温度变得相同，所有分子的平均平动动能都一样了，按平均平动动能区分两物体也不可能了。也就是说热传导是沿着大量分子运动的无序性增大的方向进行。而相反的过程，分子运动从平均平动动能完全相同的无序状态自动地向两物体分子平均平动动能不同的较为有序的状态进行的过程是不可能的。

再看气体绝热自由膨胀。自由膨胀过程是气体从占有较小空间的初态变到占有较大空间的末态，从分子运动状态（这里指分子的位置分布）来说是更加无序了。相反的过程，即分子运动自动地从无序向较为有序的状态变化的过程是不可能的。

综上分析可知：**孤立系统内的自发过程总是沿着无序性增大的方向进行**。这是不可逆性的微观本质，它说明了热力学第二定律的微观意义。

热力学第二定律既然是涉及大量分子运动的无序性变化的规律，那它就是一条统计规律。这就是说，它只适用于包含大量分子的系统，对少数分子不适用。由于宏观热力学过程总涉及大量的分子，对它们来说，热力学第二定律总是正确的。因此，热力学第二定律是自然科学中最基本而又最普遍的规律之一。

7.6.4　热力学第二定律的统计意义

考察气体的绝热自由膨胀过程。设有一容器被隔板分成相同的两部分，一边充满气体，一边抽成真空。下面我们讨论将隔板抽掉后，容器中气体分子的分布情况。

为了便于理解，我们先来看系统只有6个分子时的情况，如表7-2所示。从表7-2中可以看出，与每一种宏观状态对应的微观状态数是不同的，左、右两侧分子数相等或差不多相等的宏观状态所对应的微观状态数最多，但在分子总数少的情况下，它们占微观状态总数的比例并不大。计算表明，分子总数越多，则左、右两侧分子数相等和差不多相等的宏观状态所对应的微观状态数占微观状态总数的比例越大。对实际系统（假设是1mol气体）来说，这一比例几乎是百分之百。气体分子全部回到左边的宏观状态所对应的微观状态数占微观状态总数的比例仅为$\frac{1}{2^{N_A}}=2^{-6.02\times10^{23}}$（微观状态总数为$\sum_{i=0}^{N_A}C_{N_A}^{i}=2^{N_A}$），概率如此之小，是难以实现的。

表7-2　6个分子的位置分布

宏观态	左边分子数	6	5	4	3	2	1	0
	右边分子数	0	1	2	3	4	5	6
微观态	对应微观态的个数Ω	$C_6^0=1$	$C_6^1=6$	$C_6^2=15$	$C_6^3=20$	$C_6^4=15$	$C_6^5=6$	$C_6^6=1$
	总计	$\sum_{i=0}^{6}C_6^i=2^6=64$						
宏观态出现的概率		$\frac{1}{64}$	$\frac{6}{64}$	$\frac{15}{64}$	$\frac{20}{64}$	$\frac{15}{64}$	$\frac{6}{64}$	$\frac{1}{64}$

统计物理有一个基本假设：对于孤立系统，各个微观状态出现的可能性

（或概率）是相同的。我们定义：任一宏观状态所对应的微观状态数称为该宏观状态的**热力学概率**，用 Ω 表示。这样，对应微观状态数目多的宏观状态出现的概率就大。实际上，最可能观察到的宏观状态就是热力学概率最大的状态，也就是微观状态数最多的宏观状态。对上述容器内封闭的气体来说，也就是左、右两侧分子数相等或差不多相等的那些宏观状态。对于实际上分子总数很多的气体系统来说，这些“位置上均匀分布”的宏观状态所对应的微观状态数几乎占微观状态总数的百分之百，因此实际上观察到的总是这种宏观状态——平衡态。对孤立系统，平衡态是对应于微观状态数 Ω 最多的宏观状态。若系统最初所处的状态是非平衡态，系统将随着时间延续向 Ω 增大的宏观状态过渡，最后达到平衡态。气体的自由膨胀过程在微观上说，就是由包含微观状态数目少的宏观状态向包含微观状态数目多的宏观状态进行的过程。

孤立系统中自发进行的过程，总是由热力学概率小的宏观状态向热力学概率大的宏观状态进行。这就是热力学第二定律的统计意义。

由于自然过程总是沿着使分子运动更加无序的方向进行，同时也是沿着使系统的热力学概率增大的方向进行，因此热力学概率是分子运动无序性的一种量度。平衡态是在一定条件下系统内分子运动最无序的状态。

7.6.5 热力学第一定律和第二定律的区别与联系 “可用能”

热力学第一定律主要从数量上说明功和热量的等价性，热力学第二定律表明热转化为功是有条件的，揭示了自然界中普遍存在的一类不可逆过程。从而，我们得到结论：功与热有本质的区别，功与热的“品质”不一样。人类所关心的是可用能量（用来做有用功的能量），但是吸收的热量不可能全部用来做功。任何不可逆过程的出现，总伴随有“可用能量”被贬值为“不可用能量”的现象发生。例如两个温度不同的物体间的传热过程，其最终结果无非使它们的温度相同。若我们不是使两物体之间直接接触，而是借助一部可逆卡诺热机，把两物体分别作为高温和低温热源，在卡诺机运行过程中，两物体温度渐渐接近，最后达到热平衡，在这过程中可输出一部分有用功。但是，若使这两物体直接接触而达热平衡，则上述那部分可用能量却白白地被浪费了。读者可自己去证明，在自由膨胀、扩散过程中也都浪费了“可用能量”。不可逆过程在能量利用上的后果总是使一定的能量从能做功的形式变为不能做功的形式，即成了“退化的”能量。因此，应特别研究各种过程中的不可逆性，仔细地消除各种不可逆因素，以增加可用能，提高效率。

7.7 熵

上节讲过的热力学第二定律是通过语言来定性描述的，为了定量地描述热力学第二定律，我们引入熵的概念。

7.7.1　玻耳兹曼熵与熵增加原理

1877年，玻耳兹曼引用由下式定义的状态函数熵 S 来表示系统无序性的大小，即

$$S \propto \ln\Omega$$

式中，Ω 为宏观状态的热力学概率。1900年，普朗克引进玻耳兹曼常数 k 作比例系数，把它写成

$$S = k\ln\Omega \tag{7-45}$$

式（7-45）称为**玻耳兹曼关系**。由玻耳兹曼熵的定义可知，系统的熵反映了这一宏观态所对应的微观态数目的多少，微观态数目的多少又反映系统无序程度（混乱度）的大小，所以熵在微观意义上代表系统内分子热运动的混乱程度，是系统无序程度（混乱度）的量度。一个孤立系统中发生的自发过程总是向无序程度（混乱度）增加的方向进行，因而孤立系统中的自发过程是熵增大的过程。一切自发的不可逆过程总是从非平衡态趋向平衡态的过程，达到平衡态时过程停止，熵也达到最大。可见，平衡态对应着熵最大的状态。

综上所述，**孤立系统内的自发过程总是沿着熵增大的方向进行**。这就是**熵增加原理**。很明显，熵增加原理是热力学第二定律的一种表述方法，其数学表示为

$$\Delta S > 0 \tag{7-46}$$

*7.7.2　克劳修斯熵

对可逆卡诺循环有

$$\eta = 1 - \frac{|Q_2|}{Q_1} = 1 - \frac{T_2}{T_1}$$

式中，$Q_1 > 0$，$Q_2 < 0$。于是有 $\frac{Q_1}{T_1} + \frac{Q_2}{T_2} = 0$，对整个循环有

$$\oint \frac{đQ}{T} = \int_a^b \frac{đQ}{T} + \int_b^c \frac{đQ}{T} + \int_c^d \frac{đQ}{T} + \int_d^a \frac{đQ}{T} = \frac{Q_1}{T_1} + \frac{Q_2}{T_2} = 0$$

可以证明：对任意可逆循环总有

$$\oint \frac{đQ}{T} = 0 \tag{7-47}$$

该式称为**克劳修斯等式**。

如图7-22所示，系统可以经历可逆过程 ADB 或 $AD'B$ 由 A 态到 B 态。由于对可逆循环 $ADBD'A$ 有

$$\oint \frac{đQ}{T} = \int_{A(D)}^{B} \frac{đQ}{T} + \int_{B(D')}^{A} \frac{đQ}{T} = 0$$

所以

$$\int_{A(D)}^{B}\frac{đQ}{T}=-\int_{B(D')}^{A}\frac{đQ}{T}=\int_{A(D')}^{B}\frac{đQ}{T}$$

这就是说$\int_{A}^{B}\frac{đQ}{T}$的值与A到B的路径无关，只由初终两平衡态决定，因此可引入一个状态函数。

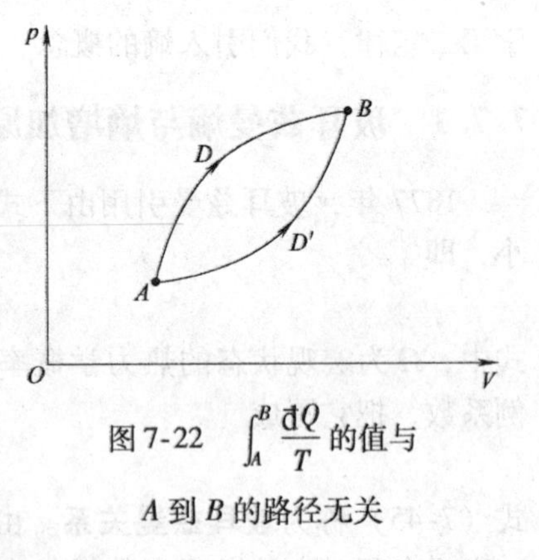

图 7-22 $\int_{A}^{B}\frac{đQ}{T}$的值与A到B的路径无关

1854 年，克劳修斯提出：对于由平衡态A到平衡态B的任何一个可逆过程，熵的增量为

$$S_B-S_A=\int_{A}^{B}\frac{đQ}{T} \tag{7-48}$$

S是一个状态函数，式（7-48）只定义了熵的增量，只有选定了参考状态，并确定参考状态的熵为零或为某一个确定的值，才可以计算其他状态下系统的熵。实际上，有意义的是熵变，熵的具体值我们并不关心。

处于平衡态的系统做一个微小的可逆过程，则系统熵的增量为

$$dS=\frac{đQ}{T} \tag{7-49}$$

如果这一微小过程吸热，则熵增加；如果这一微小过程放热，则熵减小；如果为绝热过程，则熵不变。所以**可逆的绝热过程也称为等熵过程，绝热线也叫做等熵线**。

对于由平衡态A到平衡态B的不可逆过程，不能沿这个实际过程对式(7-48)进行积分，可以任意设计一个由A到B的可逆过程，沿这个可逆过程用式（7-48）计算熵的增量。

式（7-49）可以改写成$đQ=TdS$，代入热力学第一定律$đQ=dU+pdV$中，可得

$$TdS=dU+pdV \tag{7-50}$$

该式只对可逆过程成立，称为**热力学定律的基本微分方程**。

孤立系统总是绝热的，如果在孤立系统中进行一个可逆过程，由（7-48）式，系统的熵应该不变；而如果进行一个不可逆的绝热过程，系统的熵就要增加。所以，对于孤立系统内的一切过程总有

$$\Delta S\geqslant 0 \tag{7-51}$$

式中的大于号用于不可逆过程，等号用于可逆过程。因此，熵增加原理的另一种表述：**孤立系统的熵永不减少**。

从表面上看，克劳修斯熵和玻耳兹曼熵有着完全不同的含义，但在统计物理

学中可以证明，二者是等价的。

1865 年，克劳修斯从热力学第二定律推得一个结论：整个宇宙的未来将达到热平衡状态，这就是“热寂说”。热寂说预言，宇宙万物发展的总趋势是从复杂到简单，从有序到无序，最终将陷入永恒的最混乱的热平衡态。那时，能量将不能再被利用，宇宙达到了死气沉沉的热寂状态。但令人不解的是，为什么现实的宇宙并没有达到热寂状态。解释这个问题的关键有两点：一是宇宙在膨胀，是在不断演化的。二是引力系统具有负热容，而具有负热容的系统是不稳定的，它没有平衡态，熵没有极大值，熵的增加是没有止境的。从以上两点分析可知，宇宙不会走向热寂。

7.7.3 “熵恒增”与“能贬值”

克劳修斯编造的新名词 entropy（熵），来自希腊词“trope”，意为“变换”。为了与能量（energy）相对应，克劳修斯在“trope”上加了一个前缀“en”。在克劳修斯看来，“energy”和“entropy”这两个概念有某种相似性。前者从正面量度运动转化的能力；后者从反面来量度运动不能转化的能力，亦即运动丧失转化能力的程度，表述能量的可转换能力（活力）丧失的程度，或能量僵化（尽管能量值是不变的）的程度。例如，某家庭用 50 元公平地购得一袋大米，这家的价值总量（能量）不变，但一袋大米在市场上的再交换能力（活力）却大大低于 50 元人民币。这种消费使其熵增大。

按照熵增加原理，对于绝热系统（若系统不绝热，则系统与外界合在一起是绝热的），其不可逆过程的熵是恒增的，这时必伴随有“可用能”变为“不可用能”现象的发生。这称为能量退降原理，或者说“熵恒增”必伴随“能贬值”。

热力学第二定律告诉我们，能量的品质是有差别的：有序运动的能量可以通过做功完全转变成无序运动的能量；而无序运动的能量不能完全转变为有序运动的能量（效率为 100% 的热机是不能实现的）。或者说，有序运动的能量转化为其他形式的能量的能力强，能被充分利用来做功，品质较高；而无序运动的能量转化能力弱，做功能力差，品质较低。根据热力学第二定律，高品质的能量转换为低品质的能量的过程是不可逆转的。高品质的能量转变为低品质的能量后，就有一部分不能再做功了。我们把这样的过程称为能量的退化。通过物理学知识可以证明：退化的能量与系统的熵增成正比。于是，我们可以说：熵是能量不可用程度的量度。热力学第一定律说明能量是守恒的，从这个意义上讲，不存在能源危机。但是，所有的自然过程都导致熵的增加，即能量品质的降低。每当我们燃烧煤、石油，或利用原子能时，我们都在增加世界的熵，减少能量的可用程度。所以所谓能源危机实质上就是熵的危机。我们要解决能源问题，关键是用较低的熵增来维持和推进我们的文明。近百年来人类最伟大的科技发明是什么？经过广泛权威的评选得票最多的是“拉链”。评委在说明中写道：“此项发明的广泛和反复性应用几乎不会带来熵增大，产生的噪声也是最小的。”

从克劳修斯提出熵概念以后 160 多年来，熵的应用已经远远超出了热力学、统计物理学范畴，波及管理学、经济学、社会学、化学，以及信息论、控制论、概率论、数论、宇宙论乃至生命科学等各个不同领域。越来越多的人在谈论熵，没有哪一个概念能像熵概念这样被赋予如此众多的内涵。熵概念不再仅仅是物理学享有的专利，而成为众多学科研究的热点。可以说，熵的提出是 19 世纪科学思想的一个巨大贡献。就像牛顿力学的巨大成功，使力的概念几乎无所不在，例如：消化力、吸收力、理解力、智力、能力等。这些“力”不需要遵循牛顿运动定律，是力的概念在社会科学中的隐喻、类比和泛化，它使社会科学的各个领域得到新的启示和发展。同样，熵理论的节节胜利，使熵的概念已波及离最初孕育它的物理学之外很远的领域。正是在这种情况下，熵的概念远远超出了作为一种具体科学的含义，也超出了从狭义理解的作为系统演化的判据，而赋予认识论和方法论的意义。爱因斯坦认为，熵定律是所有科学定律中的第一定律。

*7.7.4 信息与熵

1. 信息

大家都说，当代社会是信息社会。什么是信息呢？信息就是进行传递或交流的一组语言、文字、符号或图像。

在人类社会里，应该说，信息与物质、能量一样，有其重要的地位，是人类赖以生存发展的基本要素。因此了解信息，掌握信息，懂得如何充分有效地利用信息也变得非常迫切了。

信息的内容既有量的差别，又有质的不同。一段文字，字数的多少反映了量的差别，而其蕴含的含义则反映了质的不同。在日常生活中，我们对于信息的量与质有相当深的体验，量的差别固然重要，质的不同更不容忽视。同样是 20 个字，李白的“床前明月光，疑是地上霜；举头望明月，低头思故乡”，情景交融，蕴藉隽永，余韵袅袅，千古传诵；而一封电报写到“我因生了病不能及时赶回来参加会议非常抱歉”，只是直截了当地说明了一件事。就信息的量而言，二者并无差别，就其含意和价值而言，却有天壤之别。

应该指出，有关信息内容的问题，实际上涉及对价值的评估，显然超出了自然科学的范围，目前尚没有为大家所接受的客观标准。不得已求其次，单在信息量的问题上下功夫，这正是当代“信息论”这门学科的出发点。

2. 信息的统计理论

1948 年，现代信息论的创始人香农摆脱了具体语言和符号系统的限制，撇开了事件发生的时间、地点、内容，以及人们的情感及人们对事件的反应，而只顾事件发生的状态数目及每种状态发生的可能性，从概率的角度给出了信息量的定义。

通常的事物具有各种可能性，最简单的情况是具有两种可能性，如：是和否、有和无、生和死等。现代计算机普遍采用二进制，数据的每一位非 0 即 1，也是两种可能性，在没有信息的情况下每种可能性的概率都是 1/2。在信息论中，把从两种可能性中做出判断所需的信息量叫做 1 比特（bit，即 binary information unit），这就是信息量的单位。从四种可能性中做出判断需要多少信息量？让我们来看一个两人玩的小游戏。甲从一副扑克牌中随机抽出一张，让乙猜它的花色，规则是允许乙提问题，甲只回答是与否，看乙能否在猜中之前提的问题最少。这个问题中，最科学的问法应该是这样的：是黑的么？是桃么？得到这两个回答后，乙必猜中答案无疑。因为得到其中的一个答案后，乙就只面对两种可能性，再一个问题就足以使他获得所需的全部信息。所以，从四种可能性中做出判断需要 2bit 的信息量。如此类推，从八种可能性中做出判断需要 3bit 的信息量，从 16 种可能性中做出判断需要 4bit 的信息量……一般来说，从 N 种可能性中做出判断需要的信息量（比特数）为 $n=\log_2 N$。换成自然对数，则

$$n=K\ln N$$

式中，$K=1/\ln 2=1.4427$。在对 N 种可能性完全无知的情况下，根据等概率原理，N 种可能性中任一种情况出现的概率 P 都是 $1/N$，有 $\ln P=-\ln N$，即这时为做出完全的判断所需的信息量为

$$n=-K\ln P \tag{7-52}$$

3. 信息与熵

香农把所需的信息量叫做**信息熵**，即信息熵定义为

$$S=-K\ln P \tag{7-53}$$

它意味着信息量的缺损。热力学熵表示分子状态的无序程度，它与该宏观状态下对应的微观状态数的自然对数值成正比，$S=k\ln\Omega$，而该宏观状态出现的概率 $P=\Omega/N$（N 为所有微观状态的总数），因此有 $S=K'\ln P$。可见，信息熵与热力学熵有类似之处，它们的定义只差了一个常数。

以上是各种可能性概率相等的情况。天气预报员说，明天有雨，这句话给了我们 1bit 的信息量。如果她说有 80% 的概率下雨，这句话包含了多少信息量？对于这种概率不等的情况，信息论中给出的信息熵的定义是

$$S=-K\sum_{a=1}^{N}P_a\ln P_a \tag{7-54}$$

此式的意思是，如果有 $a=1, 2, 3, \cdots, N$ 等 N 种可能性，各种可能性的概率是 P_a，则信息熵等于各种情况的信息熵 $-K\ln P_a$ 按概率 P_a 的加权平均。如果所

有的$P_a = 1/N$，则上式归结为式（7-53）。

令 $a = 1$ 和 2 分别代表下雨和不下雨的情况，则 $P_1 = 0.80$，$P_2 = 0.20$，由式（7-54）知信息熵为

$$S = -K(P_1 \ln P_1 + P_2 \ln P_2) = -\frac{1}{\ln 2}(0.80 \times \ln 0.80 + 0.20 \times \ln 0.20) = 0.722$$

即比全部所需信息（1bit）还少 0.722bit，所以预报员的话所包含的信息量只有 0.278bit。同理，若预报员的话改为明天有 90% 概率下雨，则依上式可算出信息熵 $S = 0.469$，从而这句话含信息量 $I = 1 - S = 0.531$。可见，信息熵的减少意味着信息量的增加。在一个过程中 $\Delta I = -\Delta S$，即信息量相当于负熵。信息量所表示的是体系的有序度、组织结构的复杂性、特异性或进化发展程度，这是熵（无序度、不定度、混乱度）的矛盾对立面，即负熵。获得信息量（即给系统适当的负熵流）会使系统变得更有序、更有组织，因而从系统的有序化和自组织的需要来说，最直接的方法是获得负熵流来降低熵值。

*7.7.5 耗散结构

长期以来，科学界注意到热力学第二定律和生物进化论对自然界的演化方向有截然相反的描述。热力学第二定律指出：一个孤立系统总是向均匀、无序、平衡的方向演化。生物进化论却指出：地球上的生物界与技术界总是向复杂、有序、远离平衡的方向演化。这一对矛盾，长期困扰着科学界。1967 年，以普里高津为首的布鲁塞尔学派建立的耗散结构理论，把热力学第二定律与生物进化论协调起来了，普里高津因此于 1977 年获诺贝尔化学奖。

热力学第二定律告诉我们：一个开放系统的总熵变

$$dS = dS_i + dS_e \tag{7-55}$$

式中，dS_i 是系统内部的不可逆过程引起的熵变，称为熵产生。按熵增加原理，$dS_i > 0$，该项使系统自发地向平衡状态发展；dS_e 是系统与外界交换物质和能量引起的，它可正可负，称为熵流项。若一个系统通过系统与外界的物质和能量交换，使熵流 $dS_e < 0$，我们就称系统从外界吸取“**负熵**”。当负熵流大于系统内部的熵产生，即 $-dS_e > dS_i$ 时，则有 $dS < 0$，即系统的总熵在减少，开放系统从较无序的高熵状态向较有序的低熵状态转变。

一个开放系统，它可以是一个生物体，可以是一个工厂、城市、社会，乃至整个地球。当开放系统在输入能量的同时，也输入熵，使系统的总熵增加。因此，要使系统趋于低熵状态，系统还必须输出能量，从而也输出熵，使系统的总熵减少。我们把由于开放系统总熵的减少而出现的有序结构，称为**耗散结构**。

耗散结构是“活”的结构，它只有在非平衡条件下，依赖于外界不断地引入负熵流才能形成和维持，这是一个不断地进行“新陈代谢”的过程，一旦这

种“代谢”被破坏，这个结构就会“死亡”。

生命的活动就是一个耗散过程，在耗散过程中熵不断增加。高熵意味着混乱，熵达到最大值意味着热平衡态，对于生命来说，热平衡态就是死亡。所以，要活着，有机体必须使自己的身体保持低熵的状态。热力学第二定律告诉我们，一个封闭系统的熵只增加，不减少。从而有机体必须是开放系统，必须从外界汲取低熵的物质，以形成负熵流。薛定谔在《生命是什么?》一书中有一段名言：“生命之所以能存在，就在于从环境中不断得到‘负熵’”。这就是生命的热力学基础。

人类社会从广义上讲，也是远离平衡态的开放系统，因此社会组织的形成与发展、城镇交通、教育、经济和管理等方面都可作为耗散结构理论应用性探讨的领域。作为一个国家、一个社会组织，必须不断地与外部环境交换能量、物质和信息，这种负熵的流入可以使组织的有序度增加，产生自组织现象，并形成新的稳定结构和产生新的能量，使组织产生“活”力。耗散结构理论为我们坚持改革开放提供了物理学的理论支持。

习　题

7-1　如习题7-1图所示，一定量的理想气体由状态A变化到状态B，无论经过什么过程，系统必然是（　　）。

（A）热力学能增加；（B）从外界吸热；　（C）对外界做正功。

7-2　如习题7-2图所示，一定量的理想气体，沿着图中直线从状态a（压强$p_1=4\text{atm}$，体积$V=2\text{l}$）变到状态b（压强$p_2=2\text{atm}$，体积$V=4\text{l}$），则此过程中：

（A）气体对外做正功，向外界放出热量　　（B）气体对外做正功，从外界吸热

（C）气体对外做负功，向外界放出热量　　（D）气体对外做正功，热力学能减少

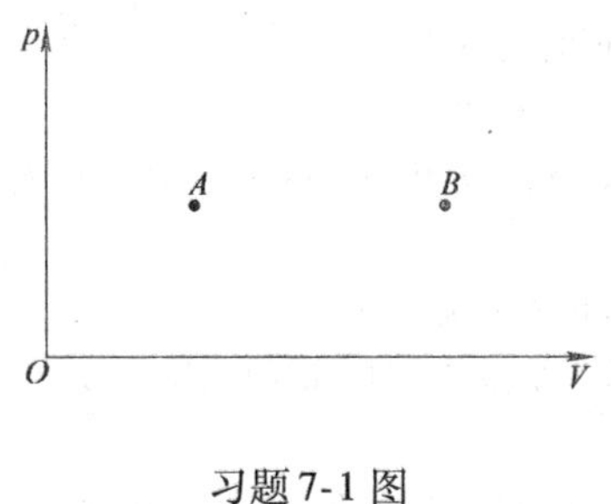

习题7-1图

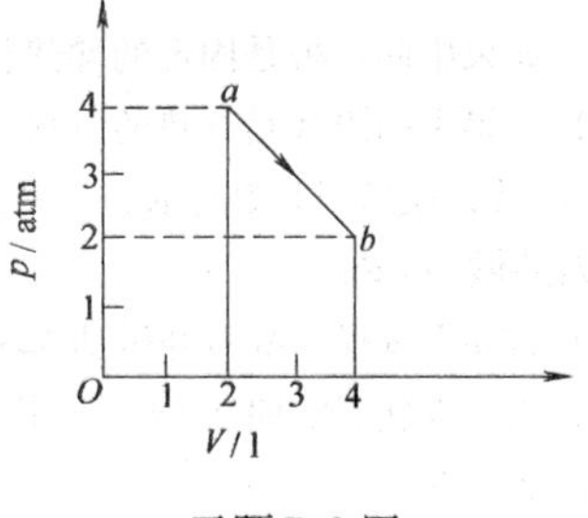

习题7-2图

7-3　习题7-3图中a、b、c各表示一个循环过程，则循环（　　）的净功为正；循环（　　）的净功为负；循环（　　）的净功为零。

7-4　1mol刚性双原子分子理想气体作绝热变化，温度降低20℃，则气体对外做功________。

7-5　在原子弹爆炸后0.1s所出现的“火球”是半径约15m、温度为300 000K的气体球，

试作一些粗略假设，估计温度变为3000K时气体球的半径（提示：原子弹爆炸产生的高温高压气体球膨胀十分迅速，可近似认为是绝热过程）。

7-6　一定量理想气体经历的循环过程用 $V-T$ 曲线表示如习题7-6图所示。在此循环过程中，气体从外界吸热的过程是

（A）$A \to B$　　（B）$B \to C$　　（C）$C \to A$　　（D）$B \to C$ 和 $C \to A$

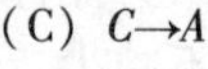

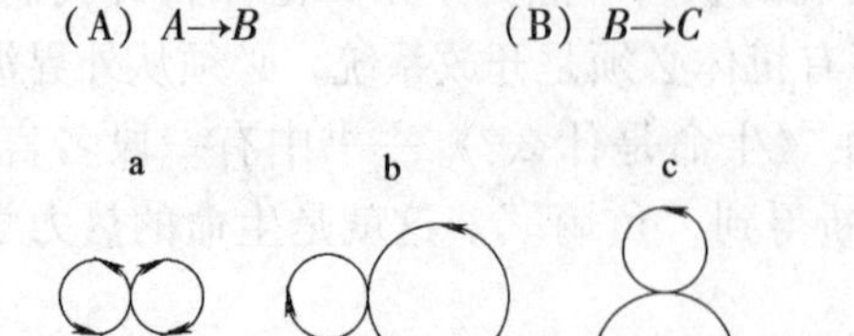

习题7-3图

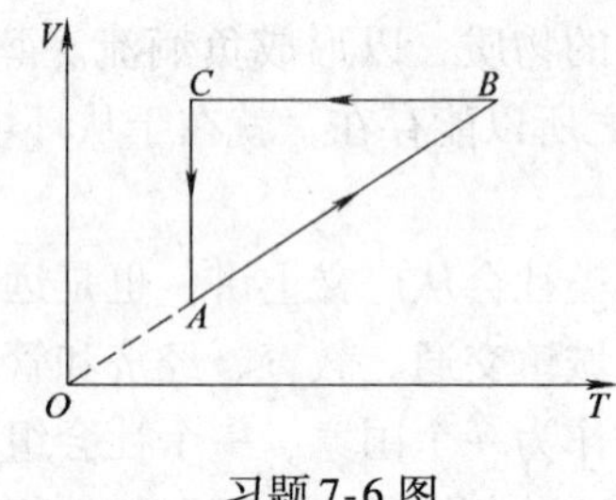

习题7-6图

7-7　各为1mol的氢气和氦气，从同一初状态（p_0，V_0）开始作等温膨胀。若氢气膨胀后体积变为 $2V_0$，氦气膨胀后压强变为 $\frac{p_0}{2}$，则它们从外界吸收热量之比为________。

7-8　气体分子的质量可以由气体的定容比热算出来。试根据摩尔定容热容与定容比热的关系推导由定容比热计算分子质量的公式。已知某种单原子分子气体的定容比热 $C_V=314\text{J}/(\text{kg}\cdot\text{K})$，求该种原子的质量。

7-9　同种理想气体的摩尔定压热容 $C_{p,\text{m}}$ 大于定容摩尔热容 $C_{V,\text{m}}$，因为________。

7-10　有一气筒，竖直放置，除底部外都是绝热的，上面是一个可以上下无摩擦运动的活塞，中间有一块隔板，把筒分为体积相等的两部分A和B，各盛有一摩尔的氮气，并且处于相同的状态，压强为 $p_1=1\text{atm}$，现在由底部慢慢地把332.4J的热量传递给气体，活塞上的压强始终保持1atm。在下列两种情况下，分别求A和B的温度改变量以及它们各得到的热量？

（1）如果中间隔板是固定的导热板，且其热容量可略去不计。

（2）如果中间隔板是绝热的且可以自由无摩擦地上下滑动。

7-11　如习题7-11图所示，一系统由 a 状态沿 acb 到达 b 状态，有320J热量传入系统，而系统对外做功126J。

（1）若 adb 过程系统对外做功42J，问有多少热量传入系统？

（2）当由 b 状态沿曲线 ba 返回状态 a 时，外界对系统做功84J，试问系统是吸热还是放热？热量是多少？

7-12　1mol单原子理想气体从300K加热至350K。问在下面这两个过程中各吸收了多少热量？增加了多少内能？气体对外做了多少功？

（1）体积保持不变；（2）压强保持不变。

7-13　如习题7-13图所示，AB、DC 为绝热过程，CEA 为等温过程，BED 为任意过程，组成一循环。若 $EDCE$ 所围面积为70J，$EABE$ 所围的面积为30J，CEA 过程中系统放热100J，则整个循环系统对外所做的净功________J。在 BED 过程中系统从外界吸热________J。

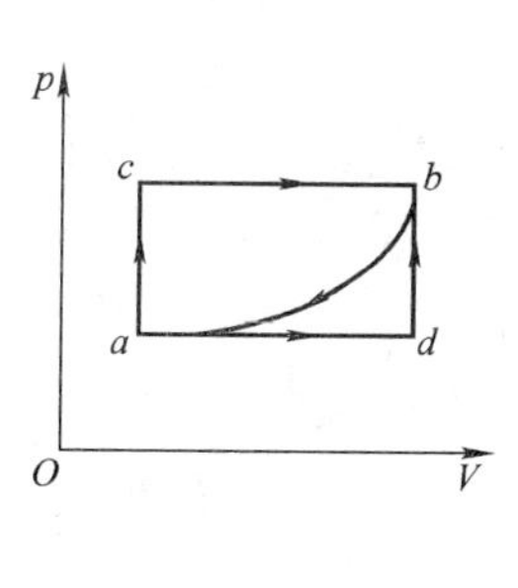

习题 7-11 图

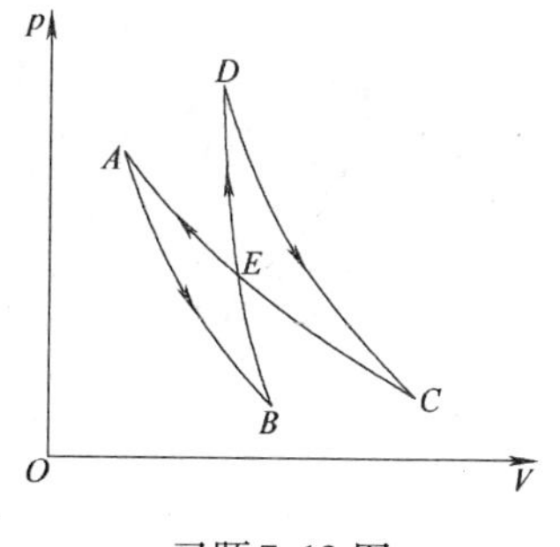

习题 7-13 图

7-14　一个绝热容器，用质量可忽略的绝热板分成体积相等的两部分。两边分别装入质量相等、温度相同的氢气与氧气，开始时隔板固定。隔板释放后将发生移动，在达到新的平衡位置后（　　）。

（A）氢气比氧气温度高　　（B）氢气比氧气温度低　　（C）两边温度总是相等

7-15　用隔板将用绝热材料包着的容器分成左右两室，左室充有理想气体，压强为 p，温度为 T，右室为真空。将隔板抽掉，则气体最终的压强和温度为（　　）。

（A）$\frac{1}{2}p$，T　　（B）$\frac{p}{2^{\gamma}}$，T　　（C）p，$\frac{1}{2}T$　　（D）$\frac{1}{2}p$，$\frac{1}{2}T$

（E）$\frac{p}{2^{\gamma}}$，$\frac{1}{2}T$

7-16　理想气体在习题 7-16 图所示的循环过程中，哪些是物理上不可能实现的？（图中 T 表示等温线，Q 表示绝热线）

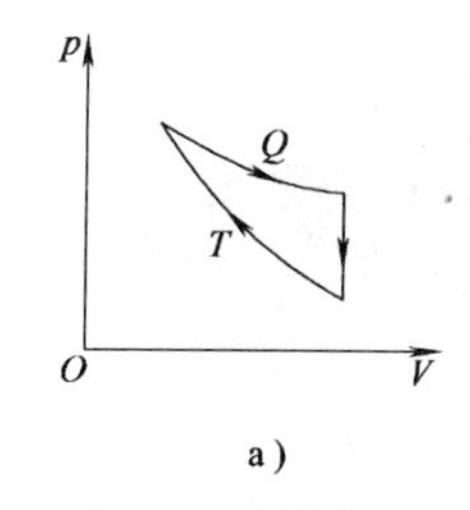

a)

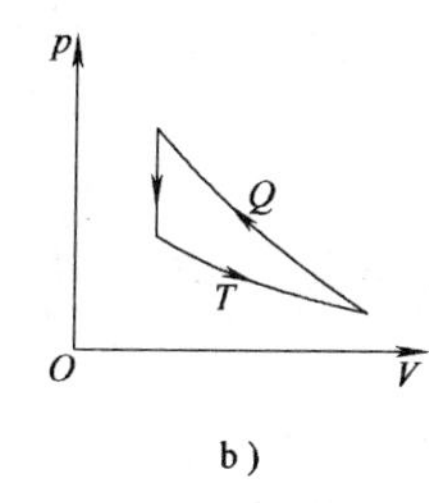

b)

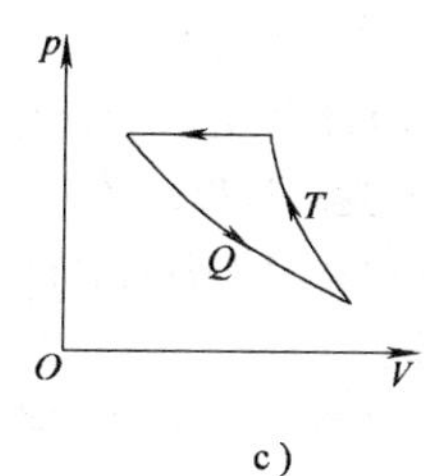

c)

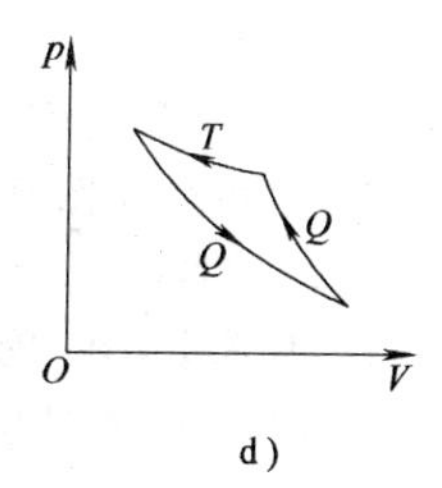

d)

习题 7-16 图

7-17　如习题 7-17 图所示，在 $p-V$ 图中有两条邻近的绝热线（Ⅰ、Ⅱ），则 AB 为________过程，CD 为________过程。（填“吸热”，或“放热”，或“绝热”）

7-18　如习题 7-18 图所示，Ⅰ为绝热过程，若各过程吸热用 Q 表示，相应的摩尔热容用 C_m 表示，则过程Ⅰ有（　　），过程Ⅱ有（　　），过程Ⅲ有（　　）。

（A）$Q>0$　　（B）$Q=0$　　（C）$Q<0$　　（D）$C_m>0$

（E）$C_m=0$　　（F）$C_m<0$

7-19　一个测定空气 γ 的实验如下：大玻璃瓶内装有干燥空气，瓶上有一小活门和大气相通，又有一连通器和气压计相连。开始时，已将活门关闭，并使瓶中气体的初温 T_1 与室温相同，初压强 p_1 比大气压 p_0 稍高。现打开活门让气体膨胀，一见其压强与大气压强平衡时便

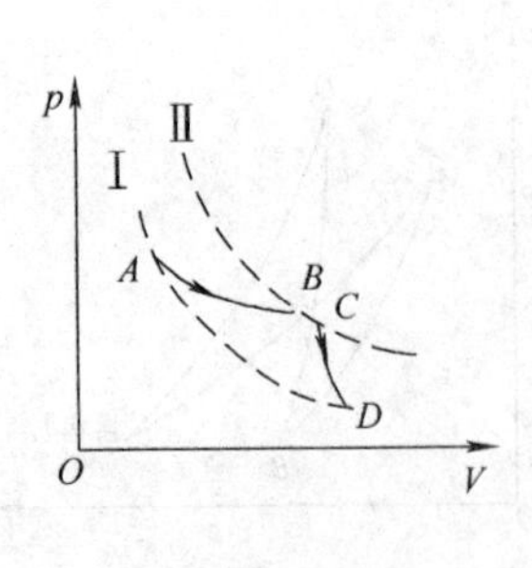

习题 7-17 图

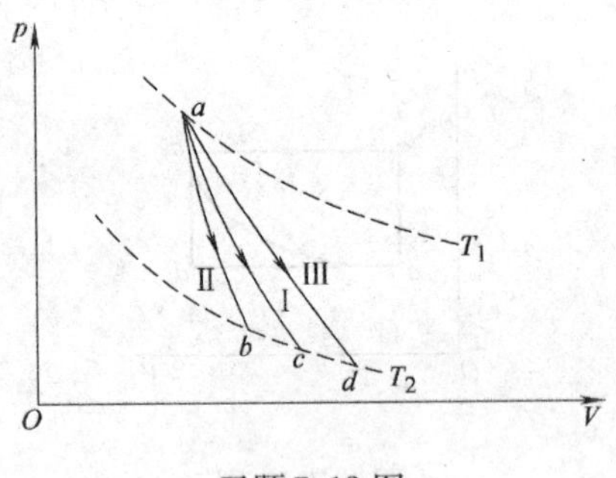

习题 7-18 图

迅速关上活门，此时气体的温度已略有降低。待气体温度与室温重新平衡时，压强又略有上升并到达 p_2，试证明空气的 γ 为

$$\gamma=\frac{\ln\dfrac{p_1}{p_0}}{\ln\dfrac{p_1}{p_2}}$$

7-20 一卡诺热机低温热源的温度为 7℃，效率为 40%，若将其效率提高到 50%，则其高温热源的温度需提高多少？

7-21 如习题 7-21 图所示，在卡诺循环中绝热线 bc 下的面积（即 $bchg$ 的面积）______绝热线 da 下的面积（即 $daef$ 的面积）。（填“=”、“<”或“>”）

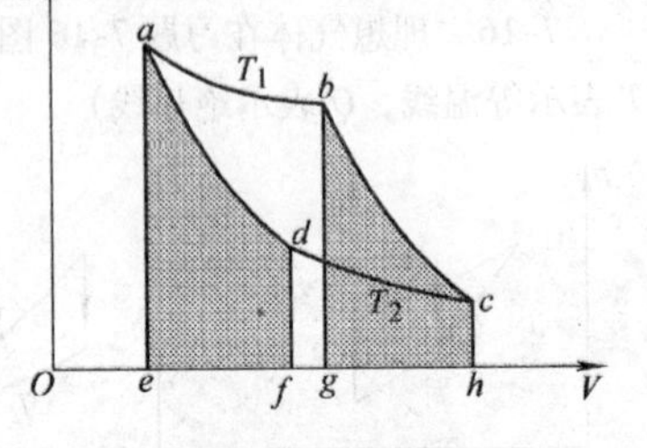

习题 7-21 图

7-22 1mol 氧气进行一循环过程，起始压强为 1×10^5Pa、体积为 30l，先进行等温膨胀，使气体变为 60l，再先后进行等压过程和等容过程回到初始状态。

（1）在 $p-V$ 图中画出这一过程；

（2）求此循环过程中气体对外做的功和吸收的热量；

（3）求此循环的效率。

7-23 一定量理想气体经历一循环过程，初始温度为 T_1，绝热膨胀到温度 T_2，再先后经过等压压缩、绝热压缩和等压膨胀过程回到初始状态，画出此循环的 $p-V$ 图，并证明此循环的效率 $\eta=1-\dfrac{T_2}{T_1}$。此循环是卡诺循环吗？

7-24 一定量理想气体，从温度为 T 的初始状态出发，先经过等压过程，使温度降为 $\dfrac{T}{2}$，再先后经过绝热过程和等温过程回到初始状态。

（1）画出此循环过程的 $p-V$ 图，并用箭头在图上标出过程的走向。

（2）证明此循环的效率为 $1-\dfrac{1}{2\ln2}$。

7-25 ν 摩尔理想气体由体积 V_1 膨胀到 V_2，其过程方程为 $pV^2=a$（常量）。已知其摩尔定容热容为 $C_{V,\mathrm{m}}$，求此过程中气体吸收（或放出）的热量，并确定该过程的摩尔热容的表达式。

7-26 习题 7-26 图中 $abcda$ 为一卡诺循环，其效率为 η_0，而 $efcde$ 的循环效率为 η_1，$aghda$ 的循环效率为 η_2，其中 gh 为任意的非绝热过程，则（ ）。

（A）$\eta_0 = \eta_1 = \eta_2$ （B）$\eta_1 < \eta_0 < \eta_2$ （C）$\eta_1 > \eta_2 > \eta_0$ （D）$\eta_1 > \eta_2 = \eta_0$

（E）$\eta_1 > \eta_0 > \eta_2$

7-27 如习题 7-27 图所示，工作物质经历由 acb 与 bda 组成的循环过程，已知在过程 acb 中，工作物质与外界交换的净热量为 Q，过程 bda 为绝热过程，在 $p-V$ 图上循环闭合曲线所包围的面积为 A，则循环效率为（ ）。

（A）$\eta = \dfrac{A}{Q}$ （B）$\eta = 1 - \dfrac{T_2}{T_1}$（$T_1$ 为循环最高温度，T_2 为循环最低温度）

（C）$\eta > \dfrac{A}{Q}$ （D）$\eta < \dfrac{A}{Q}$ （E）以上答案都不对

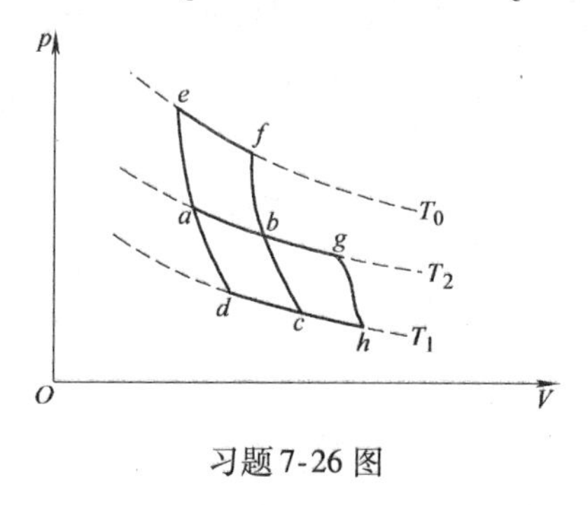

习题 7-26 图

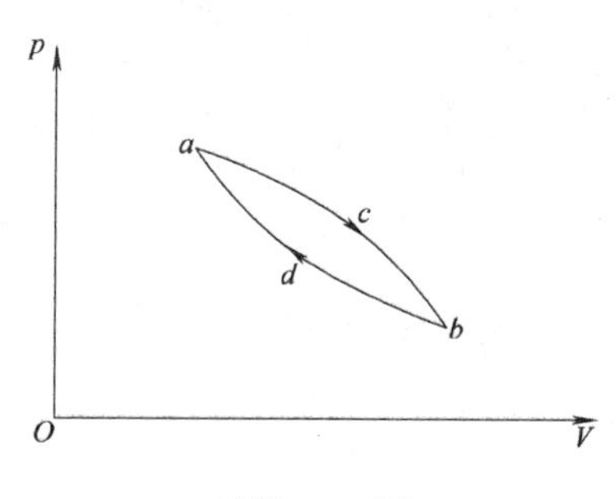

习题 7-27 图

7-28 在某一循环中，最低的温度为 27℃，若要求该循环的效率为 25%，则循环中的最高温度至少为________。

7-29 一卡诺制冷机，其热源的绝对温度是冷源绝对温度的 n 倍，若在制冷过程中，外界做功为 W，则制冷机可向热源提供的热量为________。

7-30 如习题 7-30 图所示，一定量的理想气体经历 $a-b-c$ 的变化过程，其中气体（ ）。

（A）只吸热，不放热 （B）只放热，不吸热

（C）有吸热也有放热，吸热量大于放热量 （D）有吸热也有放热，放热量大于吸热量

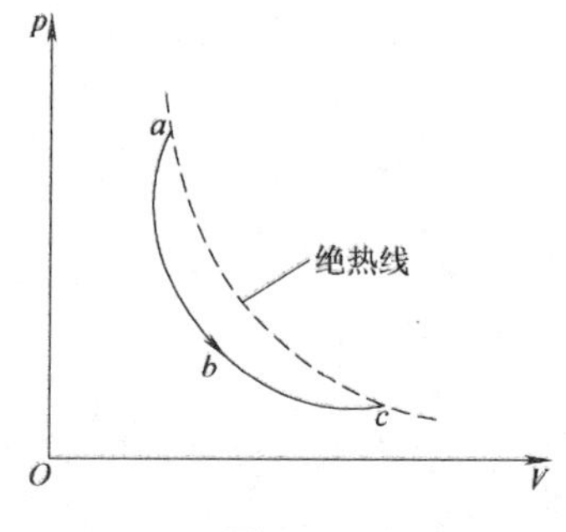

习题 7-30 图

7-31 理想气体绝热自由膨胀，其熵（ ）。

（A）增加 （B）不变 （C）减少

第4篇　电　磁　学

两千多年前电与磁产生的自然现象就已经被发现，但是时至今日，电、磁和电磁相互作用依然深深影响并改变着我们的生活。小小的银行卡利用了电磁感应，神舟九号宇宙飞船的太阳能帆板发电将太阳光能量转换成电能。在社会生活各方面，电磁带来的应用不胜枚举。本篇就是讲述电磁的基本规律，它所涉及的内容对整个物理学有着深远的影响。

对电磁现象的观察记录可追溯到公元前585年，古希腊哲学家泰勒斯记载了用木块摩擦过的琥珀能吸引碎草等轻小物体，以及天然磁矿石吸引铁的现象。我国是发现天然磁铁最早的国家之一。春秋战国时期（公元前770—前221年），已有"山上有慈石（即磁石）者，其下有铜金"和"磁石名铁，或引之也"等磁石吸铁的记载。东汉时已有指南针的前身司南勺。人类真正对电磁现象的研究开始于16世纪末英国的吉尔伯特，他利用琥珀经摩擦后具有吸引轻小物体的性质，把琥珀的希腊文ηλεκτρον称为"电"（electricity）。他还制成了世界上第一只实验用的验电器，可以探测物体是否带电。

关于电磁现象定量性质的研究，最早可以从库仑1785年研究电荷之间的相互作用算起，其后通过泊松、高斯等人的研究形成了静电场（以及静磁场）的（超距作用）理论。伽伐尼于1786年发现了电流，后经伏特、欧姆、法拉第等人发现了关于电流的定律。1820年奥斯特发现了电流的磁效应，很快（一两年内），毕奥、萨伐尔、安培、拉普拉斯等作了进一步定量的研究。1831年法拉第发现了电磁感应现象，并提出场和力线的概念，进一步揭示了电与磁的联系。在这些基础上，麦克斯韦集前人之大成，再加上他极富创建性的关于"涡旋电场"和"位移电流"的假说，建立了一整套电磁学方程组，组成了完整的经典电磁理论，电磁学理论成为经典物理中一个相当完善的分支。

库仑（Charlse－Augustin de Coulomb，1736—1806）　法国工程师、物理学家。库仑在1785年到1789年之间，通过精密的实验对电荷间的作用力作了一系列的研究，发现线扭转时的扭力和针转过的角度成比例关系，从而发明了扭秤，以极高的精度测算出静电力或磁力的大小，导出著名的库仑定律。在工程上，库仑设计了一种水下作业法，著有《电气与磁性》等书。库仑定律使电磁学的研究从定性进入定量阶段，是电磁学史上一块重要的里程碑。库仑是18世纪最伟大的物理学家之一。

第8章　静　电　场

静止电荷产生的电场称为静电场。本章研究静电场的基本性质，着重讨论描述静电场性质的两个基本物理量——电场强度和电势的基本概念和计算方法。在此基础上学习反映静电场性质的两个基本规律——高斯定理和环流定理，以及电场强度与电势的关系。在本章我们还要学习静电场与导体、电介质的相互影响，以及重要的电学元件——电容器的电容和电场的能量。

8.1　电荷守恒定律　库仑定律

8.1.1　电荷

电荷是物质所具有的带电性质，物质带了电，我们说它有了电荷。

1. 电荷的种类

美国物理学家富兰克林首次以正、负电荷命名两种不同性质的电荷，一直沿用至今。同种电荷相互排斥，异种电荷相互吸引。宏观带电体所带电荷种类不同根源在于组成它们的微观粒子所带电荷种类不同：电子带负电、质子带正电、中子不带电。

电子的电荷集中在半径小于10^{-18}m的体积内，比较而言，电子可看成没有内部结构的有质量和电荷的“点”。通过高能电子束散射实验测出的质子和中子内部的电荷分布如图8-1a、b所示。质子中只有正电荷，都集中在半径约为10^{-15}m的体积内。中子内部也有电荷，靠近中心为正电荷，靠外为负电荷；正负电荷量相等，所以对外不显电性。

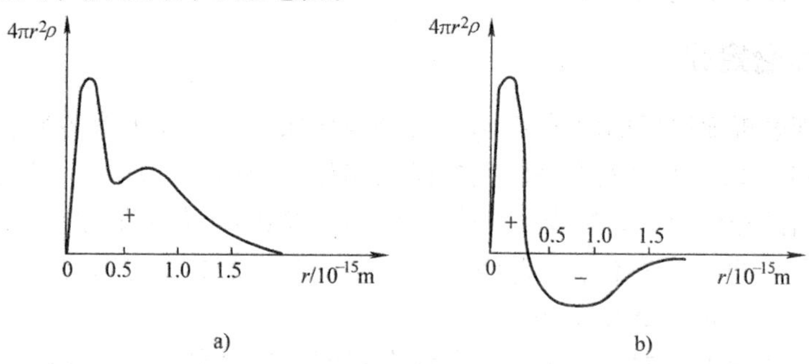

图8-1　质子和中子内部的电荷分布

2. 电荷的相对论不变性

带电体的电荷量不随带电体的运动状态改变而改变，即相对于不同的参考系，同一个带电体的电荷量是相同的。简单地说，电荷与运动状态无关。

3. 电荷的量子化

大量事实表明，任何带电体的电荷量都不是无限可分的，即电荷只能是一份一份存在的，都是一个最小电荷基本单元的整数倍。电荷的最小基本单元（基本电荷）是e，称为元电荷，它是一个电子或质子所带电荷量的大小。

20世纪60年代以来，人们提出自然界中还存在分数电荷，认为中子和质子是由更小的粒子——夸克组成，夸克所带电荷量应为$\pm\frac{1}{3}e$或$\pm\frac{2}{3}e$。但到现在为止，自由的夸克（孤立的夸克）还没有被分离出来（夸克囚禁现象），所以分数电荷是否存在还是一个谜，是当代物理学家们颇感兴趣的问题。

4. 电荷量的单位

国际单位制中，电荷量的单位是库仑（C）。正电荷电荷量取正值，负电荷电荷量取负值。一个带电体所带总电荷量为其所带正负电荷量的代数和。

库仑是个很大的单位，由于$1e=1.6\times10^{-19}$C，所以$1\text{C}=6.24\times10^{18}e$。例如，两个电荷量均为1C的点电荷相距为1m时，其间的相互作用力为9×10^{9}N，即相当于90万吨质量物体的重力（这个力量足可以压碎一栋大楼）。

5. 电荷守恒定律

人们总结了大量的实验事实，得到了如下的结论：不论进行何种物理过程，都只能使电荷从一个物体转移到另一物体，或从物体的一部分转移到另一部分。当一种电荷出现时，必有等量的异号电荷同时出现；当一种电荷消失时，必有等量的异号电荷同时消失。也就是说，在一个孤立的系统内，不论进行怎样的物理过程，电荷量的代数和（净电荷）始终保持不变。这个结论叫做**电荷守恒定律**。

注意：电荷守恒并不意味着电荷不可以产生和消失，例如在正负电子对的湮没和产生等过程中，电荷是可以产生和消失的，但总电荷量不变。

8.1.2 库仑定律

在发现电现象以后的两千多年内，人们对电的认识一直停留在定性阶段。从18世纪中叶开始，不少人着手研究电荷之间作用力的定量规律，最先是研究静止电荷之间的作用力。研究静止电荷之间相互作用的理论叫静电学。静电学是以1785年法国物理学家库仑从实验得出在真空中两个静止点电荷之间的相互作用力的规律——**库仑定律**为基础的。

库仑定律的表述如下：相对于惯性系观察，自由空间（或真空）中两个静止点电荷之间的作用力（斥力或引力，统称为库仑力）与这两个电荷所带电荷量的乘积成正比，与它们之间距离的平方成反比，作用力的方向沿着这两个点电荷的连线。

所谓**点电荷**，是指这样的带电体，它本身的几何线度比起所研究问题的范围要小得多，其几何形状和电荷的分布情况对问题的研究已无关紧要，这样的带电体就可以抽象成一个几何点，叫做点电荷。点电荷是一个相对的概念。

两带电荷量分别为 q_1 和 q_2 的点电荷之间的相互作用力大小为 $F=k\dfrac{q_1q_2}{r^2}$。其中 r 是两点电荷之间的直线距离，k 是比例系数。如果用 $\hat{\boldsymbol{r}}$ 表示施力点电荷指向受力点电荷的单位矢量，$\boldsymbol{r}=r\hat{\boldsymbol{r}}$，库仑定律可写成矢量式

$$\boldsymbol{F}=k\frac{q_1q_2}{r^2}\hat{\boldsymbol{r}} \tag{8-1}$$

如图8-2所示，当 $q_1q_2>0$ 时，$\boldsymbol{F}$ 与 $\hat{\boldsymbol{r}}$ 同向，表现为斥力；当 $q_1q_2<0$ 时，$\boldsymbol{F}$ 与 $\hat{\boldsymbol{r}}$ 反向，表现为引力。

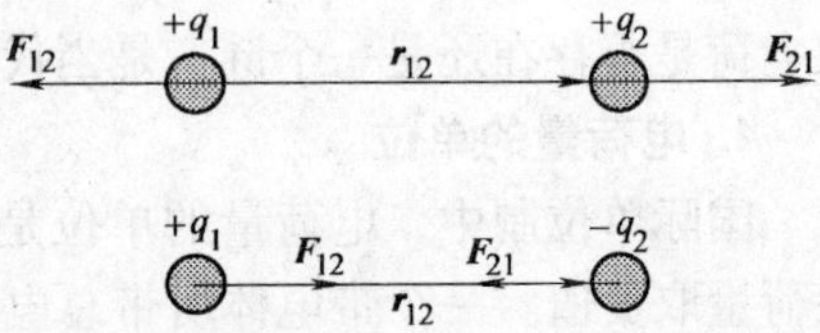

图8-2 库仑力

在国际单位制中，实验测得比例常量 k 为

$$k=8.9880\times10^9\mathrm{N\cdot m^2/C^2}\approx9\times10^9\mathrm{N\cdot m^2/C^2}$$

为了以后表述得更简洁，令 $k=\dfrac{1}{4\pi\varepsilon_0}$，则

$$\boldsymbol{F}=\frac{1}{4\pi\varepsilon_0}\frac{q_1q_2}{r^2}\hat{\boldsymbol{r}} \tag{8-2}$$

式中 $\varepsilon_0=\dfrac{1}{4\pi k}=8.85\times10^{-12}\mathrm{C^2/N\cdot m^2}$，叫做真空的电容率（或介电常数）。

在库仑定律的应用中一定要注意：库仑定律仅适用于真空中的点电荷。

如果真空中不止一个点电荷，库仑力满足力的叠加原理，即两点电荷之间的作用力不因第三个点电荷的存在而改变，某点电荷所受总的库仑力是除它之外其他电荷分别单独存在时对其产生的库仑力之矢量和，即 $\boldsymbol{F}=\sum_i \boldsymbol{F}_i$。

大量实验表明，库仑力的平方反比关系精确成立。近代量子电动力学表明，库仑定律中 r 的指数与光子的静质量有关。若光子的静质量为0，则平方反比关系严格成立。精密的测量表明，光子静止质量的上限为 10^{-48}kg。

【例8-1】 氢原子中电子和质子的距离为 5.3×10^{-11}m。求此两粒子间的静电力和万有引力各为多大？

【解】 电子的电荷是 $-e$，质子的电荷为 $+e$，电子的质量 $m_e=9.1\times10^{-31}$kg，质子的质量 $m_p=1.7\times10^{-27}$kg。由库仑定律，求得两粒子间的静电力的大小为

$$F_e=\frac{e^2}{4\pi\varepsilon_0 r^2}=\frac{9.0\times10^9\times(1.6\times10^{-19})^2}{(5.3\times10^{-11})^2}\text{N}=8.1\times10^{-8}\text{N}$$

由万有引力定律，求得两粒子间的万有引力

$$F_g=G\frac{m_e m_p}{r^2}=\frac{6.7\times10^{-11}\times9.1\times10^{-31}\times1.7\times10^{-27}}{(5.3\times10^{-11})^2}\text{N}=3.7\times10^{-47}\text{N}$$

由计算结果可以看出，氢原子中电子与质子间相互作用的静电力远远大于万有引力，前者约为后者的 10^{39} 倍。

8.2 电场强度

8.2.1 电场

电荷之间有相互作用，这种作用是如何传递的呢？物体间的相互作用必须通过相互接触或借助于介于其间的物质才能传递。没有物质，物体之间的相互作用就不可能发生。电荷间的相互作用是通过一种特殊的物质——**电场**来作用的。每当电荷出现时，在它的周围就会产生（或激发）电场，任何置于其中的其他电荷都将受到该电场对它的作用力，称为电场力。

英国物理学家法拉第首先提出场和力线的概念，在他之前，引力、电力、磁力都被视为是超距作用。但法拉第看来，不经过任何媒介而发生相互作用是不可能的。他认为电荷、磁体或电流周围弥漫着一种物质，它传递电或磁的作用，他把这种物质称为电场和磁场。他还凭着惊人的想象力把场用力线来加以形象化地描绘，并用铁粉演示了磁力线的“实在性”。大家知道，场的概念今天已成为物理学的基石。

电荷周围有电场，这是客观实在，不依人的意识为转移，而且它的存在能够被反映出来，所以电场是一种物质。实验和理论表明，场与实物一样具有质量、能量、动量等。但是场与实物也有差别，实物的分子、原子所占据的空间不能同时为另一分子、原子所占据，但是几个电荷产生的电场却可以同时占据同一空间，所以场是一种特殊的物质，具有可入性。

电荷间的相互作用是通过电场进行的，要探测空间的电场，并定量地了解电场的性质，我们可以引入一个检验电荷 q_0，通过检验电荷的受力来研究电场，这个检验电荷应当满足以下两个要求：（1）电荷所占空间必须很小，否则无法确定探测的是哪一点电场的性质；（2）电荷量必须很小，否则它将影响待测的电场。

电场是带电体周围存在的一种特殊物质。静电场是相对于观察者静止的带电体所产生的电场。两个点电荷之间的作用力就是通过电场来实现的，即

电荷⇔电场⇔电荷

电场的宏观表现可以从两个方面体现：对引入其中的电荷有力的作用和对引入其中的运动电荷做功。

8.2.2 电场强度

下面从电荷受力的角度来定义电场强度的概念。

电场强度是描述电场强弱和方向的物理量。

在静电场中引入一检验电荷 q_0（为方便起见，取 q_0 为正电荷），如图 8-3 所示，观察它的受力情况。实验发现，在同一点，不论检验电荷的大小如何改变，它所受到的力与电荷量的比值始终不变，即$\dfrac{\boldsymbol{F}}{q_0}$是一与 q_0 无关的常量。显然，这个常量是描述静电场本身性质的量。于是就定义：某点电场强度矢量为

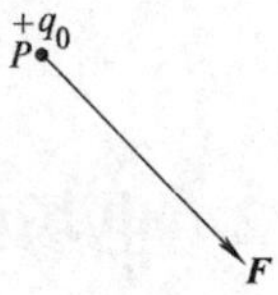

+q_0 P F

图 8-3 检验电荷的受力

$$\boldsymbol{E}=\frac{\boldsymbol{F}}{q_0} \tag{8-3}$$

电场强度的单位是牛顿/库仑（N/C）或伏特/米（V/m）。

若检验电荷是负的，那么电场方向与检验电荷受力的方向相反。

一般说来，电场中各点电场强度的大小和方向都不同，所以 $\boldsymbol{E}$ 是一个位置函数（点函数）。如果电场中各点 $\boldsymbol{E}$ 的大小和方向都相同，则该电场就是均匀电场（常称为匀强电场）。

静电场是矢量场。在多个带电体共同激发的电场中，某一位置处的电场强度是各个带电体在此处激发的电场强度的矢量和，即满足**电场强度叠加原理** $\boldsymbol{E}=\sum\limits_i \boldsymbol{E}_i$。

下面我们来具体计算不同带电体在空间产生的电场强度。

1. 点电荷产生的电场强度

如图 8-4 所示，静止点电荷 q 在空间激发电场，我们来求距离 q 为 r 的 P 点处的电场强度。为此，在 P 点引入一检验电荷 q_0。检验电荷 q_0 所受的电场力为

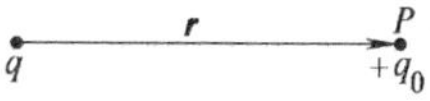

图 8-4　点电荷产生的电场强度

$$\boldsymbol{F} = \frac{qq_0}{4\pi\varepsilon_0 r^2}\hat{\boldsymbol{r}}$$

所以 P 点电场强度为

$$\boldsymbol{E} = \frac{\boldsymbol{F}}{q_0} = \frac{q}{4\pi\varepsilon_0 r^2}\hat{\boldsymbol{r}} \tag{8-4}$$

2. 点电荷系产生的电场强度

多个点电荷组成点电荷系，点电荷系在空间某点产生的电场强度满足场强叠加原理，即总电场强度

$$\boldsymbol{E} = \sum_i \boldsymbol{E}_i = \sum_i \frac{q_i}{4\pi\varepsilon_0 r_i^2}\hat{\boldsymbol{r}}_i \tag{8-5}$$

【例 8-2】 相隔很近距离的两个等量异号电荷 $+q$ 和 $-q$ 构成的系统称为电偶极子。以 $\boldsymbol{l}$ 表示从 $-q$ 到 $+q$ 的有向矢量，则 $q\boldsymbol{l}$ 称为电偶极子的电偶极矩（简称电矩），以 $\boldsymbol{p}_{\mathrm{e}}$ 表示。如图 8-5 所示，求电偶极子在其延长线上的 P 点和中垂线上的 Q 点产生的电场强度。

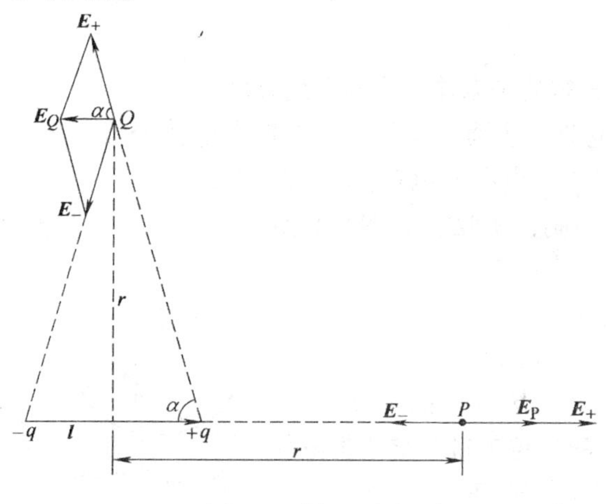

图 8-5　例 8-2 图

【解】 由电场强度叠加原理，P 点的电场强度是 $+q$ 和 $-q$ 在 P 点产生的电场强度的矢量和，即 $\boldsymbol{E}_P = \boldsymbol{E}_+ + \boldsymbol{E}_-$。

因为 $\boldsymbol{E}_+$、$\boldsymbol{E}_-$ 沿同一直线，方向相反，设 P 点到两电荷中心的距离为 r，所以

$$E_P=E_+-E_-=\frac{q}{4\pi\varepsilon_0}\left[\frac{1}{\left(r-\frac{l}{2}\right)^2}-\frac{1}{\left(r+\frac{l}{2}\right)^2}\right]=\frac{2qrl}{4\pi\varepsilon_0\left(r^2-\frac{l^2}{4}\right)^2}$$

当 $r>>l$ 时，$E_P\approx\frac{2ql}{4\pi\varepsilon_0 r^3}$，方向向右。由于电偶极子的电矩 $\boldsymbol{p}_{\mathrm{e}}=q\boldsymbol{l}$，因而这一结果可写成表示大小和方向的矢量式 $\boldsymbol{E}_P=\frac{2\boldsymbol{p}_e}{4\pi\varepsilon_0 r^3}$。

同理，Q 点的电场强度是 $+q$ 和 $-q$ 在 Q 点产生的电场强度的矢量和 $\boldsymbol{E}_Q=\boldsymbol{E}_++\boldsymbol{E}_-$，$+q$ 和 $-q$ 在 Q 点产生的电场强度不沿同一条直线，二者大小相等，有一定的夹角，如图 8-5 所示，设 α 为 $\boldsymbol{E}_+$ 和 $\boldsymbol{E}_Q$ 的夹角，同样设 Q 点到两电荷中心的距离为 r，则

$$E_Q=2E_+\cos\alpha=2\frac{q}{4\pi\varepsilon_0\left(r^2+\frac{l^2}{4}\right)}\frac{\frac{l}{2}}{\sqrt{r^2+\frac{l^2}{4}}}=\frac{ql}{4\pi\varepsilon_0\left(r^2+\frac{l^2}{4}\right)^{\frac{3}{2}}}$$

当 $r>>l$ 时，$E_Q=\frac{ql}{4\pi\varepsilon_0 r^3}$，方向向左，与电偶极矩 $\boldsymbol{p}_e=q\boldsymbol{l}$ 的方向相反，则 $\boldsymbol{E}_Q=-\frac{\boldsymbol{p}_e}{4\pi\varepsilon_0 r^3}$。

3. 电荷连续分布的带电体产生的电场强度

若带电体的电荷是连续分布的，可以把带电体分成许多电荷元 dq，认为每个电荷元 dq 是一个点电荷。电荷元 dq 在场点 P 产生的电场强度为 d$\boldsymbol{E}$，如图 8-6 所示，有

$$\mathrm{d}\boldsymbol{E}=\frac{\mathrm{d}q}{4\pi\varepsilon_0 r^2}\hat{\boldsymbol{r}}$$

式中，r 是从电荷元到场点 P 的距离，而 $\hat{\boldsymbol{r}}$ 是由 dq 指向 P 点的单位矢量。整个带电体在 P 点所产生的总电场强度为

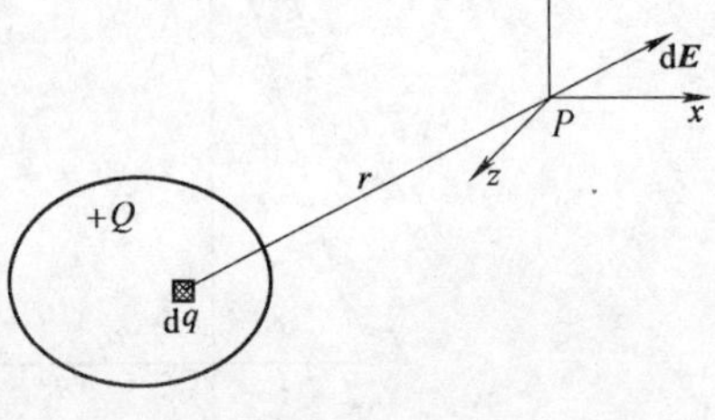

图 8-6 连续带电体产生的电场强度

$$\boldsymbol{E}=\int\mathrm{d}\boldsymbol{E}=\int\frac{\mathrm{d}q}{4\pi\varepsilon_0 r^2}\hat{\boldsymbol{r}}\tag{8-6}$$

要特别注意的是，电场强度是矢量，叠加时不能把 d$\boldsymbol{E}$ 的大小直接相加，即一般情况下 $E\neq\int\mathrm{d}E$。应该先把 d$\boldsymbol{E}$ 投影在 x、y、z 轴上，得到 dE_x、dE_y、dE_z，然后再分别积分求出 E_x、E_y、E_z。

【例 8-3】 一根长为 L 的均匀带电细棒，线电荷密度（即单位长度上的电荷）为 λ（设 $\lambda>0$），求带电细棒附近任一点 P（与棒的垂直距离为 a，与棒两端的连线分别与棒夹角为 θ_1 和 θ_2）的电场强度。

【解】 如图 8-7 所示，建立直角坐标系。

在带电直棒上取长度为 $\mathrm{d}x$ 的电荷元，其电荷量 $\mathrm{d}q=\lambda\mathrm{d}x$，电荷元到该场点 P 的距离为 r，它在该场点产生的电场强度的大小为

$$\mathrm{d}E=\frac{1}{4\pi\varepsilon_0}\frac{\mathrm{d}q}{r^2}=\frac{\lambda}{4\pi\varepsilon_0}\frac{\mathrm{d}x}{r^2}$$

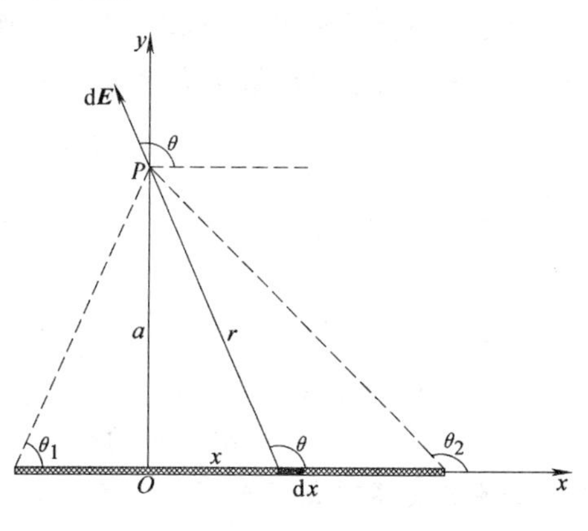

图 8-7 例 8-3 图

方向如图 8-7 所示，可以看出不同位置的电荷元在该场点产生的电场方向不同，必须先把 $\mathrm{d}\boldsymbol{E}$ 分解到 x、y 方向上，再分别积分。

$$\mathrm{d}E_x=\mathrm{d}E\cos\theta=\frac{\lambda}{4\pi\varepsilon_0}\frac{\mathrm{d}x}{r^2}\cos\theta$$

$$\mathrm{d}E_y=\mathrm{d}E\sin\theta=\frac{\lambda}{4\pi\varepsilon_0}\frac{\mathrm{d}x}{r^2}\sin\theta$$

由图 8-7 得，$x=a\cot(\pi-\theta)=-a\cot\theta$，所以 $\mathrm{d}x=\dfrac{a}{\sin^2\theta}\mathrm{d}\theta$，且 $r=\dfrac{a}{\sin\theta}$，因此

$$E_x=\int\mathrm{d}E_x=\frac{\lambda}{4\pi\varepsilon_0}\int\frac{\dfrac{a}{\sin^2\theta}}{\dfrac{a^2}{\sin^2\theta}}\cos\theta\mathrm{d}\theta=\frac{\lambda}{4\pi\varepsilon_0 a}\int_{\theta_1}^{\theta_2}\cos\theta\mathrm{d}\theta=\frac{\lambda}{4\pi\varepsilon_0 a}(\sin\theta_2-\sin\theta_1)$$

$$E_y=\int\mathrm{d}E_y=\frac{\lambda}{4\pi\varepsilon_0}\int\frac{\dfrac{a}{\sin^2\theta}}{\dfrac{a^2}{\sin^2\theta}}\sin\theta\mathrm{d}\theta=\frac{\lambda}{4\pi\varepsilon_0 a}\int_{\theta_1}^{\theta_2}\sin\theta\mathrm{d}\theta=\frac{\lambda}{4\pi\varepsilon_0 a}(\cos\theta_1-\cos\theta_2)$$

若 P 点在棒的中垂线上，则有 $\theta_1+\theta_2=\pi$，则

$$E_x=0 \quad \text{（也可由对称性分析得到）}$$

$$E_y=\frac{\lambda}{4\pi\varepsilon_0 a}2\cos\theta_1=\frac{\lambda L}{4\pi\varepsilon_0 a\sqrt{\dfrac{L^2}{4}+a^2}}$$

此电场的方向沿中垂线向外。进一步，若 $a\gg L$，即中垂线上 P 点距离棒很远，则

$$E=\frac{\lambda L}{4\pi\varepsilon_0 a^2}=\frac{q}{4\pi\varepsilon_0 a^2}$$

其中 $q=\lambda L$ 为带电直棒的总电荷量，上式过渡成点电荷的电场强度公式。这表明离带电直棒很远处的电场相当于一个点电荷产生的电场。

若 $L>>a$，即中垂线上 P 点距离棒很近，则

$$E=\frac{\lambda}{2\pi\varepsilon_0 a} \tag{8-7}$$

此时可将带电棒视为“无限长”。式（8-7）即为无限长带电直线的电场强度公式。

【例 8-4】 一均匀带电细圆环，半径为 a，所带总电荷量为 $+Q$，求圆环轴线上任一点 P 的电场强度。

【解】 建立如图 8-8 所示的坐标系，规定 x 轴过圆环中点且垂直于环面，向右为正方向。

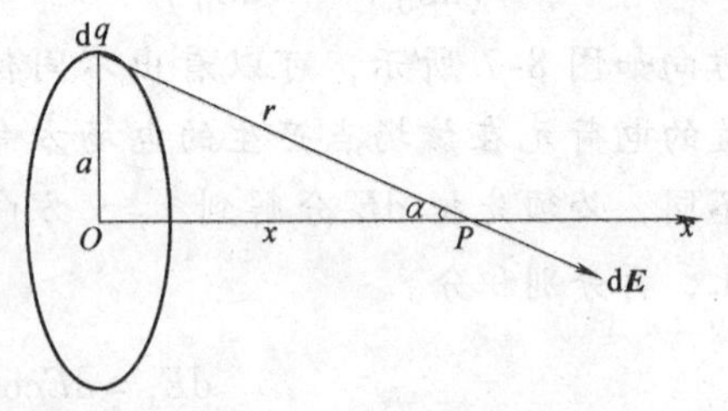

图 8-8 例 8-4 图

设 P 点距圆环中心点的距离为 x，由对称分析得，P 点的 $\boldsymbol{E}$ 沿 x 轴正方向，即垂直于轴线的电场强度分量为零。在圆环上任取一电荷元 $\mathrm{d}q$，电荷元在 P 点产生的电场强度为

$$\mathrm{d}E=\frac{1}{4\pi\varepsilon_0}\frac{\mathrm{d}q}{r^2}$$

它沿 x 方向的分量

$$\mathrm{d}E_x=\mathrm{d}E\cos\alpha=\frac{\mathrm{d}q}{4\pi\varepsilon_0 r^2}\cos\alpha$$

所以

$$E=\int \mathrm{d}E_x=\frac{\cos\alpha}{4\pi\varepsilon_0 r^2}\oint \mathrm{d}q=\frac{\cos\alpha}{4\pi\varepsilon_0 r^2}Q=\frac{xQ}{4\pi\varepsilon_0 r^3}=\frac{Q}{4\pi\varepsilon_0}\frac{x}{(a^2+x^2)^{\frac{3}{2}}}$$

写成矢量形式

$$\boldsymbol{E}=\frac{Q}{4\pi\varepsilon_0}\frac{\boldsymbol{x}}{(a^2+x^2)^{\frac{3}{2}}} \tag{8-8}$$

在圆环中心处，$x=0$，因此 $E=0$。

若 $x>>a$ 时，$(a^2+x^2)^{\frac{3}{2}}\approx x^3$，则

$$E=\frac{Q}{4\pi\varepsilon_0 x^2}$$

上式成为点电荷的电场强度公式。这说明，远离环心处，环的大小和形状已不重

要，环可以视为点电荷。

【例8-5】　均匀带电的圆盘（厚度忽略不计，可看成圆平面），半径为R，面电荷密度为$\sigma(\sigma>0)$，求圆盘轴线上任一点P的电场强度。

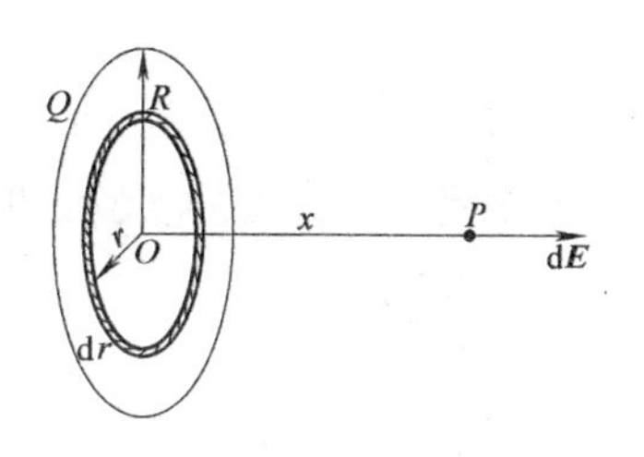

图8-9　例8-5图

【解】　把圆盘看做是由许多同心细圆环组成。任取一半径为r、宽度为$\mathrm{d}r$的细圆环，其带电荷量$\mathrm{d}q=\sigma 2\pi r\mathrm{d}r$，由例8-4可知此圆环在$P$点产生的电场强度为

$$\mathrm{d}E=\frac{x\mathrm{d}q}{4\pi\varepsilon_0(r^2+x^2)^{\frac{3}{2}}}=\frac{x\sigma 2\pi r\mathrm{d}r}{4\pi\varepsilon_0(r^2+x^2)^{\frac{3}{2}}}=\frac{\sigma x}{2\varepsilon_0}\frac{r\mathrm{d}r}{(x^2+r^2)^{\frac{3}{2}}}$$

由于所有圆环在P点产生的电场强度方向均沿x轴，所以有

$$E=\int\mathrm{d}E=\frac{\sigma x}{2\varepsilon_0}\int_0^R\frac{r\mathrm{d}r}{(x^2+r^2)^{\frac{3}{2}}}=\frac{\sigma}{2\varepsilon_0}\left(1-\frac{x}{\sqrt{x^2+R^2}}\right)$$

当$x>>R$时，有

$$E=\frac{\sigma}{2\varepsilon_0}\left(1-\frac{1}{\sqrt{1+\left(\frac{R}{x}\right)^2}}\right)\approx\frac{\sigma}{2\varepsilon_0}\left\{1-\left(1-\frac{1}{2}\frac{R^2}{x^2}\right)\right\}=\frac{\sigma R^2}{4\varepsilon_0 x^2}=\frac{Q}{4\pi\varepsilon_0 x^2}$$

即点电荷的电场强度公式，此时可以把带电圆盘看成点电荷。

当$R>>x$时，即在盘近旁区域内

$$E\approx\frac{\sigma}{2\varepsilon_0}\tag{8-9}$$

即此时可把圆盘看成是无限大均匀带电平面。

8.2.3　电荷在电场中受力的应用

1. 测定基本电荷的量值

1917年，密立根完成了直接测定基本电荷量值的实验，如图8-10所示。他用喷雾器将油滴喷入电容器两块水平的平行电极板之间，油滴经喷射后，一般都是带电的。在不加电场的情况下，小油滴受重力作用而降落，加上电场后，当油滴所受向上的电场力与其重力相等时，油滴将在空中静止。欲测一颗给定油滴的电荷量，只需先测出它的平衡电压，然后撤去电压，让它在空气中自由下降，并在下落达到匀速后，测出下落给定距离所用的时间即可。通过开关开启时和关闭时对油滴运动计时

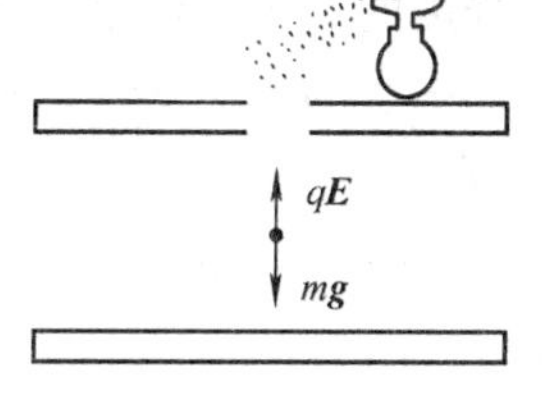

图8-10　密立根油滴实验

并因而确定对电荷的影响，密立根发现，电荷量 q 的值总是由下式给定：

$$q = ne \quad (n = 0, \ \pm 1, \ \pm 2, \ \pm 3, \ \cdots)$$

式中，e 后来被证明是基本电荷的电荷量，它等于 1.6×10^{-19} C。密立根对电荷的量子化提供了有力的实验证明，并由此获得了 1923 年的诺贝尔物理学奖。

2. 喷墨打印

由于对高质量、高速率打印的需要，人们寻找一种替代针式打印机的方法，在纸上喷射微小墨滴构成文字就是一种替换。图 8-11 显示出运动在两块导体偏转板之间带负电的墨滴，在两板间已建立起均匀、指向下方的电场 $\boldsymbol{E}$。墨滴向上偏转然后到达纸上某一位置，该位置由 $\boldsymbol{E}$ 的大小和墨滴上的电荷量 q 确定。墨滴必须在进入偏转系统之前通过充电装置，充电装置本身又由待打印材料编码的电子信号驱动，即从计算机出来的输入信号控制给予每个墨滴的电荷量，因而控制电场对墨滴的影响和墨滴落在纸上的位置，形成一个字母约需 100 个微小墨滴。

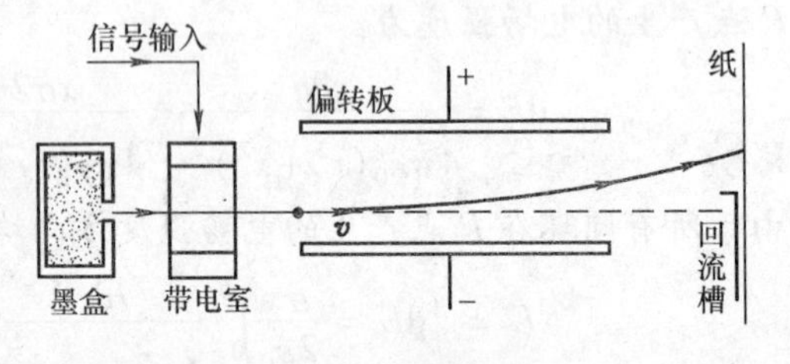

图 8-11　喷墨打印

8.3　高斯定理

高斯（1777—1855）是德国物理学家和数学家，他在实验物理、理论物理以及数学方面都做出了卓越的贡献，他导出的高斯定理是电磁学的一个重要规律。

高斯定理给出了通过任意封闭曲面的电通量与封闭面内所包围的电荷的关系。因此我们先介绍电场线和电通量。

8.3.1　电场线

为了形象、直观地描述电场在空间的分布情况，引入电场线（电力线），如图 8-12 所示。电场线是按下述规定在电场中画出的一系列假想的曲线：曲线上每一点的切线方向代表该点电场强度的方向，曲线的疏密代表电场强度的大小。定量地说，为了表示电场中某点电场强度的大小，设想通过该点画一个垂直于电场方向的面元 $\Delta S_{\perp}$，通过该面元的电场线条数为 ΔN，场中某点电场线的数密度等于该点电场强度的大小，即

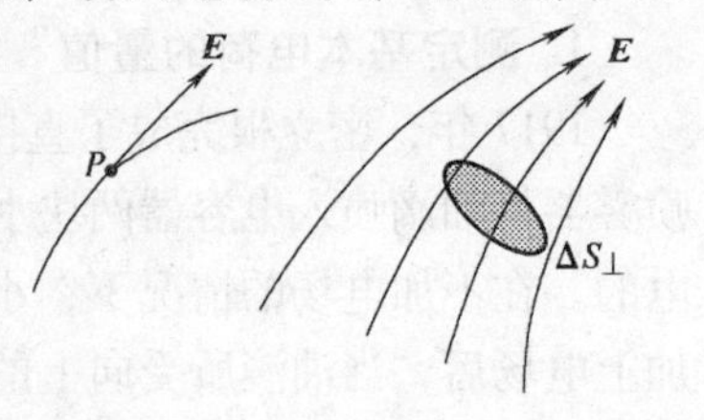

图 8-12　电场线的定义

$$E = \lim_{\Delta S \to 0} \frac{\Delta N}{\Delta S_{\perp}} = \frac{\mathrm{d}N}{\mathrm{d}S_{\perp}}$$

显然，知道了电场线的分布，也就大致知道了电场的分布情况。图 8-13 画出了几种静止电荷产生的电场线。其中图 8-13a、b、c 分别是点电荷、电偶极子、带电平行板的电场线图形。电场线图形也可以通过实验演示出来。将一些针状晶体碎屑撒到绝缘油中使之悬浮起来，加以外电场后，这些小晶体会因感应而成为小的电偶极子。它们在电场力的作用下就会转到电场方向排列起来，于是就显示出了电场线的图形，如图 8-14 所示。图 8-14a 所示是两个等量的正负电荷的电场线，图 8-14b 所示是两个带等量异号电荷的平行金属板产生的电场线，图 8-14c 所示是有尖的异形带电导体产生的电场线。

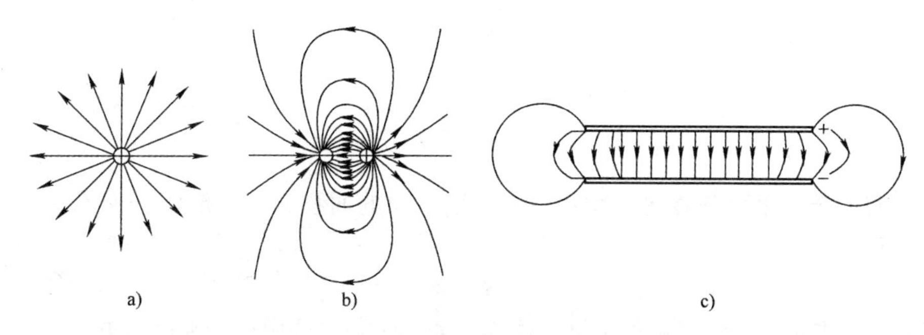

图 8-13 几种静止的电荷产生的电场线

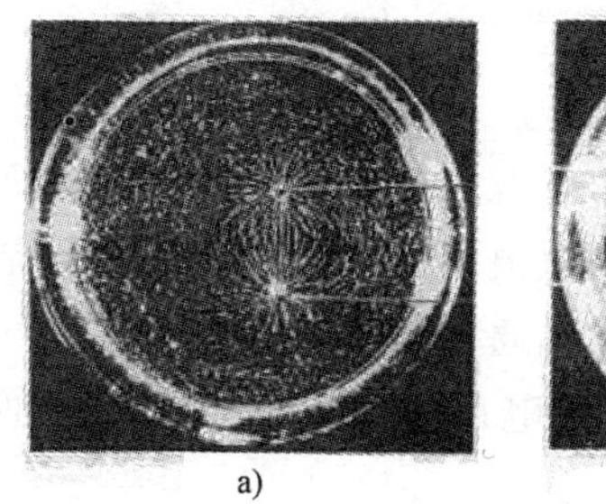

a)

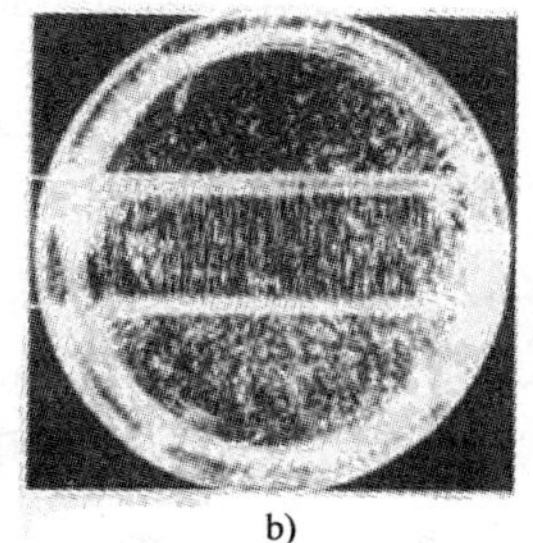

b)

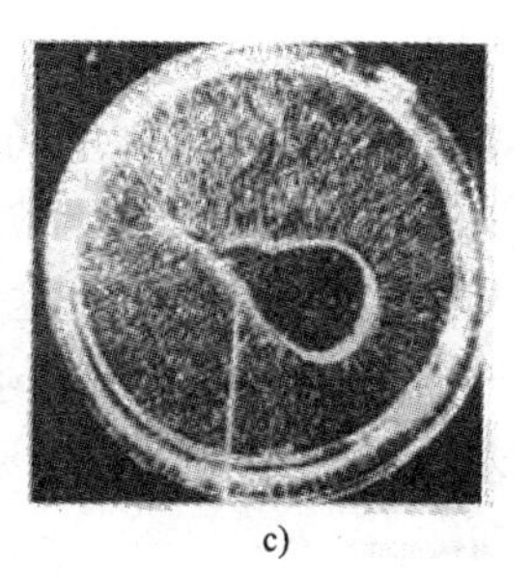

c)

图 8-14 电场线的显示

静电场的电场线具有以下性质：

1）电场线起源于正电荷（或无限远处），终止于负电荷（或无限远处）。电场线形不成闭合线。

2）电场线具有连续性，即没有电荷的地方，电场线既不会增加，也不会减少。

3）在没有电荷的地方，电场线不会相交。

8.3.2 电通量

电场中，通过任一给定曲面的电场线的条数叫做通过该面的电通量，用 Ψ

表示。

如图 8-15a 所示，在均匀电场 $\boldsymbol{E}$ 中，放一平面 S，且 $\boldsymbol{E}$ 的方向垂直于平面 S，则通过面 S 的电通量为 $\Psi = ES$。

如图 8-15b 所示，若平面 S 转过一角度 θ，平面 S 在垂直于电场强度方向的投影大小为 $S_{\perp} = S\cos\theta$，则通过平面 S 的电通量为 $\Psi = ES\cos\theta$。

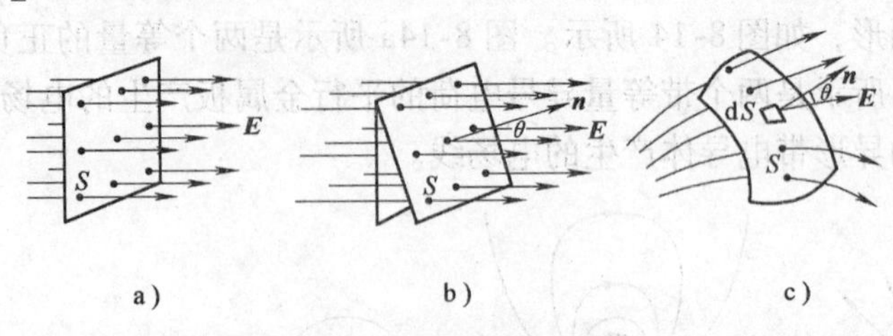

图 8-15 电通量的定义

我们定义**平面矢量 $\boldsymbol{S}$**，其大小等于该平面的面积，方向沿该平面法线的方向，即

$$\boldsymbol{S} = S\boldsymbol{n} \tag{8-10}$$

式中，$\boldsymbol{n}$ 表示平面法线单位矢量。这样，通过匀强电场中任一平面的电通量可表示为

$$\Psi = \boldsymbol{E} \cdot \boldsymbol{S}$$

如何求通过非匀强电场中任一曲面的电通量呢？如图 8-15c 所示，在曲面上任找一面元矢量 $\mathrm{d}\boldsymbol{S}$，面元矢量 $\mathrm{d}\boldsymbol{S}$ 的定义与平面矢量的定义类似，大小为面元的面积大小，方向为面元的法线方向。由于 $\mathrm{d}S$ 面积很小，所以可认为面元是一平面，且其上电场强度 $\boldsymbol{E}$ 均匀，则通过面元 $\mathrm{d}\boldsymbol{S}$ 的电通量为 $\mathrm{d}\Psi = \boldsymbol{E} \cdot \mathrm{d}\boldsymbol{S}$。由于电通量代表的是电场线的条数，所以通过整个曲面的电通量为通过各面元电通量之和，即

$$\Psi = \int \mathrm{d}\Psi = \int_S \boldsymbol{E} \cdot \mathrm{d}\boldsymbol{S} = \int_S E\mathrm{d}S\cos\theta \tag{8-11}$$

我们规定：闭合曲面上各面元矢量的方向沿曲面外法线方向，则通过一闭合曲面的电通量为

$$\Psi = \oint_S \boldsymbol{E} \cdot \mathrm{d}\boldsymbol{S} \tag{8-12}$$

显然，当电场线从曲面内部穿出时，电场强度方向与面元外法线方向的夹角为锐角，电通量为正；当电场线由外部穿进时，电场强度方向与面元外法线方向的夹角为钝角，电通量为负。因此，通过整个闭合曲面的电通量 Ψ 等于穿出与穿入闭合曲面的电场线的条数之差，也就是净穿出闭合曲面的电场线条数。它与什么有关呢？高斯定理解决了这个问题。

8.3.3 高斯定理

1. 穿过一个以点电荷所在位置为球心的任意大小的闭合球面的电通量

如图8-16所示，设球面半径为r，若球面内包含正电荷，球面上各点的电场强度大小相等，且方向都沿径向向外，则由式（8-12）知通过球面的电通量为

$$\Psi=\oint_S \boldsymbol{E}\cdot\mathrm{d}\boldsymbol{S}=\oint_S E\mathrm{d}S=\oint_S\frac{q}{4\pi\varepsilon_0 r^2}\mathrm{d}S=\frac{q}{4\pi\varepsilon_0 r^2}\oint_S\mathrm{d}S=\frac{q}{4\pi\varepsilon_0 r^2}4\pi r^2=\frac{q}{\varepsilon_0}$$

上式表明，通过球面的电通量与球面半径r无关，只与它所包围的电荷的电荷量有关。上式对负电荷也适用，这意味着，对以点电荷q为中心的任意球面来说，通过它们的电通量都一样，都等于$\frac{q}{\varepsilon_0}$。用电场线的图像来说，这表示通过各球面的电场线总条数相等，或者说，**从点电荷q发出的电场线连续地延伸到无限远处**。这实际上就是可以用连续的线描述电场分布的根据。

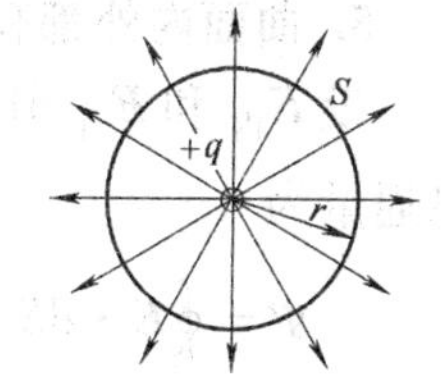

图8-16 点电荷在球心时任意大小的闭合球面的电通量

2. 穿过内部仅包含一个点电荷的任意闭合曲面S'的电通量

如图8-17所示，闭合曲面S'内包含一点电荷q，以q为球心、以r为半径作一球面S。因为通过S面和S'面的电场线条数一样多，所以通过S面和S'面的电通量相等，即

$$\Psi=\Psi'=\frac{q}{\varepsilon_0}$$

3. 通过包围多个点电荷的任意闭合曲面的电通量

如图8-18所示，曲面上任一位置处的电场强度由多个点电荷共同产生，由电场强度叠加原理知，$\boldsymbol{E}=\boldsymbol{E}_1+\boldsymbol{E}_2+\cdots$，所以通过闭合曲面的电通量为

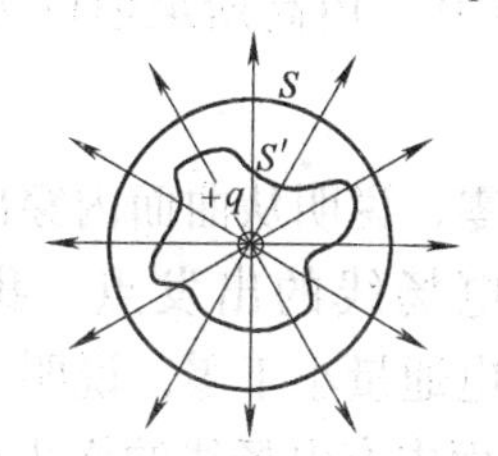

图8-17 仅包含一个点电荷的任意闭合曲面的电通量

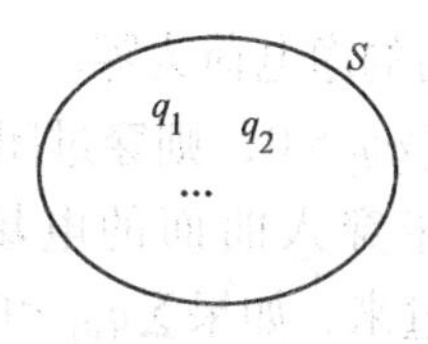

图8-18 包围多个点电荷的任意闭合曲面的电通量

$$\Psi=\oint_S \boldsymbol{E}\cdot\mathrm{d}\boldsymbol{S}=\oint_S(\boldsymbol{E}_1+\boldsymbol{E}_2+\cdots)\cdot\mathrm{d}\boldsymbol{S}=\oint_S\boldsymbol{E}_1\cdot\mathrm{d}\boldsymbol{S}+\oint_S\boldsymbol{E}_2\cdot\mathrm{d}\boldsymbol{S}+\cdots$$

$$=\frac{q_1}{\varepsilon_0}+\frac{q_2}{\varepsilon_0}+\cdots=\frac{\sum\limits_i q_i}{\varepsilon_0}$$

式中，$\sum_i q_i$ 是曲面内所包围多个电荷量的代数和。

4. 闭合曲面不包围电荷时的电通量

当闭合曲面不包围电荷时，曲面内既不会有电场线的出发点，也不会有电场线的终止点，穿入曲面和穿出曲面的电场线条数一样多，即净穿出曲面的电场线条数为零，所以电通量为零，即

$$\Psi = 0$$

5. 曲面内外都有电荷时的电通量

设 $\boldsymbol{E}_{内}$ 和 $\boldsymbol{E}_{外}$ 分别是闭合曲面内、外电荷激发的电场强度，则通过闭合面的电通量为

$$\Psi = \oint_S \boldsymbol{E} \cdot \mathrm{d}\boldsymbol{S} = \oint_S \boldsymbol{E}_{内} \cdot \mathrm{d}\boldsymbol{S} + \oint_S \boldsymbol{E}_{外} \cdot \mathrm{d}\boldsymbol{S} = \frac{1}{\varepsilon_0}\sum q_{内} + 0 = \frac{1}{\varepsilon_0}\sum q_{内}$$

式中，$\sum q_{内}$ 是曲面内部包围的所有电荷量的代数和。

通过以上讨论，得到一个结论：

在静电场中，通过任意一个闭合曲面的电通量等于包围在该曲面内所有电荷的代数和（净电荷）除以真空的电容率 ε_0。这就是静电场的**高斯定理**，这里的闭合曲面叫做**高斯面**。高斯定理的数学表达式为

$$\oint_S \boldsymbol{E} \cdot \mathrm{d}\boldsymbol{S} = \frac{1}{\varepsilon_0}\sum q_{内} = \frac{1}{\varepsilon_0}\int \rho \mathrm{d}V \tag{8-13}$$

式中，ρ 代表曲面内电荷的体密度。高斯定理说明通过一个闭合曲面的电通量只与它内部的电荷有关，但高斯定理中的曲面上各点的 $\boldsymbol{E}$ 是由所有电荷（面内和面外的）共同产生的。尽管曲面外的电荷对闭合曲面的总电通量贡献为零，但它们对部分曲面的电通量却是有贡献的。

如果闭合曲面上各点的 $\boldsymbol{E}=0$，则有 $\oint_S \boldsymbol{E} \cdot \mathrm{d}\boldsymbol{S} = 0$。由高斯定理得 $\sum q_{内} = 0$，即高斯面内的净电荷为零。

如果 $\sum q_{内} > 0$，则穿过闭合曲面的电通量大于零，说明从曲面内穿出的电场线条数多于穿入曲面的电场线条数，曲面内有电场线的出发点，我们称为“源”。反过来，如果 $\sum q_{内} < 0$，则穿过闭合曲面的电通量小于零，说明从曲面内穿出的电场线条数少于穿入曲面的电场线条数，曲面内有电场线的终止点，我们称为“汇”。高斯定理反映了静电场的一个重要性质，静电场是由电荷产生的，或者说，静电场是**有源场**。

利用数学上的高斯公式得 $\oint_S \boldsymbol{E} \cdot \mathrm{d}\boldsymbol{S} = \int_V (\nabla \cdot \boldsymbol{E})\, \mathrm{d}V$，与式(8-13)比较可知

$$\nabla \cdot \boldsymbol{E} = \frac{\rho}{\varepsilon_0} \tag{8-14}$$

因此，静电场中各点的散度一般不为零。

8.3.4 由高斯定理求电场强度

在一个参考系内，当静止电荷的分布具有某种对称性时，可以利用高斯定理求出带电体的电场强度。要用高斯定理求电场强度，必须把 E 从 $\oint_S \boldsymbol{E} \cdot d\boldsymbol{S}$ 中提出来，这一方法的技巧是选取合适的高斯面，必须要求电场具有很高的对称性，即带电体要有很高的对称性。下面举例说明。

【例 8-6】 已知均匀带电球面所带总电荷量为 Q，半径为 R，求球面内、外各点的电场强度。

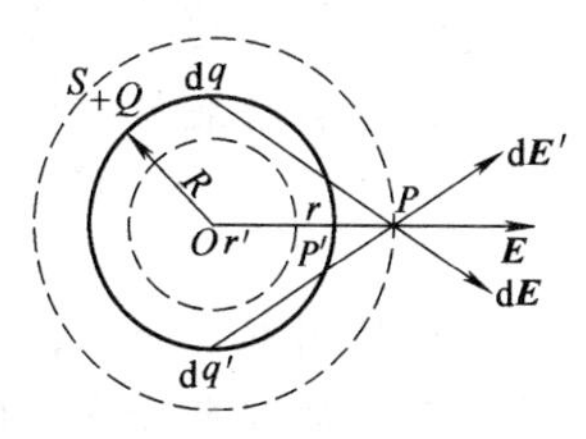

图 8-19 例 8-6 图

【解】 先求外部任一点 P 的电场强度。如图 8-19 所示，由对称分析得，P 点的电场强度方向沿径向向外。以球面的球心 O 为球心、以 P 到球心的距离 r 为半径作一球面，则球面上各点的电场强度大小是一样的，方向均沿径向向外。这就是我们要找的高斯面 S。

由高斯定理得

$$\oint_S \boldsymbol{E} \cdot d\boldsymbol{S} = \oint_S E dS = E \oint_S dS = E \cdot 4\pi r^2 = \frac{Q}{\varepsilon_0}$$

所以

$$E = \frac{Q}{4\pi\varepsilon_0 r^2} \quad (r > R)$$

这个结果与电荷量集中在球心时点电荷的电场强度是一样的。

再求球面内任一点 P' 的电场强度。上述关于电场强度大小和方向的分析仍然适用，建立以 O 为球心、以 P' 到球心的距离 r' 为半径的高斯面，则由高斯定理得

$$\oint_S \boldsymbol{E} \cdot d\boldsymbol{S} = \oint_S E dS = E \oint_S dS = E \cdot 4\pi r'^2 = 0$$

$$E = 0 \quad (r < R)$$

所以，均匀带电球面的电场强度分布为

$$E = \begin{cases} 0 & r < R \\ \dfrac{Q}{4\pi\varepsilon_0 r^2} & r > R \end{cases} \quad (8\text{-}15)$$

根据上述结果可画出电场强度随距离变化的曲线，即 E-r 曲线，如图 8-20所示。可以看出，电场强度值在球面内外是不连续的。

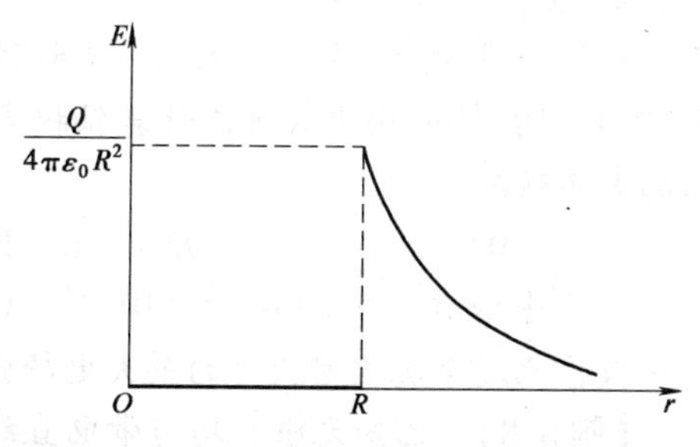

图 8-20 均匀带电球面场强随距离的变化曲线

【例 8-7】 均匀带电球体所带总电荷量为 Q，球半径为 R，求球体内、外任一点的电场强度。

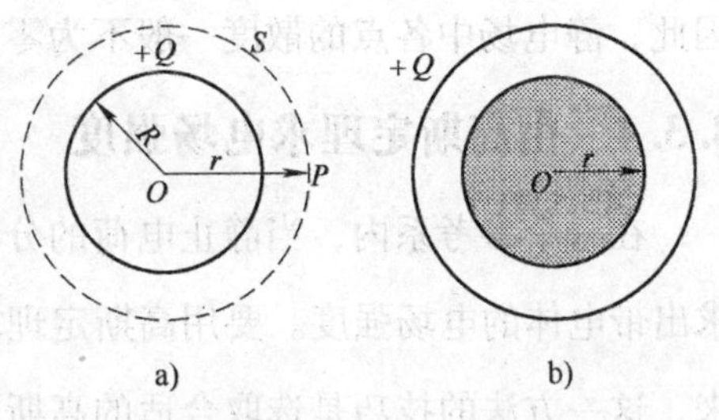

图 8-21　例 8-7 图

【解】 如图 8-21a 所示，以球体的球心 O 为球心、以 P 到球心的距离 r 为半径作一球面，则球面上各点的电场强度大小是一样的，方向均沿径向向外，这就是我们要找的高斯面 S。S 面内包围的电荷量仍为 Q，求球体外一点 P 的电场强度方法和结果与例 8-6 类似，即

$$E=\frac{Q}{4\pi\varepsilon_0 r^2}\quad (r>R)$$

对球体内部任一点，作如图 8-21b 所示的高斯面，与带电球面不同的是，在球体内部作的高斯面内包围有一定量的电荷，则由高斯定理得

$$\oint_S \boldsymbol{E}\cdot \mathrm{d}\boldsymbol{S}=\oint_S E\mathrm{d}S=E\oint_S \mathrm{d}S=E\cdot 4\pi r^2=\frac{Q}{\frac{4}{3}\pi R^3}\frac{4}{3}\pi r^3\frac{1}{\varepsilon_0}=\frac{Qr^3}{\varepsilon_0 R^3}$$

所以

$$E=\frac{Q}{4\pi\varepsilon_0 R^3}r\quad (r<R)$$

这表明，在均匀带电球体内部各点电场强度的大小与矢径成正比。所以，均匀带电球体的场强分布为

$$E=\begin{cases}\dfrac{Q}{4\pi\varepsilon_0 R^3}r & r<R\\[2ex] \dfrac{Q}{4\pi\varepsilon_0 r^2} & r>R\end{cases}\qquad (8\text{-}16)$$

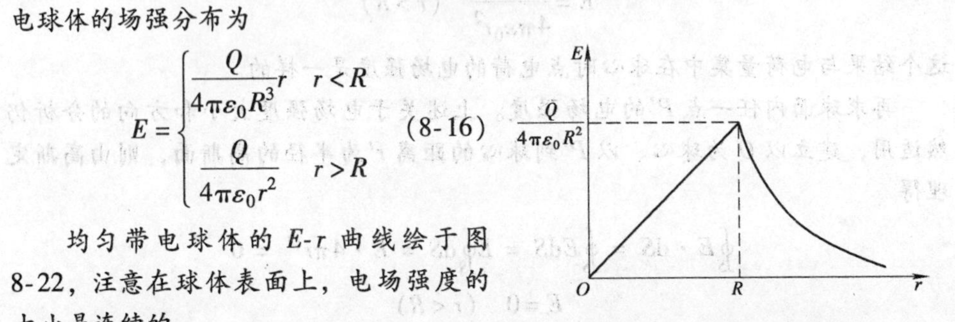

图 8-22　均匀带电球体场强随距离的变化曲线

均匀带电球体的 E-r 曲线绘于图 8-22，注意在球体表面上，电场强度的大小是连续的。

铀核所带电荷量 $q=92\mathrm{e}$，核半径 $R=7.4\times10^{-15}\mathrm{m}$，由上式可以计算铀核表面的电场强度

$$E=\frac{92\mathrm{e}}{4\pi\varepsilon_0 R^2}=\frac{92\times1.6\times10^{-19}}{4\pi\times8.85\times10^{-12}\times(7.4\times10^{-15})^2}\mathrm{N/C}=2.4\times10^{21}\mathrm{N/C}$$

这一数值比现今实验室获得的最大电场强度（约 $10^6\mathrm{N/C}$）大得多！

【例 8-8】 已知无限长均匀带电直线的线电荷密度为 $+\lambda(\lambda>0)$，求带电直线的电场强度分布。

【解】　由对称分析可得，任一点 P 的电场强度沿径向向外，并且以带电线为轴、以 P 到直线的垂直距离 r 为半径的圆柱面上各点的电场强度大小相等。如图 8-23 所示，以长为 l 的此圆柱面再加上两个底面形成的封闭面作为高斯面。由于没有电场线穿过底面，所以通过整个高斯面的电通量也就是通过圆柱面的电通量。应用高斯定理得

$$\oint_S \boldsymbol{E} \cdot \mathrm{d}\boldsymbol{S} = \int_{侧面} \boldsymbol{E} \cdot \mathrm{d}\boldsymbol{S} = \int_{侧面} E\mathrm{d}S = E\int_{侧面} \mathrm{d}S = E \cdot 2\pi rl = \frac{l\lambda}{\varepsilon_0}$$

所以

$$E = \frac{\lambda}{2\pi\varepsilon_0 r}$$

该结果与式（8-7）结果相同。由此可见，在条件允许时，利用高斯定理计算电场强度分布的方法要简便得多。

如图 8-24 所示，在线状闪电发生之前，先有一根电子柱从带有大量电荷的浮云向下延伸到地面。这些电子来自于浮云和该柱内被电离的空气分子，该电子柱的线电荷密度大约为 -1×10^{-3}C/m。一旦电子柱到达地面，柱内的电子迅速地倾泄到地面。在倾泄期间，运动电子与柱内空气的碰撞导致明亮的闪光。倘若空气分子在强度超过 3×10^6N/C 的电场中被击穿，则电子柱的半径有多大？

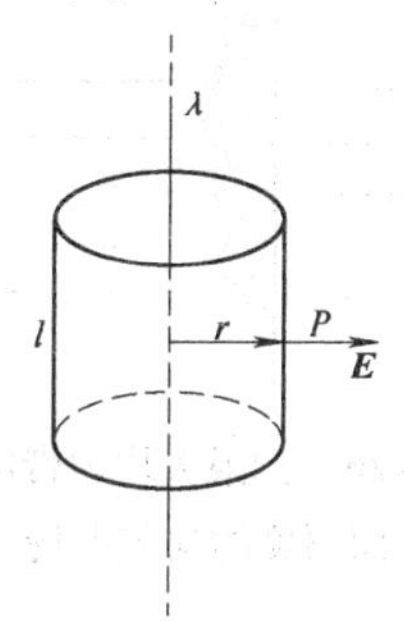

图 8-23　无限长均匀带电直线的场强分布

图 8-24　闪电电子柱

回答这个问题前，应先知道，尽管电子柱不是无限长的直带电棒，但由于其长度远大于柱的直径，所以在距离电子柱较近的地方可认为它是无限长直带电棒。柱表面处的电场强度为 3×10^6N/C 。柱内电场强，空气分子被电离；柱外电场弱，空气分子没有被电离。由式（8-7）可得电子柱的半径是

$$r = \frac{\lambda}{2\pi\varepsilon_0 E} = \frac{1 \times 10^{-3}}{2\pi \times 8.85 \times 10^{-12} \times 3 \times 10^6}\mathrm{m} = 6\mathrm{m}$$

虽然一次闪电的半径大约只有 6m，但当电子柱内的电子倾泄到地面后，会沿着地面行进，形成较强的地面电流，因此，即使站在离轰击点较远的地方也不是绝对安全的。

【例 8-9】 求无限大均匀带电平面的电场强度分布。已知带电平面上的面电荷密度为 σ。

【解】 考虑到带电平面的距离为 r 的 P 点的电场强度。由对称性分析得 $\sigma>0$ 时，P 点的电场强度垂直于平面向外。又由于电荷均匀分布于一无限大平面上，所以电场分布必然对该平面对称，而且离平面等远处（两侧一样）的电场强度大小相等，方向都垂直于平面向外。我们选一个轴垂直于带电平面的圆筒式封闭面作为高斯面，如图 8-25 所示。由于没有电场线穿过圆柱面的侧面，所以通过整个闭合面的电通量等于穿过两个底面（面积大小为 S）的电通量。由高斯定理得

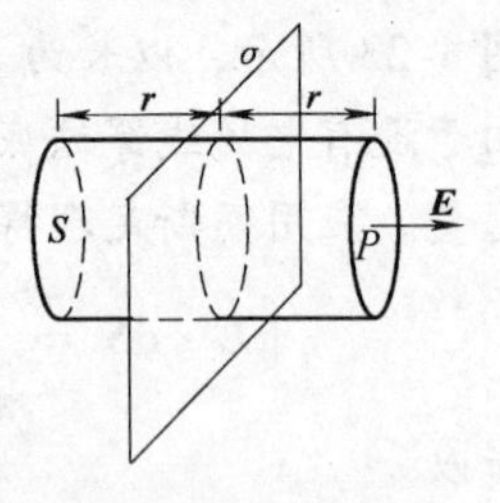

图 8-25 例 8-9 图

$$\oint_S \boldsymbol{E}\cdot \mathrm{d}\boldsymbol{S} = \int_{\text{底面}} \boldsymbol{E}\cdot \mathrm{d}\boldsymbol{S} = 2ES = \frac{\sigma S}{\varepsilon_0}$$

所以

$$E = \frac{\sigma}{2\varepsilon_0}$$

该结果与式（8-9）结果一样。此结果说明，无限大均匀带电平面的两侧电场是均匀场，如图 8-26 所示。

上述各例中的带电体的电荷分布都具有某种对称性，分别是球对称、柱对称和面对称，利用高斯定理计算这类带电体的电场强度分布是很方便的。不具有特定对称性的电荷分布，其电场不能直接用高斯定理求出，但高斯定理对这些电荷的电场仍旧成立。

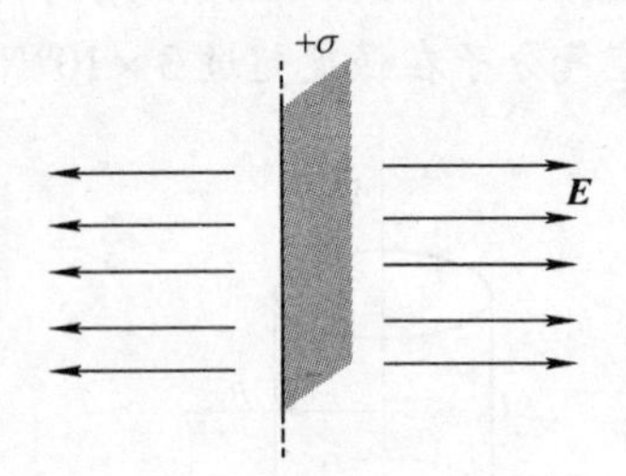

图 8-26 无限大均匀带电平面两侧的均匀电场

8.4 静电场力做的功 环流定理 电势

前面介绍了电场对电荷有作用力，当电荷在电场中移动时，电场力就要做功。本节主要介绍静电场力做功的特征，并引出电势能和电势的概念。

8.4.1 静电场力做的功

在点电荷 q 产生的电场中，引入检验电荷 q_0，并使它由 a 点沿任意路径运动到 b 点。在路径上任取一微元 $\mathrm{d}\boldsymbol{l}$，此处 q_0 受到的静电场力为 $\boldsymbol{F}$，方向如图 8-27 所示，则静电场力的元功为

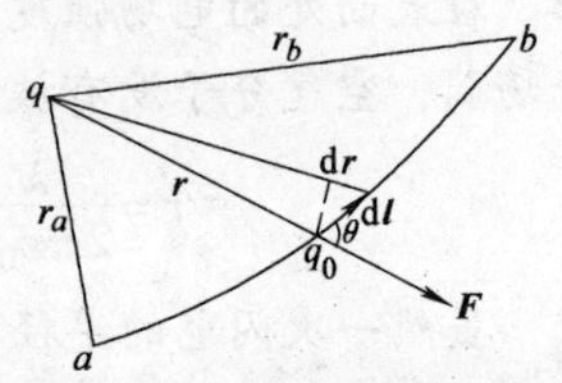

图 8-27 单个点电荷的静电场力的功

$$dA = \boldsymbol{F} \cdot d\boldsymbol{l} = q_0\boldsymbol{E} \cdot d\boldsymbol{l} = q_0 E dl\cos\theta = q_0 E dr = \frac{q_0 q}{4\pi\varepsilon_0 r^2}dr$$

由 a 点运动到 b 点静电场力的总功为

$$A = \int_a^b dA = \int_{r_a}^{r_b} \frac{q_0 q}{4\pi\varepsilon_0 r^2}dr = \frac{q_0 q}{4\pi\varepsilon_0}\left(\frac{1}{r_a} - \frac{1}{r_b}\right) \tag{8-17}$$

其中，r_a 和 r_b 分别表示从点电荷 q 到起点和终点的距离。显然，单个点电荷电场的静电场力的功只与 q_0、q 及 q_0 的起始和末了位置有关，而与积分的路径（即检验电荷 q_0 运动的路径）无关。

对于由许多静止的点电荷 q_1，q_2，…组成的点电荷系，检验电荷 q_0 在移动路径中的任意微小路径 $d\boldsymbol{l}$ 上，受到的电场力是所有点电荷在 q_0 上产生的静电场力的叠加，它所做的功为

$$A = \int_a^b \boldsymbol{F} \cdot d\boldsymbol{l} = \int_a^b q_0\boldsymbol{E} \cdot d\boldsymbol{l} = \int_a^b q_0(\boldsymbol{E}_1 + \boldsymbol{E}_2 + \cdots) \cdot d\boldsymbol{l}$$

$$= \int_a^b q_0\boldsymbol{E}_1 \cdot d\boldsymbol{l} + \int_a^b q_0\boldsymbol{E}_2 \cdot d\boldsymbol{l} + \cdots = A_1 + A_2 + \cdots$$

由于 A_1，A_2，…都与积分的路径无关，所以静电场力的功与积分路径无关。

对于静止的连续带电体，可将其看做无数电荷元的集合，因而它对 q_0 的电场力同样具有这样的特点。因此我们可以得出结论：对任何静电场，静电场力的功与路径无关，所以**静电场力是保守力，静电场是保守场**。

8.4.2 静电场的环流定理

由于静电场力是保守力，所以检验电荷 q_0 沿闭合路径移动一周时有

$$A = \oint_l \boldsymbol{F} \cdot d\boldsymbol{l} = q_0\oint_l \boldsymbol{E} \cdot d\boldsymbol{l} = 0$$

即

$$\oint_l \boldsymbol{E} \cdot d\boldsymbol{l} = 0 \tag{8-18}$$

这表明，在静电场中，电场强度沿任一闭合路径的线积分为零，或者说，静电场电场强度的环流为零。这就是**静电场的环流定理**。

静电场的环流定理反映了静电场的一个重要性质。它说明静电场是保守场，可以引入势能和势的概念，所以静电场是一种势场。

由斯托克斯公式得 $\oint_l \boldsymbol{E} \cdot d\boldsymbol{l} = \int_S (\nabla \times \boldsymbol{E}) \cdot d\boldsymbol{S}$，所以

$$\nabla \times \boldsymbol{E} = 0 \tag{8-19}$$

即静电场的旋度为零，所以静电场是无旋场。

【例 8-10】 证明静电场中的电场线不可能是闭合线。

【证明】 现利用静电场的环流定理并采用反证法证明此结论。

先假设电场线是闭合曲线。取该闭合电场线作为积分环路，考虑到对积分路径上的每一 d$\boldsymbol{l}$，该处的 $\boldsymbol{E}$ 与其同向，则

$$\boldsymbol{E}\cdot \mathrm{d}\boldsymbol{l}=E\mathrm{d}l>0$$

所以

$$\oint_l \boldsymbol{E}\cdot \mathrm{d}\boldsymbol{l}>0$$

这与静电场的环流定理相矛盾，所以假设(电场线是闭合线)不正确，即静电场的电场线不可能是闭合线。

【例 8-11】 平行板电容器内部电场线为平行直线，证明：非无限大平行板电容器电场线不可能只分布于平行板内部。

【证明】 用反证法，假设平行板电容器的外部 $E=0$，如图 8-28 作一闭合回路 $ABCD$，则

$$\oint_l \boldsymbol{E}\cdot \mathrm{d}\boldsymbol{l}=\int_{AB}\boldsymbol{E}\cdot \mathrm{d}\boldsymbol{l}+\int_{BC}\boldsymbol{E}\cdot \mathrm{d}\boldsymbol{l}+\int_{CD}\boldsymbol{E}\cdot \mathrm{d}\boldsymbol{l}+\int_{DA}\boldsymbol{E}\cdot \mathrm{d}\boldsymbol{l}=El$$

与环流定理矛盾，所以假设不成立，即平行板电容器的电场线不可能只分布于平行板内部。

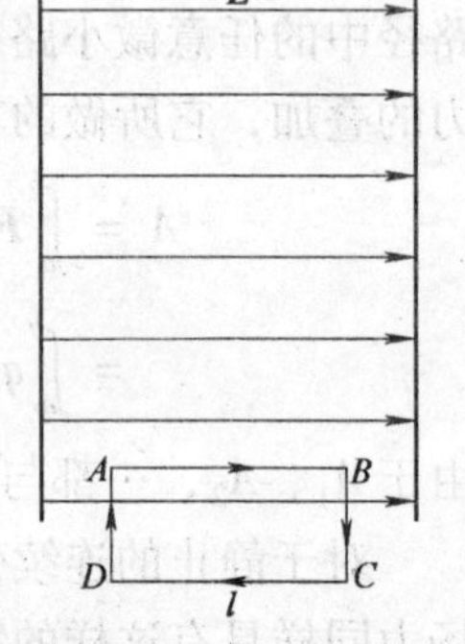

图 8-28 例 8-11 图

8.4.3 电势能与电势

凡保守场都能引入势能的概念。例如在力学中，重力做功与路径无关，所以重力场是保守场，可以引入重力势能的概念。

保守力的功等于相关势能增量的负值，即物体从 a 点运动到 b 点时，保守力的功 A_{ab} 为

$$A_{ab}=-(E_{pb}-E_{pa})=E_{pa}-E_{pb} \tag{8-20}$$

式 (8-20) 中，E_{pa}、E_{pb} 分别代表物体在 a、b 两点的势能值。

静电场力是保守力，因此，在静电场中也可以引入势能的概念——电势能。把检验电荷 q_0 由 a 点移到 b 点时，静电场力的功为

$$A_{ab}=W_a-W_b=q_0\int_a^b \boldsymbol{E}\cdot \mathrm{d}\boldsymbol{l} \tag{8-21}$$

式 (8-21) 中 W_a、W_b 分别表示 q_0 在 a、b 两点时系统的电势能。

在式 (8-21) 中 A_{ab} 与检验电荷的电荷量 q_0 成正比，所以各项中除以 q_0，得

$$\frac{A_{ab}}{q_0}=\frac{W_a-W_b}{q_0}=\int_a^b \boldsymbol{E}\cdot \mathrm{d}\boldsymbol{l}$$

上面各项都与 q_0 无关，所以它们是描述静电场本身性质的物理量。

定义：电场中 a、b 两点间的电势差 U_{ab}（或称电压）为

$$U_{ab}=V_a-V_b=\frac{A_{ab}}{q_0}=\frac{W_a-W_b}{q_0}=\int_a^b \boldsymbol{E}\cdot \mathrm{d}\boldsymbol{l} \tag{8-22}$$

式中，V_a、V_b 分别表示 a、b 两点的电势。

式（8-22）表明：静电场中 a、b 两点的电势差等于把单位正电荷由 a 移到 b 时电场力的功，或把单位正电荷放在 a、b 两点时系统的电势能之差，也等于电场强度由 a 点到 b 点的线积分。

要想确定场中某点的电势，必须首先选取电势零点。如选 c 为电势零点，则 a 点的电势

$$V_a=V_a-V_c=\frac{A_{ac}}{q_0}=\frac{W_a}{q_0}=\int_a^c \boldsymbol{E}\cdot \mathrm{d}\boldsymbol{l} \tag{8-23}$$

即静电场中 a 点的电势等于把单位正电荷由 a 点移到电势零点时电场力的功，或把单位正电荷放在 a 点时系统的电势能，也等于电场强度由 a 点到电势零点的线积分。

对大小有限的带电体，常选无限远处的电势为零，即 $V_\infty=0$，则 a 点的电势

$$V_a=\int_a^\infty \boldsymbol{E}\cdot \mathrm{d}\boldsymbol{l} \tag{8-24}$$

静电场中某点的电势与电势零点的选取有关，但两点间的电势差却与电势零点的选取无关。

8.4.4 电势的计算

1. 点电荷电场中某点的电势

如图8-29所示，在点电荷 q 产生的电场中，任找一点 P，它到 q 的距离为 r。若选 $V_\infty=0$，在 P 点处引入检验电荷 q_0，使它由 P 点移到无限远处，由式（8-17）可知，电场力做功为

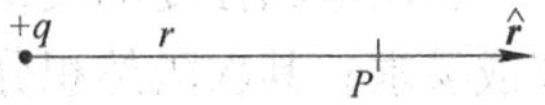

+q r P $\hat{r}$

图8-29 点电荷电场中某点的电势

$$A_{P\infty}=\frac{q_0 q}{4\pi\varepsilon_0 r}$$

则 P 点电势为

$$V_P=\frac{A_{P\infty}}{q_0}=\frac{q}{4\pi\varepsilon_0 r} \tag{8-25}$$

也可以利用电场强度的线积分法求 P 点的电势。取 P 点到无限远处的积分路径为 q 与 P 的连线方向一直向外，则积分路径上任意微小路径 $\mathrm{d}\boldsymbol{r}$，$\boldsymbol{E}$ 与 $\mathrm{d}\boldsymbol{r}$ 同向，因此 P 点处的电势

$$V_P = \int_P^{\infty} \boldsymbol{E} \cdot \mathrm{d}\boldsymbol{r} = \int_r^{\infty} \frac{q}{4\pi\varepsilon_0 r^2}\mathrm{d}r = \frac{q}{4\pi\varepsilon_0 r}$$

2. 点电荷系的电场中某点的电势

对于由许多静止的点电荷 q_1，q_2，…组成的点电荷系，利用电场强度的线积分法来求场中某点 P 的电势。积分路径中的任意微小路径 $\mathrm{d}\boldsymbol{l}$ 上，电场强度是所有点电荷在此处产生的电场强度的矢量和。所以 P 点处的电势

$$V_P = \int_P^{\infty} \boldsymbol{E} \cdot \mathrm{d}\boldsymbol{l} = \int_P^{\infty} (\boldsymbol{E}_1 + \boldsymbol{E}_2 + \cdots) \cdot \mathrm{d}\boldsymbol{l} = \int_P^{\infty} \boldsymbol{E}_1 \cdot \mathrm{d}\boldsymbol{l} + \int_P^{\infty} \boldsymbol{E}_2 \cdot \mathrm{d}\boldsymbol{l} + \cdots$$

$$= V_1 + V_2 + \cdots = \sum_i \frac{q_i}{4\pi\varepsilon_0 r_i} \tag{8-26}$$

式（8-26）表明：P 点处的电势是所有点电荷在此处产生的电势的代数和，该结论称为**电势叠加原理**。

3. 电荷连续分布的带电体的电场中某点的电势

求电荷连续分布的带电体的电场中某点的电势，可用两种方法。

方法一：微元法。将带电体视为由许多电荷微元组成，每一个电荷微元都可视为点电荷，其产生的电势为

$$\mathrm{d}V = \frac{\mathrm{d}q}{4\pi\varepsilon_0 r}$$

叠加可得场点的总电势为

$$V = \int \mathrm{d}V = \int \frac{\mathrm{d}q}{4\pi\varepsilon_0 r} \tag{8-27}$$

方法二：电场强度的线积分法。由式（8-24）可得 P 点处的电势 $V = \int_P^{\infty} \boldsymbol{E} \cdot \mathrm{d}\boldsymbol{l}$。

利用电场强度的线积分法求电势时要注意：首先带电体产生的电场强度要已知或易求；其次既然积分与路径无关，可选使积分计算最简单的积分路径；还要注意，如果从场点到电势零点的积分路径中，电场强度的表示函数不止一个，要分段积分。下面举例说明。

【例 8-12】 如图 8-30 所示，均匀带电球面总带电荷量为 $Q(Q>0)$，球面半径为 R，求球面产生的电场中的电势分布。

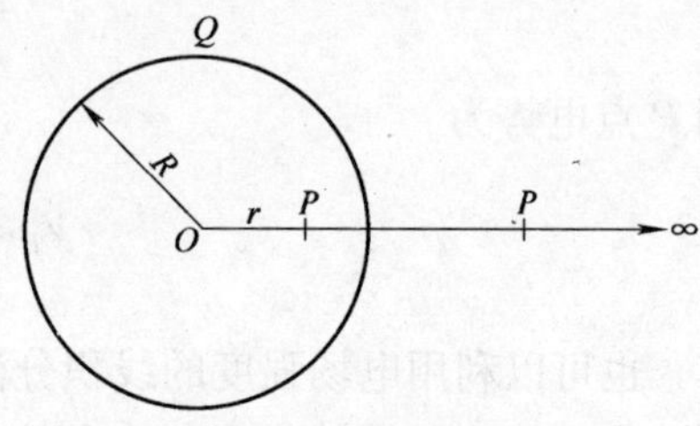

图 8-30 例 8-12 图

【解】 均匀带电球面产生的电场中的电场强度分布为

$$E = \begin{cases} 0 & r < R \\ \dfrac{Q}{4\pi\varepsilon_0 r^2} & r > R \end{cases}$$

所以球面外$(r>R)$任一点 P 的电势为

$$V=\int_P^{\infty}\boldsymbol{E}\cdot\mathrm{d}\boldsymbol{r}=\int_r^{\infty}\frac{Q}{4\pi\varepsilon_0 r^2}\mathrm{d}r=\frac{Q}{4\pi\varepsilon_0 r}$$

结果表明，均匀带电球面外的电势分布和电荷集中到球心处的点电荷的电势分布一样。

若 P 在球面内（$r<R$），由于球面内、外电场强度的分布不同，所以积分要分两段，即

$$V=\int_P^{\infty}\boldsymbol{E}\cdot\mathrm{d}\boldsymbol{r}=\int_r^{R}\boldsymbol{E}\cdot\mathrm{d}\boldsymbol{r}+\int_R^{\infty}\boldsymbol{E}\cdot\mathrm{d}\boldsymbol{r}=\int_r^{R}0\mathrm{d}r+\int_R^{\infty}\frac{Q}{4\pi\varepsilon_0 r^2}\mathrm{d}r=\frac{Q}{4\pi\varepsilon_0 R}$$

它说明均匀带电球面内各点的电势相等，即球面所包围的体积为等势体，球面为等势面。由此例可以得知，电场强度为零的区域一定是等势区。

【例8-13】 均匀带电细棒棒长为 L，线电荷密度为 λ，P 点为棒延长线上一点，与棒末端相距 a，求 P 点的电势。

【解】 如图8-31所示，在均匀带电细棒上任取一电荷元 $\mathrm{d}q$，它到棒末端的距离为 x，宽度为 $\mathrm{d}x$，有 $\mathrm{d}q=\lambda\mathrm{d}x$。设它到 P 点的距离为 r，则它在 P 点产生的电势为

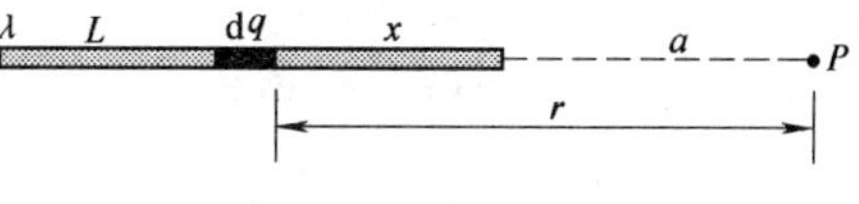

图8-31 例8-13图

$$\mathrm{d}V=\frac{\mathrm{d}q}{4\pi\varepsilon_0 r}=\frac{\lambda\mathrm{d}x}{4\pi\varepsilon_0(x+a)}$$

所以，P 点的电势为所有电荷元产生的电势的叠加

$$V=\int\mathrm{d}V=\frac{\lambda}{4\pi\varepsilon_0}\int_0^{L}\frac{\mathrm{d}x}{x+a}=\frac{\lambda}{4\pi\varepsilon_0}\ln\frac{L+a}{a}$$

【例8-14】 无限长均匀带电直线的线电荷密度为 λ，求带电直线电场中的电势分布。

【解】 无限长均匀带电直线周围的电场强度的大小为

$$E=\frac{\lambda}{2\pi\varepsilon_0 r}$$

它的方向垂直于带电直线。若选无限远处为电势零点，即 $V_\infty=0$，则

$$V_P=\int_P^{\infty}\boldsymbol{E}\cdot\mathrm{d}\boldsymbol{r}=\int_r^{\infty}\frac{\lambda}{2\pi\varepsilon_0 r}\mathrm{d}r=\frac{\lambda}{2\pi\varepsilon_0}\ln\frac{\infty}{r}\rightarrow\infty$$

可以看出，对无限长直导线选取无限远处为电势零点，各点的电势都将为无限大而失去了意义，所以对无限长、无限大等带电体，不能取无限远处为电势零点。

如图8-32所示，若选有限远的某一个点 C（到导线的距离为 R）为电势零点，即 $V_R=0$，则

$$V_P=\int_P^{R}\boldsymbol{E}\cdot\mathrm{d}\boldsymbol{r}=\int_r^{R}\frac{\lambda}{2\pi\varepsilon_0 r}\mathrm{d}r=\frac{\lambda}{2\pi\varepsilon_0}\ln\frac{R}{r}$$

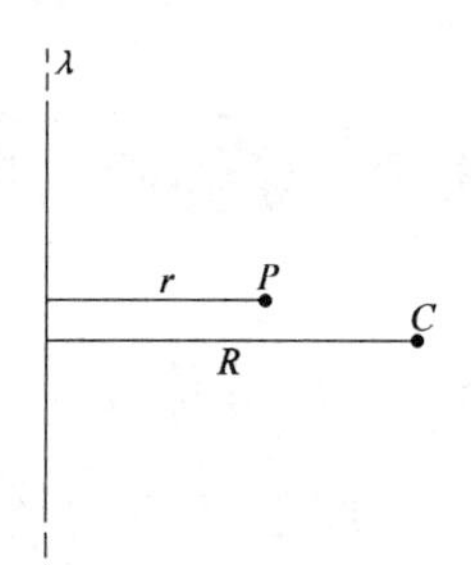

图8-32 例8-14图

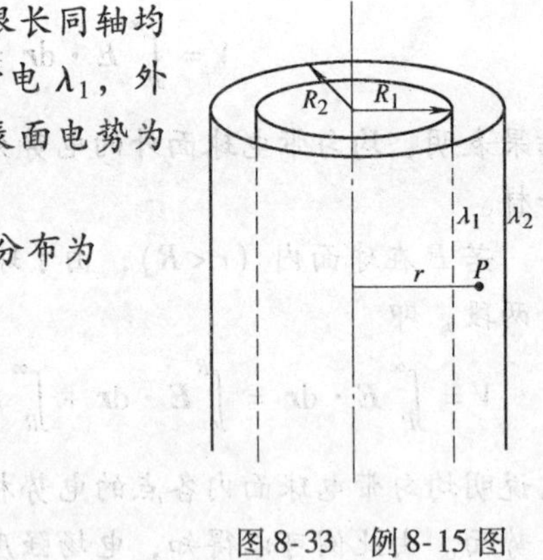

图 8-33　例 8-15 图

【例 8-15】 如图 8-33 所示，有两个无限长同轴均匀带电圆柱面，内筒半径为 R_1，单位长度带电 λ_1，外筒半径为 R_2，单位长度带电 λ_2。若选外筒表面电势为零，求空间电势的分布和两筒间的电势差。

【解】 由高斯定理易得，空间电场强度分布为

$$E=\begin{cases}0 & r<R_1\\ \dfrac{\lambda_1}{2\pi\varepsilon_0 r} & R_1<r<R_2\\ \dfrac{\lambda_1+\lambda_2}{2\pi\varepsilon_0 r} & r>R_2\end{cases}$$

在利用电场强度的线积分法求电势时，路径均取径向，即由轴线垂直向外，它与电场强度的方向相同。

当 $r<R_1$ 时，场点电势为

$$V=\int_r^{R_2}\boldsymbol{E}\cdot\mathrm{d}\boldsymbol{r}=\int_r^{R_1}\boldsymbol{E}\cdot\mathrm{d}\boldsymbol{r}+\int_{R_1}^{R_2}\boldsymbol{E}\cdot\mathrm{d}\boldsymbol{r}=\int_{R_1}^{R_2}\frac{\lambda_1}{2\pi\varepsilon_0 r}\mathrm{d}r=\frac{\lambda_1}{2\pi\varepsilon_0}\ln\frac{R_2}{R_1}$$

当 $R_1<r<R_2$ 时，场点电势为

$$V=\int_r^{R_2}\boldsymbol{E}\cdot\mathrm{d}\boldsymbol{r}=\int_r^{R_2}\frac{\lambda_1}{2\pi\varepsilon_0 r}\mathrm{d}r=\frac{\lambda_1}{2\pi\varepsilon_0}\ln\frac{R_2}{r}$$

当 $r>R_2$ 时，为保持积分方向与电场强度的方向相同，可先求外筒表面与场点的电势差，再得出电势，即

$$V_{R_2}-V=\int_{R_2}^{r}\boldsymbol{E}\cdot\mathrm{d}\boldsymbol{r}=\int_{R_2}^{r}\frac{\lambda_1+\lambda_2}{2\pi\varepsilon_0 r}\mathrm{d}r=\frac{\lambda_1+\lambda_2}{2\pi\varepsilon_0}\ln\frac{r}{R_2}$$

考虑到 $V_{R_2}=0$，得

$$V=-\frac{\lambda_1+\lambda_2}{2\pi\varepsilon_0}\ln\frac{r}{R_2}$$

两筒间的电势差为

$$\Delta V=\int_{R_1}^{R_2}\boldsymbol{E}\cdot\mathrm{d}\boldsymbol{r}=\int_{R_1}^{R_2}\frac{\lambda_1}{2\pi\varepsilon_0 r}\mathrm{d}r=\frac{\lambda_1}{2\pi\varepsilon_0}\ln\frac{R_2}{R_1}$$

8.5　等势面　电场强度与电势的微分关系

8.5.1　等势面

如同借助于电场线来形象描绘电场中的电场强度分布一样，我们常用等势面来表示电场中电势的分布。电势相等的点所构成的面，叫做**等势面**。不同电荷分

布的电场具有不同形式的等势面。如点电荷电场中的等势面就是以点电荷 q 为球心的一簇同心球面。

为了直观地比较电场中各点的电势，画等势面时，使相邻等势面间的电势差为定值。

根据等势面的意义，可知等势面具有以下的性质：

1）在等势面上移动电荷时，电场力不做功。

在等势面上移动电荷时，对每一微小路径上都有电场力做功 $dA = qdU = 0$，所以 $A = 0$。

2）等势面上，电场强度与等势面处处垂直。

在等势面上移动电荷时，总有

$$dA = q\boldsymbol{E} \cdot d\boldsymbol{l} = 0$$

所以

$$\boldsymbol{E} \perp d\boldsymbol{l}$$

因此，等势面上的电场强度与等势面处处垂直。

3）电场线指向电势降落的方向。

如图8-34所示，在电场线上的 A、B 两点之间的电势差为

$$V_A - V_B = \int_A^B \boldsymbol{E} \cdot d\boldsymbol{l} = \int_A^B E dl > 0$$

所以

$$V_A > V_B$$

4）等势面密的地方，电场强度数值大；等势面疏的地方，电场强度数值小。

如图8-35所示，三个等势面1、2、3之间电势差均为 dU，dU 很小，可认为相邻等势面间的电场 E_1、E_2 均匀，则

$$dU = E_1 dr_1 = E_2 dr_2$$

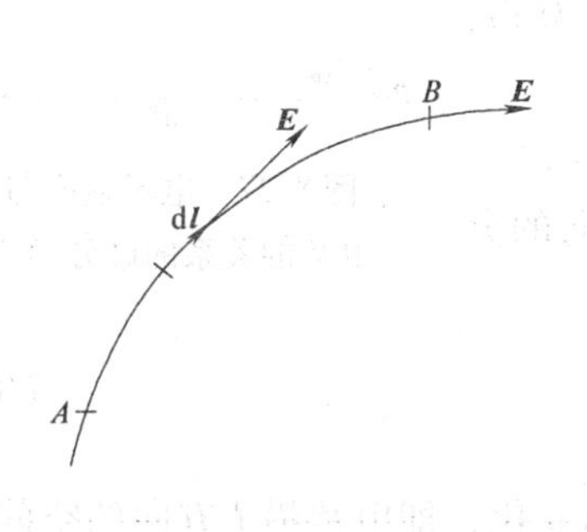

图8-34 电场线指向电势降落的方向

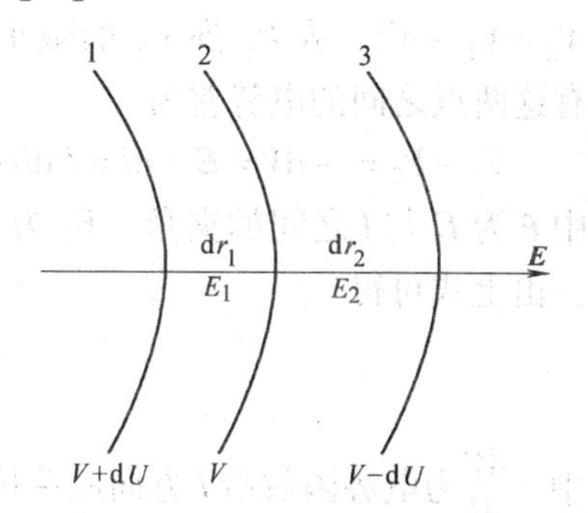

图8-35 等势面疏密与电场强度关系

即两等势面的间距与电场强度成反比，所以等势面密的地方，电场强度数值大；

等势面疏的地方，电场强度数值小。

等势面的概念在实际问题中也有很多应用，主要是因为在实际遇到的很多带电问题中等势面（等势线）的分布容易通过实验测绘出来，并由此可以分析电场的分布。

图 8 – 36 表示几种简单电场分布的电场线和等势面。其中图 a 、b 、c 分别是正点电荷、均匀带电圆盘和一对等量异号电荷的电场线和等势面图形。

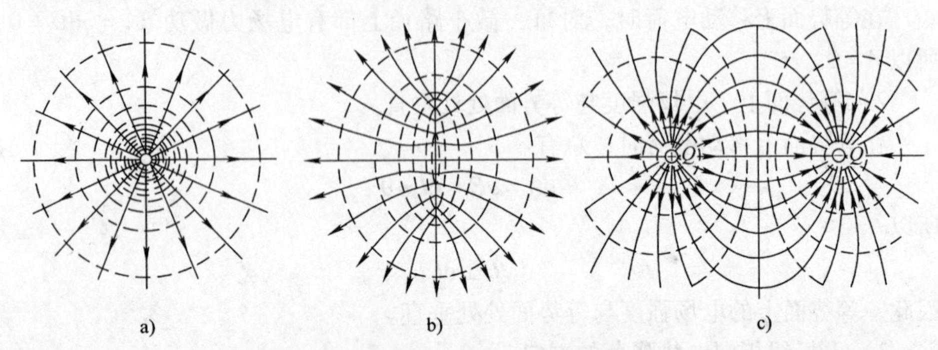

图 8-36 几种电场分布的电场线与等势面

8.5.2 电场强度与电势的微分关系

电场强度和电势都是描述电场中各点性质的物理量。电场中两点之间的电势差等于电场强度沿着它们之间连线的线积分，这是电场强度与电势之间的积分关系。反过来，电场强度与电势的关系也应该可以用微分关系表示出来，即电场强度等于电势的导数。但由于电场强度是一个矢量，这会使导数关系显得复杂一些。下面我们来导出电场强度与电势的关系的微分形式。

如图 8-37 所示，在电场中考虑沿任意的 $\boldsymbol{l}$ 方向相距很近的两点 P_1 和 P_2，这两点的电势分别为 V_1 和 $V_2=V_1+\mathrm{d}V$，从 P_1 到 P_2 的微小位移矢量为 $\mathrm{d}\boldsymbol{l}$，则有这两点之间的电势差为

$$V_1-V_2=-\mathrm{d}V=\boldsymbol{E}\cdot\mathrm{d}\boldsymbol{l}=E\mathrm{d}l\cos\theta=E_l\mathrm{d}l$$

式中 θ 为 $\boldsymbol{E}$ 与 $\boldsymbol{l}$ 之间的夹角，E_l 为 $\boldsymbol{E}$ 沿 $\boldsymbol{l}$ 方向的分量。由上式可得

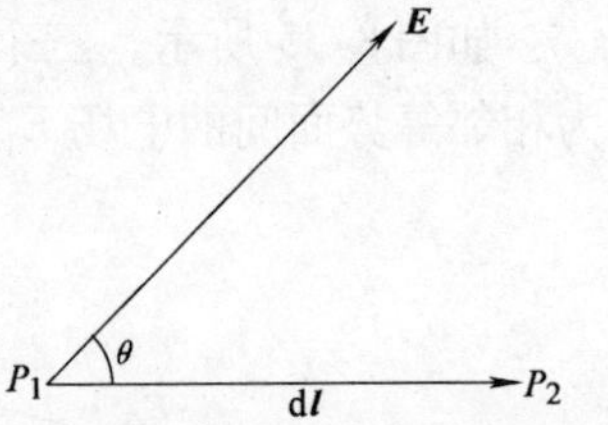

图 8-37 电场强度与电势的关系的微分形式

$$E_l=-\frac{\mathrm{d}V}{\mathrm{d}l} \tag{8-28}$$

式中，$\dfrac{\mathrm{d}V}{\mathrm{d}l}$为电势函数沿 $\boldsymbol{l}$ 方向经单位长度时的变化，即电势沿 $\boldsymbol{l}$ 方向的空间变化率。式（8-28）说明：电场中某点电场强度沿某一方向的分量等于电势沿此方向的空间变化率的负值。

显然，过电场中任一点，沿不同方向电势随空间的变化率是不一样的。

在笛卡儿坐标系中，电势函数可用坐标表示，即 $V=V(x,\ y,\ z)$，则由式（8-28）可求得电场强度沿三个坐标方向的分量，分别是

$$E_x=-\frac{\partial V}{\partial x},\quad E_y=-\frac{\partial V}{\partial y},\quad E_z=-\frac{\partial V}{\partial z} \tag{8-29}$$

则

$$\boldsymbol{E}=-\left(\frac{\partial V}{\partial x}\boldsymbol{i}+\frac{\partial V}{\partial y}\boldsymbol{j}+\frac{\partial V}{\partial z}\boldsymbol{k}\right)=-\left(\frac{\partial}{\partial x}\boldsymbol{i}+\frac{\partial}{\partial y}\boldsymbol{j}+\frac{\partial}{\partial z}\boldsymbol{k}\right)V=-\nabla V=-\mathrm{grad}V \tag{8-30}$$

式中，$\nabla=\frac{\partial}{\partial x}\boldsymbol{i}+\frac{\partial}{\partial y}\boldsymbol{j}+\frac{\partial}{\partial z}\boldsymbol{k}$，叫做梯度算符。式（8-30）就是电场强度与电势的微分关系。负号反映了电场强度的方向与电势梯度的方向相反，即电场强度沿电势降落最快的方向。由此式可方便地根据电势分布求出电场强度分布。

电势梯度的单位名称是伏特每米，符号为 V/m，电场强度的单位也可以用 V/m 表示，它与电场强度的另一个单位 N/C 是等价的。

最后强调一点：电场中某点的电场强度决定于电势在该点的空间变化率，而与电势值本身没有直接的关系。

【例 8-16】 用电势梯度法求电偶极子的两个点电荷连线上任一点的电场强度。

【解】 如图 8-38 所示，以 $+q$ 为坐标原点，以 $+q$ 和 $-q$ 连线为坐标轴建立坐标。$+q$ 和 $-q$ 之间的间距为 d，它们连线上任一点 P（坐标为 x）的电势为

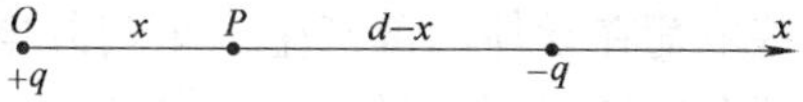

图 8-38　例 8-16 图

$$V=\frac{q}{4\pi\varepsilon_0 x}-\frac{q}{4\pi\varepsilon_0(d-x)}$$

根据电场强度与电势微分关系，可得 P 点的电场强度为

$$E=-\frac{\mathrm{d}V}{\mathrm{d}x}=\frac{q}{4\pi\varepsilon_0 x^2}+\frac{q}{4\pi\varepsilon_0(d-x)^2}$$

沿 x 轴正方向。

【例 8-17】 求均匀带电细圆环轴线上任一点 P 的电势，并利用电场强度与电势微分关系求此点的电场强度。设圆环半径为 R，带电荷量为 Q（$Q>0$），P 点到圆心的距离为 x。

【解】 如图 8-39 所示，取环心为坐标原点 O，x 轴沿轴线方向。利用微元法可求出 P 点的电势为

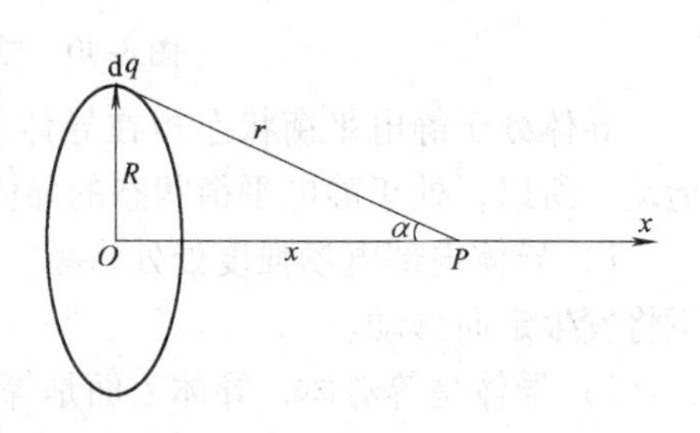

图 8-39　例 8-17 图

$$V=\int \mathrm{d}V=\int \frac{\mathrm{d}q}{4\pi\varepsilon_0 r}=\frac{1}{4\pi\varepsilon_0\sqrt{x^2+R^2}}\int \mathrm{d}q=\frac{Q}{4\pi\varepsilon_0\sqrt{x^2+R^2}}$$

上式是坐标为 x 的任一点的电势，则 P 点的电场强度为

$$E=-\frac{\mathrm{d}V}{\mathrm{d}x}=-\frac{\mathrm{d}}{\mathrm{d}x}\left(\frac{Q}{4\pi\varepsilon_0\sqrt{x^2+R^2}}\right)=\frac{Qx}{4\pi\varepsilon_0(x^2+R^2)^{\frac{3}{2}}}$$

$E>0$，说明 P 点电场强度的方向沿 x 轴正向。这个结果与例 8-4 的结果相同。

8.6 静电场中的导体

前面几节介绍了真空中静电场的基本概念和规律，实际中还经常涉及导体和绝缘体（也叫电介质）对电场的影响。本节和下节就来讨论这些问题。

8.6.1 导体的静电平衡

在导体内部有大量可以自由运动的电荷——自由电子，还有按一定方式有规则排列成晶格点阵的带正电的离子。当导体不带电时，自由电子的负电荷和晶格点阵的正电荷数值相等，电效应互相抵消，因此导体显示电中性，这时导体内的自由电子只作微观的无规则热运动。如图 8-40 所示，如果把导体放入静电场 $\boldsymbol{E}_0$ 中，其内部的自由电子在电场力作用下发生运动，导体表面上将堆积正负电荷。这些电荷在导体内部产生一个与外电场方向相反的新电场 $\boldsymbol{E}'$。只要导体内部的这两个电场不完全抵消，导体中的自由电子就要运动，直到 $\boldsymbol{E}=\boldsymbol{E}_0+\boldsymbol{E}'=0$ 为止。此时就达到了一个平衡态，叫做**静电平衡**。

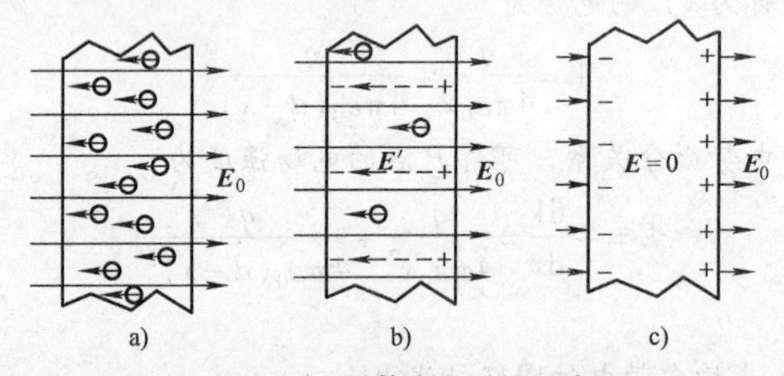

图 8-40 导体中电子的运动

导体处于静电平衡状态指在导体上（内部及表面）的电荷没有定向的宏观运动。所以，处于静电平衡状态的导体具有如下的性质：

1）导体内部电场强度处处为零。否则，导体内部的自由电子在电场的作用下将发生定向移动。

2）导体是等势体，导体表面是等势面。

3）导体表面外附近的电场强度将与导体表面垂直。否则，电场强度沿表面

的分量将使自由电子沿表面做定向移动，如图 8-41 所示。

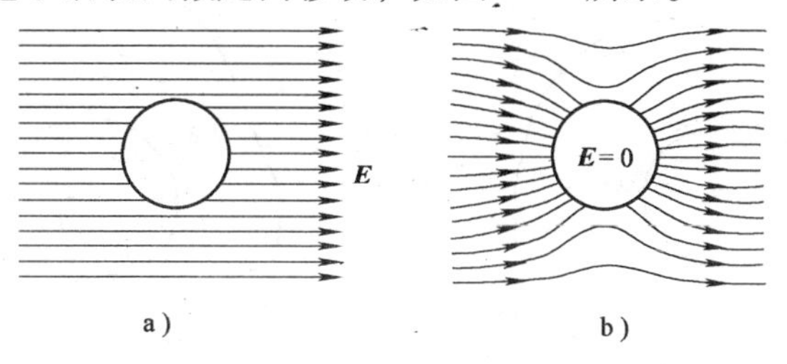

图 8-41 导体的静电平衡

导体在静电场的作用下将很快达到静电平衡状态，所以通常不必考虑导体达到静电平衡的过程，而认为导体在静电场中都处于静电平衡状态。

8.6.2 导体上电荷的分布

如果导体带电，电荷在导体上如何分布呢？

1. 实心导体上电荷的分布

如图 8-42 所示，导体处于静电平衡状态。在实心导体内部作高斯面 S，由高斯定理得

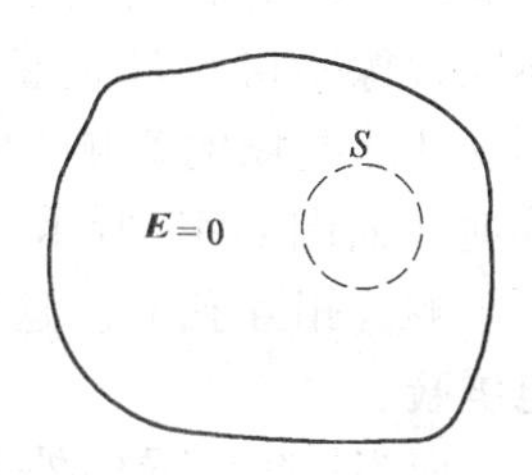

图 8-42 实心导体

$$\oint_S \boldsymbol{E} \cdot \mathrm{d}\boldsymbol{S} = \sum_i \frac{q_{内}}{\varepsilon_0}$$

由于导体处于静电平衡状态时内部电场强度处处为零，所以 $\sum_i q_{内} = 0$。因为高斯面是任意的，所以导体内部不会有净电荷。如果导体带电，电荷就只能分布在外表面上。

2. 内部没有电荷的导体腔上电荷的分布

如图 8-43 所示，作高斯面 S 和 S'，S'紧邻空腔表面。由于导体内部电场强度处处为零，所以由高斯定理可得高斯面 S 和 S'内部的净电荷都为零，即 $\sum_i q_{内} = 0$，$\sum_i q'_{内} = 0$，因此在导体腔内部和内表面上都不可能出现净电荷。会不会内表面有的地方带正电荷有的地方带负电荷，电荷量代数和为零呢？不会。因为此情况下，带正电荷与带负电荷的位置间会有电势差，与导体是等势体相矛盾，所以，如果导体腔带电，电荷只能分布在外表面上。

3. 内部有电荷的导体腔上电荷的分布

若在导体腔的内部有电荷 $+q$。如图 8-44 所示，在导体内部紧贴内表面作高斯面 S，由高斯定理可得知 S 内净电荷为零，即 $\sum_i q_{内} = 0$。因为腔内有电荷 $+q$，所以导体腔的内表面带电 $-q$。这样，在导体腔的外表面就会感应出 $+q$ 电荷。导体腔内的 $+q$ 和导体腔内表面的 $-q$ 形成静电场。

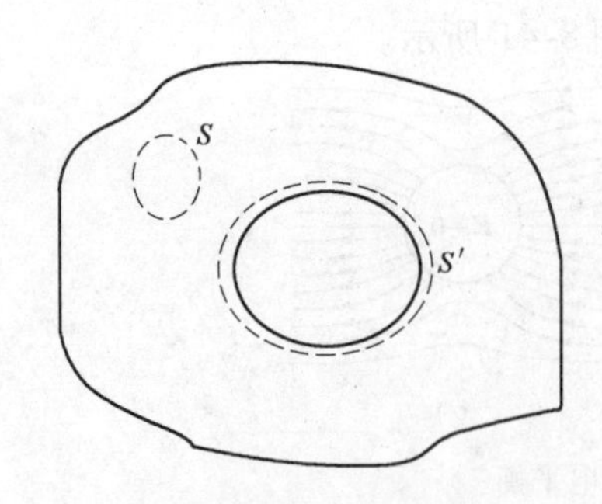

图 8-43 内部没有电荷的导体空腔

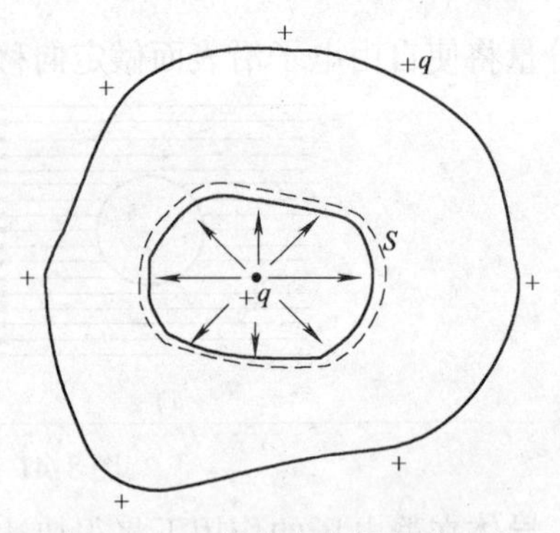

图 8-44 内部有电荷的导体空腔

由于导体内部的电场强度为零，所以外面的电场对腔内的电场没有影响，即导体腔就像一层“保护膜”保护了内部电场不受外部电场的影响。如果导体腔的外壳接地（如图 8-45 所示），则内外电场就互不影响，相互独立。这两种现象均叫做**静电屏蔽**。

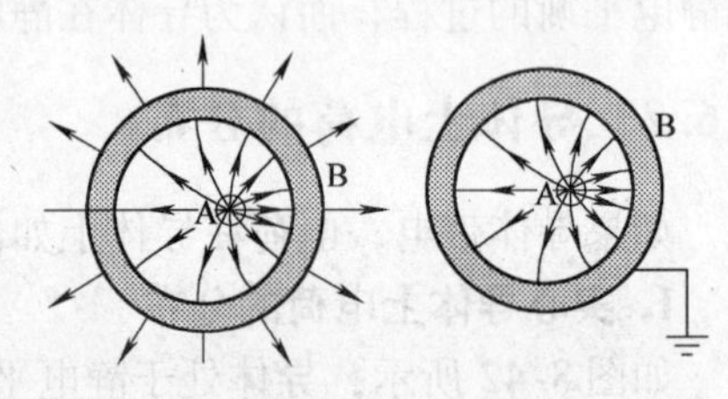

图 8-45 静电屏蔽

应当指出，导体外表面上的电荷的分布情况只取决于导体外表面的形状及其他带电体的影响，与腔内电荷的位置无关。所以如果在一个空心导体圆球内部任何地方放一个点电荷 q，在圆球的外表面感应出的电荷 q 将均匀分布在外表面上，它在球外产生的电场仍然是球对称的。

静电屏蔽有许多重要的应用，为了避免外部电场对精密电磁测量仪器的干扰，或者为了避免电器设备的电场对外界的影响，一般都安装有接地的金属外壳（网、罩）；传输微弱信号的连接导线，为了避免外界的干扰，也往往在导线外面包有一层金属网。

总之，不论导体带有多少电荷，处于静电平衡状态时，电荷总是分布在导体的表面上，所有电荷激发的电场总是使导体内部各点的电场强度处处为零。

静电场之所以能够屏蔽，是因为引起电场的源——电荷有两种。引起引力场的源——质量只有正没有负，所以引力场不能被屏蔽。

8.6.3 导体表面附近的电场强度

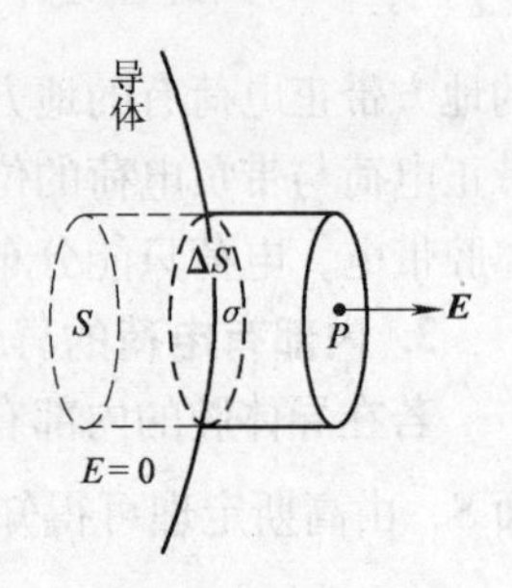

图 8-46 导体表面附近的电场强度

如果把导体表面视为没有厚度的理想化的面，在面的两侧，电场强度有突变，在内侧（导体内），$\boldsymbol{E}=0$；在外侧（导体外），$\boldsymbol{E}\neq0$。如图 8-46 所示，P 点是导体表面附近的一点，其电场强度垂直于导体表面。为研究其大小，我们作微小高斯面。在导体表面上任取一个小面元 ΔS，ΔS 取得足够小，可以认为它上面的电荷分布是均匀的。设电荷面密度为 σ，则 ΔS 上的电荷量为 $q=\sigma\Delta S$。如图 8-46 围绕 ΔS 作一扁柱形闭合面 S，使上下底面都平行于 ΔS，上底面 $\Delta S_{上}$ 恰在导体之外，下底面 $\Delta S_{下}$ 在导体表面内。应用高斯定理得

$$\oint_S \boldsymbol{E}\cdot d\boldsymbol{S} = \int_{上底面} \boldsymbol{E}\cdot d\boldsymbol{S} + \int_{下底面} \boldsymbol{E}\cdot d\boldsymbol{S} + \int_{侧面} \boldsymbol{E}\cdot d\boldsymbol{S} = E\Delta S = \frac{\sigma\Delta S}{\varepsilon_0}$$

所以

$$E=\frac{\sigma}{\varepsilon_0} \tag{8-31}$$

式（8-31）说明处于静电平衡的导体表面附近的电场强度正比于该点处导体表面的局部面电荷密度。

利用式（8-31）可以由导体表面某处的面电荷密度 σ 求出其近邻处的电场强度 $\boldsymbol{E}$。但不要认为导体表面近邻处某点的 $\boldsymbol{E}$ 仅仅是由当地导体表面上的电荷激发的，实际上它是由空间所有电荷（包括该导体上的全部电荷以及导体外所有的其他电荷）共同激发的，而 $\boldsymbol{E}$ 是这些电荷的合电场强度。当导体外的电荷位置发生变化时，导体上的电荷分布也会发生变化，而导体外面的合电场分布也要发生变化。这种变化将一直继续到使导体又处于静电平衡状态为止。

实验表明，对孤立导体，表面越尖锐的地方，电场强度越强。为什么呢？在一个孤立导体上面电荷密度的大小与导体表面的曲率有关。导体表面突出而尖锐的地方（曲率较大），电荷就比较密集，即电荷面密度 σ 较大。导体表面较平坦的地方（曲率较小），σ 较小。从定性上讲，电荷企图尽可能广阔地铺开在导体表面上，而尖端与大部分表面距离较远，板上的一些电荷被一直推到该尖头。在尖头上相对少量的电荷仍能提供一个大的面电荷密度，因此尖端附近的电场强度很强。说明这个问题的一个简单的例子是考虑由一个大球和一个小球被一根很长的导线连接在一起的系统，设大球的半径为 a，带电荷量 Q，小球的半径为 b，带电荷量 q。由于它们被连在一起，所以电势相等，则有

$$\frac{Q}{4\pi\varepsilon_0 a}=\frac{q}{4\pi\varepsilon_0 b}$$

即

$$\frac{Q}{a}=\frac{q}{b}$$

它们激发的电场强度之比为

$$\frac{E_1}{E_2}=\frac{\frac{Q}{a^2}}{\frac{q}{b^2}}=\frac{b}{a}$$

这表明电场强度与半径成反比，所以小球面附近电场较强。

这一结论在技术上很重要，因为若导体尖端位置处面电荷密度很大，电场太强，空气会被击穿。发生的情况是：一个在空气中某处的自由电荷（电子和离子）被电场加速，倘若电场很强，该电荷就得到了一个很大的速度，它与原子相碰后足以把原子中的电子打出来。结果是，更多的离子产生了。大量的带电粒子产生，与尖端上电荷异号的带电粒子受到尖端电荷的吸引，飞向尖端，使尖端上的电荷被中和掉；与尖端上电荷同号的带电粒子受到尖端电荷的排斥，从尖端附近飞开。它们的运动构成一次放电或火花，从外表看，就好像尖端上的电荷被"喷射"出来放掉一样，所以叫做尖端放电。如果你要对一物体充电至一高电压而又不让它放电，那你就必须保证该表面是平滑的，从而不会在任何一处出现异常强的电场。

利用静电感应和尖端现象，可以使物体连续不断地带上高压电荷，产生几十万伏的高压，进行放电演示。输电带将电荷源源不断地送入，电梳将电荷收集并传导到金属球表面以及人身上，直到达到静电平衡为止。由于同种电荷互相排斥，静电斥力就使得人的头发竖起来了（如图8-47所示的"怒发冲冠"）。人是站在绝缘物体上的，没有电势差，体内就不会有电流，因此人是安全的。

图8-47　怒发冲冠

在高压设备中，为了防止因尖端放电而引起的危险和漏电造成的损失，输电线的表面应是光滑的。具有高电压的零部件的表面也必须做得十分光滑并尽可能构成球面。与此相反，在很多情况下，人们还要利用尖端放电现象，避雷针是一个典型的利用。避雷针置于建筑物的顶端，其尖端的电场强度大，空气被电离，形成放电通道，使云地间电流通过导线流入地下而避免建筑物被"雷击"。

场致发射显微镜就是根据导体尖端电场很强的原理而发明的。如图8-48所示，它按如下方式制成：一根十分细小的针，其尖端直径约为100nm，被置于抽成真空的玻璃泡中心。球的内表面敷上一层十分薄的由荧光材料制成的导电膜，在荧光敷层与针之间加上一个非常高的电压。

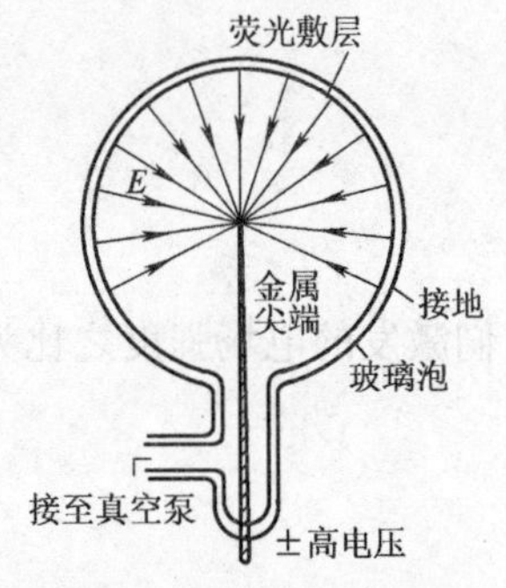

图8-48　场致发射显微镜

首先考虑针相对于荧光敷层是负电时的情况。电场线在尖端处高度集中，电场强度可达四千万伏每厘米。在这样强的电场中，电子会从针的表面被拉出去，而且在针与荧光敷层之间的电场中被加速。当电子到达荧光敷层时会发光，正如电视显像管中的情况一样。这样我们就看到了针的尖端的某种像。更严格地讲，是看到了针表面的发射率图像，反映了电子离开针尖端的难易程度。如果分辨率足够高，还可以分辨出在针的尖端处个别原子的位置。但由于电子具有较明显的波动性，所以它的像比较模糊，分辨率限于2.5nm之间。然而如果颠倒电极的方向，并引少量氦气于玻璃泡中，就可以得到高得多的分辨率。当一个氦原子与针尖相碰时，强大的电场会把氦原子中的一个电子剥开，剩下的原子就带上了正电。然后，氦离子就会沿着电场线加速奔跑到荧光屏。由于氦原子比电子笨重得多，其波动性就小得多，其像的模糊程度就小多了，就可以得到一个清楚得多的有关尖端的图像。用这种正离子的场致发射显微镜，有可能获得高达2000000倍的放大率，比电子显微镜的放大率还高出10倍！场致发射显微镜第一次为人类提供了观察原子的工具。

【例8-18】 如图8-49所示，有两块很大的金属平板A、B，平行放置，面积均为S，带电荷量分别为Q_A和Q_B。求电荷在它们上面分布的面密度？

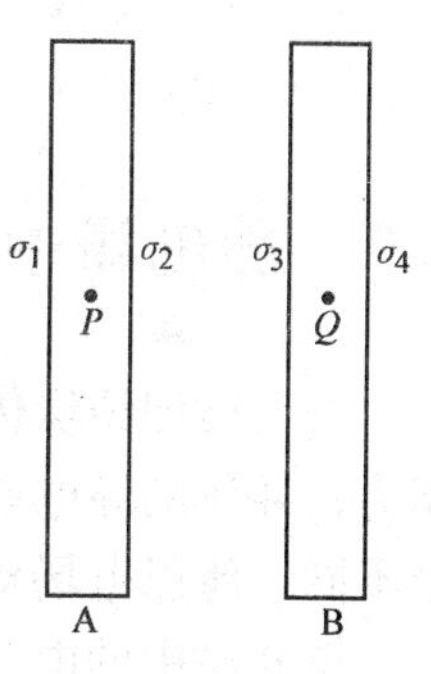

图8-49 例8-18图

【解】 设四个面的电荷密度分别为σ_1，σ_2，σ_3和σ_4，考虑到处于静电平衡时金属平板内部电场强度为零，在两个板的内部分别取点P和Q，则P，Q两点的电场强度均为零，它们的电场则是由σ_1，σ_2，σ_3和σ_4共同激发的，于是有

$$\begin{cases}\sigma_1+\sigma_2=\dfrac{Q_A}{S}\\[2mm] \sigma_3+\sigma_4=\dfrac{Q_B}{S}\\[2mm] \dfrac{\sigma_1}{2\varepsilon_0}-\dfrac{\sigma_2}{2\varepsilon_0}-\dfrac{\sigma_3}{2\varepsilon_0}-\dfrac{\sigma_4}{2\varepsilon_0}=0\\[2mm] \dfrac{\sigma_1}{2\varepsilon_0}+\dfrac{\sigma_2}{2\varepsilon_0}+\dfrac{\sigma_3}{2\varepsilon_0}-\dfrac{\sigma_4}{2\varepsilon_0}=0\end{cases}$$

解得

$$\begin{cases}\sigma_1=\sigma_4=\dfrac{Q_A+Q_B}{2S}\\[2mm] \sigma_2=-\sigma_3=\dfrac{Q_A-Q_B}{2S}\end{cases}$$

若两板带等量异号电荷，则$\sigma_1=\sigma_4=0$，板外侧没有电荷，电荷都集中在两个内表面上。若面电荷密度等量异号，分别为$\pm\sigma$，则板间电场强度为$E=\dfrac{\sigma}{\varepsilon_0}$。

这就是平行板电容器的电场强度。

地球周围的大气是一部大发电机，雷暴是大气中活动最为壮观的景象。即使在晴朗的天气，大气中也到处有电场和电流。雷暴好似一部静电起电机，能产生负电荷并将其送到地面，同时把正电荷送到大气上层。大气的上层是电离层，它是良导体，流入它的电流很快向四周流开，遍及整个电离层。在晴天区域，该电流逐渐向地面泄漏，这样就形成了完整的大气电路。大气电流的形成也是因为大气中存在有电场。晴天区域的大气电场都指向下方。在地表附近的平坦地面上，晴天大气电场强度在100~200V/m之间，由此决定了地球表面必然带有负电荷。若大气电场强度按$E=100\text{V/m}$计算，地球表面单位面积上所带的电荷应为

$$\sigma=\varepsilon_0 E=(-8.85\times10^{-12}\times100)\text{C/m}^2\approx-1\times10^{-9}\text{C/m}^2$$

由此推算出整个地球表面带的负电荷约为$5\times10^5\text{C}$，即

$$Q=4\pi R_E{}^2\sigma\approx(4\times3.14\times(6400\times10^3)^2\times1\times10^{-9})\ \text{C}\approx5\times10^5\text{C}$$

8.7 静电场中的电介质

电介质即绝缘体，理想的绝缘体是不存在的，任何物质都有不同程度的导电能力，导体的导电能力要比绝缘体强$10^{15}\sim10^{20}$倍。由于电介质的结构与金属完全不同，所以电场对它们的影响（称为极化）与导体有着本质的区别。

电介质中的电荷不能自由运动，所以叫做束缚电荷。即使在外力作用下也不过是与原子核的距离稍微拉开些而已。在通常情况下，电介质分子是一个净电荷为零的体系，这个体系的线度很小，只有纳米的数量级，因此在远处观察时，分子中的全部正电荷可视为集中在一点，称为“正电荷中心”，全部负电荷也可视为集中在一点，称为“负电荷中心”。

在无外场作用时，有些分子的正负电荷的中心重合，叫无极分子电介质，如氦气、甲烷等；有些分子的正负电荷中心不重合，叫有极分子电介质，如水等。由于两种介质的结构不同，所以它们在外电场中被极化的机制也不同。下面分别介绍这两种类型分子的极化机制。

8.7.1 电介质的极化机制

1. 无极分子电介质的位移极化

如图8-50所示，在无电场作用下，无极分子的正负电荷中心重合。当加上外电场后，尽管分子中电子不能脱离核的束缚，但正负电荷的中心却被拉开了一段位移。在近似的情况下，可认为每个分子是一个电偶极子，其电偶极矩为$\boldsymbol{p}_e=q\boldsymbol{l}$，它是由外电场作用后产生的电偶极矩，所以叫感生电矩。$\boldsymbol{l}$是正负电荷中

心被拉开的位移，$\boldsymbol{l}$ 的方向由负电荷指向正电荷。可见外场 $\boldsymbol{E}_0$ 越强，$\boldsymbol{p}_e$ 越大。对均匀介质，其内部各电偶极子首尾相连，正负电荷相互抵消，不显电性。但在介质的两端分别出现了正负电荷，这种电荷叫做极化电荷。无极分子电介质的极化是由于外电场把分子正负电荷的中心拉开了一段距离，所以叫**位移极化**。

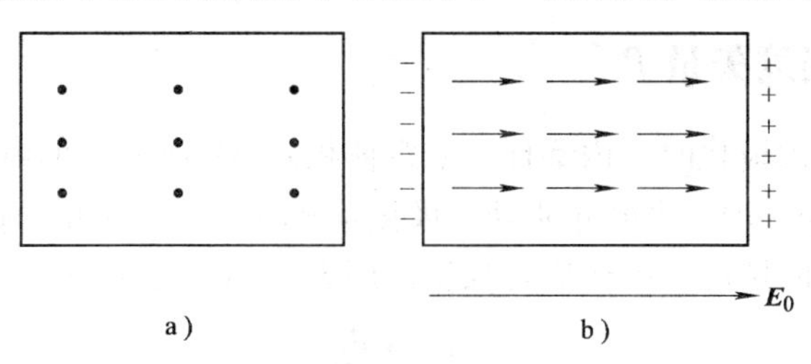

图 8-50 无极分子的位移极化

2. 有极分子电介质的取向极化

如图 8-51 所示，在无电场作用下，有极分子的正负电荷中心已有了一段距离，在近似的情况下，可认为每个分子是一个电偶极子，其电偶极矩叫固有极矩。但由于分子的热运动，各电偶极矩的方向杂乱无章，所以从一个宏观区域看，对外不显电性。加上外电场后，正负电荷都将受到外电场的作用力而发生运动，各电偶极子发生了转动，固有极矩大致趋于外场的方向。热运动的影响使它们与外电场不可能完全一致，电场越强，转动越彻底。对均匀介质，其内部同样由于各电偶极子首尾相连而不显电性，但两端也分别出现了正负电荷（极化电荷）。有极分子电介质的极化是由于外场使电偶极子的方向发生了转动，所以叫**取向极化**。当然，有极分子电介质的极化中也有位移极化，但取向极化占主导。

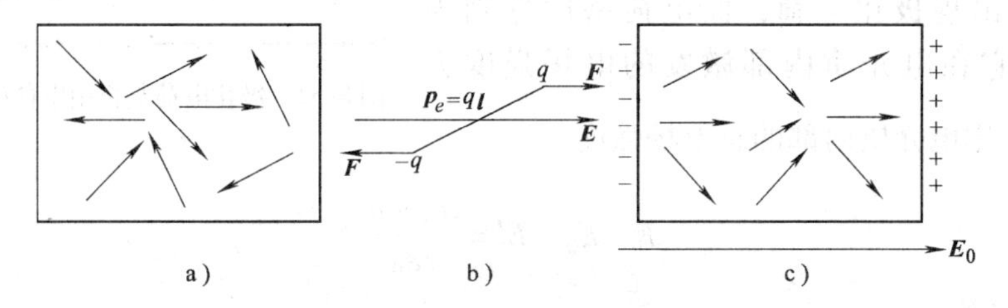

图 8-51 有极分子的取向极化

尽管两种电介质的极化机制不同，但结果是一样的，都出现了极化电荷，以后不再区分。极化电荷也是来自于束缚电荷，我们有时直接称表面出现的极化电荷为“束缚电荷”。显然，外电场越强，电介质表面出现的束缚电荷越多。

当外电场不太强时，它只是引起电介质的极化，不会破坏电介质的绝缘性能（实际的各种电介质中总有数目不等的自由电荷，因此，总有微弱的导电能力）。如果外加电场很强，则电介质分子中的正负电荷有可能被拉开而变成可以自由移动的电荷。由于大量的这种自由电荷的产生，电介质的绝缘性能就会遭到明显的破坏而变成导体。这种现象叫**电介质的击穿**。空气被击穿就是一个明显的例子。本节仅讨论电介质极化的情景，而且作为基础知识，我们只涉及均匀介质的极化。

8.7.2 极化强度矢量 $\boldsymbol{P}$

当介质没有被极化时，内部任一宏观体积元 ΔV 内分子的电偶极矩矢量之和互相抵消，即 $\sum \boldsymbol{p}_e = 0$；当电介质处于极化状态时，$\sum \boldsymbol{p}_e \neq 0$。为了定量地描述电介质内各处极化的情况，引入极化强度，用 $\boldsymbol{P}$ 表示，定义为

$$\boldsymbol{P} = \frac{\sum \boldsymbol{p}_e}{\Delta V} \tag{8-32}$$

$\boldsymbol{P}$ 是量度电介质极化状态即极化程度和极化方向的物理量，单位为库仑/米^2（$\mathrm{C/m^2}$）。

如果在电介质中各点的极化强度矢量大小和方向都相同，我们称该极化是均匀的；否则极化是不均匀的。

8.7.3 极化电荷与自由电荷的关系

如图 8-52 所示，假定有两块平行的无限大带电平板，面电荷密度分别是 $\pm\sigma_0$（自由电荷面密度），其内部的电场强度为 $E_0 = \dfrac{\sigma_0}{\varepsilon_0}$。在其内部插入一块均匀电介质，在它的两个表面上出现极化电荷，面电荷密度分别为 $\mp\sigma'$，它在电介质内部激发的电场强度为 $E' = \dfrac{\sigma'}{\varepsilon_0}$。则电介质内部的总电场强度

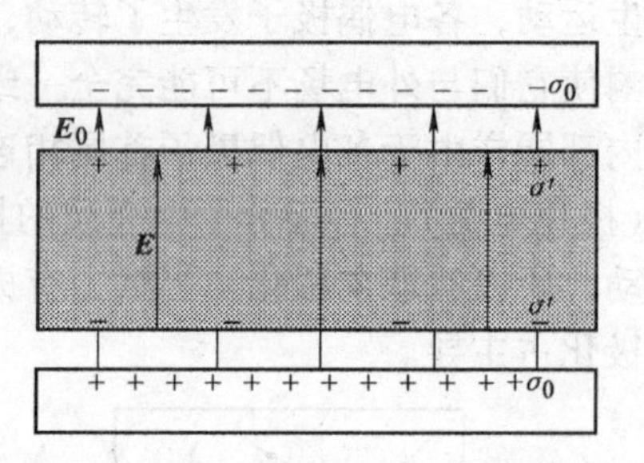

图 8-52 极化电荷与自由电荷的关系

$$E = E_0 - E' = \frac{\sigma_0 - \sigma'}{\varepsilon_0}$$

显然 $E < E_0$。

E 与 E_0 之间究竟有什么关系呢？实验发现：当板间充满一种均匀电介质，则有

$$E = \frac{1}{\varepsilon_r} E_0 \tag{8-33}$$

式中，ε_r 为一大于 1 的纯数，称为电介质的**相对电容率**（或称**相对介电常数**），不同电介质的相对电容率不同，在同样电场中被极化的程度也不同。容易求得，极化电荷产生的电场强度为

$$E' = E_0 - E = E_0 - \frac{1}{\varepsilon_r}E_0 = \frac{\varepsilon_r - 1}{\varepsilon_r}E_0$$

又由于 $E_0 = \dfrac{\sigma_0}{\varepsilon_0}$，而 $E' = \dfrac{\sigma'}{\varepsilon_0}$，所以

$$\frac{\sigma'}{\varepsilon_0} = \frac{\varepsilon_r - 1}{\varepsilon_r}\frac{\sigma_0}{\varepsilon_0}$$

即

$$\sigma' = \frac{\varepsilon_r - 1}{\varepsilon_r}\sigma_0$$

则极化电荷为

$$q' = \frac{\varepsilon_r - 1}{\varepsilon_r}q_0 \tag{8-34}$$

式中的 q_0 和 q'分别表示总的自由电荷和极化电荷。式（8-34）即极化电荷与自由电荷的关系。

8.7.4 电位移矢量与电介质中的高斯定理

电介质中的电场强度 $\boldsymbol{E}$ 是由自由电荷和束缚电荷共同产生的，高斯定理应为

$$\oint_S \boldsymbol{E} \cdot \mathrm{d}\boldsymbol{S} = \frac{1}{\varepsilon_0}\sum(q_0 + q')$$

将极化电荷与自由电荷的关系代入上式可得

$$\oint_S \boldsymbol{E} \cdot \mathrm{d}\boldsymbol{S} = \frac{1}{\varepsilon_0}\sum\left(q_0 - \frac{\varepsilon_r - 1}{\varepsilon_r}q_0\right) = \frac{1}{\varepsilon_0\varepsilon_r}\sum q_0$$

令 $\varepsilon = \varepsilon_0\varepsilon_r$，则

$$\oint_S \varepsilon\boldsymbol{E} \cdot \mathrm{d}\boldsymbol{S} = \sum q_0$$

ε 称为介质的绝对电容率或绝对介电常数。

下面引入一个新的物理量——电位移矢量 $\boldsymbol{D}$。定义在各向同性电介质中

$$\boldsymbol{D} = \varepsilon_0\varepsilon_r\boldsymbol{E} = \varepsilon\boldsymbol{E} \tag{8-35}$$

于是，有电介质时的高斯定理变为

$$\oint_S \boldsymbol{D} \cdot \mathrm{d}\boldsymbol{S} = \sum q_0 \tag{8-36}$$

式（8-36）的意义是：在有电介质的电场中，通过任意封闭面的电位移通量等于该封闭面包围的自由电荷的代数和。它虽然是由均匀电介质的情形推出的，但可以证明，对于电介质不均匀的情况，该式也成立。由上式可知，电位移矢量 $\boldsymbol{D}$ 仅与自由电荷有关，所以在电介质的分界面上若无自由面电荷时，电位

移矢量 $\boldsymbol{D}$ 的法向分量是不变的，这称为 **$\boldsymbol{D}$ 值连续原理**。

利用电介质中的高斯定理和 $\boldsymbol{D}$ 值连续原理可以方便地求均匀电介质中的电场强度与电势。方法是先由高斯定理求出 $\boldsymbol{D}$，高斯面的作法与前相同；再根据均匀电介质中 $\boldsymbol{D}=\varepsilon_0\varepsilon_r\boldsymbol{E}=\varepsilon\boldsymbol{E}$ 求出 $\boldsymbol{E}$。电势的求法与前面相同。

【例 8-19】 求点电荷 q 在相对电容率为 ε_r 的无限大均匀电介质中的 P 点产生的电场强度和电势。

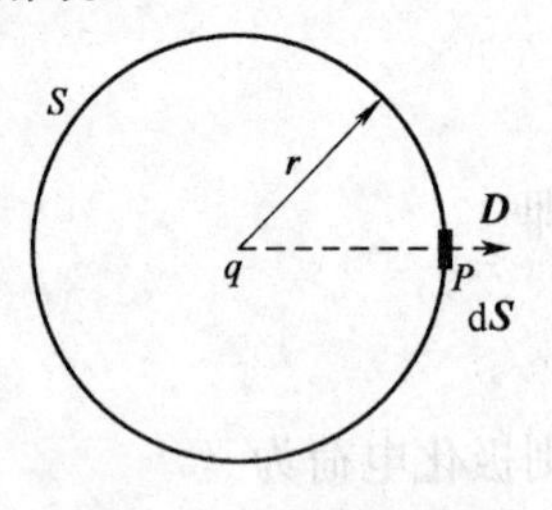

图 8-53 例 8-19 图

【解】 如图 8-53 所示，以 q 为球心、过 P 点作半径为 r 的球面为高斯面 S，由电介质中的高斯定理得

$$\oint_S \boldsymbol{D}\cdot d\boldsymbol{S} = D\cdot 4\pi r^2 = q$$

即

$$D=\frac{q}{4\pi r^2}$$

所以 P 点的电场强度

$$E=\frac{D}{\varepsilon}=\frac{q}{4\pi\varepsilon r^2}=\frac{q}{4\pi\varepsilon_0\varepsilon_r r^2}$$

P 点的电势为

$$V_P=\int_P^\infty E dl=\int_r^\infty \frac{q}{4\pi\varepsilon_0\varepsilon_r r^2}dr=\frac{q}{4\pi\varepsilon_0\varepsilon_r r}$$

【例 8-20】 如图 8-54 所示，有两个无限长同轴圆柱面，半径分别为 R_1 和 R_2，单位长度带电分别为 $+\lambda$ 和 $-\lambda$。若两圆柱面间充满了某种相对电容率为 ε_r 的电介质，则两圆柱面间的电势差为多大？

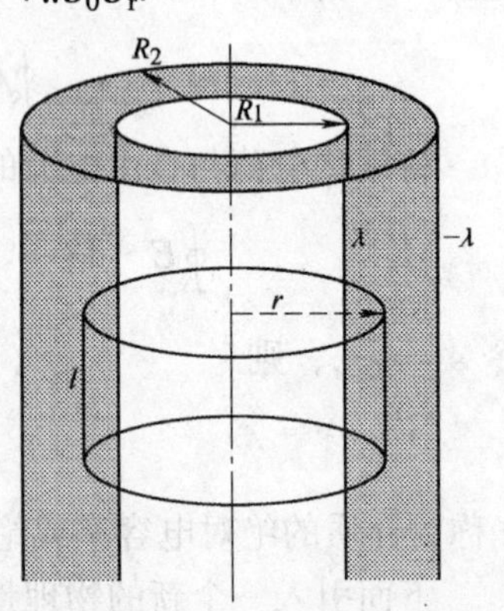

图 8-54 例 8-20 图

【解】 以两圆柱面间任一点到轴线的距离 r 为半径，做高为 l 的柱面（包含上下两个底面）作为高斯面，则由高斯定理得

$$\oint_S \boldsymbol{D}\cdot d\boldsymbol{S} = D\cdot 2\pi rl = \lambda l$$

$$D=\frac{\lambda}{2\pi r}$$

所以两圆柱面间的电场强度为

$$E=\frac{D}{\varepsilon_0\varepsilon_r}=\frac{\lambda}{2\pi\varepsilon_0\varepsilon_r r}$$

两圆柱面间的电势差为

$$U=\int_{R_1}^{R_2}\boldsymbol{E}\cdot d\boldsymbol{r}=\int_{R_1}^{R_2}\frac{\lambda}{2\pi\varepsilon_0\varepsilon_r r}dr=\frac{\lambda}{2\pi\varepsilon_0\varepsilon_r}\ln\frac{R_2}{R_1}$$

8.8　电容

8.8.1　孤立导体的电容

所谓"孤立"导体，就是在这导体的周围没有其他的导体和带电体。假设孤立导体的带电量为Q，它激发的电场强度用$\boldsymbol{E}$表示，则根据电场强度与电势的关系，导体的电势$V \propto E \propto Q$，所以对孤立导体，$\frac{Q}{V}$是与Q无关的量。我们将其定义为孤立导体的电容，用C表示，即

$$C=\frac{Q}{V} \tag{8-37}$$

孤立导体的电容表示使导体每增加单位电势所需要的电荷量。当电势V一定时，电容C越大，导体所带电量Q越大，说明导体的容电本领越大。电容与导体本身的形状、大小及周围的介质有关。

电容的单位是法拉，简称法，用F表示，有1F = 1C/V。实际中法拉这个单位太大，例如，孤立导体球的电容为$C=\frac{Q}{V}=4\pi\varepsilon_0 R$，如果导体球的电容是1F，其半径应为

$$R=\frac{C}{4\pi\varepsilon_0}=\frac{1}{4\pi\varepsilon_0}=9\times10^9\mathrm{m}$$

这个值比地球半径还要大得多。实际中电容的常用单位是微法（μF）、皮法（pF）等，它们的关系为

$$1\mathrm{F}=10^6\mu\mathrm{F}=10^{12}\mathrm{pF}$$

8.8.2　电容器的电容

如果在一个导体的近旁有其他导体，则该导体的电势不仅与它自己所带电荷量的多少有关，还取决于其他导体的位置和形状。如果有两块导体A和B，它们就构成了**电容器**。设A和B分别带电$\pm Q$，则A和B之间的电场如图8-55所示，A、B之间的电势差为

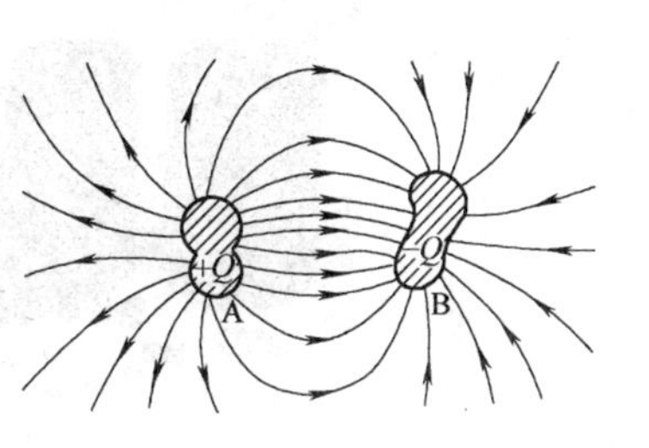

图8-55　电容器的电容

$$V_{\mathrm{A}}-V_{\mathrm{B}}=\int_{\mathrm{A}}^{\mathrm{B}}\boldsymbol{E}\cdot\mathrm{d}\boldsymbol{l}$$

显然有$V_{\mathrm{A}}-V_{\mathrm{B}} \propto E \propto Q$，所以$\frac{Q}{V_{\mathrm{A}}-V_{\mathrm{B}}}$是与$Q$无关的量。我们定义不受其他物体影响的两个导体的电容（即电容器的电容）为

$$C=\frac{Q}{V_A-V_B}=\frac{Q}{U_{AB}} \tag{8-38}$$

但当A、B旁有其他带电体时，它们的电荷会影响到空间的电场强度分布，此时$\boldsymbol{E}$不再与Q成正比，$\frac{Q}{V_A-V_B}$也不等于常量。怎样才能保证$\frac{Q}{V_A-V_B}$仍旧为常量呢？即怎样才能使U_{AB}不受外界的影响呢？我们很容易想到静电屏蔽。

如图8-56所示，把B做成导体腔状，并把A包围在腔内。这样A、B之间的电场强度$\boldsymbol{E}$就不再受外电场的影响，因此$\frac{Q}{V_A-V_B}$是常量。如果A带正电，叫正极，B带负电，叫负极。电容器的电容C只与两个导体A、B的大小、形状、相对位置和二者之间的电介质有关。

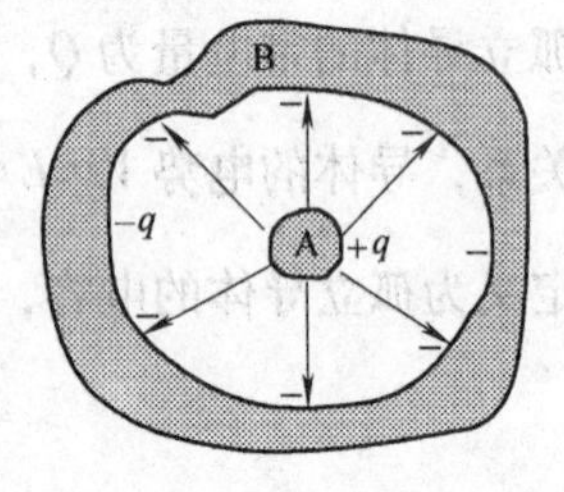

图8-56 静电屏蔽下的电容器

电容器在实际中（主要在交流电路、电子电路中）有着广泛的应用。当你打开任何电子仪器或装置（如收音机、示波器等）的外壳时，就会看到线路里有各种各样的元件，其中不少是电容器。电容器的形状、种类繁多，各有其用途，通常在电容器的两极板间还加有绝缘介质，可以起到增大电容的作用。图8-57a是各种各样的电容器。

陶瓷电容器是用陶瓷作为电介质，在陶瓷基体两面喷涂银层，然后经低温烧成银质薄膜作极板而制成。它的外形以片式居多，也有管形、圆形等形状，如图8-57b所示。一般陶瓷电容器和其他电容器相比，具有使用温度较高、比容量大、耐潮湿性好、介质损耗较小、电容温度系数可在大范围内选择等优点，广泛用于电子电路中，用量十分可观。

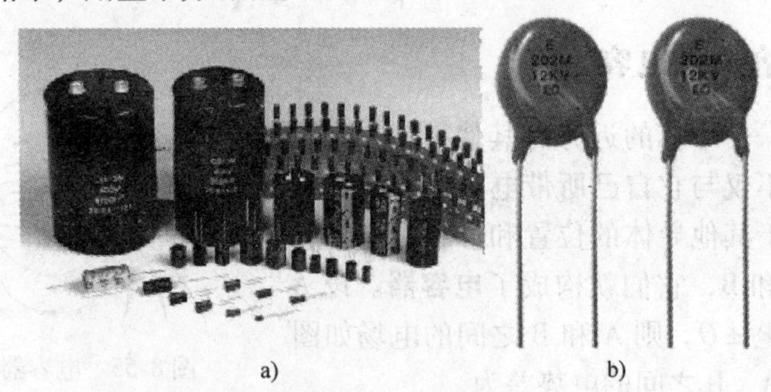

a) b)

图8-57 电容器

*8.8.3 电容器电容的计算

下面我们来推导几种特殊形状的电容器的电容，由此可以看出电容量的大小由哪些因素决定。

1. 平行板电容器

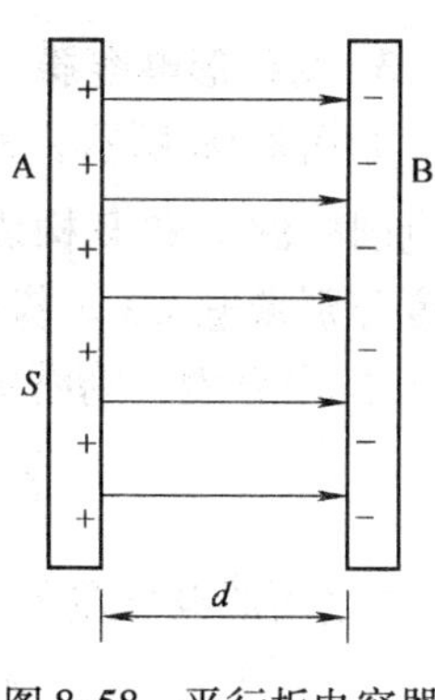

图 8-58 平行板电容器

如图 8-58 所示，A、B 是两块相距很近的、平行放置的、很大的导体板，它们组成平行板电容器。为了计算其电容量，假设两极板分别带电荷 $\pm Q$。若内部是真空，忽略边缘效应，则其间的电场强度为

$$E_0=\frac{\sigma}{\varepsilon_0}$$

两极板间的电势差为

$$U_{AB}=E_0d=\frac{\sigma d}{\varepsilon_0}=\frac{Qd}{\varepsilon_0 S}$$

根据电容公式，可得

$$C_0=\frac{Q}{U_{AB}}=\frac{\varepsilon_0 S}{d} \tag{8-39}$$

若 A，B 之间充满了相对电容率为 ε_r 的电介质，则板间电场强度为

$$E=\frac{\sigma}{\varepsilon_0\varepsilon_r}$$

两板间电势差

$$U_{AB}=\frac{Qd}{\varepsilon_0\varepsilon_r S}$$

电容变为

$$C=\frac{\varepsilon_0\varepsilon_r S}{d}=\varepsilon_r C_0 \tag{8-40}$$

由于 $\varepsilon_r>1$，所以充入电介质后电容量增大了。

2. 球形电容器

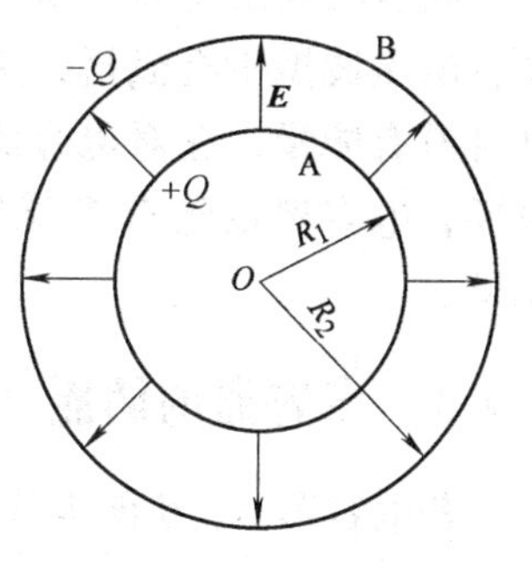

图 8-59 球形电容器

如图 8-59 所示，两个半径分别为 R_1，R_2 同心带电球面 A 和 B 构成球形电容器。设 A 和 B 分别带电 $\pm Q$。若 A，B 之间充满了相对电容率为 ε_r 的电介质，则 A，B 之间的电场强度为

$$E=\frac{Q}{4\pi\varepsilon_0\varepsilon_r r^2}$$

A，B 之间的电势差为

$$U_{AB}=\int_A^B \boldsymbol{E}\cdot \mathrm{d}\boldsymbol{r}=\int_{R_1}^{R_2}\frac{Q}{4\pi\varepsilon_0\varepsilon_r r^2}\mathrm{d}r=\frac{Q}{4\pi\varepsilon_0\varepsilon_r}\left(\frac{1}{R_1}-\frac{1}{R_2}\right)$$

电容器的电容为

$$C=\frac{Q}{U_{AB}}=\frac{4\pi\varepsilon_0\varepsilon_r}{\dfrac{1}{R_1}-\dfrac{1}{R_2}}=4\pi\varepsilon_0\varepsilon_r\frac{R_1R_2}{R_2-R_1} \tag{8-41}$$

3. 圆柱形电容器

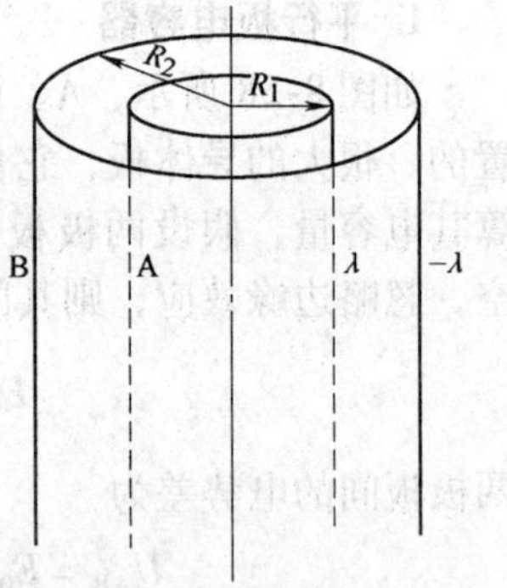

如图8-60所示，两个半径分别为R_1、R_2的同轴带电圆柱面A和B构成柱型电容器。设A和B单位长度分别带电$\pm\lambda$。若A，B之间充满了相对电容率为ε_r的电介质，则两极板间的电场强度为

$$E=\frac{\lambda}{2\pi\varepsilon_0\varepsilon_r r}$$

图8-60 圆柱形电容器

A，B之间的电势差为

$$U_{AB}=\int_A^B \boldsymbol{E}\cdot \mathrm{d}\boldsymbol{r}=\int_{R_1}^{R_2}\frac{\lambda}{2\pi\varepsilon_0\varepsilon_r r}\mathrm{d}r=\frac{\lambda}{2\pi\varepsilon_0\varepsilon_r}\ln\frac{R_2}{R_1}$$

单位长度的电容为

$$C=\frac{\lambda}{U_{AB}}=\frac{2\pi\varepsilon_0\varepsilon_r}{\ln\frac{R_2}{R_1}} \tag{8-42}$$

可以看出，不论何种电容器，充满电介质后的电容都增大为原来的ε_r倍，这正是它被称为相对电容率的原因。

8.9 电场的能量

既然电场是物质，所以它也应具有能量。电磁波是电场和磁场的交替传播，电磁波携带有能量，这个能量就是分别由电场和磁场携带的。电容器不带电时没有能量，在对电容器充电过程中，随着电荷的增加，两极板间建立起了电场，电容器也就有了储能。下面我们通过电容器的储能来说明电场具有能量。

8.9.1 电容器的储能

若电容器A，B两极分别带电$\pm Q$，那么它的储能多大？考察电容器的充电过程。假设A，B两极板最初不带电，充电过程实际上是不停地把B板上的正电荷移到A板的过程，这个过程要靠电源做功来完成。充电的过程中，A、B两板逐渐带电，直到充电完毕后达到$\pm Q$。设充电过程中某一时刻A、B两板分别带电$\pm q$。现把$\mathrm{d}q$电荷从B板移到A板，电源做功是外力克服静电场力对$\mathrm{d}q$做功，其大小为

$$\mathrm{d}A=\mathrm{d}qU_{AB}=\mathrm{d}q\,\frac{q}{C}=\frac{1}{C}q\mathrm{d}q$$

则整个过程中电源的外力克服静电场力所做的总功为

$$A = \int_0^Q \frac{1}{C} q \mathrm{d}q = \frac{Q^2}{2C} = \frac{1}{2}CU^2 = \frac{1}{2}QU$$

式中，U 是充电完毕后两极板间的电势差。外力的功全部转化为电容器的储能，所以电容器储能为

$$W_\mathrm{e} = \frac{Q^2}{2C} = \frac{1}{2}CU^2 = \frac{1}{2}QU \tag{8-43}$$

在推导式（8-43）的过程中没有涉及电容器的形状，所以它对任意形状的电容器都成立。在一定的电压下电容 C 大的电容器储能多，在这个意义上说，电容 C 也是电容器储能本领大小的标志。

8.9.2　电场的能量和能量密度

电容器的储能公式给人们一个印象：能量与电荷联系在一起，电荷附近才有能量，能量的载体是电荷。对静电场的确如此。但电磁波被发现后，人们知道了没有电荷的地方也会有电场，也具有能量。收音机、电视机的问世充分地说明了这一点。所以，能量的真正携带者应是电磁场。给电容器充电的过程，外力的功变成了极板间电场的能量。既然如此，我们就把式（8-43）用描述电场的特征量 $\boldsymbol{E}$ 或 $\boldsymbol{D}$ 来表示。

以平行板电容器为例。平行板电容器的电容为

$$C = \frac{\varepsilon S}{d}$$

两板间的电场是匀强电场，所以两板间电势差为

$$U = Ed$$

代入式（8-43）中可得

$$W_\mathrm{e} = \frac{1}{2}CU^2 = \frac{1}{2}\frac{\varepsilon S}{d}E^2 d^2 = \frac{1}{2}\varepsilon E^2 Sd = \frac{1}{2}\varepsilon E^2 V$$

式中，$V = Sd$ 是电场所占据的体积。这就是均匀电场的能量公式。它表明电场的能量与体积成正比。单位体积内的能量叫做**能量密度**。电场的能量密度 w_e 为

$$w_\mathrm{e} = \frac{W_\mathrm{e}}{V} = \frac{1}{2}\varepsilon E^2 \tag{8-44}$$

能量密度的表达式虽然是通过平行板电容器中的均匀电场的特例推导出来的，但却是普遍成立的。对非均匀电场，求一定体积内的能量时应先取小体积元 $\mathrm{d}V$，此体积元中的能量密度均匀，电场能量为

$$\mathrm{d}W_\mathrm{e} = \frac{1}{2}\varepsilon E^2 \mathrm{d}V \tag{8-45}$$

积分可得整个电场的总能量为

$$W_e = \int_V dW_e = \int_V \frac{1}{2}\varepsilon E^2 dV \tag{8-46}$$

【例 8-21】 有两无限长同轴圆柱面，半径分别为 R_1、R_2，单位长度带电分别为 $\pm\lambda$。若两圆柱面间充满了相对电容率为 ε_r 的电介质，求单位长度上两圆柱面间电场的能量。

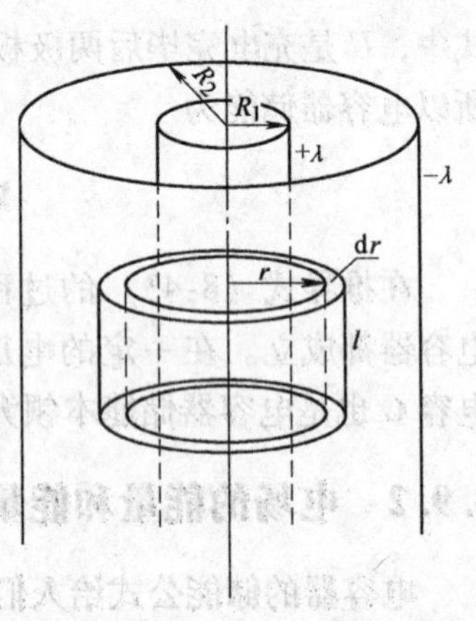

图 8-61 例 8-21 图

【解】 两圆柱面间电场为 $E=\dfrac{\lambda}{2\pi\varepsilon_0\varepsilon_r r}$。如图 8-61 所示，找一圆筒状的体积元 $dV=2\pi r dr l$，由于 dV 内各点 E 相等，所以 l 长度上电场能量为

$$W_e = \int_V \frac{1}{2}\varepsilon E^2 dV = \int_{R_1}^{R_2} \frac{1}{2}\varepsilon_0\varepsilon_r\left(\frac{\lambda}{2\pi\varepsilon_0\varepsilon_r r}\right)^2 2\pi r dr l$$

$$= \int_{R_1}^{R_2} \frac{\lambda^2 l}{4\pi\varepsilon_0\varepsilon_r r}dr = \frac{\lambda^2 l}{4\pi\varepsilon_0\varepsilon_r}\ln\frac{R_2}{R_1}$$

单位长度上的电场能量为

$$W'_e = \frac{W_e}{l} = \frac{\lambda^2}{4\pi\varepsilon_0\varepsilon_r}\ln\frac{R_2}{R_1}$$

此题也可用能量公式 $W_e=\dfrac{Q^2}{2C}$来求解。单位长度上的电场能量为

$$W'_e = \frac{\lambda^2}{2C} = \frac{\lambda^2}{2\dfrac{2\pi\varepsilon_0\varepsilon_r}{\ln\dfrac{R_2}{R_1}}} = \frac{\lambda^2}{4\pi\varepsilon_0\varepsilon_r}\ln\frac{R_2}{R_1}$$

利用电容器充电可以储存很高的能量，这个能量在短时间内释放，获得很高的脉冲功率。可用于医用除颤器、频闪照相机的连续拍摄。如图 8-62 所示为频闪传统应用：拍摄运动物体的轨迹。

图 8-62 频闪照相机拍摄的水滴

习　题

8-1　一个 π^+ 介子由一个 u 夸克和一个反 d 夸克组成，二者的电荷分别是 $\frac{2}{3}$e 和 $\frac{1}{3}$e。将夸克按经典带电粒子处理，试计算 π^+ 介子中两夸克间的库仑力（π^+ 介子的线度为 10^{-15}m）。

8-2　如习题 8-2 图所示的电偶极子在电场强度为 $\boldsymbol{E}$ 的均匀电场中所受的外力矢量和为______，偶极子所受的合力矩为________。(图中 θ 为已知)

8-3　YZ 平面内有一边长为 a 的正方形均匀带电板（习题 8-3 图），电荷面密度为 σ。有人得出轴线上与正方形中心的距离为 x 处电场强度大小的表达式为 $E=\dfrac{\sigma a x}{4\pi\varepsilon_0\ (a+x)^2}$，但此式是错误的，因为________。

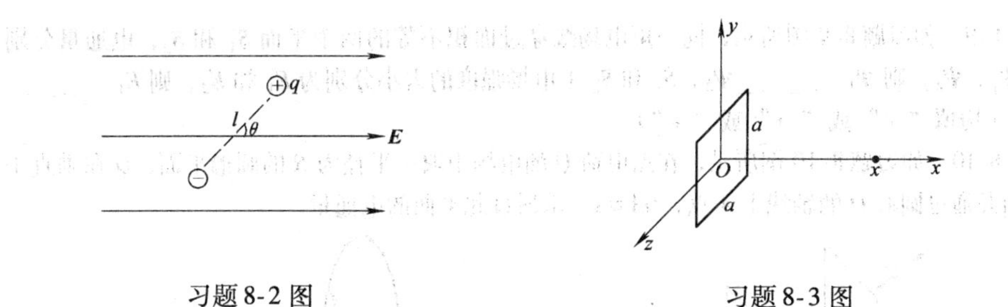

习题 8-2 图　　习题 8-3 图

8-4　正电荷均匀分布在长 L 的直棒上，线密度为 λ，如习题 8-4 图所示，求 Q 点的电场强度 $\boldsymbol{E}$。

8-5　将一根绝缘棒弯成半径为 R 的半圆环，环上一半带正电，一半带负电，电荷量都是均匀分布（见习题 8-5 图），线密度分别为 $+\lambda$ 和 $-\lambda$，求圆心处的电场强度 $\boldsymbol{E}$。

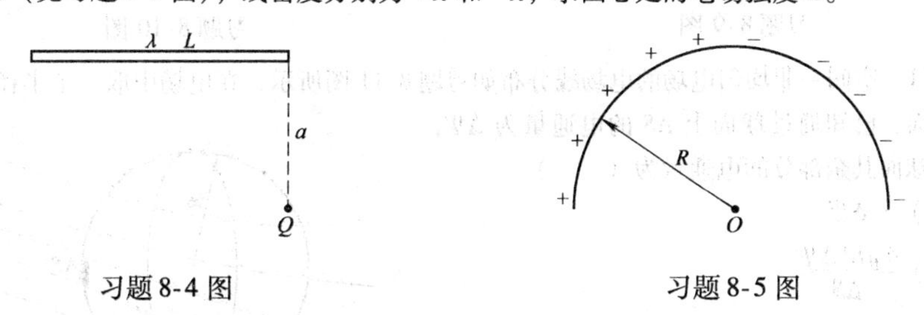

习题 8-4 图　　习题 8-5 图

8-6　一宽度为 b 的很长薄片，均匀带电，面电荷密度为 σ，被弯成半圆筒形，如习题 8-6 图所示。求圆筒轴线上任一点（中部附近）的电场强度 $\boldsymbol{E}$。

8-7　真空中一沿 x 方向的静电场 $\boldsymbol{E}=bx\boldsymbol{i}$（$b$ 为正常量），一边长为 a 的立方形封闭面如习题 8-7 图所示，则通过封闭面右侧 S_1 面的 $\boldsymbol{E}$ 通量 $\Psi_1=$________；通过其上表面 S_2 的 $\boldsymbol{E}$ 通量 $\Psi_2=$________；立方体内的净电荷量 $Q=$________。

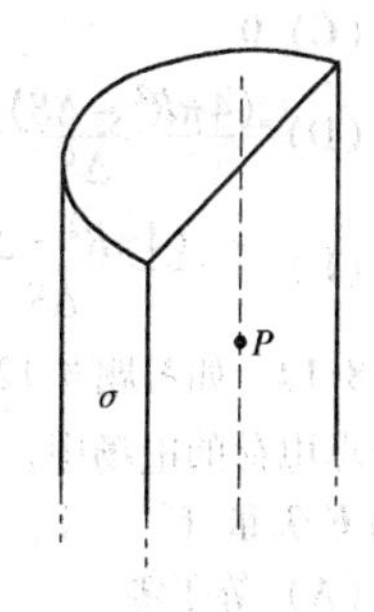

习题 8-6 图

8-8　如习题 8-8 图所示，任意闭合曲面 S 内有一点电荷 Q，O 为 S 面上的一点，若将点电荷 Q 在闭合面内从 P 点移到 T 点，且 $OP=TO$，

则通过 S 面的电通量________变，O 点的电场强度________变。若将点电荷 Q 从闭合面内的 P 点移到闭合面外的 R 点，且 $OP=RO$，则通过 S 面的电通量________变，O 点的电场强度________变。(均填“不”或“改”)

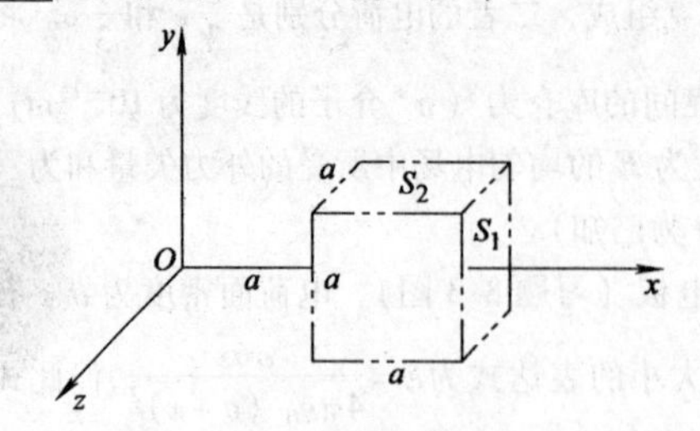

习题 8-7 图

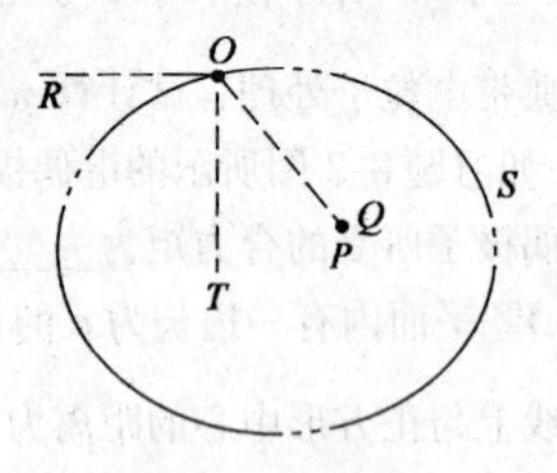

习题 8-8 图

8-9 如习题 8-9 图所示，同一束电场线穿过面积不等的两个平面 S_1 和 S_2，电通量分别为 Ψ_1、Ψ_2，则 Ψ_1 ________ Ψ_2，S_1 和 S_2 上电场强度的大小分别为 E_1 和 E_2，则 E_1 ________ E_2。(均填“<”或“>”或“=”)

8-10 如习题 8-10 图所示，在点电荷 Q 的电场中取一半径为 R 的圆形平面，Q 在垂直于平面并通过圆心 O 的轴线上 A 点，$OA=x$，求通过此平面的电通量。

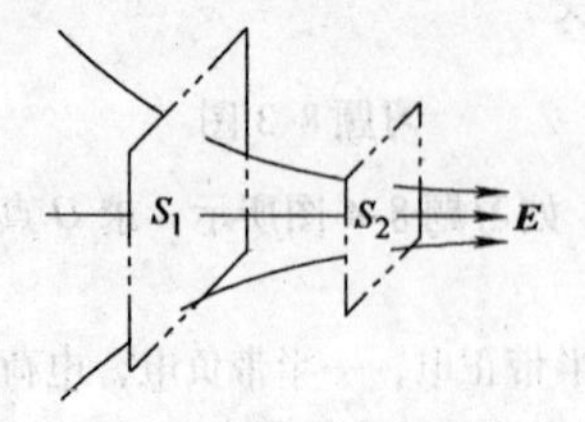

习题 8-9 图

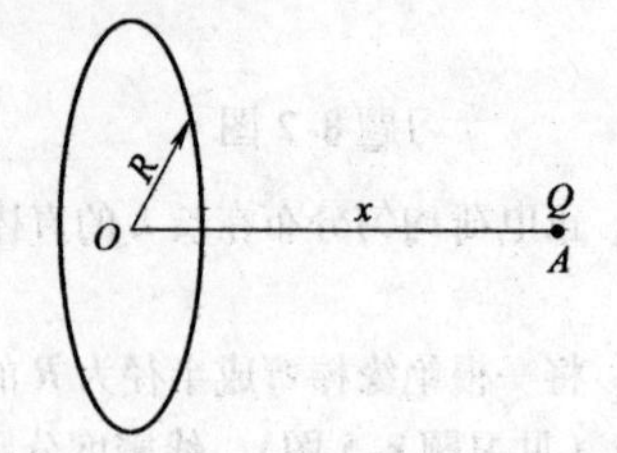

习题 8-10 图

8-11 空间一非均匀电场的电场线分布如习题 8-11 图所示，在电场中取一个半径为 R 的闭合球面，已知通过球面上 ΔS 的电通量为 $\Delta\Psi$，
则通过球面其余部分的电通量为（ ）。

(A) $-\Delta\Psi$

(B) $\dfrac{4\pi R^2\Delta\Psi}{\Delta S}$

(C) 0

(D) $\dfrac{(4\pi R^2-\Delta S)\ \Delta\Psi}{\Delta S}$

(E) $\dfrac{-\ (4\pi R^2-\Delta S)\ \Delta\Psi}{\Delta S}$

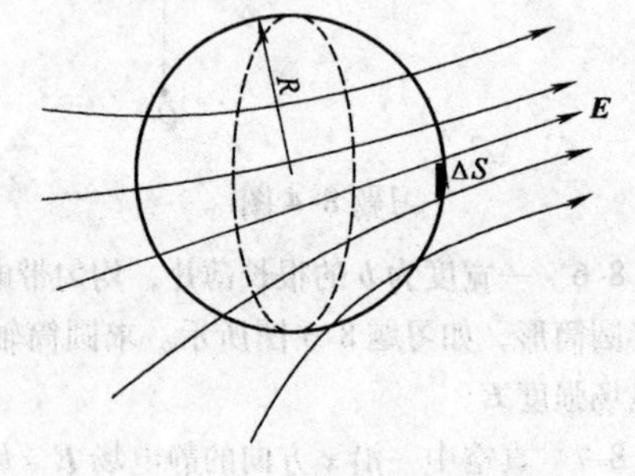

习题 8-11 图

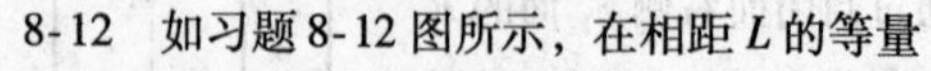

8-12 如习题 8-12 图所示，在相距 L 的等量异号点电荷的电场中，以这两个点电荷连线的中点为球心，以 L 为半径作一个球面，面上各点的 $\boldsymbol{E}$ 矢量（ ）。

(A) 等于零

(B) 等值同向

(C) 不等值不同向

(D) 同向不等值

(E) 等值不同向

8-13 下列叙述正确的有（ ）。

(A) 若闭合曲面内的电荷代数和为零，则曲面上任一点电场强度一定为零；

(B) 若闭合曲面上任一点电场强度为零，则曲面内的电荷代数和一定为零；

(C) 若闭合曲面内的点电荷的位置变化，则曲面上任一点的电场强度一定会改变；

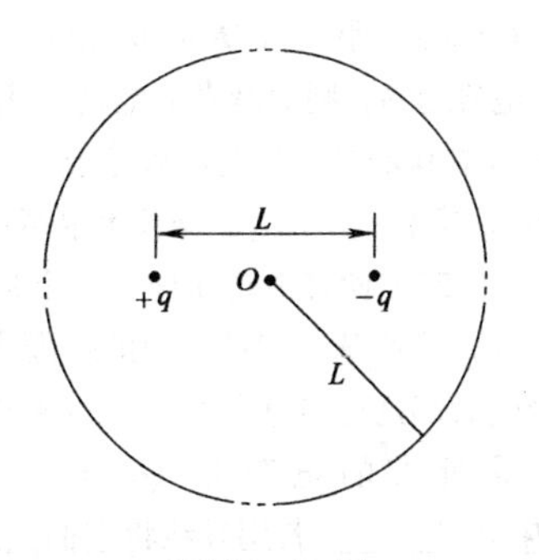

习题 8-12 图

(D) 若闭合曲面上任一点的电场强度改变，则曲面内的点电荷的位置一定有改变；

(E) 若闭合曲面内任一点电场强度不为零，则闭合曲面内一定有电荷。

8-14 两个均匀带电的金属同心球壳，内球壳半径为 R_1，电荷面密度为 $+\sigma_1$；外球壳半径为 R_2，电荷面密度为 $-\sigma_2$。求距球心 r 处点的电场强度 $\boldsymbol{E}$。

8-15 一半径为 R 的实心球，均匀带电，电荷体密度为 ρ。现在球内挖去一个半径为 r 的小球，大球球心与小球球心相距 a，如习题 8-15 图所示。证明球腔内的电场是均匀的，并求电场强度。(设小球挖去后，大球内的电荷仍均匀分布)

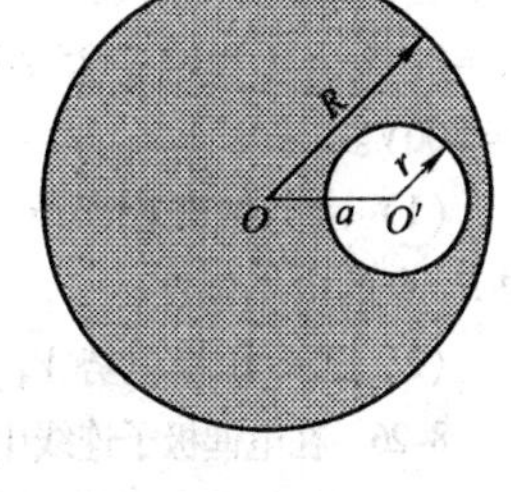

习题 8-15 图

8-16 一块厚度为 d 的“无限大”平板，均匀带电，电荷体密度为 ρ。求：

(1) 平板内与表面相距 $d/5$ 处的电场强度；

(2) 平板外与表面相距 $d/5$ 处的电场强度。

8-17 如习题 8-17 图所示，在电偶极矩为 $\boldsymbol{p}_e$ 的电偶极子所产生的电场中，沿半径为 R 的半圆弧将电荷 Q 从 A 点移到 B 点，则电场力做功为________ ($R \gg$ 电偶极子之长)。

8-18 如习题 8-18 图所示的电场线分布肯定不是静电场，因为________。

8-19 在习题 8-4 中，若取无限远处为电势零点，求 Q 点的电势。

8-20 一根长为 L 的细棒弯成半圆形，均匀带电，线密度为 λ。求圆心处的电势。

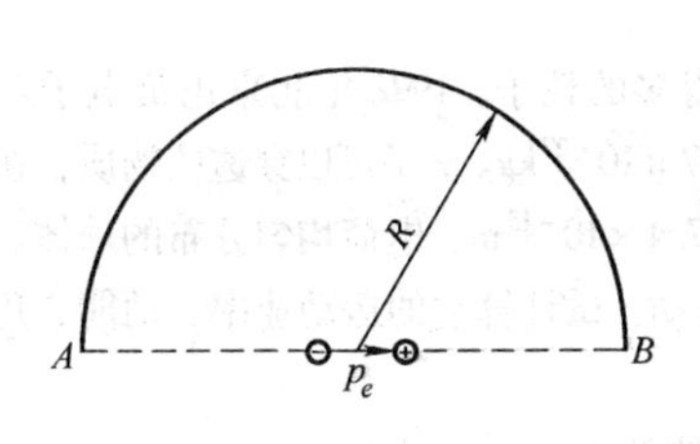

习题 8-17 图

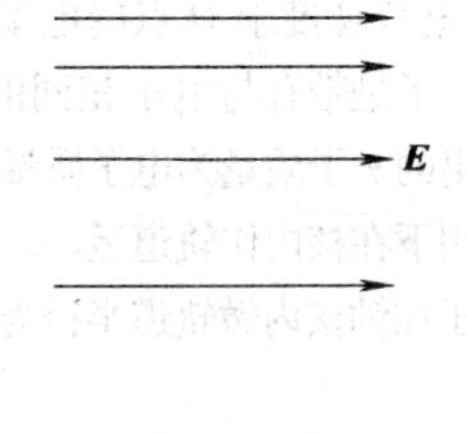

习题 8-18 图

8-21 (1) 一个球形雨滴半径 0.4mm，带有电荷量 1.6pC，它表面的电势有多大？

(2) 这样的雨滴碰后合成一个较大的雨滴，这个雨滴表面的电势又有多大？

8-22 如习题 8-22 图所示，一半径为 R 的导体薄球壳，带电荷量为 $-Q_1$，在球壳的正上

方距球心 O 距离为 $3R$ 的 B 点放置一点电荷，带电荷量为 $+Q_2$。令∞处电势为零，则薄球壳上电荷 $-Q_1$ 在球心处产生的电势等于________，$+Q_2$ 在球心处产生的电势等于________，由叠加原理可得球心处的电势 V_0 等于________；球壳上最高点 A 处的电势为________。

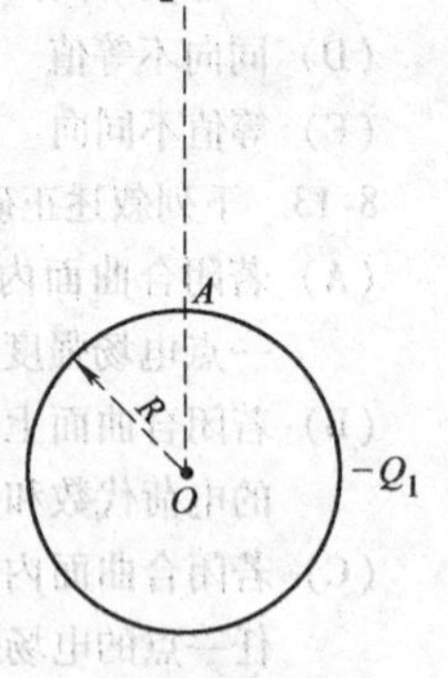

习题 8-22 图

8-23　两带电金属球，一个是半径为 $2R$ 的中空球，一个是半径为 R 的实心球，两球心间的距离为 r ($r \gg R$)，因而可以认为两球所带电荷都是均匀分布的，空心球电势为 V_1，实心球电势为 V_2，则空心球所带的电荷量 Q_1 = ________，实心球所带的电荷量 Q_2 = ________。若用导线将它们连接起来，则空心球所带的电荷量为________，两球的电势为________。

8-24　电荷 Q 均匀分布在半径为 R 的球体内。取无限远处为电势零点，证明球内离球心 r 处的电势

$$V=\frac{Q(3R^2-r^2)}{8\pi\varepsilon_0 R^3}$$

8-25　真空中两个可视为“无限长”的同轴圆柱面，构成一个电子二极管的阴极 K 和阳极 A，半径分别为 $R_K=0.05\text{cm}$、$R_A=0.45\text{cm}$（习题 8-25 图）。若在 K 和 A 之间加上电势差 $U=300\text{V}$。

（1）求与轴线相距 $R_1=0.025\text{cm}$ 的 P_1 点及 $R_2=0.25\text{cm}$ 的 P_2 点的电场强度。

（2）若令阳极电势 $V_A=0$，求 P_1 及 P_2 点的电势。

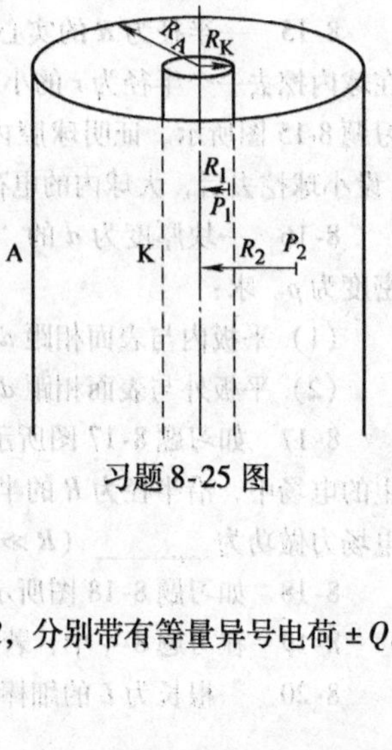

习题 8-25 图

8-26　在电偶极子连线中点处，下述说法中正确的是（　）。

（A）该点的电场强度 $\boldsymbol{E}=0$；

（B）取无限远处电势为零，则该点的电势 $V=0$；

（C）该点的电势梯度等于零；

（D）点电荷 Q 由该点移到无限远处电场力所做的功 $A\neq 0$。

8-27　真空中两个金属小球，半径均为 R，球心间距离 $r\gg R$，分别带有等量异号电荷 $\pm Q$。

（1）求球心连线中点 O 的电势；

（2）由电势梯度求 O 点的电场强度。

8-28　τ 子是带有与电子相同的负电荷而质量大得多的粒子。1992 年北京正负电子对撞机（BEPC）给出的 τ 子质量为电子质量的 3477 倍，为 $3.167\times10^{-27}\text{kg}$。$\tau$ 子可以穿透核物质，在核电荷的电场作用下在核内作轨道运动。铀核可看做半径为 $7.4\times10^{-15}\text{m}$、电荷均匀分布的球体。设按经典概念 τ 子在铀核内做轨道半径为 $2.9\times10^{-15}\text{m}$ 的圆运动，试计算它的运动速率、动能、角动量和频率。

8-29　在玻尔氢原子模型中，原子核不动，电子绕核作圆周运动。

（1）求原子系统的总能量 E 和圆轨道半径 r 的关系。

（2）证明电子绕核的频率 ν 由下式决定：（式中 m 为电子的质量，e 为电子电荷量）

$$\nu^2=\frac{32\varepsilon_0^2}{me^4}|E|^3$$

8-30　一质子(质量为 m)从很远处以初速 v_0 朝着固定的原子核（质量为 m'，核内质子数为 Z）附近运动，质子受原子核斥力的作用，它的轨道是一条双曲线，如习题 8-30 图所示。如果质子在运动过程中与原子核的最短距离为 r_s，求原子核与 v_0 方向的距离 b。

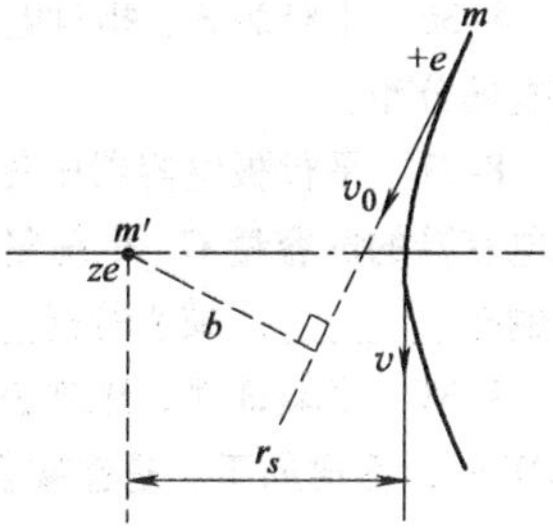

习题 8-30 图

8-31　一不带电的导体壳，壳内有一个点电荷 q_0，壳外有点电荷 q_1 和 q_2。导体壳不接地，下列说法中正确的是（　）；若导体壳接地，下列说法中正确的是（　）。

（A）q_1 与 q_2 的电荷量改变后，壳内电场强度分布不变；

（B）q_1 与 q_2 在壳外的位置改变后，壳内的电场强度分布不变；

（C）q_0 的电荷量改变后，壳外的电场强度分布不变；

（D）q_0 在壳内的位置改变后，壳外的电场强度分布不变。

8-32　如习题 8-32 图所示，半径为 R 的不带电的金属球内有两个球形空腔，在两个空腔中分别放置点电荷 q_1 和 q_2，在金属球外放一点电荷 q_3，它们所带电荷均为 q。若 q_1 和 q_2 到球心的距离都是 $\frac{R}{2}$，q_3 到球心距离 $r \gg R$，则 q_1 受力为____，q_2 受力为____，q_3 受力约为____。

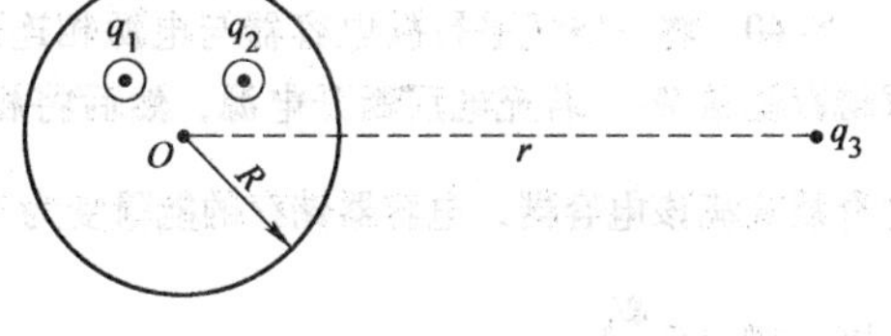

习题 8-32 图

8-33　半径分别为 R_1 和 R_2（$R_1 < R_2$）的互相绝缘的两个同心导体球壳，内球带电 $+Q$。取地球与无限远的电势均为零。求

（1）外球的电荷和电势。

（2）将外球接地后再重新绝缘，此时外球的电荷和电势。

（3）再将内球接地，此时内球的电荷。

8-34　如习题 8-34 图所示，一无限大均匀带电介质平板 A，电荷面密度为 σ_1，将介质板移近导体 B 后，B 导体外表面上靠近 P 点处的电荷面密度为 σ_2，P 点是 B 导体表面外靠近导体的一点，则 P 点的电场强度的大小为________。

8-35　将一带电导体平板 A 和一电介质平面 B 平行放置，如习题 8-35 图所示。在真空中平衡后，A 两侧的面电荷密度分别为 σ_1 和 σ_2，则 B 的面电荷密度 σ_3 =________。

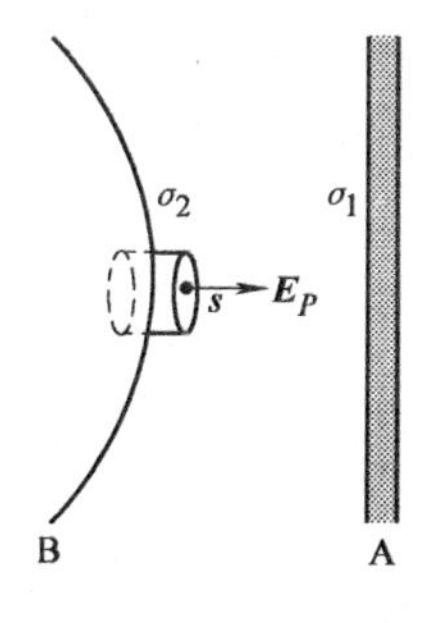

习题 8-34 图

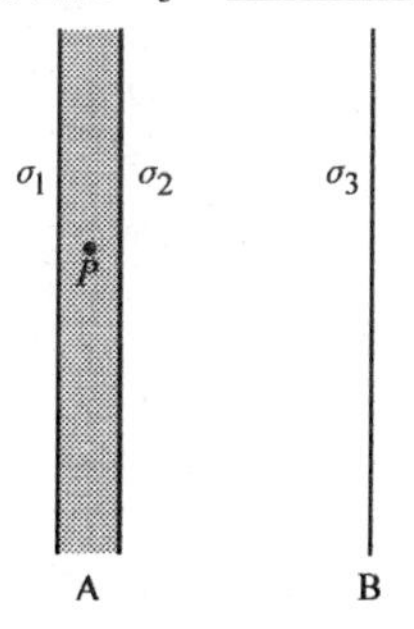

习题 8-35 图

8-36　半径为 R、相对电容率为 ε_r 均匀电介质球中心放一点电荷 Q，球外是真空，求空间电场分布？

8-37　平行板电容器中充满某种均匀电介质，电容器与一个电源相连，然后将介质取出，则电容器的电容量 C、电荷量 Q、电位移 D、电场强度 E、板间电压 U 与取出介质前相比，增大的有________，减小的有________，不变的有________。

8-38　实验证明，地球表面上方的大气电场不为零，晴天大气电场的平均电场强度约为120V/m，方向向下，这意味着地球表面有多少过剩电荷？试以每平方厘米的过剩电子数来表示。

8-39　一球形电容器由半径为 R 的导体球壳和与它同心的半径为 $4R$ 的导体球壳所组成，R 到 $2R$ 为相对电容率为 $\varepsilon_r=2$ 的电介质，$2R$ 到 $4R$ 为真空（习题8-39图）。若将电容器两极板接在电压为 U 的电源上，求：

（1）电容器中电场强度的分布；

（2）电容器的电容。

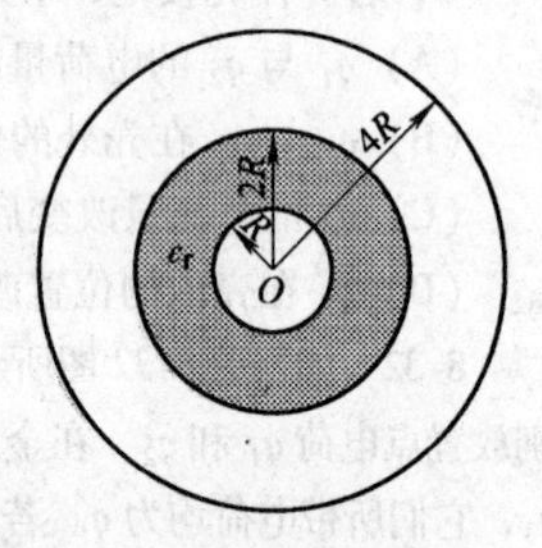

习题8-39图

8-40　将一空气平行板电容器与电源相连进行充电，使电容器储存能量 W_1。若充电后断开电源，然后将相对电容率为 ε_r 的电介质充满该电容器，电容器储存的能量变为 W_2，则比值 $\frac{W_1}{W_2}=$________；如果充电后不断开电源，则比值 $\frac{W_1}{W_2}=$________。

附　　录

附录A　习题答案

第1章

1-1　$\sqrt{5}$m，$2\boldsymbol{i}-2\boldsymbol{j}$(m/s)

1-2　(D)

1-3　$\frac{3}{\pi}$m/s

1-4　$v_x=2R\omega$，$v_y=0$

1-5　(1) $t=0$、±3s。$t=0$时，$\boldsymbol{r}_0=19\boldsymbol{j}$，$\boldsymbol{v}_0=2\boldsymbol{i}$；$t=\pm3$s时，$\boldsymbol{r}_{\pm3}=\pm6\boldsymbol{i}+\boldsymbol{j}$，$\boldsymbol{v}_{\pm3}=2\boldsymbol{i}\mp12\boldsymbol{j}$。

(2) $t=\pm3$s，$\sqrt{37}$m。

(3) 表示计时零点前的情况。

1-6　(A)

1-7　(B)

1-8　100m

1-9　$v=\frac{h_1}{h_1-h_2}kt^2$，$a=\frac{h_1}{h_1-h_2}2kt$

1-10　(1) 2.5m/s，16.67m；(2) $t=30$s

1-11　$v=v_0\mathrm{e}^{Bt}$

1-12　4.03m，1.65倍

1-13　51mm，102倍，1.16倍

1-15　$\frac{\sqrt{v^2-v_0^2}}{g}$

1-16　$\frac{v(\sin\theta+\cos\theta)}{g}$

1-17　$2\boldsymbol{j}$，$\frac{8}{\sqrt{17}}$m/s^2

1-18 $\dfrac{v_0^2\cos^2\theta}{g}$

1-19 $\dfrac{v(\sqrt{3}-1)}{2g}$

1-21 （D）

1-22 2.4×10^{14}倍

1-23 1/2

1-24 0.9m/s，0.6m/s^2

1-25 $\sqrt{\dfrac{4\pi}{\beta}}$，$\beta R\sqrt{1+16\pi^2}$

1-26 $3\sqrt{2}\text{m/s}^2$

1-27 （1）$5.03\times10^{-2}\text{m/s}^2$；（2）$7.74\text{m/s}^2$

1-28 1s

1-29 2s

1-30 （B）

1-32 $t_0=\dfrac{2l}{v'}$；$t_0/\left(1-\dfrac{u^2}{v'^2}\right)$；$t_0/\sqrt{1-\dfrac{u^2}{v'^2}}$

第2章

2-1 $\arctan\mu$

2-2 $(m+m')g\sin\theta$

2-3 （B）

2-4 （A）

2-5 0.4N，1m/s^2，0.2N

2-6 $(\mu_s+\mu_k)(m+m')g$

2-7 $\sqrt{\dfrac{g(\sin\theta-\mu\cos\theta)}{r_0(\cos\theta+\mu\sin\theta)}}\leqslant\omega\leqslant\sqrt{\dfrac{g(\sin\theta+\mu\cos\theta)}{r_0(\cos\theta-\mu\sin\theta)}}$

2-8 $8.07°$，0.078

2-9 $\sqrt{\dfrac{\mu(m+m')}{m'R}g}$

2-10 2.5m/s^2，3m/s

2-11 $l=\dfrac{\rho_0 l_0}{\rho}$，$\sqrt{\dfrac{gl_0\rho_0}{\rho}}$

2-12 $\dfrac{v_0R}{R+\mu v_0t}$，$\dfrac{R}{\mu}\ln\left(1+\dfrac{\mu v_0}{R}t\right)$

2-13 $\frac{(m'+m)g}{m'}$

2-14 $\frac{(m_1-m_2)g+m_2a}{m_1+m_2}$, $\frac{(m_2-m_1)g+m_1a}{m_1+m_2}$, $\frac{m_1m_2}{m_1+m_2}(2g-a)$, $\frac{m_1m_2}{m_1+m_2}(2g-a)$

2-15 1.96m/s^2, 1.96m/s^2, -5.88m/s^2, 1.57N, 0.785N

2-16 $\frac{m_A m_B}{m_A+m_B}(g+a)$

2-18 $2mv\sin\frac{\theta}{2}$

2-19 向上，mgt

2-20 (B)

2-21 $mv\sin\theta$，向下

2-22 0，$\frac{2\pi mg}{\omega}$，下，$\frac{2\pi mg}{\omega}$，上

2-23 (1) 12N · s；(2) 2N；(3) 6m/s

2-24 $v|_{t=5}=0$

2-25 62.5kg · m/s，187.5kg · m/s

2-26 $\frac{m}{m+m'}\sqrt{2gh}$，$\frac{m^2h}{m'^2-m^2}$

2-27 1.07×10^{17}g · cm/s，与电子运动方向夹角 150°

2-28 至少有一人的话不可信

2-29 $\frac{m}{m'+m}v$，向下

2-30 $\frac{m}{m'+m}(a-b)$

2-31 0.266m

2-32 $\frac{m}{m+m'}v\cos\beta$

2-33 $-m\omega^2(a\cos\omega t\boldsymbol{i}+b\sin\omega t\boldsymbol{j})$，0，$mab\omega\boldsymbol{k}$

2-34 $m\sqrt{Gm'R}$

2-35 5.26×10^{12}m

2-36 (1) 1.59km/s；(2) 10.57h

2-37 $\frac{bv_0}{r_s}$

2-38 $\frac{m'}{m+m'}2\pi R$

2-39 $\frac{v_B+v_A}{2}$，$\frac{v_B+v_A}{2}$

2-40 $\frac{(mg)^2}{2k}$

2-41 $\frac{m\omega^2(A^2-B^2)}{2}$

2-42 30J

2-43 一对力的元功 $dA=\boldsymbol{F}\cdot d\boldsymbol{s}_{12}$，零，负

2-44 (B)

2-45 $\frac{-\rho_1 L^4 g}{2}$

2-46 减少，0

2-47 $\frac{A}{k}$

2-48 $\frac{h^2}{l^2}$

2-49 $\left(\frac{2mv_0^2}{k}\right)^{1/4}$

2-50 $\frac{D(x^4-A^4)}{4}$

2-51 下落

2-52 3:1

2-53 (D)

2-54 (B)

2-55 $\frac{F}{\sqrt{mk}}$

2-56 $(\sqrt{2}-1)$cm

2-57 $\frac{m_B v^2}{2\mu g(m_A+m_B)}$

2-58 守恒，不守恒，守恒

2-59 一定守恒，不一定守恒

2-60 $\frac{Gmm'}{6R}$，$-\frac{Gmm'}{3R}$

2-61 $g\sqrt{m/k}$，mg/k，$2mg/k$

2-62 $\frac{k(b^2-a^2)}{2}$，$\frac{k(a^2-b^2)}{2}$

2-63　$\frac{m_2\sqrt{gl_1}}{m_1}$

2-64　$F=(m_1+m_2)g$

2-65　$\frac{m+m_1}{m}\sqrt{\frac{m+m_1+m_2}{m_2}2gL(1-\cos\alpha)}$

2-66　$\theta=\arccos\frac{2}{3}$；$\sqrt{\frac{2Rg}{3}}$，离开屋面时的速度方向与重力方向的夹角为 $\alpha=\arcsin\frac{2}{3}$

2-67　$\left(3+\frac{2m}{m'}\right)mg$

2-68　$\sqrt{\frac{m^2v_0^2-k(m'+m)(L-L_0)^2}{(m'+m)^2}}$，$\arcsin\frac{mv_0L_0}{L\sqrt{m^2v_0^2-k(m'+m)(L-L_0)^2}}$

第3章

3-1　$<$

3-2　$-\frac{k\omega_0^2}{9J}$

3-3　mgR

3-4　$\frac{4M}{mR}$，$\frac{16M^2t^2}{m^2R^3}$

3-5　$\frac{3g}{4L}$，$\sqrt{\frac{3\sqrt{3}g}{2L}}$

3-6　(1) 5.65s，42.4 转；(2) 141.3N

3-7　$\frac{(m_1-\mu m_2)g}{m_1+m_2+\frac{J}{r^2}}$，$\frac{m_1\left[m_2(1+\mu)+\frac{J}{r^2}\right]g}{m_1+m_2+\frac{J}{r^2}}$，$\frac{m_2\left[m_1(1+\mu)+\frac{\mu J}{r^2}\right]g}{m_1+m_2+\frac{J}{r^2}}$

3-8　$\sqrt{\frac{9g\cos\theta}{4L}}$，$\frac{9}{4}g\cos\theta$

3-9　(C)

3-10　$\frac{7L^2}{4(L^2+3x^2)}\omega_0$

3-11　$\frac{100}{81}$

3-12 $2\omega_0$

3-13 不守恒，不守恒，守恒，不守恒

3-14 不守恒，不守恒，守恒

3-15 守恒，不守恒，不守恒，守恒

3-16 66.7r/min，与B轮初始的转向相同。

3-17 $\omega'=\sqrt{2}\omega$

3-18 杆

3-19 $\frac{mgL}{2}$，$\sqrt{\frac{3g}{L}}$，0

3-20 $2\sqrt{\frac{2E_k}{J}}$，$2E_k$

3-21 （1）$\frac{m_1-m_2}{m_1+m_2+\frac{m_1'}{2}+\frac{m_2'}{2}}g$，$\frac{2m_2+\frac{m_1'}{2}+\frac{m_2'}{2}}{m_1+m_2+\frac{m_1'}{2}+\frac{m_2'}{2}}m_1g$，

$$\frac{2m_1+\frac{m_1'}{2}+\frac{m_2'}{2}}{m_1+m_2+\frac{m_1'}{2}+\frac{m_2'}{2}}m_2g,\quad \frac{2m_1m_2+\frac{m_1m_2'}{2}+\frac{m_2m_1'}{2}}{m_1+m_2+\frac{m_1'}{2}+\frac{m_2'}{2}}g$$

（2）守恒，$\sqrt{\frac{2(m_1-m_2)gx}{m_1+m_2+\frac{m_1'}{2}+\frac{m_2'}{2}}}$

3-22 （1）$\frac{2(1-\mu)mg}{k}$；（2）$\frac{(1-\mu)mg}{k}$；（3）$g(1-\mu)\sqrt{\frac{m}{3k}}$；（4）$\frac{2(2-3\mu)g}{3}$

3-23 $\frac{\sqrt{3}L}{3}$

3-24 $\frac{36mv_0-8m'\sqrt{6gL}}{(27m+16m')L}$

3-25 （1）$\frac{3m+m'}{12m}\sqrt{6gl(2-\sqrt{3})}$；（2）$-\frac{m'}{6}\sqrt{6(2-\sqrt{3})gL}$

3-26 $\frac{2mg-2kx}{2m+m'}$，$\sqrt{\frac{4mgx-2kx^2}{2m+m'}}$，$-\frac{2mg}{2m+m'}$，向上

3-27 猴

3-28 （1）3.2×10^{13}；（2）-1.625×10^{30} W，3.87×10^{3}；（3）7.9×10^{4} 年

第4章

4-1　(D)

4-2　(A, C)

4-3　$2\pi\sqrt{\frac{m(k_1+k_2)}{k_1k_2}}$

4-4　$x=b\cos\left(\sqrt{\frac{qQ}{4\pi\varepsilon_0R^3m}}t\right)$

4-5　$2\pi\sqrt{\frac{J}{I\pi R^2B}}$

4-6　$y=A\cos\left(\frac{2\pi}{T}t+\frac{\pi}{3}\right)$, $\frac{5T}{12}$

4-7　(1) $y=6\cos\left(\pi t+\frac{2}{3}\pi\right)$; (2) π, $\frac{5}{3}\pi$; (3) $\frac{1}{3}$s

4-8　(1) $\frac{m'+m}{k}g$, $2\pi\sqrt{\frac{m'+m}{k}}$

(2) $y=\sqrt{\frac{m^2g^2}{k^2}+\frac{2ghm^2}{k(m'+m)}}\cos\left[\sqrt{\frac{k}{m'+m}}t+\pi+\arctan\sqrt{\frac{2kh}{g(m'+m)}}\right]$

4-9　(2) 0.4πs, $y=0.2\cos(5t+\pi)$

4-10　(1) $\frac{\pi}{2}(\mathrm{s}^{-1})$; (2) $\frac{\pi}{2}$; (3) $\frac{\pi}{2}$; (4) $\frac{3\pi}{4}$, $y_a=0.05\cos\left(\frac{\pi}{2}t+\frac{3\pi}{4}\right)$; $\frac{5\pi}{4}$, $y_b=0.05\cos\left(\frac{\pi}{2}t+\frac{5\pi}{4}\right)$

4-11　(C)

4-12　$\pm\frac{\sqrt{3}}{2}A$; $\pm\frac{A}{2}$; $\pm\frac{\sqrt{2}}{2}A$

4-13　(1) $E=3.16\times10^{-2}$J; $\overline{E}_k=\overline{E}_p=1.58\times10^{-2}$J。(2) $y=\pm0.0707$m

(3) $F=-0.316$N; $a=-31.6\mathrm{m/s^2}$; $v=2.18$m/s

4-14　(1) $2\pi\sqrt{\frac{m'+m}{k}}$; $\sqrt{\frac{m'}{m'+m}}A$; $\frac{m}{m'+m}\frac{1}{2}kA^2$。

(2) $2\pi\sqrt{\frac{m'+m}{k}}$; A; 0; $\sqrt{\frac{k}{m'+m}}A$

4-15　0.75π; 11m

4-16　$A=7.07\times10^{-2}$m; $\varphi=\pi$

4-17　$y=\sqrt{2}A\cos(\omega t+\frac{3}{4}\pi)$

第5章

5-1　0.05m/s；$y=0.06\cos(\pi t-20\pi x)$

5-2　$y=0.1\cos 50\pi\left(t+\frac{x-0.2}{20}\right)$

5-3　(1) 0.05m，2.5m/s，5Hz，0.5m；(2) 0.5πm/s，$5\pi^2\mathrm{m/s^2}$；(3) 0.92s

5-4　(1) $y=0.1\cos\left(4\pi t-\frac{\pi}{5}x\right)$；(2) $y\big|_{x=\frac{\lambda}{2}}=0.1\cos(4\pi t-\pi)$

(3) $y\Big|_{\substack{x=\frac{2\lambda}{3}\\ t=\frac{T}{4}}}=-0.0866\mathrm{m}$；(4) $=v\Big|_{\substack{x=\frac{\lambda}{4}\\ t=\frac{T}{2}}}=-0.4\pi\mathrm{m/s}$

5-5　负；$\frac{\pi}{2}$

5-7　24cm，12cm/s

5-8　(1) $y=3\cos 4\pi\left(t-\frac{x}{20}\right)$ (m)

(2) $y_C=3\cos 4\pi\left(t+\frac{13}{20}\right)$ (m)，$y_D=3\cos 4\pi\left(t-\frac{9}{20}\right)$ (m)

(3) $\Delta\varphi_{CB}=\frac{8}{5}\pi$，$\Delta\varphi_{CD}=\frac{22}{5}\pi$

(4) $y=3\cos 4\pi\left(t-\frac{x-5}{20}\right)$ (m)

5-9　(1) 0.5Hz，π (rad/s)

(2) $y=0.1\cos\left(\pi t-\pi x+\frac{\pi}{2}\right)$ (m)

(3) $y=0.1\cos(\pi t-\pi)$ (m)

5-11　(1) $y=0.04\cos\left(\frac{2}{5}\pi t+\frac{\pi}{2}\right)$ (m)

(2) $y=0.04\cos\left(\frac{2\pi}{5}t-5\pi x+\frac{\pi}{2}\right)$ (m)

(3) a、p 向 y 轴负向运动，b 点向 y 轴正向运动。

(4) $y=0.04\cos\left(\frac{2}{5}\pi t-\frac{3}{2}\pi\right)$ (m)

5-12　(1) $3\times10^{-5}\mathrm{J/m^3}$，$6\times10^{-5}\mathrm{J/m^3}$

(2) $4.62\times10^{-7}\mathrm{J}$

5-13　$|A_1-A_2|$

5-14　0.567m

5-15　A、B 之间距 A 点距离分别为：1，3，5，…，25，27，29 (m)

5-17　π

5-18　$\pm(2k-1)/(2\text{m})$，$\pm k(\text{m})$，0.12m，π

5-19　（2）$x=(k+\frac{1}{2})\text{m}$　$x=k\text{m}$；（3）0.097m

5-20　（1）$y_{入}=A\cos\left(\omega t-\frac{2\pi x}{\lambda}+\varphi\right)\text{m}$

$y_{反}=A\cos\left[\omega t-\frac{2\pi\ (2L-x)}{\lambda}+\varphi+\pi\right]$

（2）$x=L-k\frac{\lambda}{2}$　　（$k=0$，1，2，…，且 $x>0$）

5-21　$y=0.04\cos(100\pi t+\frac{\pi}{3})$；$y_{入}=0.04\cos\left(100\pi t-\pi x+\frac{\pi}{3}\right)$

$y_{反}=0.04\cos\left(100\pi t+\pi x+\frac{4\pi}{3}\right)$

$y_{合}=0.08\cos\left(\pi x+\frac{\pi}{2}\right)\cos\left(100\pi t+\frac{5\pi}{6}\right)$

5-22　$\sqrt{\frac{9}{16}\lambda^2+H^2+\frac{3}{2}\lambda\sqrt{H^2+\frac{d^2}{4}}}-H$

5-23　$\frac{u}{u-v}\nu$；$\frac{u+v}{u-v}\nu$

第6章

6-1　929K，656℃

6-2　0.32kg

6-3　（1）$C=\frac{p_1^2}{RT_1}$；（2）800K

6-4　2.7×10^{19}，3.2×10^{3}

6-5　分子数密度

6-6　$2m_0nv^2$

6-7　（1）$1.35\times10^{5}\text{Pa}$；（2）$7.5\times10^{-21}\text{J}$，362.3K

6-8　$1.28\times10^{-6}\text{K}$

6-9　（1）$1.46\times10^{6}\text{m/s}$；（2）$1.3\times10^{4}\text{eV}$

6-10　$9.54\times10^{6}\text{m/s}$；259m/s；$1.61\times10^{-4}\text{m/s}$

6-11　$\frac{5T_1+3T_2}{8}$

6-12　1200K

6-13 （1）$f(v)\,dv$；（2）$f(v)$；（3）$Nf(v)\,dv$；（4）$nf(v)\,dv$；

（5）$\int_{v_1}^{v_2} f(v)\,dv$；（6）$\int_0^{v_1} Nf(v)\,dv$，$\dfrac{\int_0^{v_1} vf(v)\,dv}{\int_0^{v_1} f(v)\,dv}$

6-14 氧气，$\frac{1}{4}$

6-15 （D）

6-16 $N(1-A)$

6-17 （1）$\dfrac{3N}{4\pi v_F^{\,3}}$；

6-18 b

6-19 2304m

6-20 $5.36\times10^{8}s^{-1}$，$8.3\times10^{-7}m$

6-21 （C）

第7章

7-1 （A）

7-2 （B）

7-3 （C），（B），（A）

7-4 415.5J

7-5 696m

7-6 （A）

7-7 1:1

7-8 $6.59\times10^{-26}kg$

7-9 理想气体等压膨胀过程中吸收的热量不仅用来增加自身的热力学能，同时还要对外做功

7-10 （1）6.67K，6.67K，193.9J，138.5J；（2）0，11.5K，0，332.4J

7-11 （1）吸热，236J；（2）放热，－278J

7-12 （1）$6.23\times10^{2}J$，$6.23\times10^{2}J$，0；

（2）$1.04\times10^{3}J$，$6.23\times10^{2}J$，$4.17\times10^{2}J$

7-13 40，140

7-14 （B）

7-15 （A）

7-16 （a）、（c）、（d）

7-17 吸热，放热

7-18　(B，E)，(C，D)，(A，F)

7-20　93.9K

7-21　=

7-22　(2) 579J，579J；(3) 9.9%

7-23　不是卡诺循环

7-25　$a\left(\frac{C_{V,\mathrm{m}}}{R}-1\right)\left(\frac{1}{V_2}-\frac{1}{V_1}\right)$，$C_{V,\mathrm{m}}-R$

7-26　(E)

7-27　(D)

7-28　127℃

7-29　$\frac{nW}{n-1}$

7-30　(D)

7-31　(A)

第8章

8-1　51.2N

8-2　0，$qlE\sin\theta$

8-4　$\frac{\lambda}{4\pi\varepsilon_0 a}\left(1-\frac{a}{\sqrt{a^2+L^2}}\right)\boldsymbol{i}+\frac{\lambda L}{4\pi\varepsilon_0 a\sqrt{a^2+L^2}}\boldsymbol{j}$

8-5　$\frac{\lambda}{2\pi\varepsilon_0 a}$，向右

8-6　$\frac{\sigma}{\pi\varepsilon_0}$

8-7　$2a^3b$，0，$\varepsilon_0 a^3 b$

8-8　不，改，改，改

8-9　=，<

8-10　$\frac{Q}{2\varepsilon_0}\left(1-\frac{x}{\sqrt{R^2+x^2}}\right)$

8-11　(A)

8-12　(C)

8-13　(B)

8-14　$r<R_1$，0；$R_1<r<R_2$，$\frac{R_1^2\sigma_1}{\varepsilon_0 r^2}$；$r>R_2$，$\frac{R_1^2\sigma_1-R_2^2\sigma_2}{\varepsilon_0 r^2}$

8-15　$\frac{\rho a}{3\varepsilon_0}$

8-16 （1）$\frac{3\rho d}{10\varepsilon_0}$；（2）$\frac{\rho d}{2\varepsilon_0}$

8-17 $-\frac{Qp_e}{2\pi\varepsilon_0 R^2}$

8-19 $\frac{\lambda}{4\pi\varepsilon_0}\ln\frac{L+\sqrt{L^2+a^2}}{a}$

8-20 $\frac{\lambda}{4\varepsilon_0}$

8-21 36V，57V

8-22 $-\frac{Q_1}{4\pi\varepsilon_0 R}$，$\frac{Q_2}{12\pi\varepsilon_0 R}$，$\frac{Q_2-3Q_1}{12\varepsilon_0 R\pi}$，$\frac{Q_2-3Q_1}{12\varepsilon_0 R\pi}$

8-23 $8\pi\varepsilon_0 RV_1$，$4\pi\varepsilon_0 RV_2$，$8\pi\varepsilon_0 R(2V_1+V_2)/3$，$(2V_1+V_2)/3$

8-25 （1）0，-5.46×10^4V/m；（2）-300V，-80.25V

8-26 （B）

8-27 （1）0；（2）$\frac{2Q}{\pi\varepsilon_0 r^2}$

8-28 1.18×10^7m/s，2.20×10^{-13}J，1.08×10^{-34}J·s，6.48×10^{20}/s

8-29 （1）$E=-\frac{e^2}{8\pi\varepsilon_0 r}$

8-30 $\sqrt{r_s^2-\frac{ze^2 r_s}{2\pi\varepsilon_0 m v_0^2}}$

8-31 A、B、D，A、B、C、D

8-32 0，0，$\frac{q^2}{2\pi\varepsilon_0 r^2}$

8-33 （1）外球壳内表面带电 $-Q$，外表面带电 Q，$\frac{Q}{4\pi\varepsilon_0 R_2}$；

（2）外球壳内表面带电 $-Q$，外表面不带电，电势为0；（3）R_1Q/R_2

8-34 σ_2/ε_0

8-35 $\sigma_1-\sigma_2$

8-36 $r<R$ 时，$\frac{Q}{4\pi\varepsilon_0\varepsilon_r r^2}$；$r>R$ 时，$\frac{Q}{4\pi\varepsilon_0 r^2}$

8-37 各量均不增大，减小的有 C、Q、D，不变的有 E、U

8-38 6.64×10^5 个/cm^2

8-39 （1）$R<r<2R$，$E=\frac{RU}{r^2}$；$2R<r<4R$，$E=\frac{2RU}{r^2}$；（2）$8\pi\varepsilon_0 R$

8-40 ε_r，$\frac{1}{\varepsilon_r}$

附录 B　基本物理常量

名称	符号	数值	单位
引力常量	G	6.673（10）$\times 10^{-11}$	$m^3 \cdot kg^{-1} \cdot s^{-2}$
真空中的光速	C	2.997 924 58 $\times 10^8$	$m \cdot s^{-1}$
摩尔气体常数	R	8.314 472（15）	$J \cdot mol^{-1} \cdot K^{-1}$
玻耳兹曼常数	k	1.380 650 5（24）$\times 10^{-23}$	$J \cdot K^{-1}$
阿伏伽德罗常数	N_A	6.022 141 79（30）$\times 10^{23}$	mol^{-1}
真空磁导率	μ_0	$4\pi \times 10^{-7}$	$H \cdot m^{-1}$
真空电容率	ε_0	8.854 187 817… $\times 10^{-12}$	$F \cdot m^{-1}$
电子的电荷	e	1.602 176 487（40）$\times 10^{-19}$	C
普朗克常量	h	6.626 068 96（33）$\times 10^{-34}$	$J \cdot s$
原子质量单位（u）	m_u	1.660 538 782（83）$\times 10^{-27}$	kg
电子的静止质量	m_e	9.109 382 15（45）$\times 10^{-31}$	kg
质子的静止质量	m_p	1.672 621 637（83）$\times 10^{-27}$	kg
中子的静止质量	m_n	1.674 927 211（84）$\times 10^{-27}$	kg
电子的荷质比	e/m_e	1.758 820 149 $\times 10^{11}$	$C \cdot kg^{-1}$
法拉第常量	F	9.648 534 15（39）$\times 10^4$	$C \cdot mol^{-1}$
里德伯常量	R_∞	1.097 373 156 854 9（83）$\times 10^7$	m^{-1}
标准大气压	p_0	101 325	Pa
冰点的绝对温度	T_0	273.15	K
理想气体的摩尔体积	V_m	22.413 996（39）$\times 10^{-3}$	$m^3 \cdot mol^{-1}$

注：表中的基本物理常量为国际科学技术数据委员会（CODATA）2006 年正式发表的推荐值。

附录C 国际单位制

1. 国际单位制的基本单位

物理量名称	单位名称		单位符号
	全称	简称	
长度	米		m
时间	秒		s
质量	千克		kg
电流	安培	安	A
热力学温标	开尔文	开	K
物质的量	摩尔	摩	mol
发光强度	坎德拉	坎	cd

2. 国际单位制的辅助单位

物理量名称	单位名称	单位符号
平面角	弧度	rad
立体角	球面度	sr

3. 国际单位制中具有专门名称的导出单位

物理量名称	单位名称		单位符号	用SI基本单位的表示式	其他表示式
	全称	简称			
力	牛顿	牛	N	$m \cdot kg \cdot s^{-2}$	
频率	赫兹	赫	Hz	s^{-1}	
压强	帕斯卡	帕	Pa	$m^{-1} \cdot kg \cdot s^{-2}$	N/m^2
功、热量、能量	焦耳	焦	J	$m^2 \cdot kg \cdot s^{-2}$	$N \cdot m$
功率、辐（射能）通量	瓦特	瓦	W	$m^2 \cdot kg \cdot s^{-3}$	J/s
电荷（量）	库仑	库	C	$A \cdot s$	
电势、电压、电动势	伏特	伏	V	$m^2 \cdot kg \cdot s^{-3} \cdot A^{-1}$	W/A
电阻	欧姆	欧	Ω	$m^2 \cdot kg \cdot s^{-3} \cdot A^{-2}$	V/A
电导	西门子	西	s	$m^{-2} \cdot kg^{-1} \cdot s^3 \cdot A^2$	A/V
电容	法拉	法	F	$m^{-2} \cdot kg^{-1} \cdot S^4 \cdot A^2$	C/V
磁通量	韦伯	韦	Wb	$m^2 \cdot kg.\ s^{-2} \cdot A^{-1}$	$V \cdot s$
磁感应强度	特斯拉	特	T	$kg \cdot s^{-2} \cdot A^{-1}$	Wb/m^2
电感	亨利	亨	H	$m^2 \cdot kg \cdot s^{-2} \cdot A^{-2}$	Wb/A
光通量	流明	流	lm	$cd \cdot sr$	
光照度	勒克斯	勒	lx	$m^{-2} \cdot cd \cdot sr$	lm/m^2
吸收剂量	戈瑞	戈	Gy	$m^2 \cdot s^{-2}$	J/kg
剂量当量	希沃特	希	Sv	$m^2 \cdot s^{-2}$	J/kg

参考文献

[1] 郑思明．大学物理学[M]．西安：西北工业大学出版社，1997.
[2] 张三慧．大学物理学[M]．北京：清华大学出版社，2000.
[3] 马文蔚．物理学教程[M]．5版．北京：高等教育出版社，2006.
[4] 张庆国，尤景汉．大学物理学[M]．北京：机械工业出版社，2007.
[5] 赵凯华，陈熙谋．电磁学[M]．北京：高等教育出版社，1985.
[6] 毛俊健，顾牡．大学物理学[M]．北京：高等教育出版社，2006.
[7] 秦允豪．普通物理学教程：热学[M]．北京：高等教育出版社，1999.
[8] 赵凯华，罗蔚茵．新概念物理教程 第2卷：热学[M]．北京：高等教育出版社，1998.
[9] 吴百诗，罗春荣，马永康．大学物理学[M]．北京：高等教育出版社，2004.
[10] 王泽良．欣赏物理学[M]．上海：同济大学出版社，2006.
[11] 哈里德，瑞斯尼克，沃克．物理学基础[M]．张三慧，李椿，等译．北京：机械工业出版社，2011.